건축구조 도해집

건축구조 도해집

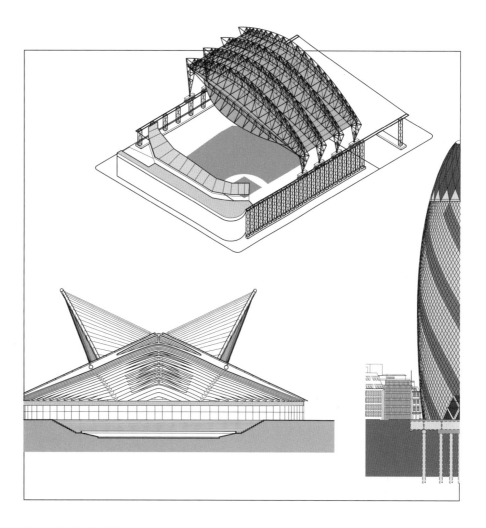

Francis D. K. Ching, Barry Onouye, Douglas Zuberbuhler 저

김진호 역

씨
아이
알

차례

서문

재료의 정역학과 강도에 초점을 맞춘 것에서부터 보와 기둥과 같은 구조 요소의 설계와 분석을 다루는 것, 그리고 특정 구조의 재료를 다루는 것까지, 건축구조의 주제를 다루는 많은 유명한 책들이 있습니다. 적절한 구조 재료와 그 연결부의 선택, 크기 및 형상화 능력뿐만 아니라, 다양한 하중 조건에서 구조 요소의 움직임을 이해하는 것은 전문가에게 매우 중요합니다. 이 책은 이러한 귀중한 자원의 접근성을 가정하고 대신 우리가 건축이라고 부르는 거주 가능한 환경을 만들고 도움을 주기 위해 상호 연관된 부분의 시스템으로서 구조를 구축하는 데 초점을 맞추고 있습니다.

이 책의 주요 특징은 구조물에 대한 전체적인 접근입니다. 본문에서는 구조 시스템이 오랜 시간에 걸쳐 어떻게 진화했는지에 대한 간결한 검토부터 시작하여, 구조 패턴의 개념과 이러한 지지패턴과 경간의 패턴이 어떻게 건축적 아이디어를 유지하고, 보강할 수 있는지에 관해 설명합니다. 이 책의 핵심은 우리의 활동을 수용하고 형태와 공간의 수직적 차원에 기여하는 수평 경간 및 수직 차원 시스템에 대한 검토입니다. 그런 다음, 논의는 횡력과 안정성의 중요한 측면, 장경간 구조물의 고유한 특성 및 고층 구조물의 현재 전략에 대한 검토로 돌아갑니다. 마지막 장에서는 구조 시스템과 기타 건물 시스템과의 통합에 관한 것으로 간단하지만 중요한 검토에 관한 것입니다.

이 책은 구조물에 대한 엄밀한 수학적 접근을 의도적으로 피하지만 구조 요소, 조립체 및 시스템의 작동을 지배하는 기본 원칙을 무시하지는 않습니다. 기본적인 설계과정에서 더 나은 안내자 역할을 하기 위해, 구조 패턴이 설계 개념에 어떻게 영향을 미칠 수 있는지에 대해 지시하고 영감을 주는 수많은 도면과 다이어그램이 논의됩니다. 설계상의 과제는 항상 원칙을 어떻게 실천으로 옮기느냐 하는 것입니다. 따라서 이번 제2판에서는 실제 건축물에서 구조적 원리를 밝혀주는 방법을 보여주는 사례들을 추가하였습니다.

저자들은 이 책에 담긴 풍부한 도해가 건축 전공 학생뿐만 아니라 젊은 실무전문가들에게도 도움을 주는 참고서적으로서 구조 시스템을 설계 및 시공 과정에서 필수적이고 통합적인 것으로 보는 관점을 형성하는 데 보탬이 되기를 바라고 있습니다.

미터법 등가물

국제단위계(SI)는 미터, 킬로그램, 초, 암페어, 켈빈 및 칸델라를 길이, 질량, 시간, 전류, 온도 및 광도의 기본 단위로 사용하는 일관성 있는 물리적 단위 시스템입니다. 국제단위계에 대한 이해를 강화하기 위해 이 책 전체에 다음과 같은 규약에 따라 미터법 등가물이 제공됩니다.

- 별도의 언급이 없는 한 괄호 안의 모든 정수는 밀리미터를 나타낸다.
- 3인치 이상 치수는 5mm의 배수로 반올림한다.
- 3487mm = 3.487m이다.
- 기타 모든 경우 미터법 측정지표를 사용한다.

역자 후기

많은 분이 아시는 바와 같이, 프란시스 칭(Francis D. K. Ching) 교수는 미국 시애틀 워싱턴 대학 건축학과 명예교수로서, 《건축제도 입문(Architectural Graphics, 1975)》을 필두로 《건축의 형태공간 규범(Architecture: Form, Space, and Order, 1979)》 등의 책을 집필한 바 있습니다. 칭 교수의 책은 공통적으로 독자들이 건축의 원리를 도해(Illustration)를 통해 쉽게 이해할 수 있도록 구성되어 그동안 미국을 비롯한 전 세계 건축학과 학생들에게 무척 인기 있는 건축 전공 서적으로 자리매김하였습니다. 근래에 들어서는 각 분야의 전문가와 함께 《실내 디자인 일러스트레이티드(Interior Design Illustrated)》, 《친환경건축설계(Green Building Illustrated)》, 《건축시공 도해집(Building Consruction Illustrated)》, 《건축학입문(Introduction to Architecture)》 등을 공동 저술하였습니다. 이 책들은 이미 국내에서도 번역 출판되어 많은 독자들이 칭 교수의 책을 접하고 있습니다. 역자는 그중에서 아직 출간되지 않은 《건축구조 도해집(Building Structures Illustrated, 2009)》에 주목했으며, 연구년 기간을 활용하여 번역을 시작했습니다.

건축의 역사는 '재료'와 이를 바탕으로 구축된 '구조물'의 역사로 요약될 수 있습니다. 역사를 통해 볼 때, 건축의 구조는 건물의 하중을 지지하는 본질적인 역할을 하고 또한 형태와 그 안에 담긴 공간을 정의하는 데 필수적임을 알 수 있습니다. 이처럼 형태 및 공간 구성과 통합적으로 이루어지는 구조 디자인을 위해서는 창의성과 더불어 구조 원리에 대한 직관적인 이해도 필요합니다. 이러한 취지에서 볼 때, 칭 교수의 《건축구조 도해집》은 건축학과에 입학하고 구조 과목을 처음 접하는 학생들에게 적합할 것으로 판단되며, 일반구조(General Structures) 과목 등에 활용할 수 있는 교재라고 할 수 있습니다. 무엇보다 계산식을 사용하지 않고도 복잡한 개념을 설명하여, 수학적인 기초 지식을 갖춘 독자한테는 더 깊은 통찰력을 제공할 것으로 예상합니다. 또한, 건축물을 설계할 때 필요한 고려사항을 중심으로 내용이 구성되어 있어서 실무를 담당하는 분들의 이해를 돕습니다. 그동안 구조 과목이 복잡한 공식과 수식으로 이루어져 있기 때문에 이를 어렵게 여기는 학생들과 각종 시험을 준비하는 이들이 새로이 개념을 정립하고 건축구조에 친근하게 다가설 수 있는 책이 될 것이라 짐작해봅니다.

일정 기간의 실무 경력과 건축사 자격시험을 거친 역자도 건축설계 및 계획이 주전공이기에 구조 입문서에 해당하는 이 책을 번역하는 과정은 쉽지 않았습니다. 따라서 이 지면을 통해 번역하는 데 도움을 주신 분들께 감사의 말씀을 전하고자 합니다. 무엇보다도 포스코 기술연구원의 수석연구원으로 계시는 김응수 박사님께 감사의 말씀을 전합니다. 이분을 알게 된 것은 저에게 크나큰 행운이었습니다. 번역 과정에서 크고 작은 어려움을 겪고 있을 때 이해가 부족한 부분의 번역, 그리고 감수를 부탁드렸는데, 박사님은 이를 흔쾌히 받아주셨습니다. 그리고 인천대학교 도시건축학부 건축공학 전공에서 구조를 전공하시는 천성철 교수님께도 감사의 말씀을 전합니다. 제가 필요할 때마다 수시로 도움을 요청하였는데, 바쁘신 와중에도 늘 같이 고민해주시고 친절하게 답해 주셨습니다. 마지막으로, 번역의 중요성에 대해서 공감하면서도 그 과정의 고단함을 아시고 아낌없이 격려해주신 동료 선후배 교수님에게도 감사의 말씀을 전합니다.

무엇보다 이 책이 건축구조에 대한 개념을 고민하는 건축 전공 학생부터 실무를 담당하는 전문가에 이르기까지 늘 곁에 두고 참고할 수 있는 책이 되기를 희망합니다. 그리고 개인적으로도 이번 번역은 다시 한번 건축구조에 관한 기본적인 내용을 되새기게 된 나름 귀한 시간이었습니다. 마지막으로 이 책이 출판되는 마지막 순간까지 상세한 편집 및 교정 작업으로 애써주신 최장미 선생님을 비롯한 도서출판 씨아이알 관계자분들께 진심으로 감사를 드립니다.

2023년 2월
역 자 **김 진 호**

1
건축구조

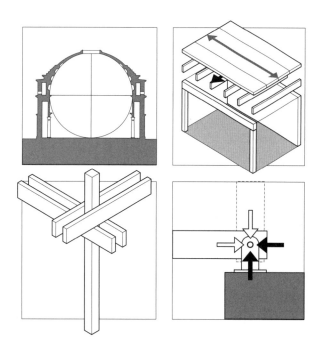

건물은 거주의 목적으로 땅 위에 세우는 비교적 영
구적인 형태의 구조물을 말한다. 이러한 건물은 막
대, 점토로 이루어진 벽돌 그리고 돌로 만든 단순한
형태의 피난처부터 오늘날의 콘크리트, 강철, 유리
를 사용한 더욱 정교한 형태의 건물에 이르기까지
오랜 역사를 거쳐 발전하였다.
이러한 건축 기술이 진화하는 동안에 중력, 바람,
그리고 지진의 힘을 견딜 수 있는 지속적인 구조 시
스템을 통하여 건물이 일정하게 서 있을 수 있게 되
었다.

구조 시스템structural system이란 부재에 허용되는
응력을 초과하지 않고, 지반에 가해지는 하중을 안
전하게 지지하고 전달하기 위해, 전체적으로 기능
하도록 설계되고 시공된 요소들의 안정적인 조립체
로 정의할 수 있다. 구조 시스템의 형태와 재료는
수많은 건물의 붕괴로부터 교훈을 얻었으며, 기술
과 문화의 발전과 함께 진화하였지만, 구조 시스템
의 형태와 재료는 규모, 맥락, 사용에 상관없이 모
든 건물의 존재에 필수적인 것으로 남아 있다.

다음에 나오는 간략한 역사적 사례들은 태양, 바람
그리고 비를 피할 수 있는 기본적인 인간의 필요를
충족시키려는 최초의 시도에서부터 더 긴 경간span
과 높이, 그리고 현대 건축물의 복잡한 형태에 이르
기까지, 시간이 지남에 따라 발전된 구조 시스템을
제시한다.

기원전 6500년: 파키스탄 머가르.
진흙 벽돌로 구획화된 구조물.

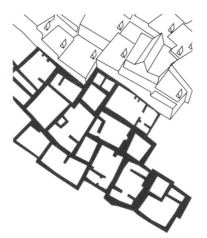

기원전 7500년: 아나톨리아 카탈 휘위크.
내부 벽이 도배된 진흙 벽돌 주거.

기원전 5000년: 중국 반포.
굵은 기둥을 사용하여
지붕을 지탱하는 움집 형태의 주거.

5000 BC   청동기 시대

신석기 시대는 기원전 8500년경 농경의 도래로 시작
되었고, 기원전 3500년 무렵부터는 금속 도구의 발
달을 통해 초기 청동기 시대로 전환되었다. 동굴을
피난처로 사용하는 관습은 이미 수천 년 전부터 존
재하였으며, 자연 동굴을 단순히 확장한 형태에서
산의 측면을 깎아내어 만든 절과 교회, 마을 전체에
이르기까지 건축의 형태로 지속해서 발전하였다.

기원전 9000년: 터키 괴베클리 테페.
세계에서 가장 오래된 석조 사원.

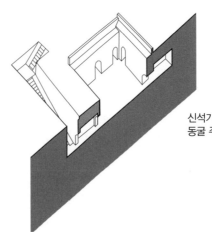

신석기 시대: 중국 산시성 북부.
동굴 주거는 오늘날까지 이어지고 있다.

기원전 3400년: 수메르인들이
불에 굽는 가마를 도입하다.

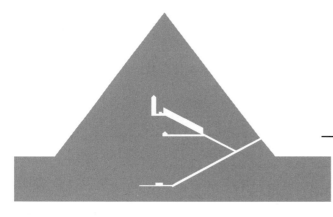

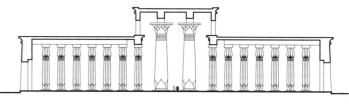

기원전 1500년: 이집트 카르나크에 있는 아문신전. 하이포 스타일 홀은 상인방식 구조(기둥과 보) 석조 건축의 대표적인 사례이다.

기원전 2500년: 이집트 쿠푸의 대피라미드.
이 석재 피라미드는 19세기까지
세계에서 가장 높은 구조물이었다.

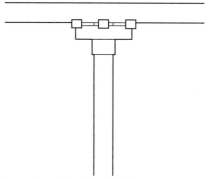

기원전 2600년: 하라파와 모헨조–다로,
인더스 계곡. 현대 파키스탄과 인도.
불에 구운 벽돌과 내쌓기 아치(corbeled arches)

기원전 12세기: 중국 주 왕조 건축.
주두의 두공(corbel brackets)은 돌출된 처마를
지지하는 데 도움이 된다.

2500 BC   **1000 BC**   철기 시대

동굴 주거는 세계 각지에서 다양한 형태로 존재하지만, 대부분의 건축은 공간을 한정하고, 피난처, 가사 활동, 행사 기념 및 의미를 제공하기 위해 재료를 조합하여 세워졌다. 초기 주거는 진흙을 구워 만든 벽돌벽과 초가지붕, 그리고 비교적 엉성한 목재 골조로 이루어져 있었다. 때때로 난방과 보호를 위해 땅에 구덩이를 파기도 하고, 따뜻하고 습한 기후에서는 환기를 위해 강과 호수 위로 기둥을 세워 주거를 높은 곳에 올려놓았다. 벽과 지붕의 골조를 위한 중목조Heavy Timber의 사용은 특히 중국, 한국, 일본의 건축물에서 더욱 정교하게 발전하였다.

기원전 1000년: 터키 아나톨리아 고원의
카파도키아. 광범위한 파내기 작업을 통해
주거, 교회, 수도원을 만들었다.

기원전 3000년: 스칸디나비아 알바스트라.
나무 기둥 위에 집들이 세워졌다.

기원전 3000년: 이집트인들은 건조한
벽돌을 고정하기 위해 짚과 진흙을
섞기 시작했다.

기원전 1500년: 이집트인들이
용융 유리를 사용하다.

기원전 1350년: 중국 상 왕조에서
발전된 형태의 청동 주조를 개발하다.

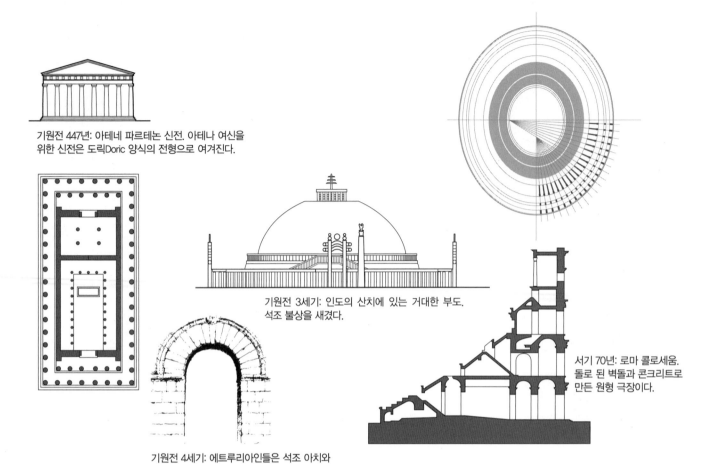

기원전 447년: 아테네 파르테논 신전. 아테나 여신을
위한 신전은 도릭Doric 양식의 전형으로 여겨진다.

기원전 3세기: 인도의 산치에 있는 거대한 부도.
석조 불상을 새겼다.

서기 70년: 로마 콜로세움.
돌로 된 벽돌과 콘크리트로
만든 원형 극장이다.

기원전 4세기: 에트루리아인들은 석조 아치와
볼트vault³⁾를 개발하다. 페루자의 포르타 풀크라.

500 BC   **1** AD

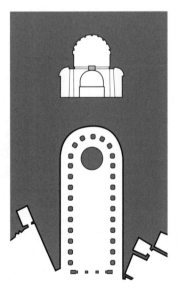

기원전 200년: 인도. 불교, 자이나교,
힌두교 동굴 건축의 수많은 사례이다.

기원전 10년: 요르단 페트라. 궁궐의 무덤은
절반은 세워졌고, 나머지 절반은 바위에 조각되었다.

기원전 5세기: 중국의 주철cast iron

기원전 4세기: 바빌로니아인들과
아시리아인들은 벽돌과 돌을 결합
하기 위해 역청bitumen을 사용하다.

기원전 3세기: 로마인들은
포졸란 시멘트로 콘크리트를 만들다.

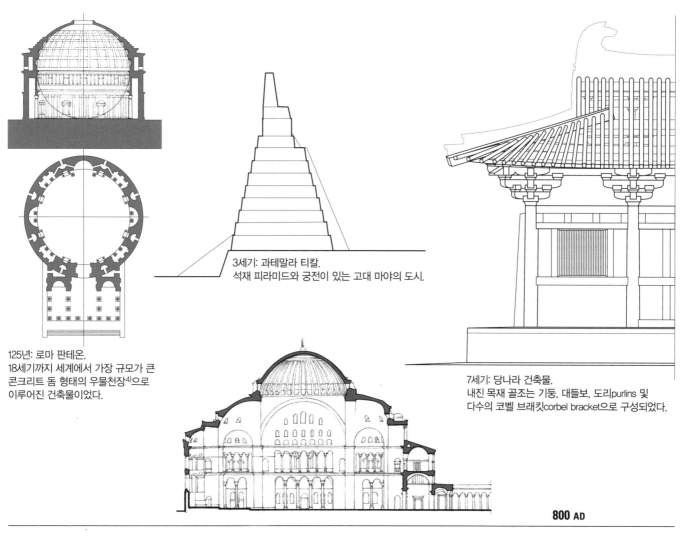

125년: 로마 판테온.
18세기까지 세계에서 가장 규모가 큰
콘크리트 돔 형태의 우물천장[4]으로
이루어진 건축물이었다.

3세기: 과테말라 티칼.
석재 피라미드와 궁전이 있는 고대 마야의 도시.

7세기: 당나라 건축물.
내진 목재 골조는 기둥, 대들보, 도리purlins 및
다수의 코벨 브래킷corbel bracket으로 구성되었다.

800 AD

532–37년: 이스탄불 하기아 소피아.
중앙 돔은 펜던티브pendentive[5]를 통해 원형 돔에서
정사각형 평면으로의 전환을 가능하게 한다.
아래층에는 볼트와 아치 시공에 있어서 콘크리트가 사용되었다.

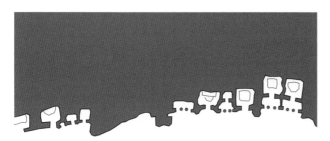

460년: 중국 윈강 석굴.
사암 절벽에 불교의 사찰을 새겨서 만들었다.

2세기: 중국에서 종이가 발명되다.

752년: 나라 토다이지.
이 불교사찰은 세계에서 가장 큰 목조 건축물로 현재
원래 규모의 3분의 2 크기로 재건되었다.

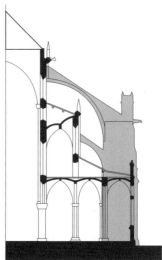

11세기: 투르누스 세인트 필리베르트 수도원 성당. 두께가 4피트(1.2미터)가 넘는 장식되지 않은 원통형 기둥은 넓고 가벼운 분위기의 본당nave을 지지한다.

1163-1250년: 파리 노트르담 대성당. 석조 구조물은 외부의 공중 부벽flying buttress을 이용하여 지붕이나 볼트에서 단단한 버팀목으로 바깥쪽과 아래쪽의 추력을 전달한다.

1056년: 중국 석가모니 탑. 현존하는 가장 오래된 목조탑이자 220피트(67.1미터) 높이의 세계에서 가장 높은 목재 구조물이다.

1100년: 찬 찬Chan Chan. 진흙 벽돌로 덮은 성채 벽.

900 AD

돌을 쉽게 구할 수 있는 곳에서는 방어벽을 세우고 바닥과 지붕의 목재 폭을 지탱하는 방어벽의 역할을 하는 데 돌이 처음 사용되었다. 석조 볼트와 돔을 통해 더욱 높은 층고와 장경간 구조물이 가능하게 되었으며, 첨두아치pointed arches, 다발기둥clustered columns 그리고 공중 부벽의 발달을 통해 더욱 가볍고 개방적인 석재구조물을 만들 수 있게 되었다.

1100년: 에티오피아 랄리벨라. 바위를 깎아 만든 교회들이 있는 장소이다.

1170년: 주철이 유럽에서 생산되다.

15세기: 필리포 브루넬레스키가 선형 투시도법 이론을 개발하다.

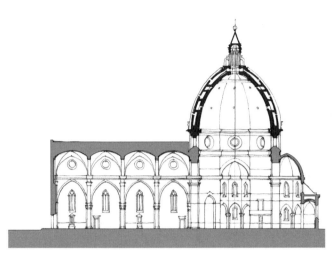

13세기: 이탈리아 피렌체 대성당.
필리포 브루넬레스키는 드럼drum⁶⁾ 위에 놓인 이중벽으로 구성된
돔을 설계하여 지면에서 비계 없이 시공할 수 있도록 하였다.

1506–1615년: 로마 성 베드로 대성당, 도나토 브라만테, 미켈란젤로, 자코모 델라
포르타. 최근까지 건축된 교회 중 가장 큰 규모의 교회로서 면적은 5.7에이커
(23,000제곱미터)에 달한다.

1400 AD   **1600 AD**

6세기 초에 이스탄불에 있는 하기아 소피아의 주
요 아케이드는 장력 타이tie 역할을 하는 철봉을 포
함하였다. 중세 및 르네상스 시기 동안에 철은 석조
구조를 강화하기 위해 맞춤못dowel과 같은 장식과
구조적인 요소 모두 사용되었다. 그러나 18세기에
이르러서야 새로운 생산 방식이 도입되어 철도역,
백화점, 기타 공공건물의 골조를 위한 구조 재료로
사용될 수 있을 만큼의 다량의 주철과 연철을 생산
할 수 있게 되었다. 석재의 벽과 기둥으로 이루어진
둔중한 매스감은 철과 강재로 이루어진 가벼운 구
조물의 형태로 전환되었다.

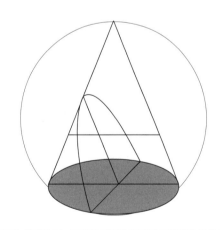

1638년: 갈릴레오는 물질의 강도와 물체의 움직임에 관한 두 가지 과학인
그의 첫 번째 책 《새로운 두 과학에 대한 논의와 수학적 논증》을 출판하였다.

16세기 초반: 용광로를 통해 다량의 주철을 생산하게 되다.

1687년: 아이작 뉴턴은 만유인력과 세 가지 운동 법칙을 설명하는
《자연철학의 수학적 원리》를 출판하여 고전역학의 기초를 세우다.

1653년: 인도 아그라 타지마할, 아흐마드 리하우리. 무굴 황제 샤 자한의 부인인 뭄타즈 마하이를 기리기 위해 지어진 상징적인 흰색 돔의 대리석 무덤이다.

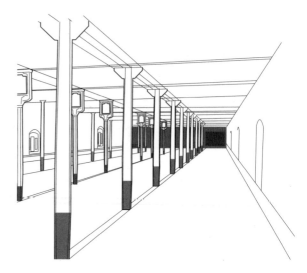

1797년: 영국 슈루즈베리 디데링턴 플랙스 밀, 윌리엄 스트럿. 세계에서 가장 오래된 철골조 건물로, 주철 기둥과 보로 이루어진 구조적인 골조이다.

1700

1800

18세기 후반과 19세기 초반: 산업혁명은 영국과 다른 지역의 사회경제적이고 문화적인 풍토를 변화시키는 농업, 제조업 그리고 교통의 주요한 변화를 도입하다.

중앙난방은 산업혁명이 산업, 주거용, 서비스를 위한 건물의 크기를 증가시킨 19세기 초부터 널리 채택되었다.

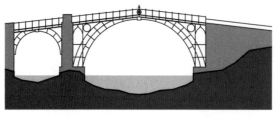

1777-79년: 영국 콜브룩데일의 철로 만들어진 다리. T. M. 프리처드.

1711년: 아브라함 다비Abraham Darby는 코크스로 제련하고, 모래로 주조된 고품질의 철을 생산하다.

1801년: 토마스 영은 탄성을 연구하여 탄성계수에 그의 이름을 붙였다.

1735년: 찰스 마리아 데 라 콘다민은 남아메리카에서 고무를 발견하다.

1778년: 조셉 브라마는 실용적인 물 옷장을 특허로 등록하다.

1738년: 다니엘 베르누이는 유체 흐름과 압력을 연관지었다.

1779년: 브라이 히긴스Bry Higgins는 외부 석고용 유압 시멘트를 특허로 등록하다.

1851년: 런던 하이드 파크 수정궁.
존 팩스턴. 연철과 판유리로 구성된 조립식
모듈은 990,000제곱피트(91,974제곱미터)의
박람회 공간을 만들기 위해 조립되었다.

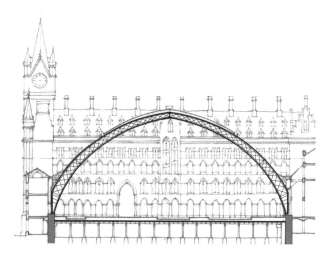

1868년: 런던 세인트 팬크라스 역, 윌리엄 바로우.
외부 추력을 견디기 위해 바닥 높이 아래에 타이 로드tie rod가 있는
트러스 아치 구조.

1860

수천 년 전 산시성의 피라미드를 짓기 위해 중국인
들이 석회와 화산재를 혼합했다는 증거가 있지만,
로마인들이 포틀랜드 시멘트로 만들어진 현대 콘크
리트와 비슷한 포졸란재로 유압 콘크리트를 개발하
였다. 1824년 조셉 아스핀Joseph Aspdin에 의해 포
틀랜드 시멘트 방식이 도입되고, 1848년 조셉 루이
람보트Joseph-Louis Lambot가 철근콘크리트를 발명
한 이후, 건축 구조물에서 콘크리트의 사용이 촉진
되었다.

현대 철강의 시대는 1856년 헨리 베세머Henry Bessemer
가 비교적 저렴한 강철 대량 생산 공정을 도입하면서 시
작되었다.

1850년: 헨리 워터맨Henry Waterman이 리프트를 발명하다.

1853년: 엘리사 오티스Elisha Otis는 케이블 끊어짐으로 인한 추락을
막기 위해 안전 엘리베이터를 도입한다. 오티스 엘리베이터는 1857년
뉴욕에서 처음으로 설치되었다.

1824년: 조셉 아스핀Josept Aspdin은
포틀랜드 시멘트의 제조 특허를 내다.

1827년: 조지 옴George Ohm은
전류, 전압 및 저항과 관련된 법칙을 만들다.

1855년: 알렉산더 파크스Alexaner Parkes
는 최초의 합성 플라스틱 물질인 셀룰로
이드를 특허로 등록하다.

1867년: 조셉 모니어Joseph
Monier는 철근콘크리트
특허를 등록하다.

1889년: 파리 에펠탑, 구스타브 에펠Gustave Eiffel. 이 타워는 1930년 뉴욕시의 크라이슬러 빌딩이 세워지기 전까지 전 세계에서 가장 높은 건축물로서 워싱턴 기념비를 대체하였다.

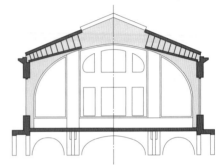

1884년: 시카고 주택보험빌딩, 윌리엄 르 바론 제니William Le Baron Jenney. 강철과 주철로 시공된 10층 구조 골조는 대부분의 바닥과 외벽의 무게를 지탱한다.

1898년: 프랑스 게브바일레르 공공 수영장, 에두아르 주블린Eduard Züblin. 철근콘크리트 볼트 지붕 구조는 각 골조 사이 얇은 판이 있는 다섯 개의 견고한 골조로 구성된다.

1875   **1900**

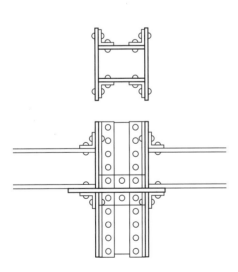

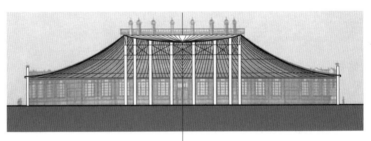

1896년: 러시아 산업 및 예술 박람회 '로툰다-파빌리온', 니즈니 노브고로드 Nizhny Novgorod, 블라디미르 슈호프Vladimir Shukhov. 세계 최초의 강재 인장 구조.

1881년: 찰즈 루이스 스토로벨Charles Louis Strobel은 압연 연철 단면과 리벳 접합을 표준화하다.

1903년: 오하이오 신시내티 잉걸스 빌딩, 엘즈너 & 앤더슨Elzner & Anderson. 최초의 철근콘크리트 고층 건물.

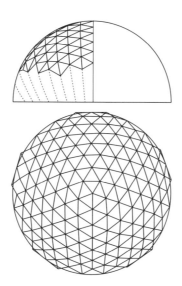

1922년: 독일 예나 천문대, 발터 바우어펠트Walter Bauerfeld. 20면체에서 파생된 기록상 현대 지오데식 돔Geodesic Dome.

1453 피트 (442.9 m)

1931년: 뉴욕 엠파이어 스테이트 빌딩, 슈리브Shreve, 램Lamb, 하몬Harmon. 1972년까지 세계에서 가장 높은 건물이었다.

1940

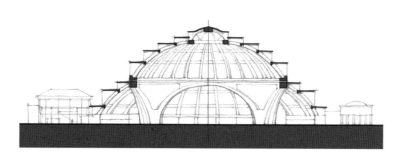

1913년: 백년관(센테니얼 홀), 브레슬라우, 막스 베르그. 213피트(65미터) 직경의 돔을 포함한 철근콘크리트 구조물은 넓은 공공 공간을 둘러싸기 위한 콘크리트 사용에 영향을 주다.

개량된 강재와 전산화된 응력해석 기술의 출현으로 인해 강재 구조는 더욱 가볍게 되고, 접합부는 더욱 정교해져 다양한 구조 형태를 구현할 수 있게 되었다.

1903년: 알렉산더 그레이엄 벨Alexander Graham Bell은 공간 구조 형태를 실험하여 이후에 벅민스터 풀러Buckminster Fuller, 맥스 멩게링하우젠Max Mengeringhausen, 콘라트 바흐스만Konrad Wachsmann에 의한 스페이스 프레임의 발전을 이끌었다.

1919: 월터 그로피우스Walter Gropius가 바우하우스를 설립하다.

1928년: 외젠 프레이시네Eugène Freyssinet가 프리스트레스트 콘크리트를 발명하다.

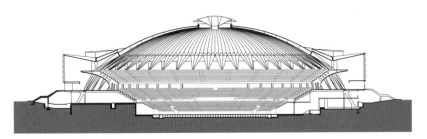

1960년: 이탈리아 로마 팔라초 델로 스포르트, 피레 루이지 네르비Pire Luigi Nervi.
1960년 하계 올림픽을 위해 지어진 지름 330피트(100미터)의 철근콘크리트 돔.

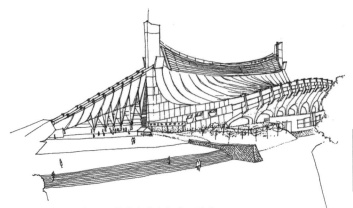

1961년: 도쿄 올림픽 경기장, 겐조 단게Kenzo Tange.
세계에서 가장 규모가 큰 현수식 지붕 구조물이며,
강재 케이블은 두 개의 철근콘크리트 기둥에 매달려 있다.

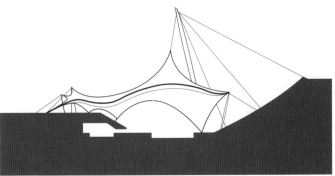

1972년: 독일 뮌헨 올림픽 수영 경기장, 프라이 오토Frei Otto.
강재 케이블은 막 구조와 결합하여 매우 가벼운 장경간 구조를 형성한다.

1950 **1975**

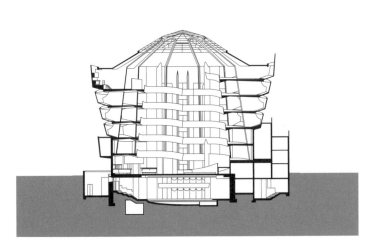

1943-59년: 뉴욕시 구겐하임 미술관, 프랭크 로이드 라이트.

1955년: 상업용 컴퓨터가 개발되다.

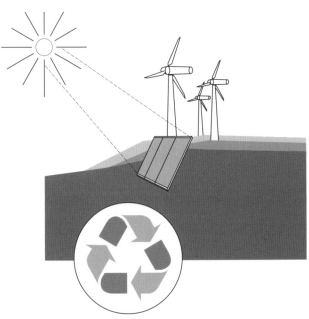

1973년: 유가 상승으로 인해 대체 에너지원에 관한 연구가 시작되었으며,
그 결과 에너지 절약이 건축 설계에 있어서 주된 요소가 되었다.

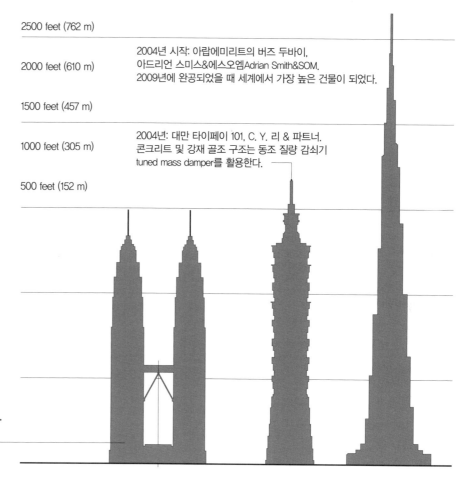

2500 feet (762 m)

2000 feet (610 m)
2004년 시작: 아랍에미리트의 버즈 두바이.
아드리언 스미스&에스오엠Adrian Smith&SOM.
2009년에 완공되었을 때 세계에서 가장 높은 건물이 되었다.

1500 feet (457 m)

1000 feet (305 m)
2004년: 대만 타이페이 101. C. Y. 리 & 파트너.
콘크리트 및 강재 골조 구조는 동조 질량 감쇠기
tuned mass damper를 활용한다.

500 feet (152 m)

1998년: 말레이시아 쿠알라룸푸르 페트로나스 타워스,
시저 펠리Cesar Pelli. 2004년 타이페이 101이
지어지기 전까지 세계에서 가장 높은 건물이었다.

2000

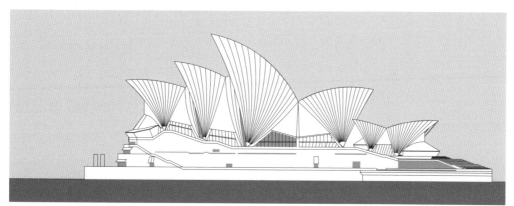

1973년: 시드니 오페라 하우스, 요른 웃존Jørn Utzon.
상징적인 형태의 셸Shell 구조물은 사전 제작된 현장 타설 콘크리트 리브rib로 구성된다.

앞서 살펴본 역사적 사례는 구조 시스템이 어떻게 진화해왔는지뿐만 아니라 어떻게 그것이 건축 설계에 영향을 끼쳤는지, 그리고 앞으로도 어떠한 영향을 미칠 것인지에 대한 의미를 전달한다. 건축은 공간, 형태, 구조의 결합에서 나오는 형언할 수 없지만, 감각적이고 미적인 특성을 구현한다. 다른 건물 시스템과 우리의 활동을 지원하는 데 있어, 인체의 골격이 우리 몸의 형상과 형태를 제공하고 장기 및 조직을 지원하는 방식과 유사하게, 구조 시스템은 건물과 건물 공간의 형상과 형태를 가능하게 한다. 그래서 우리가 건축적인 구조물architectural structures이라고 말할 때, 우리는 형태와 공간이 일관된 방식으로 결합된 것을 말한다.

따라서 건축구조를 설계하는 것은 단일 요소나 구성 요소의 적절한 크기 또는 특정 구조 조립품의 설계 그 이상을 포함한다. 이는 단순히 힘의 균형을 잡고 해결하는 작업이 아니다. 오히려 구조적 요소, 조립체 및 연결의 전체적인 구성과 규모가 건축에 담겨져 있는 생각을 요약하고, 설계 제안서의 건축 형태와 공간 구성을 강화하고, 시공성constructibility을 고려한 방식이어야 한다. 그런 다음 이를 위해서는 상호 연결되고 상호 연관된 부품으로 이루어진 시스템으로서 구조에 대한 인식, 구조 시스템의 일반적인 유형에 대한 이해뿐만 아니라 특정 유형의 구조 요소 및 조립체의 기능에 대한 이해도 필요하다.

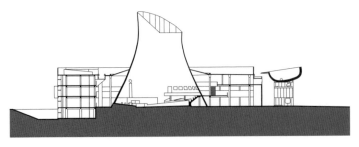

단면도

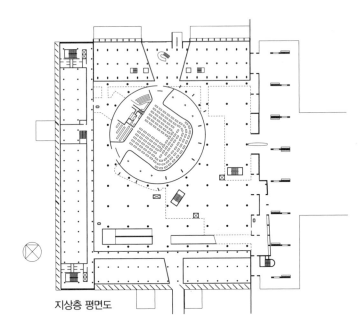

지상층 평면도

인도 찬다가르 **국회의사당 건물**(1951–1963년), 르 코르뷔지에|Le Corbusier

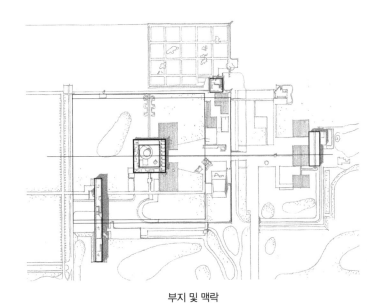

부지 및 맥락

구조평면도

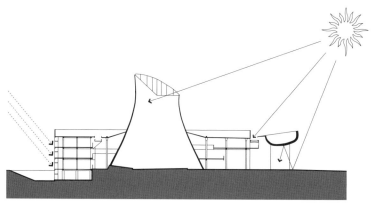

자연채광

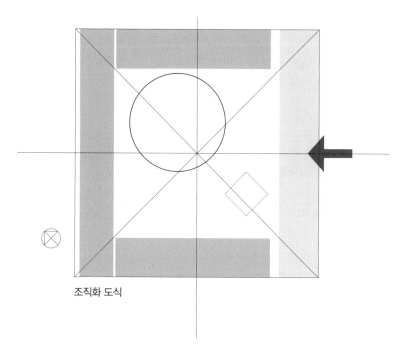

조직화 도식

구조 시스템이 건축 설계에 미치는 영향을 이해하려면 구조 시스템이 건축의 개념적, 경험적, 상황적 순서와 어떻게 관련되는지 알아야 한다.

- 형태 및 공간 구성
- 형태와 공간의 정의, 규모 및 비율
- 모양, 형태, 공간, 빛, 색상, 질감 및 패턴의 특성
- 인간 활동의 규모와 차원에 따른 질서
- 목적 및 용도에 따른 공간의 기능적 영역 설정
- 건물을 통과하는 수평 및 수직 이동 경로와 접근
- 자연 및 건조 환경 내에서 통합적인 구성요소로서 의 건물들
- 장소의 감각적, 문화적 특성

이 장의 나머지 부분에서는 구조 시스템의 주요 측면을 간략히 설명한다. 구조 시스템의 지지 및 보강 방식, 궁극적으로는 건축적인 아이디어를 제공한다.

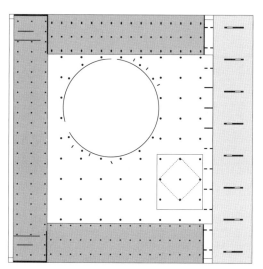

조직 아이디어 지원 구조

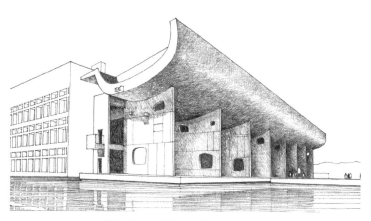

형태적인 아이디어를 지원하는 구조

형태 의도

구조 시스템이 건축 설계의 형태와 관련될 수 있는
세 가지 근본적인 방법이 있다.
기본 전략은 다음과 같다.

- 구조 시스템 노출
- 구조물 감추기
- 구조물을 특별히 강조하고 드러내기

구조 시스템 노출

역사적으로 18세기 후반 철과 강재를 활용한 시공
법이 등장하기 전까지는 석재 및 조적조로 이루어
진 내력벽 구조 시스템이 압도적인 형태였다. 이러
한 구조 시스템은 또한 외피를 감싸는 기본적인 시
스템으로 기능했기 때문에 일반적으로 정직하고 단
도직입적인 방식으로 건축의 형태를 표현하였다.

일반적으로 구조물의 덩어리에 첨가하거나, 차감을
통한 보이드void 또는 부조relief를 만드는 방식으로,
구조 재료를 주조하거나 조각한 결과로 형태적인
변형이 이루어졌다.

현대에도 건축물의 주요 형태 전달자로서 효과적으
로 구조 시스템(목재, 강재, 콘크리트 중 어느 쪽이
든)을 노출한 사례들이 있다.

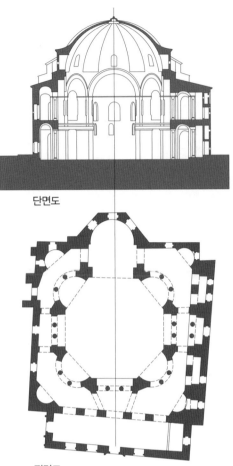

단면도

평면도

터키 이스탄불 세르지우스와 바쿠스Sergius and Bacchus 교회(527–
536년). 오스만 제국은 이 동방 정교회 건물을 모스크로 개조하였
다. 어떤 사람들은 중앙 돔의 평면이 특징적인 이 교회가 하기야 소
피아Hagia Sophia를 위한 모델이라고 믿고 있다.

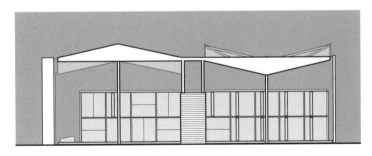

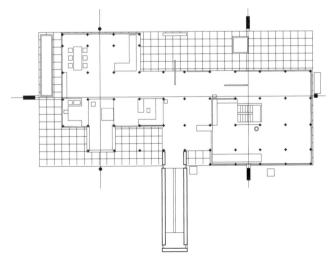

취리히 르 코르뷔지에/하이디 베버 파빌리온(1965),
르 코르뷔지에Le Corbusier. 구조용 강재 파라솔은 에나멜로 된
강철 패널과 유리의 측면을 가진 모듈식 강재 골조 구조물 위에
부유하고 있다.

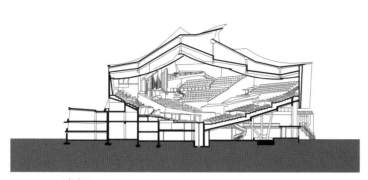

단면도

평면도

구조물 감추기

이 전략에서 구조 시스템은 건물의 외피 및 지붕으로 숨기거나 가린다. 구조를 숨기는 몇 가지 이유는 구조 요소를 내화성으로 만들기 위해 피복을 하는 경우, 또는 원하는 외부 형태가 내부 공간 요건과 상충되는 경우처럼 실용적이다. 후자의 경우, 구조물은 내부 공간을 구성하는 반면 외부 형태는 부지 조건이나 규제에 대응한다.

설계자는 구조 시스템이 형태 결정에 어떤 도움을 주거나 방해할 수 있는지를 고려하지 않고 외부 형태에 대한 표현의 자유를 원할 수 있다. 또는 의도보다는 지나침을 통해 구조 시스템이 가려질 수 있다. 이 두 경우 모두 설계가 의도적인지 우발적인지, 아니면 감히 부주의하다고 말할 수 있는지에 대한 정당한 의문이 발생한다.

◀ 독일 베를린 필하모닉 홀(1960-1963), 한스 샤룬 Hans Scharoun. 표현주의 운동의 한 예로서, 이 공연장은 텐트 같은 콘크리트 지붕과 계단식 좌석의 중앙에 무대가 있는 비대칭적인 구조로 되어 있다. 외관은 공연장의 기능적, 음향적 요건에 종속된다.

스페인 빌바오 구겐하임 박물관(1991-1997), 프랭크 게리Frank Gehry. 완성되었을 때 이 현대 미술관은 티타늄으로 장식된 조각 같은 형태로 알려졌다. 기존의 건축 용어로는 이해하기 어렵지만 카티야 CATIA와 같은 컴퓨터 기반 설계(CAD), 컴퓨터 기반 엔지니어링(CAE) 및 컴퓨터 기반 제작(CAM) 애플리케이션을 통해 무작위 형태를 정의하고 실현하는 것이 가능하게 되었다.

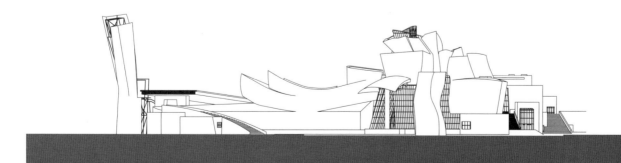

구조물을 특별히 강조하고 드러내기

구조 시스템을 단순히 노출하기보다는 디자인의 특징으로서 구조물의 형태와 물성을 강조하고 드러내는 데 구조물을 활용할 수 있다. 셸 구조와 막 구조의 역동적인 특징들은 그와 같은 범주에 종종 포함된다.

또한 구조에 작용하는 힘을 해결하는 방식을 표현하는 의지가 지배적인 구조물도 있다. 이러한 유형의 구조물은 종종 눈에 띄는 이미지 때문에 상징적인 형태가 된다. 프랑스 파리의 에펠탑이나 호주의 시드니 오페라 하우스가 대표적인 예이다.

건물이 그 구조를 특별히 강조하고 드러내는지 아닌지를 판단할 때, 구조적인 표현이 사실은 구조적이지 않고 단지 그렇게 보이는 표현적인 형태와 구별되도록 주의할 필요가 있다.

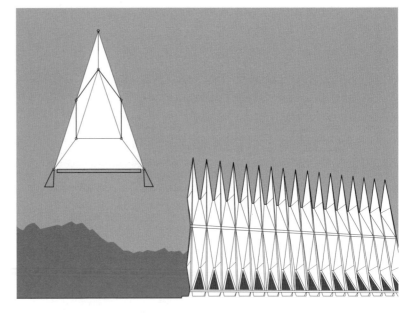

미국 콜로라도주 콜로라도 스프링스 공군사관학교 채플(1956-1964), 월터 네쉬Walter Netsch/에스오엠SOM. 100개의 동일한 사각형으로 구성된 치솟는 사면체 구조물tetrahedron은 삼각형 부분뿐만 아니라 개별 구조 단위의 삼각형으로 분할triangulation 작업을 통해 구조적 안정성을 개발한다.

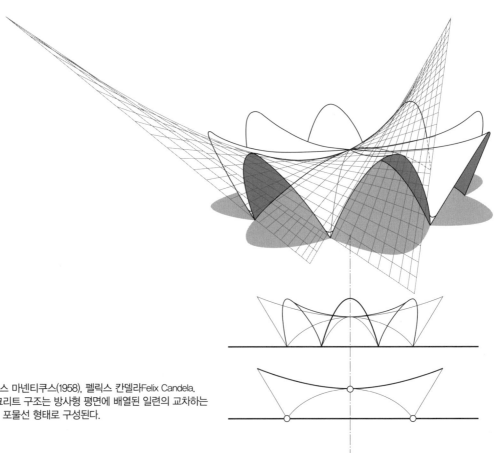

멕시코 소치밀코 로스 마넨티쿠스(1958), 펠릭스 칸델라Felix Candela. 얇은 두께의 셸 콘크리트 구조는 방사형 평면에 배열된 일련의 교차하는 안장 모양의 쌍곡선 포물선 형태로 구성된다.

버지니아주 샹틸리 덜레스 국제공항 메인 터미널
(1958-1962), 에로 사리넨Eero Saarinen. 외부로 기
울어지고 위로 갈수록 가늘어지는 기둥 사이로 매
달린 캐터너리catenary 케이블은 비행을 암시하듯
곡선의 우아한 콘크리트 지붕을 연결한다.

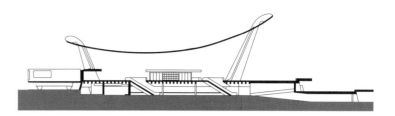

중국 홍콩 홍콩 상하이 은행(1979-1985), 노먼 포스
터Norman Foster. 알루미늄 재질로 둘러싸인 강재 기
둥 4개로 구성된 8개 그룹이 기초에서 솟아올라 5
개 레벨의 서스펜션 트러스suspension truss를 받치고
있으며, 이 트러스에서 바닥 구조물이 매달려 있다.

▼

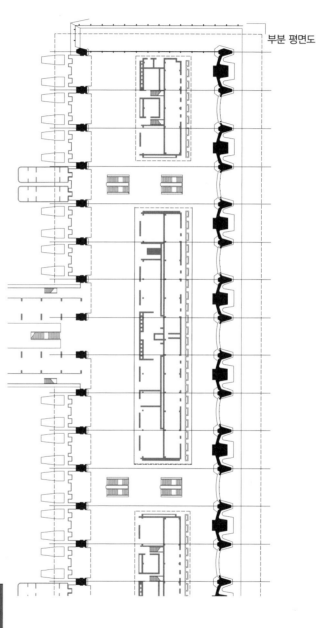

부분 평면도

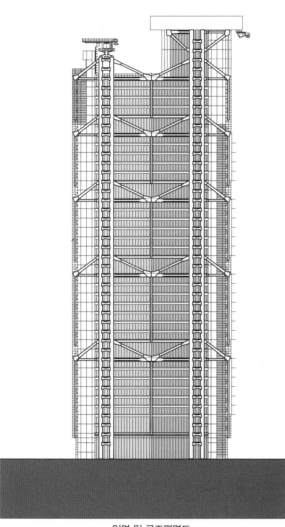

입면 및 구조평면도

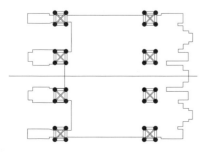

공간 구성

구조 시스템의 형태와 그 지지 요소 및 경간spanning 요소의 패턴은 다음과 같이 두 가지 근본적인 방식으로 디자인의 공간 배치 및 구성과 관련될 수 있다. 첫 번째는 구조 시스템의 형태와 공간 구성의 형태 사이의 일치하는 방식이다. 두 번째로는 구조 형태와 패턴이 공간 배치에 있어 더 자유롭고 융통성이 있도록 느슨하게 맞물리는 것이다.

대응

구조적인 형태와 공간 구성 사이에 대응correspondence이 있을 때, 구조적 지지와 경간 시스템의 패턴은 건물 내의 공간의 배치를 규정하거나 공간 배치가 특정 유형의 구조 시스템을 암시할 수 있다. 디자인 과정에서는 어느 것을 먼저 고려해야 하는가?

이상적인 경우라면 우리는 공간과 구조를 건축 형태의 공통의 결정인자로 함께 고려한다. 하지만 필요와 욕구에 따라 공간을 구성하는 것은 종종 구조에 관한 생각보다 선행된다. 반면에 구조적 형태가 설계 과정의 원동력이 될 수 있는 때도 있다.

어느 경우든 특정 크기 및 치수의 공간 패턴 또는 사용 패턴을 규정하는 구조 시스템은 향후 용도 또는 적응에 유연성을 허용하지 않을 수 있다.

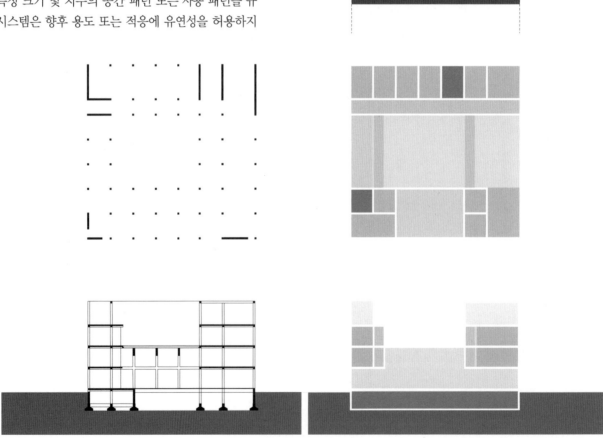

평면 및 단면의 구조 및 공간 다이어그램. 이탈리아 코모 카사 델 파시오(1932-1936), 주세페 테라니Giuseppe Terragni.

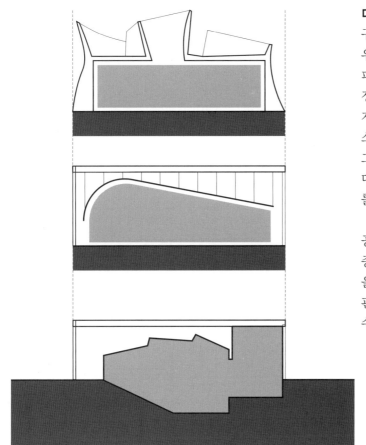

대비

구조적 형태와 공간 구성 사이에 대응이 부족할 경우, 둘 중 하나를 우선할 수 있다. 구조는 일정한 부피 내에 일련의 공간을 수용하거나 포함할 수 있을 정도로 충분히 크거나 공간 구성이 은폐된 구조를 지배할 수 있다. 불규칙하거나 비대칭적인 구조 시스템은 보다 규칙적인 공간 구성을 감싸거나 구조 그리드가 더욱 자유로운 공간 구성을 측정하거나 대조할 수 있는 점들의 균일한 세트 또는 네트워크를 제공할 수 있다.

공간과 구조의 구별은 배치의 유연성을 제공하거나 증축과 확장을 허용하며, 다른 건물 시스템의 특징을 눈에 띄게 하거나 내부와 외부의 필요, 욕구 및 관계의 차이를 표현하기 위해 바람직하게 사용될 수 있다.

이탈리아 로마 파르코델라뮤카 살라 시노폴리(1994-2002), 렌조 피아노Renzo Piano. 2차 구조는 외부 소음이 강당 안으로 들어오는 것을 줄이기 위해 납으로 덮인 지붕을 지지하는 반면, 1차 구조는 음향 환경의 조정이 가능한 벚나무cherry-wood 재질로 이루어진 내부 마감 재료를 지지한다.

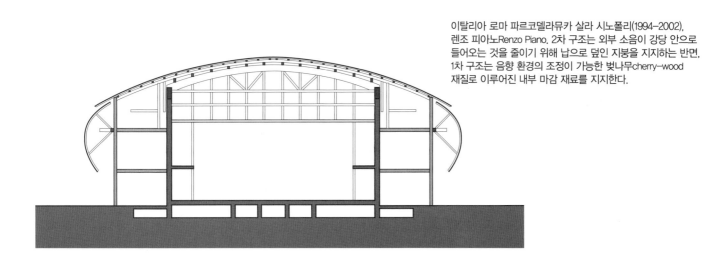

시스템은 상호 관련되거나 상호 의존적인 부품들이 모여 더욱 복잡하고 통일된 전체를 형성하고 공동의 목적을 수행하는 것으로 정의할 수 있다. 건물은 건물 전체의 3차원 형태와 공간 조직뿐만 아니라 필연적으로 서로 관련되고 조정되고 통합되어야 하는 많은 시스템과 하위 시스템의 물리적 구현으로 이해될 수 있다.

특히 건물의 구조 시스템은 부재에서 허용되는 응력을 초과하지 않고 지면에 가해지는 하중을 안전하게 지지하고 전달하기 위해 설계되고, 시공된 구조 요소의 안정적인 조립으로 구성된다. 각 구조 부재는 단일한 특성을 가지며, 가해진 하중하에서 고유한 움직임을 보여준다. 그러나 개별 구조 요소와 부재를 검토와 해결을 위해 분리하기 이전에, 디자이너는 구조 시스템이 요구하는 프로그램, 맥락적 형태, 공간 및 건축 계획의 관계를 어떻게 총체적으로 수용하고 지원하는지 이해하는 것이 중요하다.

건물의 크기와 규모에 상관없이, 건물은 형태와 공간을 정의하고 조직하는 구조와 외피의 물리적 시스템으로 구성된다. 이 요소들은 하부구조와 상부구조로 분류될 수 있다.

하부구조

하부구조는 부분적으로 또는 전체적으로 지표면 아래에 건설된 기초 및 건물의 가장 낮은 부분을 말한다. 그것의 주된 기능은 상부 구조물을 지지하고 고정하고, 하중을 안전하게 지반으로 전달하는 것이다. 그것은 건물 하중의 분포와 해결에서 중요한 연결고리 역할을 하므로 일반적으로 시야에서 가려져 있지만, 기초 시스템은 위의 상부구조의 형태와 배치를 수용하고 아래의 토양, 암반, 물과 같은 다양한 조건에 반응하도록 설계되어야 한다.

기초에 대한 주요 하중은 상부 구조물에 수직으로 작용하는 고정 하중dead load과 활하중live load의 조합으로 이루어진다. 또한, 기초 시스템은 바람에 의한 미끄러짐sliding, 전도overturning, 부양uplift에 대비하여 상부 구조물을 고정시키고, 지진으로 인한 갑작스러운 지반 이동을 견뎌야 하며, 주변의 토양과 지하수가 지하 벽에 가하는 압력에 저항해야 한다. 어떤 경우에는 기초 시스템이 아치형 또는 인장 구조의 추력에 대항해야 할 수도 있다.

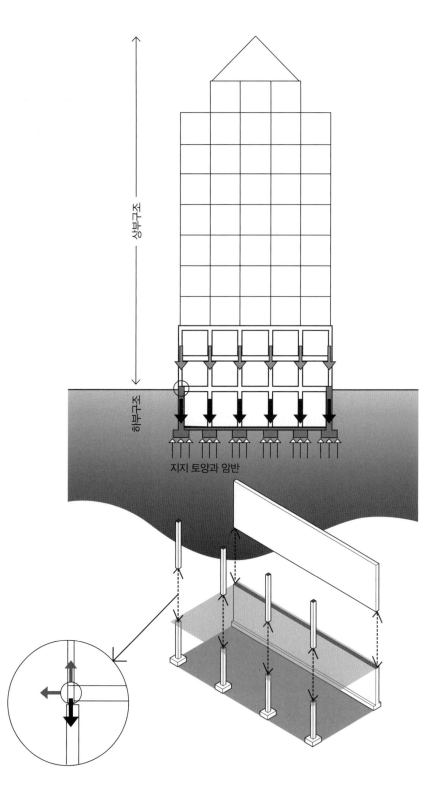

지지 토양과 암반

우리가 선택하는 하부구조의 유형, 그리고 결과적으로 우리가 설계하는 구조 패턴에 미치는 큰 영향은 건물의 터와 맥락으로부터 기인한다.

- 상부구조와의 관계: 필요한 기초 요소의 유형과 패턴은 상부구조에 대한 지지대 배치에 영향을 미친다. 하중 전달에서 수직 연속성은 구조적 효율성을 위해 최대한 유지되어야 한다.
- 토양 유형: 건물 구조의 무결성은 궁극적으로 토대 밑의 토양이나 암반의 하중을 받는 안정성과 강도에 달려 있다. 따라서 기초 토양이나 암반의 지지 능력은 건물의 크기를 제한하거나 깊은 기초가 요구될 수 있다.
- 지형과의 관계: 건물 부지의 지형적 특성은 생태적, 구조적 영향과 결과를 모두 가지고 있으며, 따라서 부지 개발은 자연 배수 패턴, 홍수, 침식 또는 산사태에 대한 조건 그리고 서식지 보호를 위한 준비에 민감해야 한다.

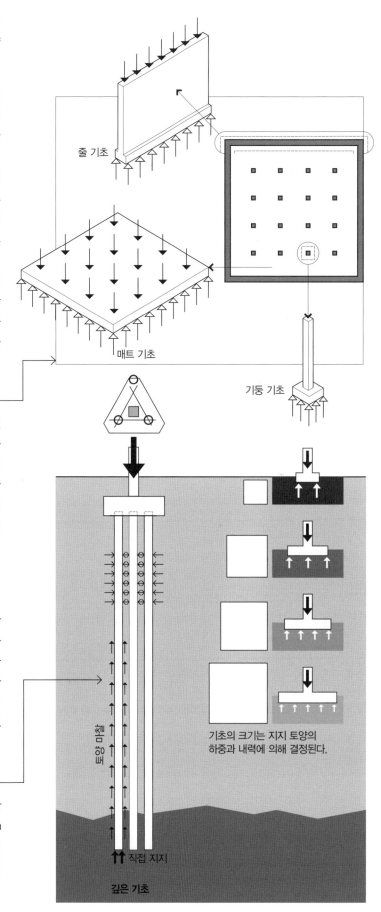

얕은 기초

적절한 지지력의 안정된 토양이 상대적으로 지표면 근처에 있는 경우, 얕은 기초shallow foundations 또는 확대 기초spread foundations를 사용한다. 그러한 기초들은 하부구조의 가장 낮은 부분 바로 아래에 놓이며, 수직 압력에 의해 건물 하중을 지지 토양에 직접 전달한다. 얕은 기초는 다음과 같은 기하학적 형태를 취할 수 있다:

- 점: 기둥 기초
- 선: 기초 및 바닥
- 면: 매트 또는 온통 기초는 다수의 기둥 또는 건물 전체에 단일 덩어리의 기반 역할을 하는 두껍고 무거운 철근콘크리트 슬래브이다. 이는 건물 하중에 비해 기초 토양의 허용 응력이 낮고 내부 기둥 바닥재가 너무 커서 단일 슬래브로 병합하는 것이 더 경제적일 때 사용된다. 매트 기초는 리브rib, 보beam 또는 벽의 그리드에 의해 강화될 수 있다.

깊은 기초

깊은 기초는 상부구조보다 훨씬 아래에 있는 조밀한 모래와 자갈층과 같은 적합한 지지층bearing stratum에 건물 하중을 전달하기 위해, 부적합한 토양을 지나 아래로 확장되는 잠함 기초caisson 또는 장대 기초pile로 구성된다.

구조 시스템

상부구조

건물의 기초 위에 수직적으로 확장된 상부구조는 건물의 형태와 그 공간 배치와 구성을 규정하는 셸 shell과 내부구조로 구성되어 있다

셸

지붕, 외벽, 창문, 문으로 구성된 건물의 셸이나 외피는 건물의 내부 공간을 보호하고 피난처를 제공한다.

- 지붕과 외벽은 악천후로부터 내부를 보호하고, 겹겹이 레이어로 구성된 시공된 벽체와 지붕을 통해 습기, 열 및 공기 흐름을 제어한다.
- 외벽과 지붕은 또한 소음을 감소시키고 거주자들에게 안전과 사생활을 제공한다.
- 문은 물리적 접근을 제공한다.
- 창은 빛, 공기 및 전망에 대한 접근을 제공한다.

구조체

구조 시스템은 건물의 내부 바닥, 벽 및 칸막이벽뿐만 아니라 외피를 지지하고 적용된 하중을 하부구조로 전달하는 데 필요하다.

- 기둥, 보 및 내력벽은 바닥 및 지붕 구조를 지지한다.
- 바닥 구조는 우리의 실내 활동과 가구를 지탱하는 평평한 내부 공간의 기본 평면이다.
- 내부 구조벽 및 비내력 칸막이벽은 건물 내부를 공간 단위로 세분한다.
- 횡력 저항 요소는 횡력 안정성을 제공하기 위해 배치된다.

시공 과정에서 상부구조는 하부구조로부터 위로 올라오며, 상부구조가 하중을 하부구조로 전달하는 경로와 같은 경로를 따른다.

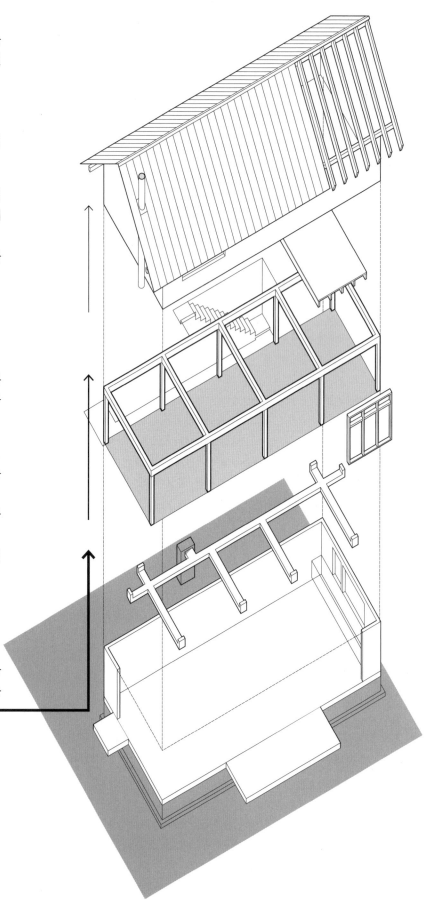

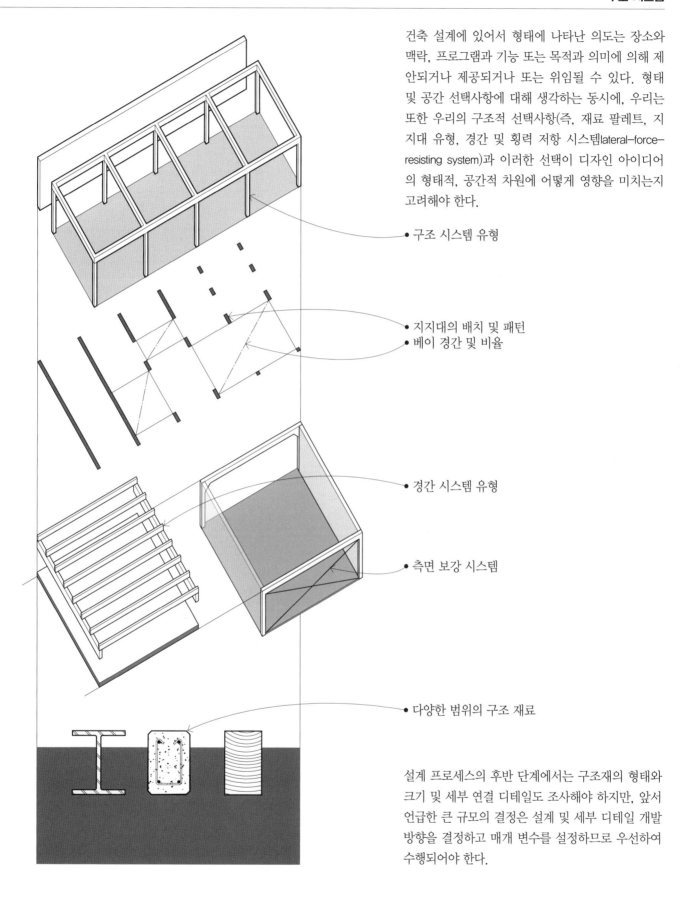

건축 설계에 있어서 형태에 나타난 의도는 장소와 맥락, 프로그램과 기능 또는 목적과 의미에 의해 제안되거나 제공되거나 또는 위임될 수 있다. 형태 및 공간 선택사항에 대해 생각하는 동시에, 우리는 또한 우리의 구조적 선택사항(즉, 재료 팔레트, 지지대 유형, 경간 및 횡력 저항 시스템lateral-force-resisting system)과 이러한 선택이 디자인 아이디어의 형태적, 공간적 차원에 어떻게 영향을 미치는지 고려해야 한다.

- 구조 시스템 유형

- 지지대의 배치 및 패턴
- 베이 경간 및 비율

- 경간 시스템 유형

- 측면 보강 시스템

- 다양한 범위의 구조 재료

설계 프로세스의 후반 단계에서는 구조재의 형태와 크기 및 세부 연결 디테일도 조사해야 하지만, 앞서 언급한 큰 규모의 결정은 설계 및 세부 디테일 개발 방향을 결정하고 매개 변수를 설정하므로 우선하여 수행되어야 한다.

구조 시스템 유형

구조 시스템이 부여하는 표현의 역할과 원하는 공간 구성에 대한 태도를 고려할 때, 다양한 시스템이 가해지는 힘에 반응하고 이러한 힘이 기초에 가하는 힘이 재배치되는 일반적인 속성을 이해한다면, 적합한 구조 시스템을 선택할 수 있을 것이다.

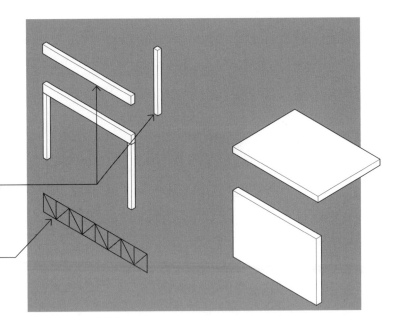

- 휨저항 구조 시스템bulk-active structures은 주로 보와 기둥과 같은 재료의 부피와 연속성을 통해 외부 힘의 방향을 바꾼다.

- 백터저항 구조 시스템vector-active structures은 주로 트러스와 같은 인장 및 압축 부재의 구성을 통해 외부 힘의 방향을 바꾼다.

- 내력벽, 바닥 및 지붕 슬래브, 볼트 및 돔과 같은 구조적 요소의 비율은 재료의 특성뿐만 아니라 구조 시스템의 역할에 대한 시각적 단서를 제공한다. 조적조 벽은 압축에는 강하지만 휨에는 상대적으로 약하며, 같은 일을 하는 철근콘크리트 벽보다 두꺼울 것이다. 강재 기둥은 동일한 하중을 지탱하는 목재 기둥보다 얇다. 4인치 철근콘크리트 슬래브는 4인치 목재 바닥재보다 폭이 더 넓은 경간이 가능하다.

- 면응력 구조 시스템surface-active structures은 주로 플레이트 또는 셸 구조와 같은 표면의 연속성을 따라 외부 힘을 전달한다.

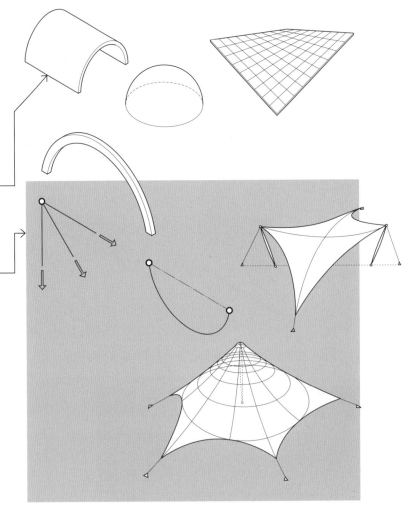

- 형태저항 구조 시스템form-active structures은 주로 아치 또는 케이블 시스템과 같은 재료의 형태를 통해 외부 힘의 방향을 바꾼다.
- 구조는 재료의 무게와 강성에 덜 의존하며 안정성을 위해 기하학적 구조에 더 의존하기 때문에 막 구조membrane structures 및 스페이스 프레임space frames의 경우처럼 그 요소는 공간 규모와 치수를 제공할 수 있는 능력을 상실할 때까지 점점 더 얇아질 수 있다.

구조 해석 및 설계

구조 설계에 대한 논의를 진행하기 전에 구조 설계와 구조 해석을 구분하는 것이 유용하다. 구조 해석은 구조물의 배열, 형태, 치수가 주어진 경우, 구조물의 구조나 그 구성요소 중 어느 것이든, 물질적인 응력이나 과도한 변형 없이 사용된 재료의 적절한 응력으로 구조물의 주어진 하중을 안전하게 전달할 수 있는 능력을 결정하는 과정이다. 즉, 구조 해석은 특정 구조와 특정 하중 조건이 주어진 경우에만 발생할 수 있다.

한편, 구조 설계는 사용된 재료의 허용 응력을 초과하지 않고 주어진 하중을 안전하게 전달하기 위해 구조 시스템의 부재를 배열, 상호 연결, 크기 조정 및 비례시키는 프로세스를 의미한다. 구조 설계는 다른 설계 활동과 마찬가지로 불확실성, 모호성 및 근사치가 있는 환경에서 작동해야 한다. 부하 요구 사항뿐만 아니라 당면한 건축, 도시 설계, 프로그래밍 문제까지 해결할 수 있는 구조 시스템을 찾는 것이다.

구조 설계 프로세스의 첫 번째 단계는 건축 설계의 특성, 장소 및 맥락, 또는 특정 재료의 가용성에 의해 촉진될 수 있을 것이다.

- 건축 설계 아이디어는 특정 유형의 구성 또는 패턴을 유도할 수 있다.
- 대지 및 맥락은 특정 유형의 구조적 반응을 제안할 수 있다.
- 구조 재료는 건축 법규의 요구사항, 인력의 공급 및 허용, 인건비에 의해 좌우될 수 있다.

구조 시스템의 유형, 구성 또는 패턴, 구조 재료가 제시되면, 설계 프로세스는 조립품 및 개별 부재의 크기 및 비율과 연결부 상세 개발로 진행될 수 있다.

- 명확히 하기 위해, 횡력 저항 요소가 생략되었다. 5장의 횡력 저항 시스템 및 전략 참조.

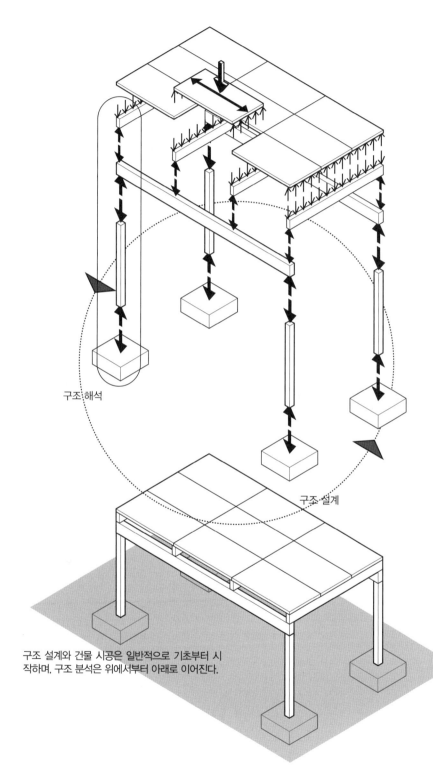

구조 해석

구조 설계

구조 설계와 건물 시공은 일반적으로 기초부터 시작하며, 구조 분석은 위에서부터 아래로 이어진다.

연결부 상세

힘이 한 구조 요소에서 다음 구조 요소로 전달되는 방식과 구조 시스템이 전체적으로 어떻게 작동하는지는 사용되는 접합부와 연결부의 유형에 따라 크게 달라진다. 구조 요소는 다음과 같은 세 가지 방법으로 서로 결합할 수 있다.

- 맞댐 이음butt joints은 요소 중 하나가 연속되도록 하며, 일반적으로 연결을 위해 세 번째 매개 요소가 필요하다.
- 겹침 이음overlapping joints은 중첩된 연결된 모든 요소가 서로를 우회하고 이음을 가로질러 계속 이어진다.
- 결합 요소는 구조적 연결을 형성하기 위해 몰드성형 이음molded joints 또는 형재 이음shaped joints 방식도 가능하다.

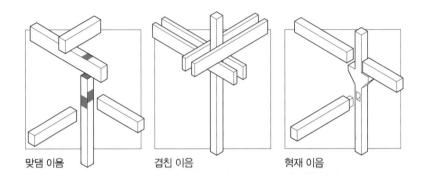

맞댐 이음   겹침 이음   형재 이음

우리는 또한 기하학에 기반하여 다음과 같이 구조적 연결을 분류할 수 있다.

- 점: 볼트 연결
- 선: 용접 연결
- 면: 접착제 연결

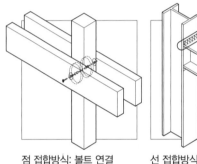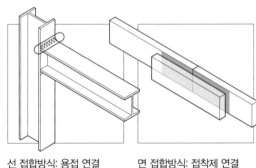

점 접합방식: 볼트 연결   선 접합방식: 용접 연결   면 접합방식: 접착제 연결

구조적 연결에는 네 가지 기본적인 유형이 있다.

- 핀접합pin joints 또는 힌지접합hinge joints은 회전을 허용하지만 모든 방향으로의 수평 이동에 저항한다.
- 롤러접합roller joints은 회전을 허용하지만, 면에 수직 또는 멀어지는 방향으로의 수평 이동에 저항한다.
- 강접합rigid joints 또는 고정접합fixed joints은 결합한 요소 간의 결합각을 유지하고 모든 방향으로의 회전과 수평이동을 제한하며, 힘과 모멘트에 모두 저항한다.
- 케이블 정착cable anchorage은 회전을 허용하지만, 케이블 방향으로만 수평 이동에 저항한다.

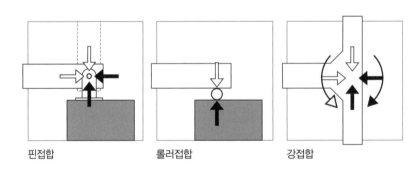

핀접합   롤러접합   강접합

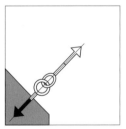

케이블 정착 및 지지

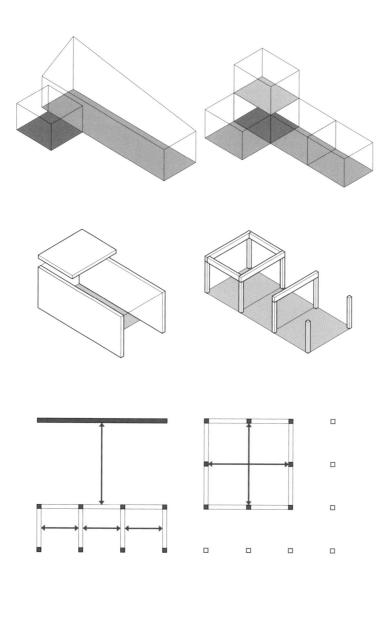

우리는 디자인 과정에서 더 큰 전체를 구성하는 구조 단위 요소를 고려하기 전에 더 큰 전체적인 패턴을 먼저 생각하는 경향이 있다. 그래서 우리는 건축물의 구조 계획을 세우는 전략을 세울 때, 건축적인 구성의 본질적인 특성과 구조 요소들의 성격과 구성을 고려해야 한다. 이를 위해 다음과 같은 일련의 근본적인 질문으로 이어진다:

건물 설계

• 전체를 아우르는 형태가 요구되거나, 아니면 분명한 특징적인 부분들로 건축 구성이 이루어져 있는가? 만약 그렇다면, 위계적인 질서를 따라야 하는 부분들이 있는가?
• 주요 건축 요소는 본질적으로 평면형planar인가 아니면 선형linear인가?

건물 프로그램

• 프로그램에서 요구되는 공간의 바람직한 규모와 비율, 구조 시스템의 경간 기능, 그리고 그 결과 지지대의 배치와 간격 사이에서 상관관계가 있는가?
• 공간에서 1방향 또는 2방향 경간 방식이 요구되는 이유가 있는가?

시스템 통합

• 공조 및 기타 건물 시스템이 구조 시스템과 어떻게 통합될 수 있는가?

법규 요구사항

• 건물의 용도, 사용공간 및 규모에 관해서 건축 법규가 요구하는 조건은 무엇인가?
• 요구되는 시공의 종류와 구조 재료는 무엇인가?

경제성

• 재료의 가용성, 제작 공정, 운송 요건, 인력 및 장비 요건, 그리고 설치 시간이 구조 시스템 선택에 어떠한 영향을 미치는가?
• 수평 증축 또는 수직 증축을 허용할 필요가 있는가?

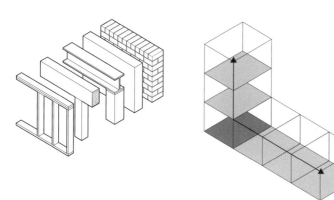

구조 계획

법적인 규제

건물의 크기(높이 및 면적)와 건물의 용도intended use, 최대 수용인원occupancy load 및 시공 유형type of construction 사이에는 법적인 규제가 존재한다. 건물의 크기는 요구되는 구조 시스템의 유형과 구조 및 시공에 사용될 수 있는 재료와 관련이 있으므로 건물의 예상 규모를 이해하는 것은 중요하다.

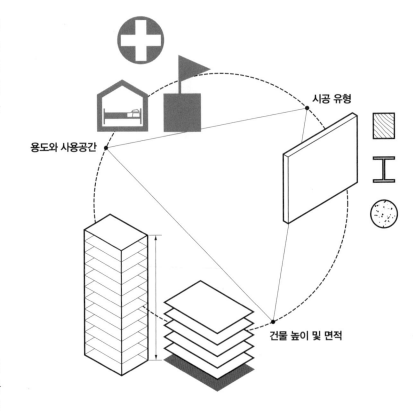

용도와 사용공간

시공 유형

건물 높이 및 면적

용도지역 조례

용도지역 조례zoning ordinances는 지자체 내의 위치와 부지 내에서의 위치를 바탕으로, 일반적으로 건물 크기의 다양한 측면을 명시함으로써 허용 가능한 건물의 부피(높이와 면적) 그리고 형태를 제한한다.

• 필지 면적대비 건물 구조물이 얼마나 차지하는지 (건폐율) 그리고 총바닥면적이 얼마나 될 수 있는지(용적률)를 백분율로 나타낼 수 있다.
• 건물이 지닐 수 있는 최대 폭과 깊이는 부지 치수의 백분율로 표현될 수 있다.
• 용도지역 조례는 적절한 일조, 공기 및 공간을 제공하고 가로 경관 및 보행자 환경을 개선하기 위해 특정 지역의 건물 높이를 지정할 수 있다.

건물의 크기와 모양은 또한 공기, 빛, 일조권 및 사생활 보호를 제공하기 위해 구조물에서 대지 경계선까지 최소 이격거리를 지정함으로써 간접적으로 통제된다.

• 부지 경계선
• 정면, 측면, 배면으로부터 요구되는 건축선후퇴setbacks

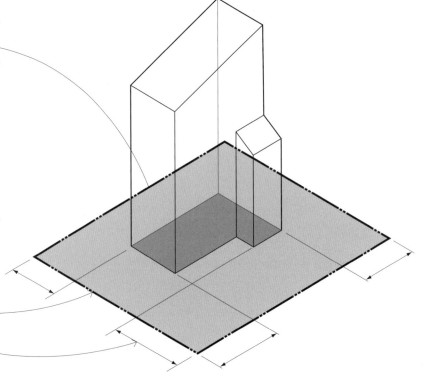

건축 법규는 건물의 위치, 용도 및 사용공간, 층간 높이 및 면적에 따라 건물에 필요한 재료 및 건축물의 내화 등급을 지정한다.

건물의 높이 및 면적

건물의 용도와 전체 바닥 면적, 높이 및 부피를 제한할 수 있는 용도지역 조례zoning ordinances 외에도 국제 건축 규정International Building Code, IBC과 같은 건축 법규는 최대 높이를 제한하고 시공 유형 및 사용자 유형에 따라 건물의 층당 관계를 나타내며, 내화 등급, 건축물의 크기, 사용공간 사이의 본질적인 관계를 나타낸다. 건물이 클수록, 거주자 수가 많을수록, 그리고 거주자가 위험에 처할 가능성이 클수록 구조물은 내화성을 지녀야 한다. 화재로부터 건물을 보호하고, 거주자를 안전하게 대피시키고, 소방관이 화재 대응에 필요한 시간을 확보하는 것이 목적이다. 건물에 자동 방화 스프링클러 시스템이 설치돼 있거나 방화벽으로 구분된 경우, 제한된 면적을 초과할 수도 있다.

사용 공간 분류

A 집회assembly
  강당, 극장, 경기장

B 업무business
  사무실, 실험실 및 고등 교육 시설

E 교육educational
  보육 시설 및 12학년(고등학교) 이하의 학교

F 공장 및 산업factories
  가공, 조립 또는 제조 시설

H 고위험high hazard
  유해 물질 속성을 활용하고 상당한 양을 다루는 시설

I 보호institutional
  병원, 요양원 및 소년원 시설과 같은 감독이 필요한 사용자를 위한 시설

M 상업mercantile
  상품 전시 및 판매를 위한 매장

R 주거residential
  주택, 아파트 및 호텔

S 보관storage
  창고시설

건물 높이는 지면으로부터의 전체 높이 또는 층수로 나타낼 수 있다.

최대 높이 및 면적

국제 건축 규정IBC의 표 503에서 건물의 허용 높이와 면적은 사용공간 유형과 시공 유형의 교차점에서 결정된다. 사용공간 유형은 일반적으로 높이와 면적보다 먼저 결정되므로, 표에서 세로로 사용공간 항목을 먼저 확인하고, 그와 걸맞은 건물 설계의 요구사항을 찾으면 된다. 가로로 읽으면, 시공 유형에 따른 허용되는 건물의 최대 높이와 면적을 찾을 수 있다.

시공 유형 A와 B의 구분은 내화성능 수준으로 이루어진다. 유형 A는 내화성능이 높으므로, 모든 유형의 건축물은 유형 B 건축물에 비해 허용되는 높이와 면적이 크며, 사용공간을 위험 정도로, 건물 유형을 내화등급으로 구분하는 원칙을 통해 화재 및 인명안전life safety 기준이 높을수록, 건물이 대형화되고 고층화될 수 있다.

높이는 두 가지 방법으로 표현된다. 첫 번째는 지면 위로부터의 높이이며, 일반적으로 사용공간occupancy과는 무관하지만 내화성fire-resistance과 연관되어 있다. 두 번째는 층의 높이이며 사용공간과 연관된다. 이러한 두 가지 기준 모두는 각각의 분석에 적용된다. 이는 높이가 표로 작성되지 않을 경우, 층간 높은 층고로 인해 건물 높이가 지면 위 높이 제한을 초과하는 건물이 생기는 것을 피하기 위함이다.

오른쪽에 있는 그림은 허용되는 최고 건물의 높이 및 면적과 사용공간occupancy 및 시공 유형construction type과의 상관관계를 보여준다. 이 예들은 타입 I 화재 방지 시공으로부터 타입 V 무등급 시공까지의 차이점을 강조한다.

국제 건축 규정 표 503

시공 유형

뛰어난 내화성 ·········· → 낮은 내화성

Type I		Type II		Type III		Type IV	Type V	
A	B	A	B	A	B	HT	A	B

높이(피트) 지면 위 (건물 높이) ←·········· 55

그룹(사용공간)

- A (집회)
- B (업무)
- E (교육) ·········· 2층 14,500제곱피트(1,347제곱미터) 층별 바닥 면적
- F (공장)
- H (위험)
- I (보호)
- M (상업)
- R (주거)
- S (저장)
- U (유틸리티)

시공 유형

I   II   III   IV   V

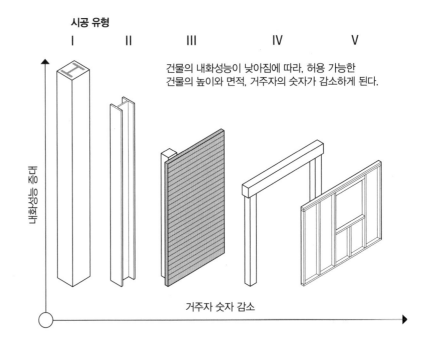

건물의 내화성능이 낮아짐에 따라, 허용 가능한 건물의 높이와 면적, 거주자의 숫자가 감소하게 된다.

내화성능 증대

거주자 숫자 감소

국제 건축 규정 표 503에서 발췌 (허용 가능한 건물 높이, 층수 그리고 각층당 비례하는 바닥 면적을 나타냄)

시공 유형 국제 건축 규정 표 6001에서 확인 할 수 있다.	Type I A 내화 구조	Type II A 내화 구조	Type III B 부분 내화 구조	Type IV 중목 구조	Type V B 비내화 구조

사용 공간

A-2
(식당)

UL/UL/UL

65/3/15,500 sf
19.8 m/3/(1,440 m^2)

55/2/9,500 sf
16.8 m/2/(883 m^2)

65/3/15,000 sf
19.8 m/3/(1,394 m^2)

40/1/6,000 sf
12.2 m/1/(557 m^2)

B
(업무)

UL/UL/UL

65/5/37,500 sf
19.8 m/5/(3,484 m^2)

55/4/19,000 sf
16.8 m/4/(1,765 m^2)

65/5/36,000 sf
19.8 m/5/(3,344 m^2)

40/2/9,000 sf
12.2 m/2/(836 m^2)

M
(상업)

UL/UL/UL

65/4/21,500 sf
19.8 m/4/(1,997 m^2)

55/4/12,500 sf
16.8 m/4/(1,161 m^2)

65/4/20,500 sf
19.8 m/4/(1,904 m^2)

40/1/9,000 sf
12.2 m/1/(836 m^2)

R-2
(아파트)

UL/UL/UL

65/4/24,000 sf
19.8 m/4/(2,230 m^2)

55/4/16,000 sf
16.8 m/4/(1,486 m^2)

65/4/20,500 sf
19.8 m/4/(1,904 m^2)

40/2/7,000 sf
12.2 m/2/(650 m^2)

시공 유형

국제 건축 규정IBC은 건물의 시공을 주요 부재의 내
화성fire resistance에 따라 분류한다.

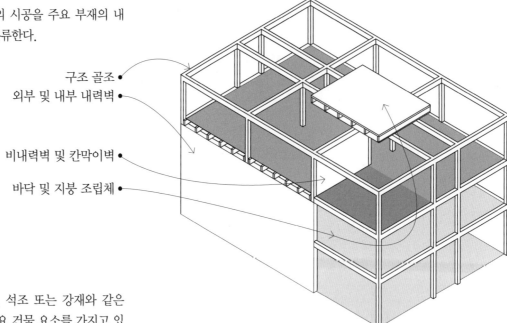

구조 골조 •
외부 및 내부 내력벽 •

비내력벽 및 칸막이벽 •
바닥 및 지붕 조립체 •

- **유형Ⅰ** 건물은 콘크리트, 석조 또는 강재와 같은
불연성 재료로 구성된 주요 건물 요소를 가지고 있
다. 일부 가연성 물질은 건물의 1차적인 구조물에
보조적인 경우 허용된다.
- **유형Ⅱ** 건물은 주요 건물 요소에 필요한 내화성 등
급을 감소시킨다는 점을 제외하면 유형Ⅰ 건물과
유사하다.
- **유형Ⅲ** 건물은 불연성 외벽과 법규에 의해 허용된
모든 재료의 주요 내부 요소를 가지고 있다.
- **유형Ⅳ** 건물(중목Heavy Timber, HT)은 지정된 최
소 크기의 밀폐된 공간 없이 중실solid 또는 적층
laminated 목재로 이루어진 불연성 외벽과 주요 내
부 요소로 이루어진다.
- **유형Ⅴ** 건물에는 건축 법규에서 허용하는 모든 재
료의 구조 요소, 외벽 및 내벽을 가지고 있다.

- 보호 구조물protected construction을 위해서는 비내
력 내벽과 칸막이벽을 제외한 모든 주요 건물의 요
소가 1시간 내화 등급을 충족해야 한다.
- 비보호 구조물unprotected construction은 건축 법규
가 부지 경계선에 근접하여 외벽의 보호를 요구하
는 경우를 제외하고는 내화성 요건이 없다.

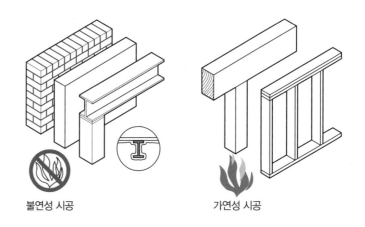

불연성 시공   가연성 시공

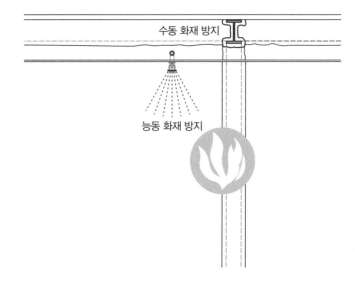

수동 화재 방지

능동 화재 방지

내화 등급 요구 시간 (국제 건축 규정IBC 표 601을 기준)

시공 유형	Type I		Type II		Type III		Type IV	Type V	
	A	B	A	B	A	B	HT	A	B
건물 요소									
구조 골조	3	2	1	0	1	0	2	1	0
내력벽									
외부	3	2	1	0	2	2	2	1	0
내부	3	2	1	0	1	0	1/HT	1	0
비내력벽									
외부	비내력 외벽에 대한 내화 요구사항은 내부 대지선, 도로 중심선 또는 같은 건물에 있는 두 건물 사이의 가상선으로부터의 방화 이격 거리fire separation distance를 기반으로 한다.								
내부	0	0	0	0	0	0	1/HT	0	0
바닥 시공	2	2	1	0	1	0	HT	1	0
지붕 시공	$1^1/_2$	1	1	0	1	0	HT	1	0

내화 등급은 미국 재료시험학회 American Society for Testing Materials, ASTM가 정의하는 내화 실험 조건을 바탕으로 다양한 재료 및 시공 조합의 성능에 기초한다. 그러나 건축 법규를 통해 설계자는 몇 가지 대체 방법을 사용하여 내화 기준을 준수함을 증명할 수 있다. 한 가지 방법은 UL(Underwriters Laboratory, Inc.)[7]과 같이 공인된 기관에서 증명한 제품의 사용을 허용하는 것이다. 국제 건축 규정IBC에는 구조 부재, 바닥 및 지붕, 벽의 필요한 내화등급을 충족할 수 있도록 적용할 수 있는 방재 조치를 설명하는 목록이 포함되어 있다.

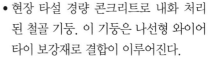

- 현장 타설 경량 콘크리트로 내화 처리된 철골 기둥. 이 기둥은 나선형 와이어 타이 보강재로 결합이 이루어진다.
- 1~4시간 등급

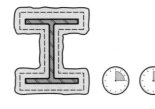

- 금속 라스lath에 펄라이트perlite 또는 질석vermiculite 석고 플라스터로 내화 처리된 철골 기둥
- 3~4시간 등급

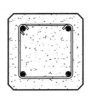

- 경량 골재로 이루어진 철근콘크리트 기둥
- 1~4시간 등급

구조 계획

구조 시스템을 계획할 때 설계에 포함되어야 하는 두 가지 속성이 있으며, 이러한 속성은 안정성, 내구성 및 효율성을 보장해야 한다. 이들은 바로 여유도redundancy와 연속성continuity이다. 이는 특정 재료 또는 보, 기둥 또는 트러스와 같은 개별 구조 부재에 적용되기보다는, 상호 연관된 요소의 전체적인 시스템으로 보는 건물 구조에 적용된다.

건물 구조물의 실패는 구조 조립체, 요소 또는 접합부가 하중 전달 기능을 유지할 수 없게 만드는 파괴fracturing, 좌굴buckling 또는 소성 변형plastic deformation으로 인해 발생할 수 있다. 건물 붕괴를 방지하기 위해 구조 설계는 일반적으로 구조 부재가 견딜 수 있는 최대 응력과 설계 시 허용되는 최대 응력의 비율로 표현되는 안전 계수factor of safety를 사용한다.

정상적인 조건에서는 어떤 구조 요소든 힘이 가해지면 탄성 변형elastic deformation(처짐deflection 또는 비틀림torsion)을 경험하고 힘이 제거되면 원래의 모양으로 돌아간다. 하지만 지진 발생과 같은 극단적인 힘은 요소가 원래의 모양으로 돌아갈 수 없는 비탄성 변형inelastic deformation을 일으킬 수 있다. 이러한 극한의 힘에 저항하기 위해서는 연성 재료ductile material로 요소를 시공해야 한다.

연성ductility은 탄성 한계를 넘어 파괴되기 전에 응력을 받은 후 소성 변형을 겪을 수 있는 물질의 특성이다. 연성은 구조 재료의 바람직한 특성이다. 소성 거동은 예비 강도의 지표이고, 종종 시각적인 경고 또는 임박한 실패의 역할을 할 수 있기 때문이다. 또한 구조 부재의 연성은 과도한 하중을 다른 부재 또는 동일한 부재의 다른 부분으로 분산시킬 수 있도록 한다.

여유도

안전 요소를 사용하고 연성 재료를 사용하는 것 이외에도 구조적 실패를 방지하기 위한 또 다른 방법은 구조 설계에 여유도redundancy를 구축하는 것이다. 중복 구조에는 정적으로 결정되는 구조에 필요하지 않은 부재, 연결 또는 지지대가 포함되므로 한 부재, 연결 또는 지지대가 실패할 때 다른 부재, 연결 또는 지지대가 힘의 전달을 위한 대체 경로를 제공할 수 있다. 다시 말해, 여유도의 개념은 힘이 구조적인 파손structural distress 지점이나 국소의 구조적 실패localized structural failure 지점을 우회할 수 있는 다중 하중 경로를 제공하는 것을 말한다.

여유도는 특히 구조물의 횡력 저항 시스템에서 지진이 발생하기 쉬운 지역에서 매우 바람직하다. 또한 주primary 트러스, 아치 또는 거더의 파괴로 인해 구조물의 상당 부분이 파괴되거나 심지어 전체 붕괴로 이어질 수 있는 장경간long span 구조물의 필수적인 속성이다.

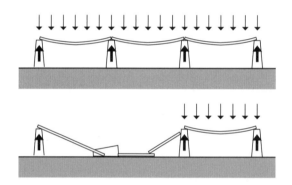

• 단순보simple beam는 양끝 단에서 지지되는 정정 구조물이다; 이들의 지지 반응은 평형 방정식 사용을 통해 쉽게 결정된다.

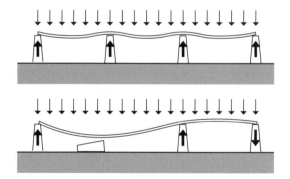

• 만약 같은 보beam가 길이에 따라 4개의 기둥에 걸쳐 연속되어 놓여 있다면, 이는 부정정 구조물에 해당한다. 이는 적용 가능한 평형 방정식보다 지지 반력이 더 많기 때문이다. 실제로 여러 지지대를 가로지르는 보의 연속성은 지지 기초를 따라가는 수직 및 측면 하중에 대한 중복 경로를 생성한다.

구조적 여유도를 전체 구조 시스템으로 확장하면 구조물의 연쇄 붕괴progressive collapse로부터 보호할 수 있다. 연쇄 붕괴는 초기 국지적 붕괴가 구조 부재에서 다른 구조 부재로 확산되어 결국 불균형적으로 큰 부분의 전체 구조로 붕괴되는 것으로 설명할 수 있다. 연쇄 붕괴는 상당한 구조적 손상과 인명 손실을 초래할 수 있으므로 이것은 주요한 우려 사항에 해당한다.

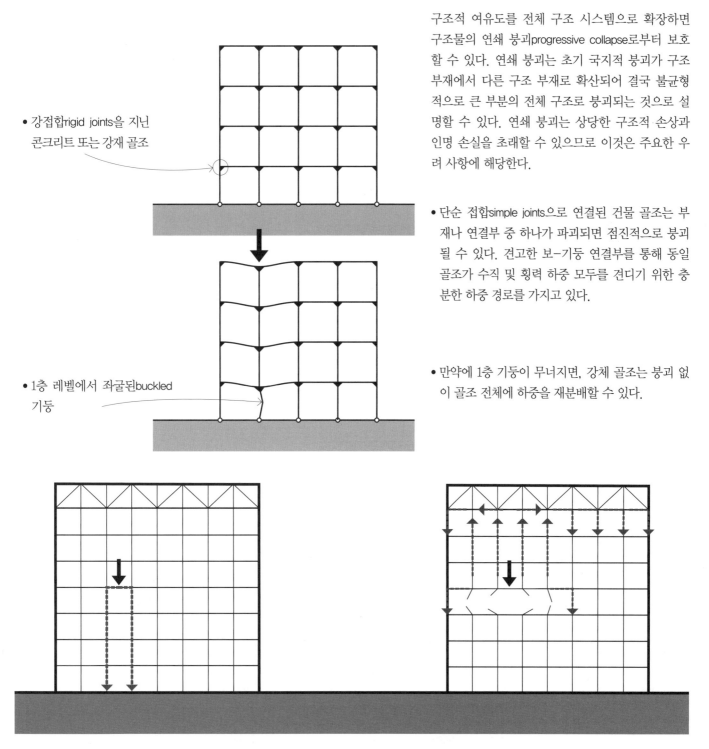

- 강접합rigid joints을 지닌 콘크리트 또는 강재 골조

- 1층 레벨에서 좌굴된buckled 기둥

- 단순 접합simple joints으로 연결된 건물 골조는 부재나 연결부 중 하나가 파괴되면 점진적으로 붕괴될 수 있다. 견고한 보-기둥 연결부를 통해 동일 골조가 수직 및 횡력 하중 모두를 견디기 위한 충분한 하중 경로를 가지고 있다.

- 만약에 1층 기둥이 무너지면, 강체 골조는 붕괴 없이 골조 전체에 하중을 재분배할 수 있다.

- 수직 하중은 일반적으로 휨bending을 통해 인접한 기둥으로 하중을 재분산하는 보에 의해 받게 된다. 기둥은 하중을 기초까지 연속적인 경로로 전달한다.

- 만약에 특정 층의 기둥이 손상되거나 파괴되는 경우, 수직 하중은 위쪽에 위치한 기둥에 의해 주된 지붕 트러스 또는 거더로 재분산된다. 트러스 또는 거더는 하중을 여전히 작동하는 기둥으로 재분시킨다. 건물 전체 구조의 여유도는 대체 하중 경로를 제공하고 연쇄 붕괴를 방지하는 데 도움을 준다.

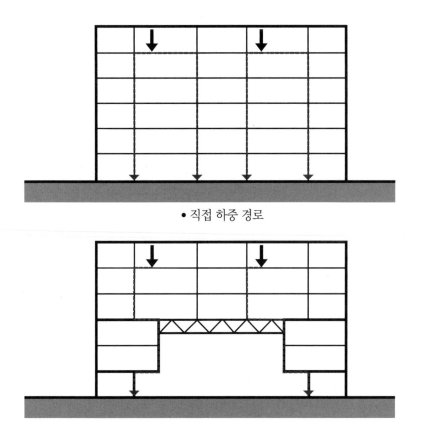

• 직접 하중 경로

• 순환 하중 경로

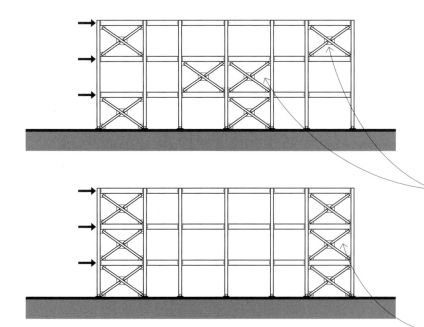

연속성

구조물의 연속성은 지붕 층에서 기초까지 건물의 구조를 통과하는 하중에 대한 직접적이고 연속된 경로를 제공한다. 연속적인 하중 경로는 구조가 적용되는 모든 힘이 적용되는 지점에서 기초까지 전달될 수 있도록 보장한다. 하중 경로를 따라 존재하는 모든 요소와 연결부는 하나의 단위로 수행할 수 있는 건물 구조의 능력을 손상시키지 않고 하중을 전달할 수 있는 충분한 강도, 강성 및 변형 능력을 가져야 한다.

• 연쇄 붕괴를 방지하기 위해, 구조 부재와 조립체는 구조물의 수직 및 수평 요소 사이에서 힘과 변위 displacement가 전달될 수 있도록 적절히 함께 묶여야 한다.

• 강접 연결부는 모든 건물 요소가 하나의 단위로 함께 움직일 수 있게 함으로써 구조물의 모든 강도 strength와 강성stiffness을 증가시킨다. 불충분한 연결부는 하중 경로의 약한 고리를 나타내며, 지진 발생 시 건물의 파손 및 붕괴의 일반적인 원인이 된다.

• 강성, 비구조적 요소는 주 구조물과 적절히 분리되어 비구조적 부재에 손상을 입힐 수 있는 하중을 끌어당기고, 그 과정에서 의도하지 않은 하중 경로를 만들어 구조 요소가 파손되는 것을 방지해야 한다.

• 건물 구조물을 통과하는 하중 경로는 최대한 직접적으로 이루어져야 하며, 간격을 띄우는 것offsets 은 피해야 한다.

• 연속된 바닥에서 기둥과 내력벽의 수직 정렬을 방해하면, 수직 하중이 수평 방향으로 분산되어 아래 지지보, 거더 또는 트러스에 큰 휨 응력을 유발하고 더 깊은 부재가 요구된다.

• 지붕으로부터의 횡력은 3층에서 대각 가새 diagonal brace에 의해 저항이 이루어진다. 이 가새는 횡력을 3층 칸막이벽으로 전달하여 2층 가새에 하중을 전달한다. 그런 다음 2층에서 수집된 횡력은 2층 칸막이벽을 통해 지상 1층의 대각 가새로 전달된다. 하중 경로는 대각 가새의 수직 불연속성으로 인해 순환된다.

• 수직 가새 시스템이 연속적인 방식으로 배치가 이루어지면, 이 경우 수직 트러스로서 하중은 기초까지 매우 직접적인 하중 경로를 가지게 된다.

2
구조 패턴

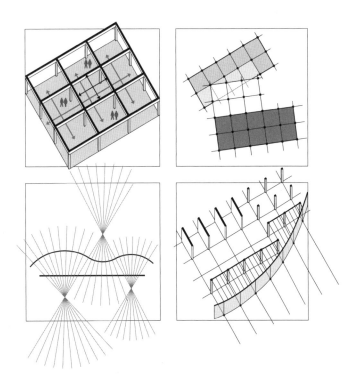

구조 패턴

건축적인 아이디어를 고민하고 잠재력을 개발하는 데 있어 중요한 것은 그것이 어떻게 구조적으로 형상화될 수 있는지를 이해하는 것이다. 건축 계획의 공간적, 형태적 본질과 아이디어의 구조화는 서로 연관되어 있으며 서로 영향을 준다. 이러한 공생 관계를 설명하기 위해 이 장에서는 구조적 패턴의 발전이 건축적 아이디어가 포함된 형태 구성과 공간 배치에 어떠한 영향을 미치는지 살펴보기로 한다.

이 장에서는 정형 그리드 패턴과 비정형 그리드 패턴으로 시작한 다음 전이 패턴과 맥락적 패턴에 대하여 논의하기로 한다.

- 구조 패턴: 지지 패턴, 경간 방식, 횡력 저항 요소
- 공간 패턴: 구조 시스템의 선택으로 추측할 수 있는 공간 구성
- 맥락적 패턴: 대지의 특성과 맥락에 따라 결정되는 배치 또는 조건

구조 패턴은 건축 설계에 형태적, 공간적 영향을 미치는 3차원의 배열뿐만 아니라 지지대와 경간의 2차원 배치로 볼 수 있다.

일본 군마 현립 현대미술관 분석(1971-1974), 아라타 이소자키

구조 패턴은 수직 지지대, 수평 경간 방식, 횡력에 저항하는 요소로 구성된 3차원 구성으로 이루어진다.

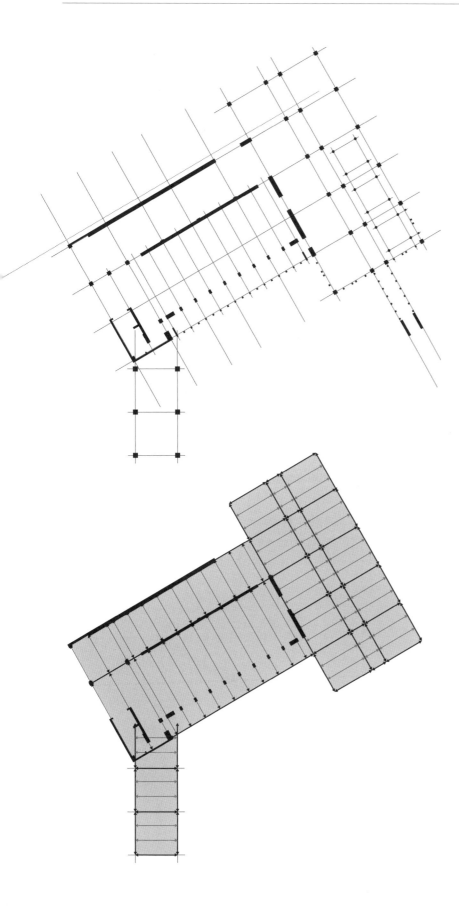

지지 패턴

- 수직 지지면
- 내력벽
- 일련의 기둥
- 기둥–보 골조

경간 방식 패턴

- 1방향 경간 시스템
- 2방향 경간 시스템

횡력 저항 요소 패턴

5장 참조

- 가새 골조braced frames
- 모멘트 저항 골조moment–resisting frames
- 전단 벽shear walls
- 수평 격막horizontal diaphragms

구조 단위

구조 단위structural units는 단일 공간 볼륨의 경계를 표시할 수 있는
구조 부재의 분리된 조립체이다. 단일 공간의 볼륨을 정의하는 몇
가지 기본적인 방법이 있다.

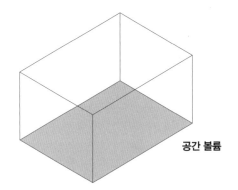

공간 볼륨

지지 방식 선택support options

보 또는 거더를 지지하는 두 개의 기둥은 인접한 공간을 분리하고
결합하는 개방적인 구조틀open framework을 만든다. 불리석 은신처
와 시각적인 사생활 보호를 위한 차폐enclosure는 구조 골조나 스
스로 지지할 수 있는 방식 중 하나를 선택하여 비내력벽을 설치해
야 한다.

기둥은 집중 하중을 지지한다. 기둥의 수가 증가하고 기둥의 간격
이 감소함에 따라서 지지면supporting plane은 점점 속이 차 있는 상
태solid에 이르게 되며, 분산 하중을 지지하는 내력벽의 특성을 띠
게 된다.

내력벽은 지지대를 제공할 뿐만 아니라 바닥을 별개의 특징적인
공간으로 나눈다. 벽의 양쪽에 있는 공간을 연결하는 데 필요한 개
구부는 구조 건전성structural integrity을 약화하는 경향이 있다.

기둥-보 골조와 내력벽 모두 결합하여 여러 가지 공간 구성을 발
전시키는 데 사용할 수 있다.

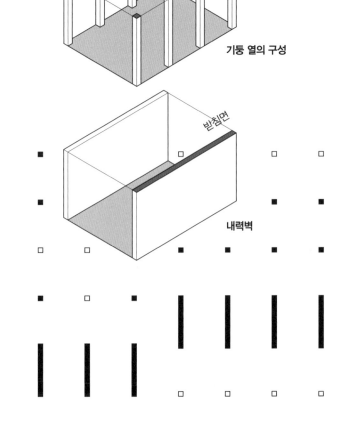

받침면

기둥과 거더

받침면

기둥 열의 구성

받침면

내력벽

경간 방식

공간의 볼륨volume을 만들려면 기둥-보 골조, 내력벽 또는 이들의 조합과 같이 최소 2개의 수직으로 놓인 지지면이 필요하다. 변덕스러운 날씨와 차폐감sense of enclosure에 대비한 은신처를 제공하려면, 지지하는 구조물 사이의 공간을 연결하는 경간 방식이 필요하다. 두 지지면 사이의 공간을 확보하는 기본적인 방식을 고려해보면, 가해진 힘이 지지면에 분산되는 방식과 경간 방식spanning options 형식 모두를 고려해야 한다.

1방향 경간 방식one-way spanning systems

경간 방식은 가해진 힘을 한 방향 또는 두 방향(또는 여러 방향)으로 전달하고 분배하는지에 따라 필요한 지지 패턴이 결정된다. 이름에서 알 수 있듯이, 1방향 방식은 가해진 힘을 어느 정도 평행한 한 쌍의 지지면에 전달한다. 이러한 구성은 자연스럽게 공간 단위의 양면을 인접한 공간에 개방하여 강력한 방향성을 제공한다.

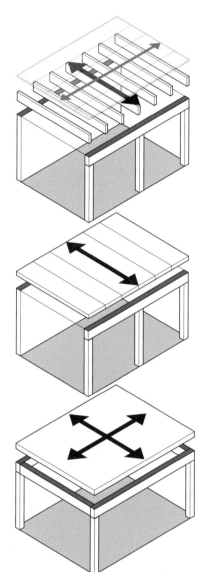
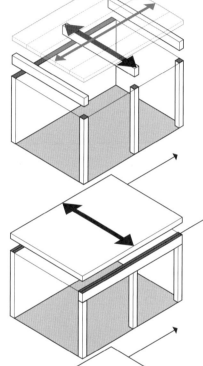

2방향 경간 방식two-way spanning systems

반면에 2방향 방식은 가해진 힘을 두 방향으로 전달하므로, 두 세트의 지지면 또는 기둥이 필요하고 서로 어느 정도 수직인 힘의 전달 방향이 필요하다.

1방향 또는 2방향 방식을 사용할지를 결정할 때 다음과 같은 변수들을 고려해야 한다.
• 구조 베이의 치수, 규모 및 비율
• 사용되는 구조 재료
• 시공된 조립체의 깊이

자세한 내용은 3장 및 4장 참조

구조 패턴

구조 단위 조립assembling structural units

대부분의 건물은 하나 이상의 공간으로 구성되므로 구조 시스템은 다양한 크기, 용도, 관계 및 배치에 있어서 많은 공간을 수용할 수 있어야 한다. 이를 위해 우리는 건물에서 공간이 조직되는 방식과 건물의 형태 및 구성의 특성과 반드시 관련이 있는 더 큰 전체적인 패턴으로 구조 단위를 조합한다.

연속성은 항상 바람직한 구조적인 조건이 되므로, 일반적으로 주요 지지선과 경간의 방향을 따라 구조 단위를 확장하여 3차원의 그리드를 형성하는 것이 합리적이다. 특별한 모양이나 크기의 공간을 수용해야 할 경우, 특정 베이를 왜곡, 변형 또는 확대하여 구조 그리드를 조정할 수 있다. 하나의 구조 단위나 조합이 건물의 모든 공간을 아우를 때에도, 공간 자체는 단위나 구성 요소로서 구조화되고 지지가 되어야 한다.

구조 그리드structural grids

그리드는 일반적으로 일정한 간격으로 직각으로 이루어진 흥미로운 직선 패턴으로, 지도 또는 평면도에서 한 지점을 찾기 위한 참조 역할을 한다. 건축 설계에서 그리드는 배치뿐만 아니라 계획의 주요 요소를 규제하기 위한 순서를 정하는 도구로 자주 사용된다. 따라서 구조 그리드란 특히 기둥과 내력벽과 같은 주요 구조 요소의 위치를 규정하기 위한 선들과 점들의 방식을 가리킨다.

• 평면 그리드의 평행선은 수직 지지면이 가능한 위치와 방향을 나타내며, 이는 내력벽, 골조 또는 일련의 기둥들 또는 이들의 조합으로 구성될 수 있다.

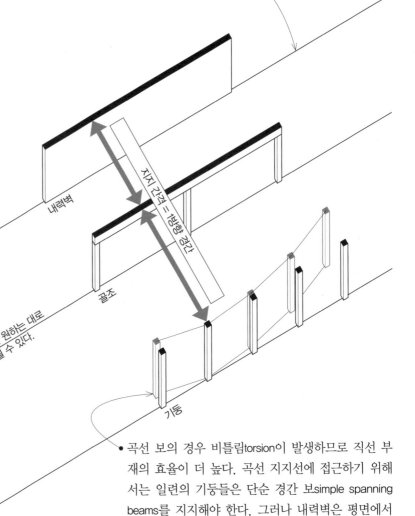

내력벽

골조

지지 간격 = 방향 경간

필요에 따라 또는 원하는 대로 지지선이 확장될 수 있다.

기둥

• 곡선 보의 경우 비틀림torsion이 발생하므로 직선 부재의 효율이 더 높다. 곡선 지지선에 접근하기 위해서는 일련의 기둥들은 단순 경간 보simple spanning beams를 지지해야 한다. 그러나 내력벽은 평면에서 곡선으로 나타낼 수 있다.

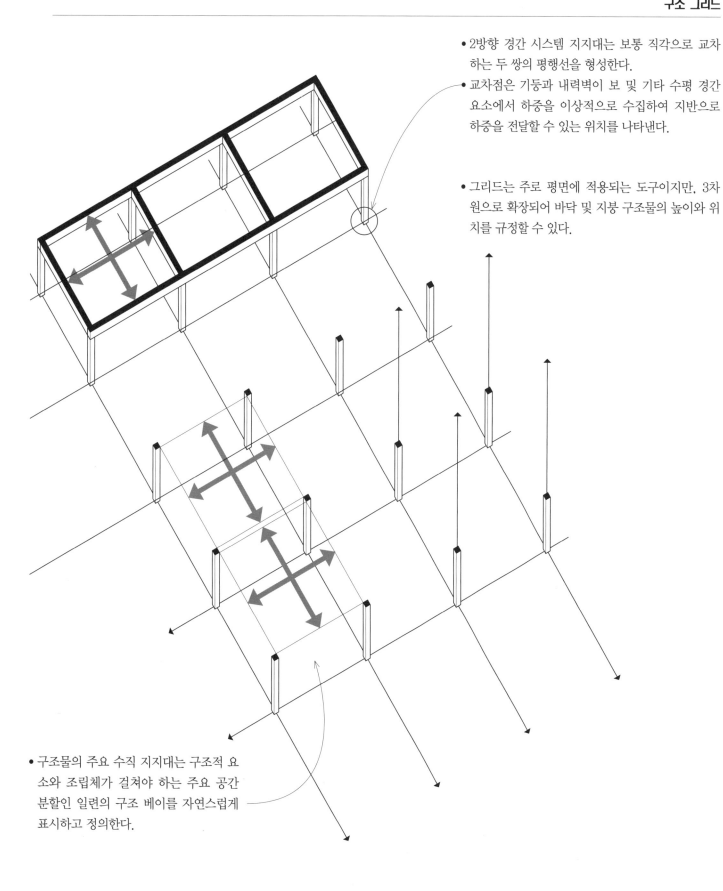

- 2방향 경간 시스템 지지대는 보통 직각으로 교차하는 두 쌍의 평행선을 형성한다.
- 교차점은 기둥과 내력벽이 보 및 기타 수평 경간 요소에서 하중을 이상적으로 수집하여 지반으로 하중을 전달할 수 있는 위치를 나타낸다.

- 그리드는 주로 평면에 적용되는 도구이지만, 3차원으로 확장되어 바닥 및 지붕 구조물의 높이와 위치를 규정할 수 있다.

- 구조물의 주요 수직 지지대는 구조적 요소와 조립체가 걸쳐야 하는 주요 공간 분할인 일련의 구조 베이를 자연스럽게 표시하고 정의한다.

구조 그리드

건축 개념을 위한 구조 그리드를 개발할 때, 건축적인 아이디어 및 프로그램 활동의 반영 및 구조 설계에 미치는 영향에 대해 고려해야 하는 중요한 그리드 특성들이 있다.

비율

구조 베이의 비율proportions은 수평 경간 시스템의 재료 및 구조 방식에 영향을 미치고 제한하기도 한다. 1방향 시스템은 정사각형 또는 직사각형 구조 베이 어느 방향으로든 유연하게 확장할 수 있지만, 2방향 시스템은 정사각형 또는 거의 정사각형인 베이를 확장하는 데 가장 적합하다.

치수

구조용 베이 치수dimensions는 수평 경간의 방향과 길이 모두에 분명히 영향을 미친다.

- 경간 방향
  수직 지지면의 위치와 방향에 따라 결정되는 수평 경간의 방향은 공간 구성의 특성, 규정된 공간의 질 그리고 어느 정도 시공의 경제성에도 영향을 미친다.

- 경간 길이
  수직 지지면의 경간 확보 방식은 수평 경간의 길이를 결정하며, 이는 다시 재료의 선택과 사용되는 경간 시스템의 유형에 영향을 준다. 경간이 커질수록 경간 시스템의 춤은 더 커져야 한다.

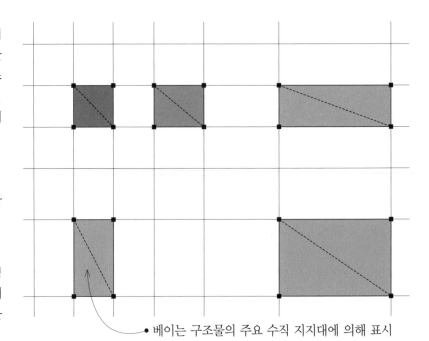

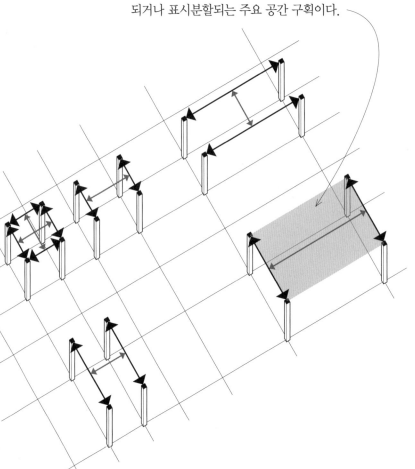

• 베이는 구조물의 주요 수직 지지대에 의해 표시되거나 표시분할되는 주요 공간 구획이다.

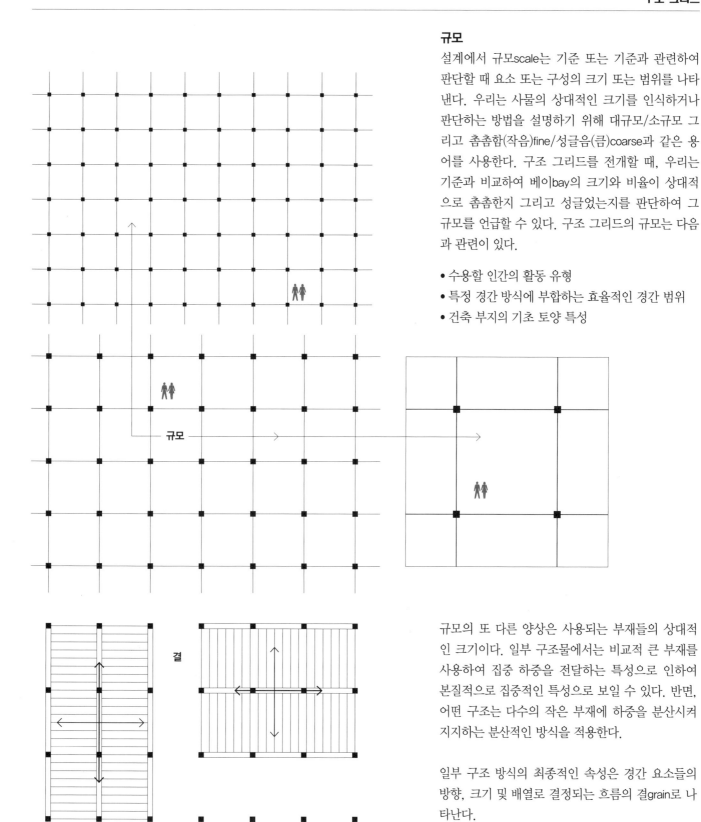

규모

설계에서 규모scale는 기준 또는 기준과 관련하여 판단할 때 요소 또는 구성의 크기 또는 범위를 나타낸다. 우리는 사물의 상대적인 크기를 인식하거나 판단하는 방법을 설명하기 위해 대규모/소규모 그리고 촘촘함(작음)fine/성글음(큼)coarse과 같은 용어를 사용한다. 구조 그리드를 전개할 때, 우리는 기준과 비교하여 베이bay의 크기와 비율이 상대적으로 촘촘한지 그리고 성글었는지를 판단하여 그 규모를 언급할 수 있다. 구조 그리드의 규모는 다음과 관련이 있다.

- 수용할 인간의 활동 유형
- 특정 경간 방식에 부합하는 효율적인 경간 범위
- 건축 부지의 기초 토양 특성

규모의 또 다른 양상은 사용되는 부재들의 상대적인 크기이다. 일부 구조물에서는 비교적 큰 부재를 사용하여 집중 하중을 전달하는 특성으로 인하여 본질적으로 집중적인 특성으로 보일 수 있다. 반면, 어떤 구조는 다수의 작은 부재에 하중을 분산시켜 지지하는 분산적인 방식을 적용한다.

일부 구조 방식의 최종적인 속성은 경간 요소들의 방향, 크기 및 배열로 결정되는 흐름의 결grain으로 나타난다.

공간의 맞춤spatial fit

구조 그리드에 의해 제안된 수직 지지대의 특성, 패턴 및 규모는 사용되는 경간 시스템의 유형에 영향을 미칠뿐만 아니라 수직 지지대의 배열도 인간 활동의 의도된 패턴과 규모를 수용해야 한다. 최소한 수직 지지 패턴은 공간의 유용성이나 의도된 활동을 제한해서는 안 된다.

크고 넓은 공간이 요구되는 활동은 구조적 접근 방식이 자주 한정되어 정해지지만, 소규모의 활동은 다양한 구조적 접근으로 해결될 수 있다. 다양한 유형의 구조 패턴과 규모, 그리고 각각 수용할 수 있는 인간의 활동 패턴과 규모가 여기에 제시되어 있다.

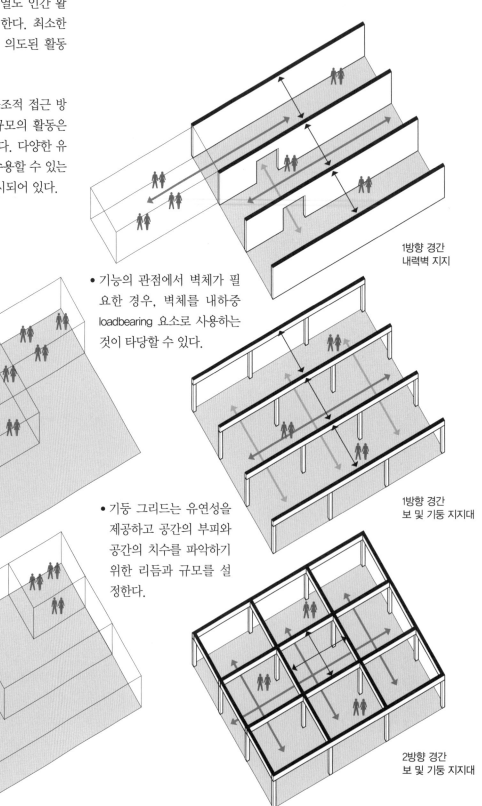

• 기능의 관점에서 벽체가 필요한 경우, 벽체를 내하중loadbearing 요소로 사용하는 것이 타당할 수 있다.

• 기둥 그리드는 유연성을 제공하고 공간의 부피와 공간의 치수를 파악하기 위한 리듬과 규모를 설정한다.

1방향 경간
내력벽 지지

1방향 경간
보 및 기둥 지지대

2방향 경간
보 및 기둥 지지대

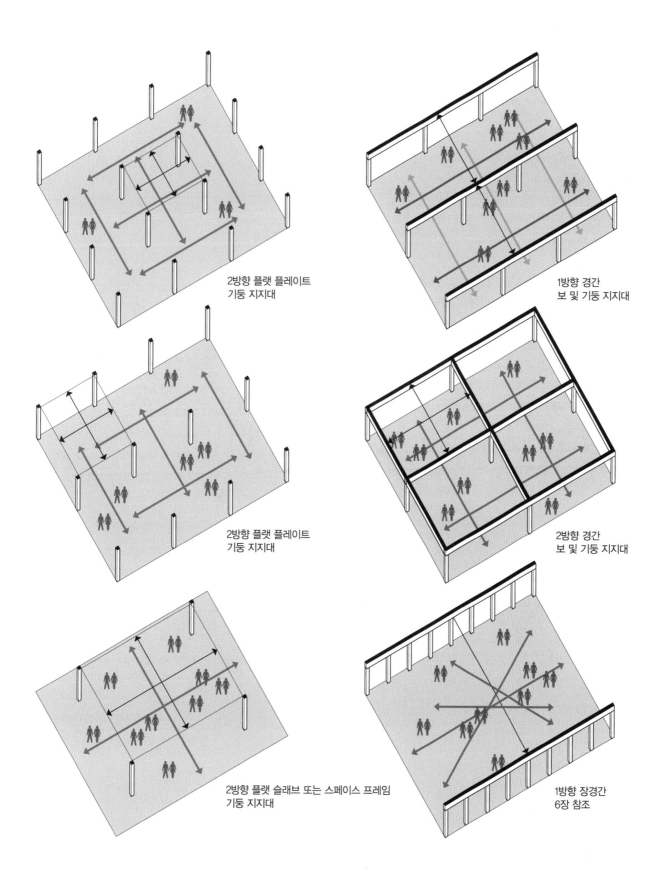

2방향 플랫 플레이트
기둥 지지대

1방향 경간
보 및 기둥 지지대

2방향 플랫 플레이트
기둥 지지대

2방향 경간
보 및 기둥 지지대

2방향 플랫 슬래브 또는 스페이스 프레임
기둥 지지대

1방향 장경간
6장 참조

정형 그리드

정형 그리드는 같은 크기의 경간을 정의하고, 반복되는 구조 요소를 사용할 수 있으며, 다수의 베이에서 구조적 연속성의 효율성을 제공한다. 반면 정형 그리드는 표준으로 고려되지는 않지만, 다양한 그리드 패턴의 구조적 의미에 대해 생각하기 시작하는 유용한 방법을 제공한다.

정사각형 그리드

단일 정사각형 베이는 1방향 또는 2방향 시스템으로 확장될 수 있다. 그러나 여러 개의 정사각형 베이가 정사각형 그리드square grids 영역에 걸쳐 확장되는 경우, 두 방향의 연속성이라는 구조적 이점은 특히 소규모 및 중규모의 경간 범위의 경우에 콘크리트를 사용한 2방향 경간 시스템이 적절하다는 것을 시사한다.

2방향 구조 작용에는 정사각형 또는 정사각형에 가까운 베이가 필요하지만, 정사각형 베이는 항상 2방향 시스템으로 확장될 필요는 없다. 예를 들어, 정사각형 베이의 선형 배치는 한 방향으로만 연속성을 허용하므로 2방향 경간 시스템의 구조적 이점이 제거되고 1방향 경간 시스템이 2방향 시스템보다 더 효과적일 수 있다. 또한, 정사각형 베이가 60피트(18미터)보다 커짐에 따라 더 많은 1방향 시스템과 더 적은 2방향 시스템이 가능해진다.

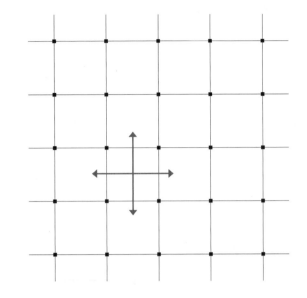

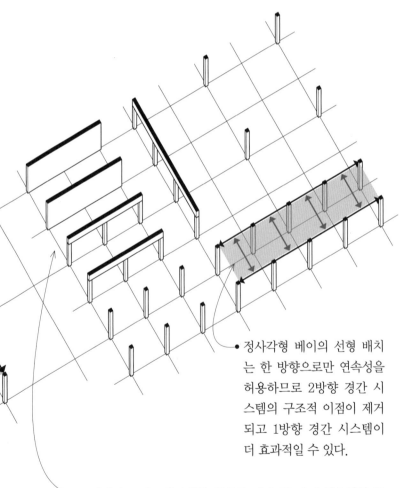

• 단일 정사각형 베이는 1방향 또는 2방향 시스템으로 확장될 수 있다.

• 정사각형 베이의 선형 배치는 한 방향으로만 연속성을 허용하므로 2방향 경간 시스템의 구조적 이점이 제거되고 1방향 경간 시스템이 더 효과적일 수 있다.

• 정사각 그리드의 2방향 특성은 경간 및 지지 시스템의 특성에 따라 수정될 수 있다. 내력벽(그리고 더 적은 범위에서의 기둥−보 골조)은 한 축을 다른 축보다 강조할 수 있으며, 1방향 경간 시스템의 사용을 제안할 수 있다.

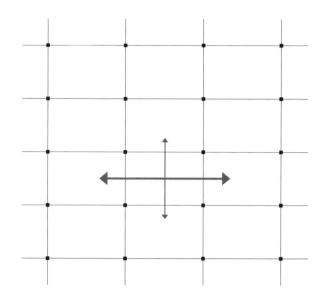

직사각형 그리드

직사각형 그리드rectangular grids 베이는 일반적으로 일반 경간 시스템을 사용하며, 특히 베이의 한 수평 차원이 다른 수평 차원을 지배할 때 더욱 그러하다. 근본적인 문제는 경간 요소를 어떻게 배열하느냐이다. 기본 구조 요소가 어느 방향으로 확장되어야 하는지 결정하는 것은 항상 쉬운 것이 아니다. 구조 효율 측면에서는 주요 보와 거더의 경간을 최대한 짧게 유지하고 반복적인 부재가 균일하게 분포된 하중을 지원하는 직사각형 베이의 긴 치수로 걸쳐서 연결하는 것이 종종 더 나을 수 있다.

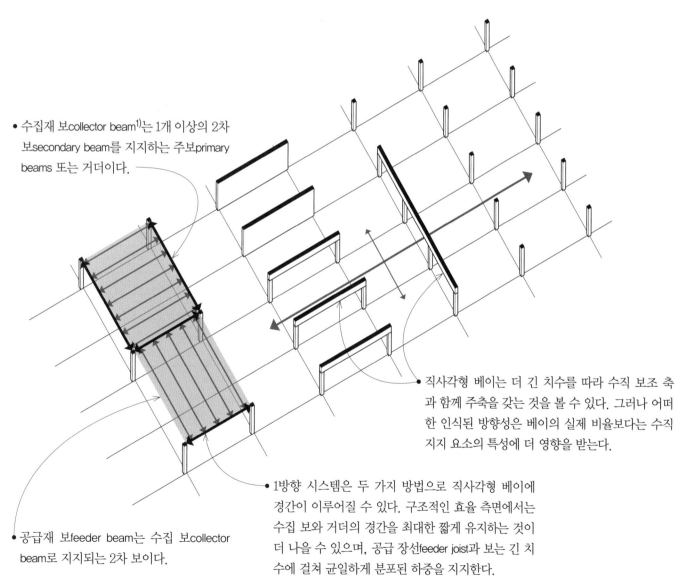

- 수집재 보collector beam[1]는 1개 이상의 2차 보secondary beam를 지지하는 주보primary beams 또는 거더이다.

- 공급재 보feeder beam는 수집 보collector beam로 지지되는 2차 보이다.

- 직사각형 베이는 더 긴 치수를 따라 수직 보조 축과 함께 주축을 갖는 것을 볼 수 있다. 그러나 어떠한 인식된 방향성은 베이의 실제 비율보다는 수직 지지 요소의 특성에 더 영향을 받는다.

- 1방향 시스템은 두 가지 방법으로 직사각형 베이에 경간이 이루어질 수 있다. 구조적인 효율 측면에서는 수집 보와 거더의 경간을 최대한 짧게 유지하는 것이 더 나을 수 있으며, 공급 장선feeder joist과 보는 긴 치수에 걸쳐 균일하게 분포된 하중을 지지한다.

타탄 그리드tartan grids

정사각형 및 직사각형 그리드는 프로그램의 요구사항 또는 상황별 요구사항에 대응하기 위해 여러 가지 방법으로 수정될 수 있다. 이 중 하나는 두 개의 평행 그리드를 간격을 두어 지지대의 타탄 또는 격자 패턴을 생성하는 것이다. 그 결과 중간 또는 사이 공간은 더 큰 공간 사이를 중재하거나, 이동 경로를 정의하거나, 기계 설비를 수용하는 데 사용될 수 있다.

여기에 설명된 타탄 그리드는 정사각형에 기반하지만, 직사각형 타탄 그리드도 가능하다. 어느 경우에든 1방향 또는 2방향 경간 시스템을 사용할지는 46쪽에서 논의한 바와 같이 베이의 비율에 따라 달라진다.

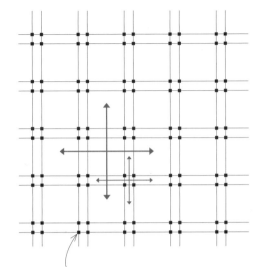

• 타탄 그리드는 수집 보 또는 거더 그리고 피더 보 또는 조이스트에 대한 복수의 지지점을 제공한다.

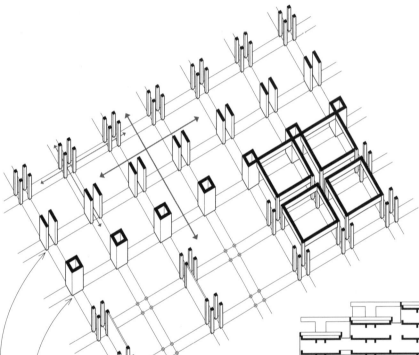

• 묶음 기둥columns clusters은 강력한 축을 가진 벽과 같은 기둥의 쌍 또는 축과 같은 단일 구조로 변환될 수 있다.

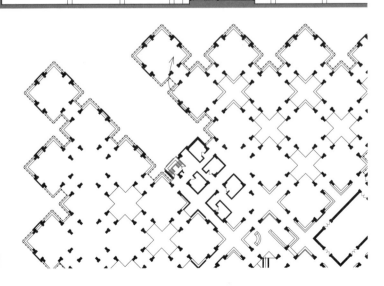

• 부분 평면도 및 단면도:
  네덜란드 중앙 비히어 보험 사무소
  (1967-1972), 헤르만 헤르츠베르거

방사형 그리드

방사형 그리드radial grids는 중심 주위에 방사형 패턴으로 배열된 수직 지지대로 구성된다. 경간의 방향은 반지름과 원주 방향으로 측정된 지지대 간격의 영향을 받는다.

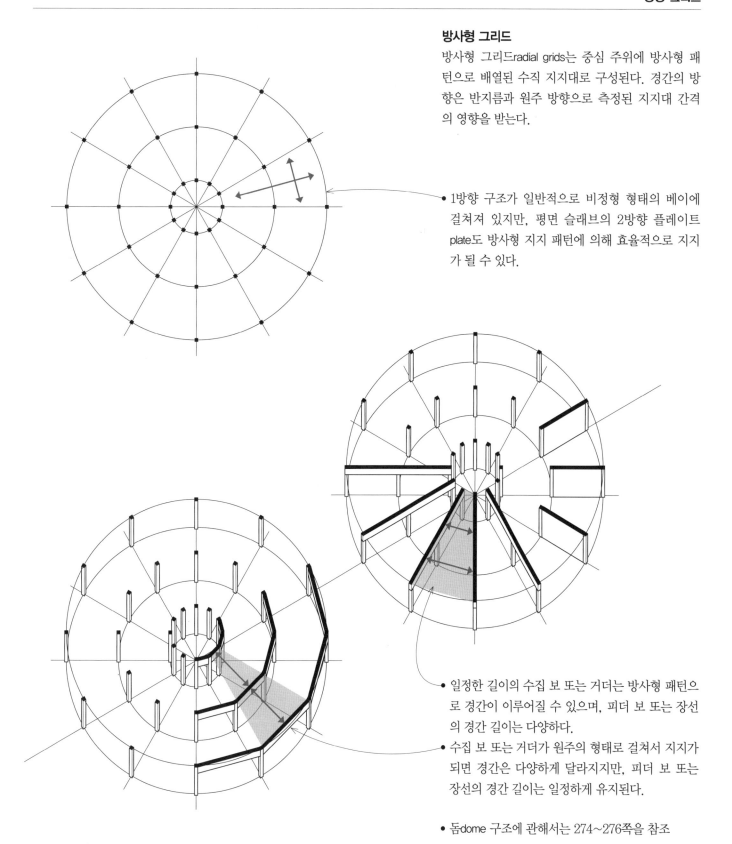

- 1방향 구조가 일반적으로 비정형 형태의 베이에 걸쳐져 있지만, 평면 슬래브의 2방향 플레이트plate도 방사형 지지 패턴에 의해 효율적으로 지지가 될 수 있다.

- 일정한 길이의 수집 보 또는 거더는 방사형 패턴으로 경간이 이루어질 수 있으며, 피더 보 또는 장선의 경간 길이는 다양하다.
- 수집 보 또는 거더가 원주의 형태로 걸쳐서 지지가 되면 경간은 다양하게 달라지지만, 피더 보 또는 장선의 경간 길이는 일정하게 유지된다.

- 돔dome 구조에 관해서는 274~276쪽을 참조

그리드 수정modifying grids

정사각형, 직사각형 및 타탄 그리드는 모두 직교의 공간으로 규정되는 정형의 반복적인 요소로 구성되어 있다. 이들은 예측 가능한 방식으로 확장될 수 있으며, 하나 이상의 요소가 빠지더라도 전체의 패턴을 인식할 수 있다. 방사형 그리드도 원형 기하 형태에 의해 정의된 반복적인 관계를 지니고 있다.

건축 설계에서 그리드는 강력한 조직을 구성하는 도구이다. 그러나 정형 그리드는 프로그램, 대지 및 재료의 상황에 따라 수정될 수 있고 구체화될 수 있는 일반화된 패턴일 뿐이라는 점을 명심해야 한다. 형태, 공간, 구조를 하나로 통합하는 그리드를 개발하는 것이 목표이다.

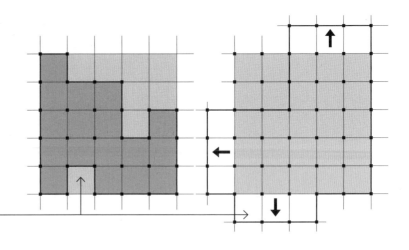

- **확장 또는 차감을 통한 수정**
  정형의 그리드는 선택적으로 부분을 제거하거나 구조 베이를 하나 이상의 방향으로 확장하여 수정할 수 있다.

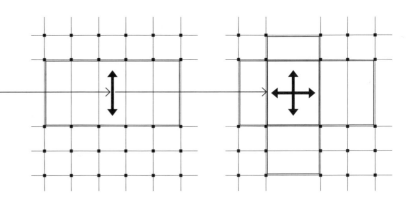

- **규모 및 비율 수정**
  정형의 그리드는 베이 경간을 1방향 또는 2방향으로 확장하여 크기와 비율로 구분되는 위계적인 모듈 집합을 만들어 수정할 수 있다.

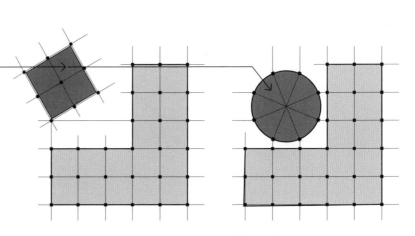

- **기하 형태 수정**
  정형의 그리드는 대비되는 방향 또는 기하 형태의 다른 그리드를 구성에 통합하여 수정할 수 있다.

르 코르뷔지에의 샹디가르 의회 건물 사례 참조(14~15쪽)

확장 또는 차감을 통한 수정
modifying by addition or subtraction

정형의 그리드는 수평 및 수직으로 확장되어 형태와 공간의 새로운 조합을 형성할 수 있다. 이러한 부가적인 구성은 확장을 표현하거나 공간의 선적인 시퀀스sequence를 확립하거나 주요 또는 상위 형태에 대한 많은 이차적인 공간을 수집하는 데 사용할 수 있다.

- 공간 단위의 선적인 배열은 공간 단위의 평면 필드를 형성하기 위해 수직 방향으로 확장되거나, 평면 또는 체적 구성을 형성하기 위해 수직 방향으로 확장할 수 있다.
- 가능하면 수직 지지대 및 수평 경간의 주요 선을 따라 추가적인 수정이 이루어져야 한다.

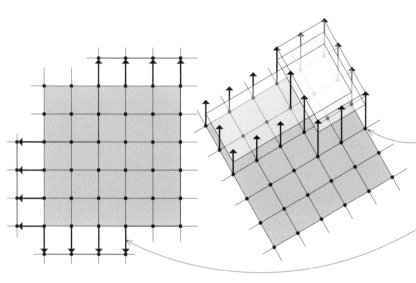

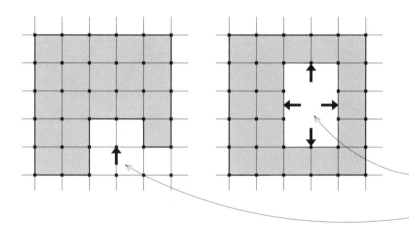

차감을 통한 수정은 정형의 그리드 일부를 선택적으로 제거함으로써 발생한다. 이러한 빼기의 프로세스는 다음과 같은 결과를 생성할 수 있다.

- 그리드에 의해 설정된 것보다 큰 규모의 주요 공간, 예를 들어 중정 또는
- 움푹 들어간 진입 공간

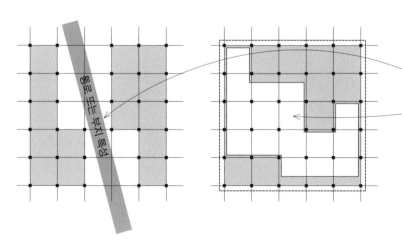

통로 또는 부지 특성

- 대지의 고유한 특징을 수용하거나 해결하기 위해 정형의 그리드 일부를 제거할 수 있다.
- 차감을 통한 수정이 이루어지는 경우, 정형의 그리드는 건물의 프로그램을 포함할 수 있을 정도로 충분히 커야 하며, 부분이 제거된 전체로 알아볼 수 있어야 한다.

비율 수정modifying proportions

공간과 기능의 특정 치수 요구사항을 수용하기 위해 그리드를 한두 방향으로 비정형으로 만들어 크기, 규모 및 비율로 구별되는 위계적인 모듈 세트를 만들 수 있다.

구조 그리드가 한 방향으로만 비정형일 경우, 수집 보 또는 거더가 불균일한 베이 길이에 걸쳐 있을 수 있는 반면, 공급 보 또는 장선은 일정한 경간을 유지한다. 어떤 경우에는 공급 보나 장선의 경간 길이가 다르지만, 수집 보나 거더의 경간이 같은 것이 더 경제적일 수 있다. 두 경우 모두 경간 방식의 범위가 일정하지 않으면 경간 방식의 깊이가 달라진다.

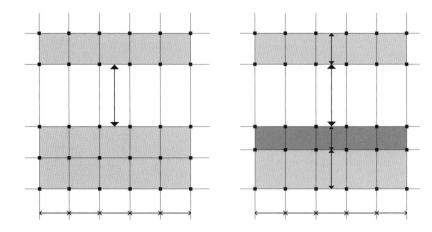

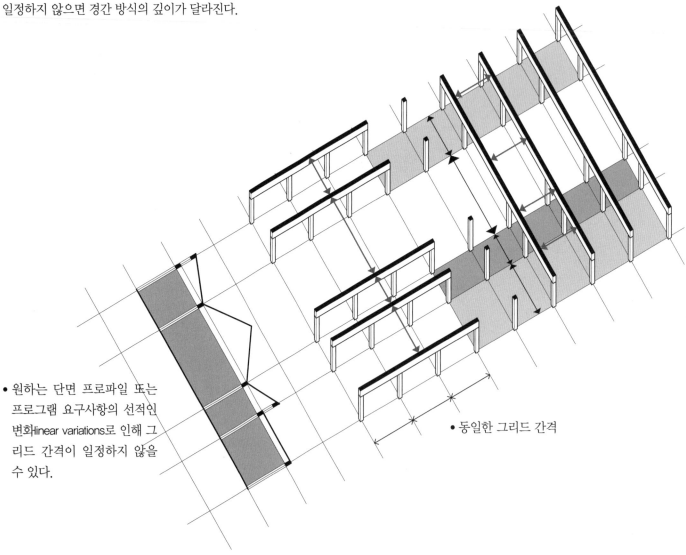

• 원하는 단면 프로파일 또는 프로그램 요구사항의 선적인 변화linear variations로 인해 그리드 간격이 일정하지 않을 수 있다.

• 동일한 그리드 간격

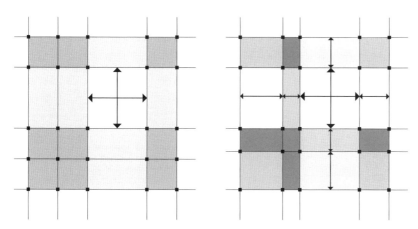

구조 그리드는 구조, 공간 및 기능 사이에 더 긴밀한 적합성을 달성하기 위해 두 방향으로 비정형으로 만들 수 있다. 이 경우 경간 요소의 방향은 구조 베이의 비율에 따라 달라진다. 구조 베이는 그 비율이 다르므로, 경간 부재와 수직 지지대 모두에 대한 기여 하중[2] 영역도 변한다는 것을 이해하는 것이 중요하다.

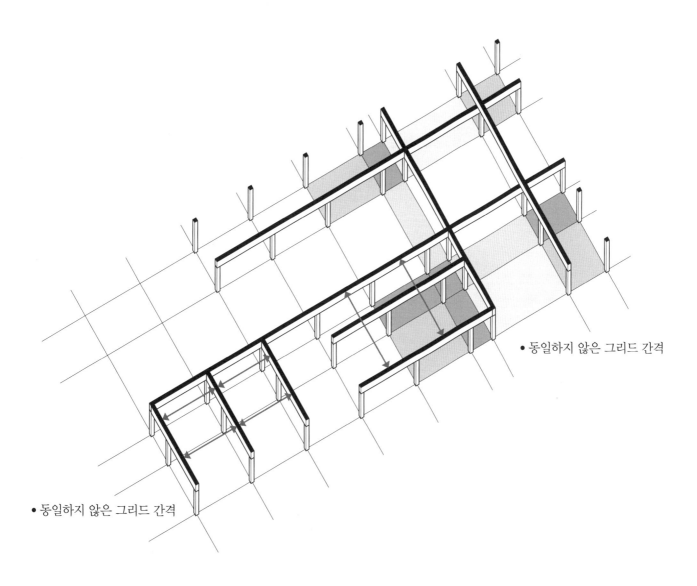

• 동일하지 않은 그리드 간격

• 동일하지 않은 그리드 간격

대규모 공간 수용
accomodating large-scale spaces

강당이나 체육관과 같이 일반적인 용도보다 규모가 매우 큰 공간이 요구되는 경우, 구조 그리드의 일반적인 리듬을 깨트릴 수 있으며, 이로 인해 수직 지지대에 가해지는 하중(중력과 횡력 모두)을 특별히 고려해야 한다.

일반적인 공간보다 큰 공간은 구조 그리드에 내장되거나, 분리되지만 그리드에 부착되거나, 볼륨에 지지 기능을 포함할 수 있을 만큼 충분히 클 수 있다. 처음의 두 경우에는 일반적으로 대규모 공간의 수직 지지대가 일반적인 지지 그리드와 같거나 배수multiple로 이루어지는 것이 가장 바람직하다. 이러한 방식으로 구조물 전체에서 수평적인 연속성이 유지될 수 있다.

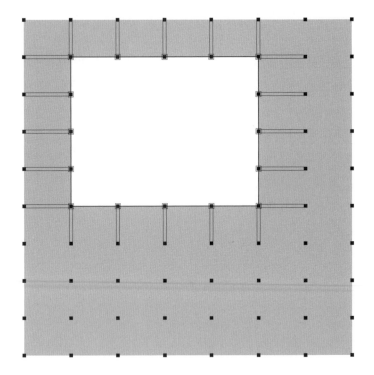

- 그리드 내에 내장된 대규모 공간은 주변 공간의 구조로 지지하는 것이 가능하다. 만약 대공간의 그리드가 주변 공간의 그리드와 정렬되지 않는다면, 그 변화를 수용하기 위한 일종의 전이 구조물transitional structure이 필요할 것이다.

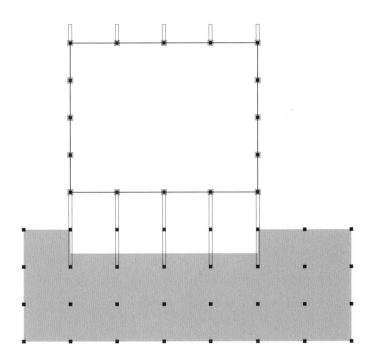

- 원하는 건축적 표현은 인접한 구조물과 분리되어 있지만 연결된 대규모 공간의 표현일 수 있다. 이러한 방식으로 대규모 공간을 연결하려면 두 가지 유형의 구조 시스템이 만나거나 두 개의 구조 그리드가 잘못 정렬되었을 때 발생할 수 있는 어려움을 완화할 수 있다. 어느 경우든 전이를 위해서는 제3의 구조시스템이 요구된다.

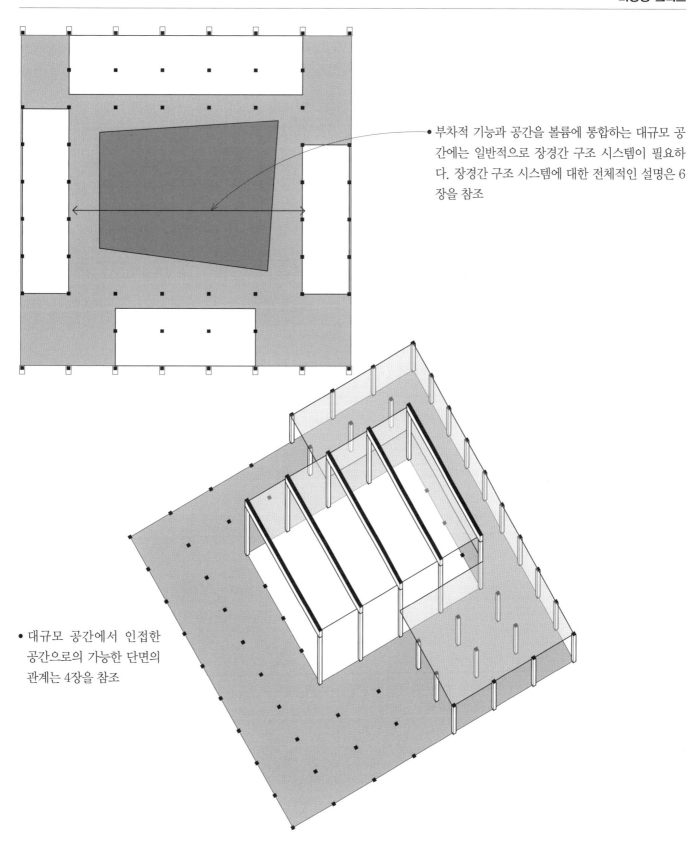

부차적 기능과 공간을 볼륨에 통합하는 대규모 공간에는 일반적으로 장경간 구조 시스템이 필요하다. 장경간 구조 시스템에 대한 전체적인 설명은 6장을 참조

대규모 공간에서 인접한 공간으로의 가능한 단면의 관계는 4장을 참조

르 코르뷔지에의 샹디가르 의회 건물 사례를 참조 (14~15쪽)

대비되는 기하 형태contrasting geometries

정형의 그리드는 내부 공간과 외부 형태의 서로 다른 요구사항을 반영하거나 해당 맥락 내에서 형태 또는 공간의 중요성을 표현하기 위해 대비되는 기하 형태의 그리드를 충족할 수 있다. 이 경우 대비되는 기하 형태를 처리하는 방법에는 세 가지가 있다.

• 두 개의 대조되는 기하 형태는 별도로 유지되고 세 번째 구조 시스템에 의해 연결될 수 있다.

• 두 개의 대조되는 기하 형태는 다른 형태와 겹치거나 이 두 개가 결합하여 세 번째 기하 형태를 생성할 수 있다.

• 두 개의 대조되는 기하 형태 중 하나가 다른 기하 형태 내에 통합할 수 있다.

대비되는 두 형상의 교차점에 의해 형성된 전이 공간 또는 사이 공간이 충분히 크거나 독특하다면, 그것만의 중요성을 얻기 시작할 수 있다.

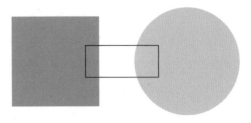

대비되는 기하 형태가 분리되었지만 세 번째 구조로 연결되어 있음

교차하거나 겹치는 대비되는 기하 형태

두 개의 대비되는 기하 형태 중 하나가 다른 하나를 포함

후자의 두 가지 경우, 수직 지지대가 비정형이거나 불균일한 배치와 다양한 경간 길이로 인해 반복적이거나 모듈식 구조 부재를 사용하기 어렵다. 직선 구조와 곡선 구조 사이를 중재하는 전이 공간의 패턴은 70~73쪽을 참조

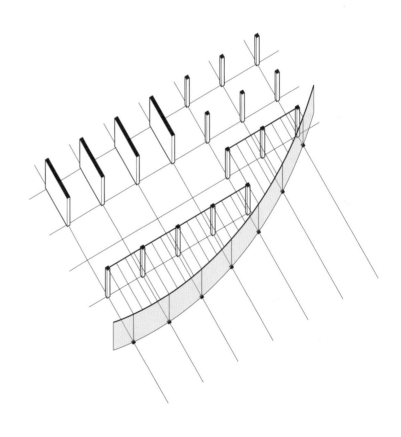

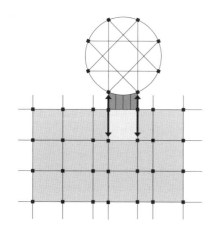

• 분리되어 있으나 연결된 대비되는 기하 형태

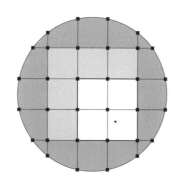

• 원형 기하 형태 내 직사각형 기하 형태

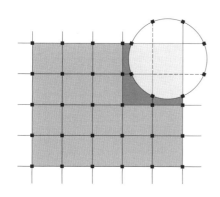

• 겹치는 기하 형태

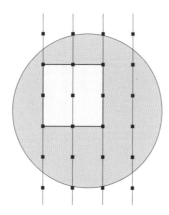

• 원형 내 직사각형 기하 형태

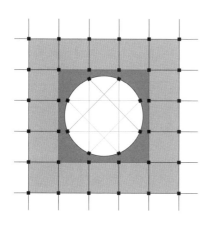

• 직사각형 기하 형태에 포함된 원형 기하 형태

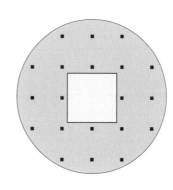

• 원형 기하 형태에 포함된 직사각형 기하 형태

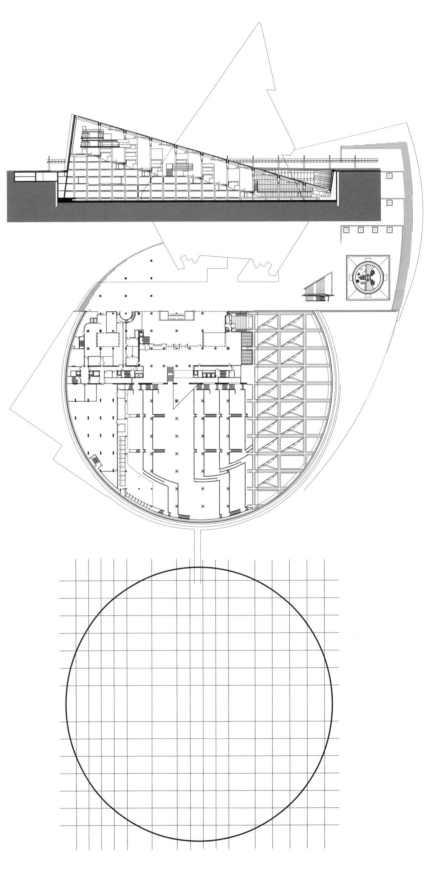

평면 및 단면: 이집트 알렉산드리아 비블리오테카 알렉산드리나
(알렉산드리아 도서관, 1994–2002), 스노헤타

62~63쪽에 소개된 사례는 두 개의 대비되는 기하
형태인 원형과 직사각형이 어떤 식으로 관계를 맺는
지 그 방법을 보여준다. 비블리오테카 알렉산드리나
도서관은 원형 안에 직사각형의 그리드가 있다. 리
스터 카운티 법원 청사는 직사각형 형태의 경계 안
에 부분적으로 존재하는 원형의 법정 공간을 수용
한다. ESO 호텔의 크게 둘러싼 원형의 중정은 선형
블록으로 이루어진 호텔 숙소 공간과 분리되어 있지
만, 테라스로 연결되어 있다.

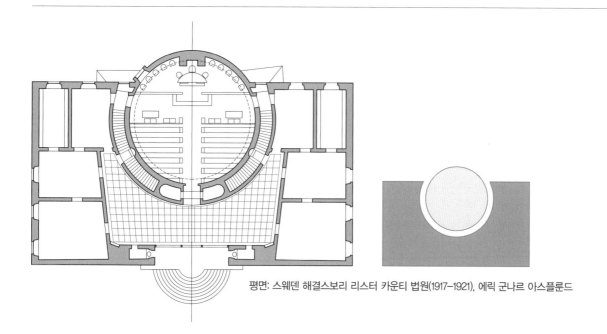

평면: 스웨덴 해결스보리 리스터 카운티 법원(1917–1921), 에릭 군나르 아스플룬드

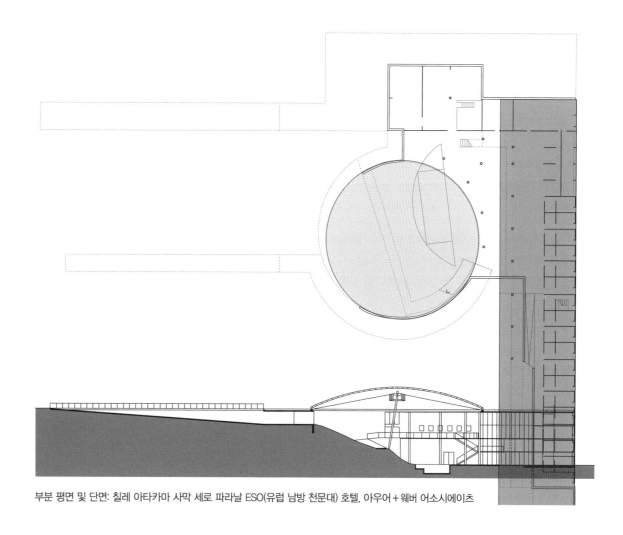

부분 평면 및 단면: 칠레 아타카마 사막 세로 파라날 ESO(유럽 남방 천문대) 호텔, 아우어＋웨버 어소시에이츠

대비되는 방향

두 개의 구조 그리드가 대비되는 기하 형태를 가질
수 있는 것처럼 대지의 고유한 특징을 다루거나, 기
존의 이동 패턴을 수용하거나, 단일 구성 내에서 대
조되는 형태나 기능을 표현하기 위해 서로 다른 방
향을 가질 수 있다. 그리고 대비되는 기하 형태를
가진 경우처럼 방향이 다른 두 개의 그리드가 하나
의 구조로 해결되는 방법은 다음과 같이 세 가지로
제시할 수 있다.

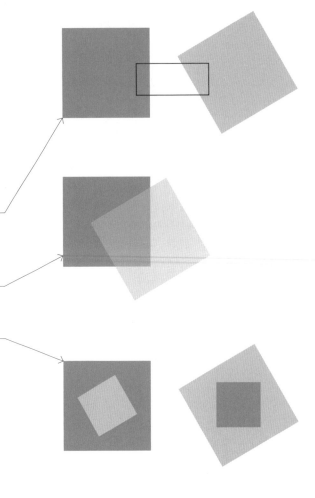

- 두 개의 그리드는 별도로 유지되고 세 번째 구조
  시스템에 의해 연결될 수 있다.

- 두 개의 그리드 중 우세한 그리드와 나머지 그리드
  가 겹치게 하거나 두 개의 그리드가 결합하여 세
  번째 기하 형태를 생성할 수 있다.

- 두 개의 그리드 중 하나는 다른 그리드의 가운데에
  통합될 수 있다.

대비되는 방향을 가진 두 개의 기하 형태의 교차로
인해 형성된 전이 공간 또는 사이 공간이 충분히 크
거나 독특하다면, 그것만의 중요성을 얻기 시작할
수 있다.

후자의 두 가지 경우, 수직 지지대의 비정형이거나
균일하지 않은 배치와 다양한 경간 길이는 반복적이
거나 모듈식 구조 부재를 사용하는 것을 어렵게 한
다. 방향이 다른 그리드 사이를 조정하는 전이 패턴
은 다음 쪽을 참조

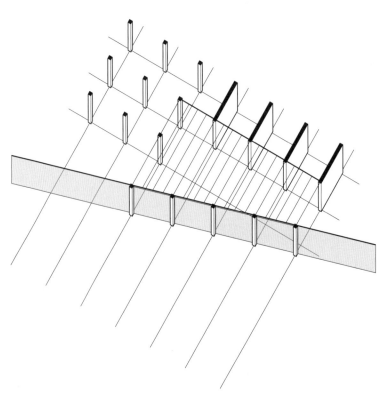

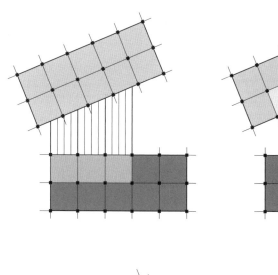

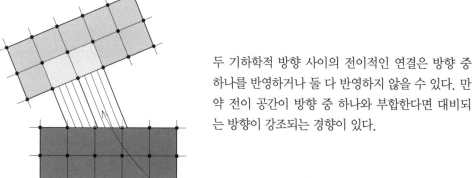

두 기하학적 방향 사이의 전이적인 연결은 방향 중 하나를 반영하거나 둘 다 반영하지 않을 수 있다. 만약 전이 공간이 방향 중 하나와 부합한다면 대비되는 방향이 강조되는 경향이 있다.

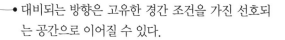

● 대비되는 방향은 고유한 경간 조건을 가진 선호되는 공간으로 이어질 수 있다.

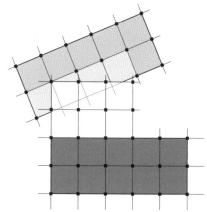

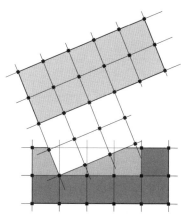

대비되는 두 개의 그리드가 겹치게 되면, 하나의 그리드가 다른 그리드보다 우세한 경향이 있다. 이는 수직 규모의 변화로 더욱 강조될 수 있다. 두 개의 기하 형태를 모두 경험할 수 있는 특별한 공간에 구조적이고 건축적인 강조가 이루어진다.

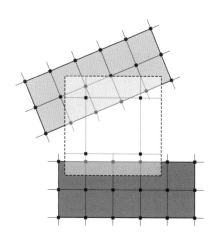

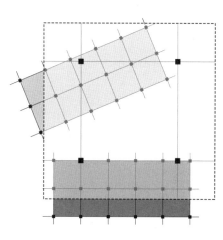

다른 배치를 다루는 또 다른 방법은 두 부분을 제3의 지배적인 구조 형태 아래로 모아 통합하는 것이다. 위의 예와 같이, 예외적인 조건에서 두 개의 서로 다른 구조시스템을 겹치게 함으로써 강조가 이루어질 수 있다.

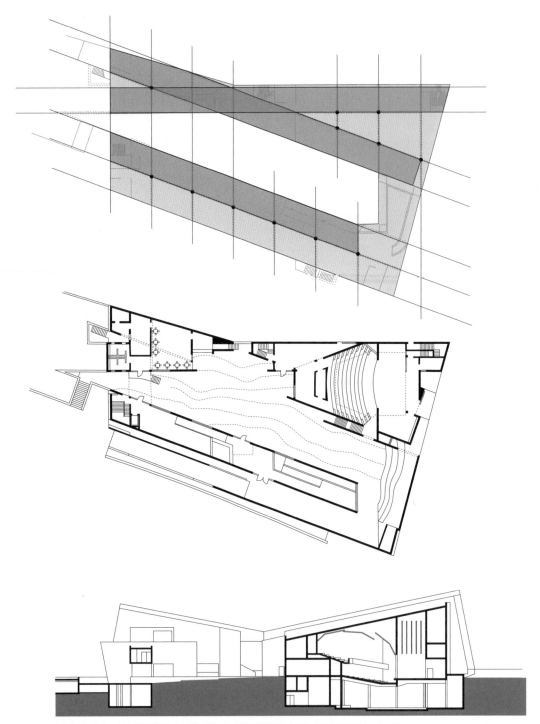

평면 및 단면: 이스라엘 텔아비브 팔마흐 역사박물관(1992-1999), 쯔비 헤커 & 라피 세갈

여기에서 제시된 사례는 대비되는 방향을 단일 구성 내에서 수용할 수 있는 여러 가지 방법을 보여준다.

팔마흐 역사박물관Palmach Museum of History은 세 부분으로 구성되어 있는데, 그중 두 부분은 기존의 나무와 바위 군집을 보존하고 비정형의 마당을 정의하기 위해 기울어져 있다. 현대 미술을 위한Lois & Richard Rosenthal Center의 구조는 일반적인 직선 그리드에 바탕을 두지만, 계단의 수직 시스템을 수용하는 높이와 자연광의 아트리움 공간의 기울어진 형상을 반영하기 위해 기둥은 평행사각형 모양을 지니고 있다. 밸리 센터 하우스는 두 건물의 대비되는 배치를 시각적으로 연결하기 위해 위로 솟아오르는 전이 구조물로서 거실을 사용한다.

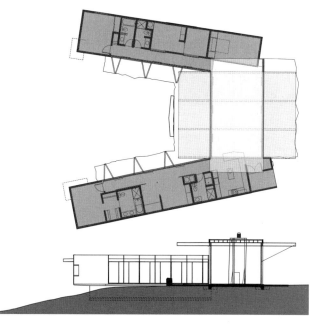

평면 및 단면: 캘리포니아 샌디에이고 카운티 밸리 센터 하우스(1999), 달리 제니크 아키텍츠Daly Genik Architects

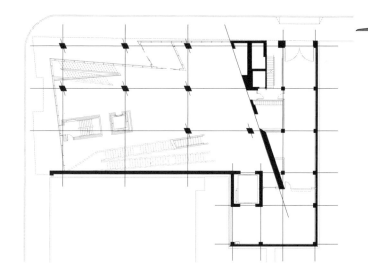

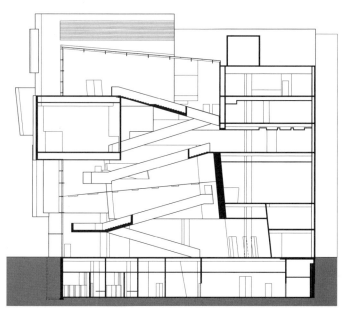

평면 및 단면: 오하이오 신시내티Lois & Richard Rosental Center for Contemporary Art(2001-2003), 자하 하디드 아키텍츠

비정형 공간 수용

설계 아이디어는 종종 구조적 지지와 경간 요소의 패턴에서가 아니라 원하는 프로그램 공간의 순서와 결과적으로 도출되는 구성의 형태적 특성에서 비롯된다. 일반적인 건물 프로그램에서는 대개 건물 구조에 대한 기능이나 중요성에 있어 특별하고 독특한 공간에 대한 요구사항이 있다. 나머지는 유연하게 사용할 수 있고 자유롭게 조정할 수 있다.

불연속적이고 비정형의 공간은 공간 볼륨의 프로그램 요구사항을 준수하고 강화하기 위해 구조에 의해 골조가 형성될 수 있다.

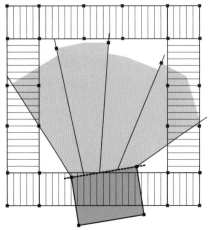

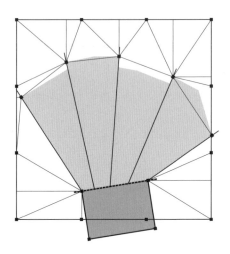

이는 보통 공간에 대한 구조 개념과 프로그램 요구사항 사이를 오가며, 구조 전략과 공간 환경의 형태적, 미적 그리고 성능의 질에 대한 비전 사이에서 적절한 접점을 찾는 것을 포함한다.

불연속적이고 비정형의 공간은 건물 전체에 별도의 구조 시스템과 기하 형태가 겹친 독립적인 구조물로 개발될 수 있다. 극장, 콘서트홀, 대형 갤러리와 같은 공간의 공간적 요구사항을 수용하는 데 적합하지만, 이 전략은 일반적으로 장경간 시스템을 요구한다. 장경간 구조물에 관한 내용은 6장을 참조

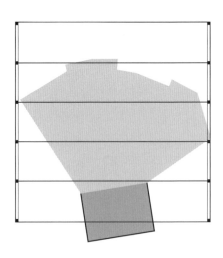

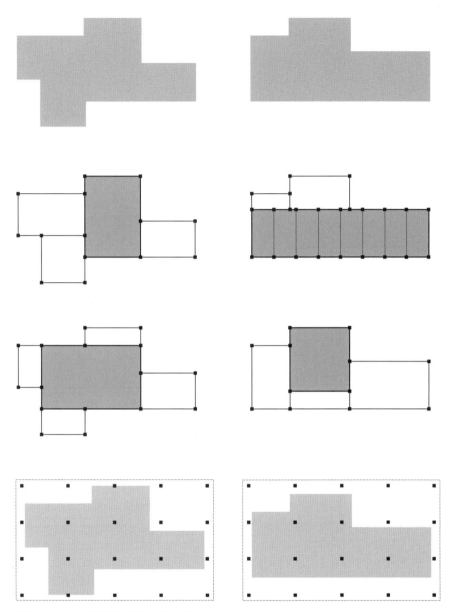

16쪽 센터 르 코르뷔지에의 평면과 단면 참조

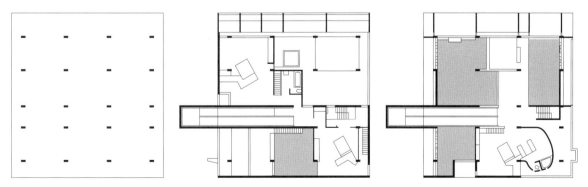

평면 다이어그램: 인도 아메다바드 방직자 협회 회관(1952-1954), 르 코르뷔지에

비정형 모양 수용

구조 시스템에 대한 전략을 개발할 때는 비정형의 평면 모양에 포함된 고유한 기하학 형태를 인식하도록 시도하는 것이 바람직하다. 심지어 매우 비정형의 평면 모양도 종종 정형의 기하학적 형상의 변형으로 보일 수 있는 부분들로 나눌 수 있다.

비정형의 모양이나 형태가 구성되는 방식은 종종 프레이밍framing 전략에 대한 논리적인 선택사항을 제안한다. 이는 방사형 골조 시스템에 호arc의 중심을 사용하거나, 비정형의 기하 형태 내에서 중요한 벽 또는 평면에 평행하거나 수직의 골조를 사용하는 것처럼 간단할 수 있다. 특히, 곡선은 골조 틀을 만들기 위한 바탕을 세우기 위한 많은 특성이 있다. 호의 반지름이나 중심, 호에 접하는 점 또는 이중 곡률의 경우, 변화가 발생되는 변곡점inflection point 을 사용할 수 있다. 설계 의도와 구조 전략이 개념을 강화하는 방향에 따라 접근 방식이 달라진다.

비록 구조 골조 방식은 일반적으로 평면에서 개발되지만, 건물의 수직 측면과 내부 공간의 규모에 미치는 구조물의 영향도 고려해야 한다. 예를 들어 기둥의 위치가 입면에 표현되는 경우 곡선의 외벽에 규칙적인 간격으로 이루어진 기둥의 시각적 효과를 고려해야 한다.

비정형의 평면 모양을 구조물로 만드는 데 있어 어려운 문제 중 하나는 경간 길이가 불가피하게 변화함으로 인해 발생되는 구조적 비효율성을 최소화하는 것이다.

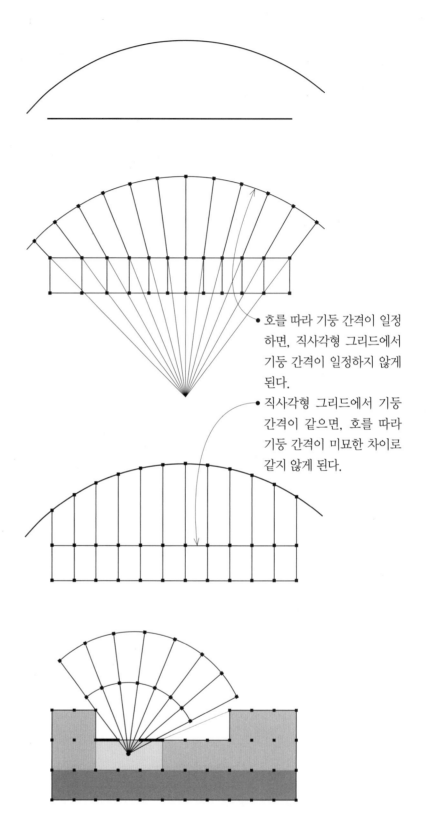

- 호를 따라 기둥 간격이 일정하면, 직사각형 그리드에서 기둥 간격이 일정하지 않게 된다.
- 직사각형 그리드에서 기둥 간격이 같으면, 호를 따라 기둥 간격이 미묘한 차이로 같지 않게 된다.

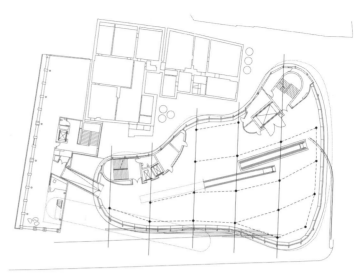

평면 및 단면: 오스트리아 그라츠 쿤스트하우스(1997-2003),
피터 쿡 & 콜룬 푸르니에

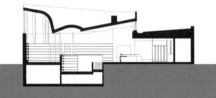

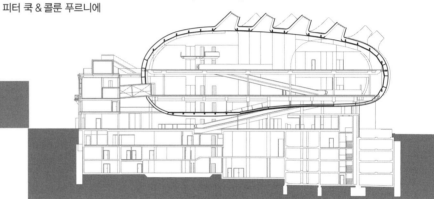

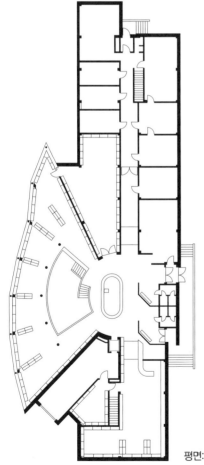

이 사례는 비정형 형태가 직선 기하 구성으로 통합되는 두 가지 방법을 보여준다. 쿤스트하우스의 전시 공간과 관련된 공공시설을 수용하는 전구bulbous 형태는 부분적으로 불규칙한 대지와 인접한 기존 건물과의 방화 이격 거리에 대한 대응에서 비롯된다. 이는 건물을 지지하는 구조적 그리드의 기하 형태 위로 부유하는 것처럼 보인다.

세이나조키 도서관 주 열람실의 중요성은 직선 기하 형태의 사무실과 지원 공간으로부터 도서 대출 창구에 고정된 부채꼴 모양의 평면과 단면 모두에서 표현된다.

평면: 핀란드 세이나조키 세이나조키 도서관(1963-1965), 알바 알토

평면 모양은 타원형 및 평행사변형과 같은 명확한 직선 또는 곡선 형상에 부합하지 않거나 통합되지 않는 형태로 진화할 수 있다. 한 가지 방법은 그리드 또는 골조 패턴의 방향을 지정할 수 있는 중요한 가장자리 또는 선형 조건을 선택하거나 만드는 것이다. 이러한 평면 다이어그램은 많은 가능성 중 일부에 해당한다.

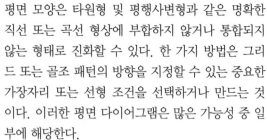

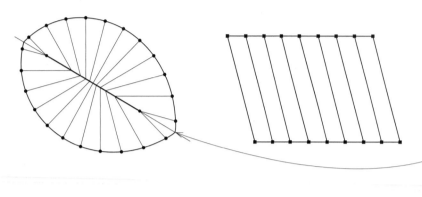

- 이 평행사변형을 사용하면 골조 또는 경간을 한쪽 가장자리 또는 다른 쪽 모서리에 평행하게 선택할 수 있으며 경간 길이는 균일하게 유지된다.

- 이 타원형 평면에 방사형 골조 또는 경간 패턴을 적용하면, 곡선의 질을 수직 차원으로 변환할 가능성과 함께 곡률이 강조된다.

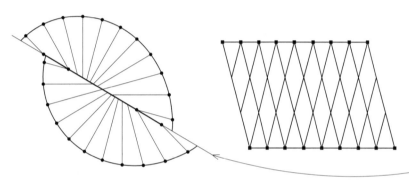

- 평행사변형 형상을 인식하면 다양한 격자 형태의 구조lattice-type structure를 만들 수 있다.

- 비정형 모양이 전단shear될 때, 미끄러짐을 따라 주요 지지선을 생성하고, 이러한 선에 수직이거나 비정형의 가장자리 조건에 대응하여 골조를 만들 수 있다.

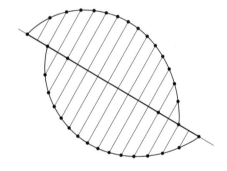 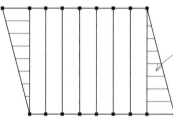

- 한 세트의 모서리에 수직인 골조 또는 경간은 구조를 규정하고, 삼각형 모양의 끝 조건으로 경간이 이루어지도록 남겨둔다.

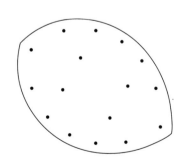 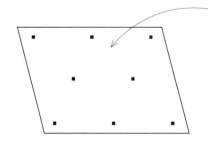

- 콘크리트 플랫 플레이트concrete flat plate 구조를 통해 기둥 위치를 유연하게 배치할 수 있으므로, 이를 통해 다양한 내부 공간 구성에 대응할 수 있을 뿐 아니라 비정형의 바닥 모양을 만들 수 있다.

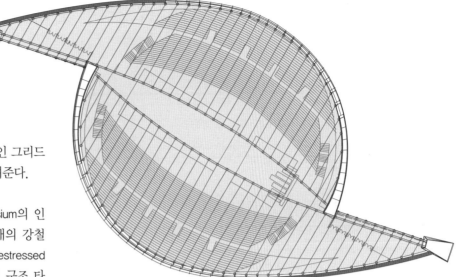

이 평면들은 비정형의 평면 형상이 규칙적인 그리드 패턴을 통합할 수 있는 두 가지 방법을 보여준다.

요요기 국립 체육관Yoyogi National Gymnasium의 인장 지붕 구조는 극적으로 뻗어 있는 두 개의 강철 케이블에 매달린 프리스트레스트 강선prestressed cable에 의해 생성되며, 이 강선은 두 개의 구조 타워 사이에서 차례로 지지가 된다. 이러한 중심 뼈대로부터, 지붕 케이블은 아래로 늘어지고 곡선 콘크리트 받침대에 고정된다. 그러나 평면도에서는 강선의 간격이 일정하게 표시된다.

평면: 일본 도쿄 아레나 마지오레, 요요기 국립 체육관(1961-1964), 겐조 단게

디모인Des Moines 공공도서관 건물(볼륨)의 각지고 다면적인 특성으로 인해 내부 기둥의 구조 그리드의 규칙성이 무시된다. 이차적인secondary 기둥들이 어떻게 건물 입면의 경계를 정의하는지 주목하자.

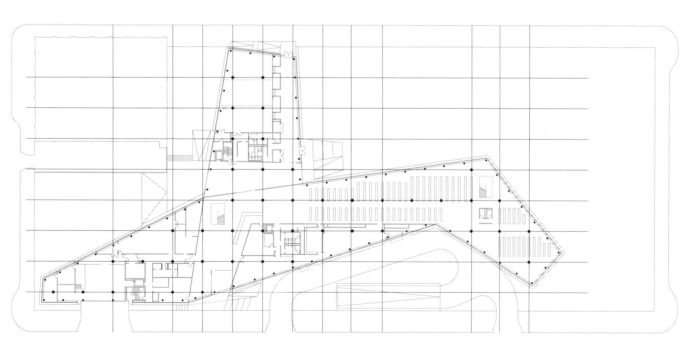

아이오와주 디모인시 디모인 공공 도서관(2006), 데이비드 치퍼필드 건축가/HLKB 건축사사무소

비정형 가장자리 조건 수용
accommodating irreduglar edge conditions

부지 구성, 복도에서의 전망의 가능성, 거리 및 도로 전면의 가장자리 조건 또는 고유한 지형적 특성을 보존하려는 욕구에 따라 건물의 모양이 형성될 수 있다. 이러한 조건 중 어느 것이든 비정형 기하 형태로 도출될 수 있으며, 이는 건물의 프로그램과 구조 시스템을 수용하기 위해 고안된 구조 시스템으로 합리화되어야 한다.

한 가지 전략은 건물의 형태를 방향이 다른 직교 모양으로 축소하는 것이다. 이렇게 하면 구성의 직교하는 부분 사이의 교차점에서 해결되어야 하는 예외적인 조건이 발생한다. 64~65쪽을 참조

또 다른 전략은 불규칙한 경로를 따라 선형의 배열을 구부려 일련의 동일 공간 단위 또는 형태 요소를 비정형의 가장자리 조건에 적응시키는 것이다. 이러한 비정형의 특성은 일련의 곡선으로 시각화되고, 각 호arc의 부분segment에 대한 반지름 중심과 곡률의 변화가 생기는 변곡점points of inflection을 인식함으로써 비정형성을 규정할 수 있다.

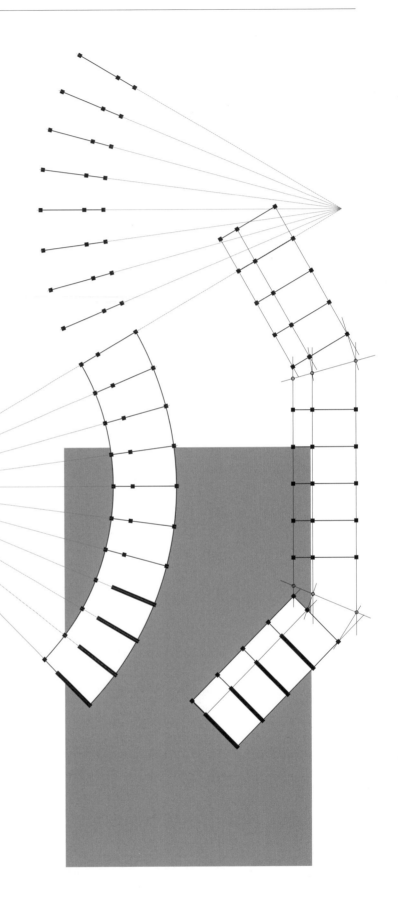

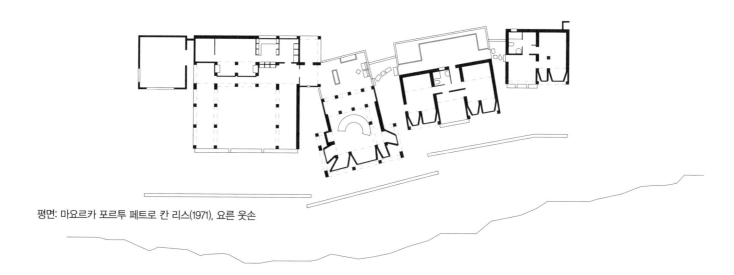

평면: 마요르카 포르투 페트로 칸 리스(1971), 요른 웃손

이 프로젝트들은 비정형의 가장자리 조건에 어떻게 대응할 수 있는지 보여준다. 지중해가 내려다보이는 절벽의 높은 가장자리에 있는 칸 리스Can Lis는 척추의 순환처럼 연결된 소규모의 토속적인 건물들의 느슨한 집합체로 보인다. 형태나 공간의 개별적인 특성은 서로 독립적으로 위치할 수 있도록 하였다. 반면에 EOS 하우징 프로젝트는 테라스로 이루어진 주거이다. 구불구불한 연속적인 형태는 개별 주택 단위를 분리한 방사형 기하 형태의 벽에 의해 생성된다.

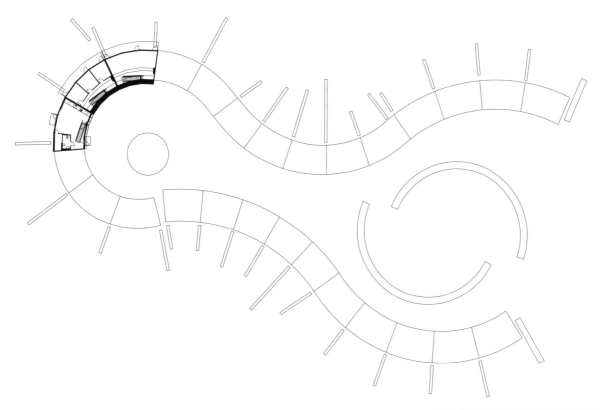

평면: 스웨덴 헬싱보리 EOS 하우징(2002), 안데르스 빌헬름슨

건축 디자인에서 고전적인 이중성은 직선과 곡선 사이의 대립에 있다. 70쪽에서 이미 이 대립과 관련하여 언급하였다. 여기에 제시된 것은 곡면 또는 평면과 정형의 구조 그리드로 이루어진 직선 기하 형태 사이의 긴장을 해결하기 위한 추가적인 접근법이다. 각각은 내부 공간의 질뿐만 아니라 구조적인 형태 설계에도 영향을 미친다.

먼저 평면의 곡면을 생성한 기하학부터 시작할 수 있다. 이것은 생성된 공간에 곡선 모서리를 강조하는 골조 또는 경간 패턴을 제안할 수 있다. 방사형 패턴의 특성은 건물 프로그램의 두 부분 간의 차이를 강조할 수 있는 직교 그리드와 크게 대조를 이룬다. 이와 반대되는 접근법은 정형의 그리드 구조에 의해 확립된 직교 관계를 곡선의 표면이나 면으로 확장하는 것이다.

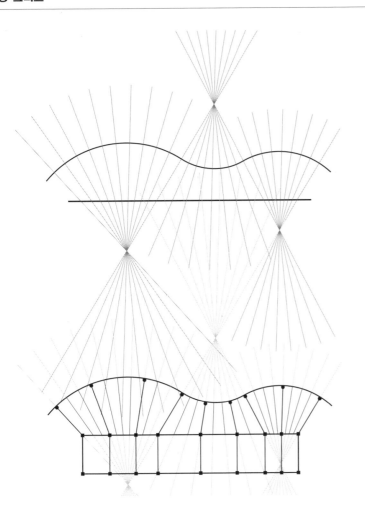

- 이 평면 다이어그램에서 방사형 패턴은 곡선의 표면 또는 면으로 둘러싸인 공간의 물결치는 undulating 형태의 특성을 강화한다. 이를 통해 구조물의 직사각형 부분에 불규칙한 간격으로 기둥 배치가 이루어진다.

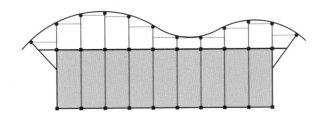

- 직교하는 베이 구조를 곡선의 표면 또는 면으로 확장하면, 직선 및 곡선 사이를 중개하는 불규칙한 일련의 공간이 생성되고 두 모서리 조건이 통합된다.

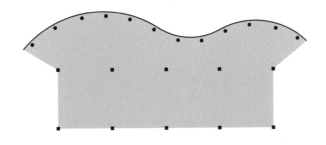

- 콘크리트 플랫 플레이트concrete flat plate 구조를 통해 기둥의 위치를 유연하게 배치할 수 있으므로, 다양한 내부 공간 구성에 대응할 뿐만 아니라 비정형의 바닥 형태를 만들 수 있다.

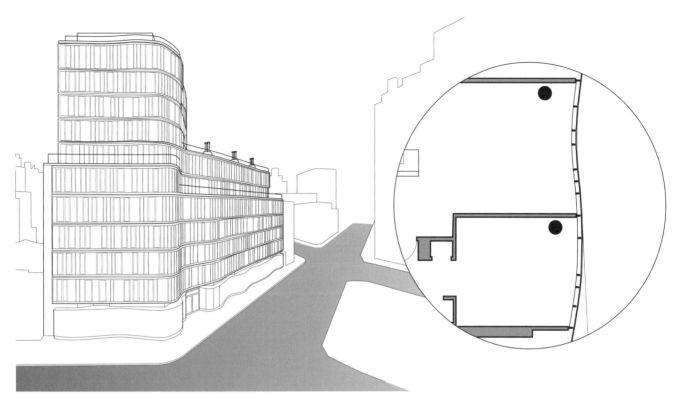

외부 전경 및 평면 상세: 뉴욕주 뉴욕시 원 잭슨 스퀘어One Jackson Square(2009), 케이피에프Kohn Pedersen Fox, KPF

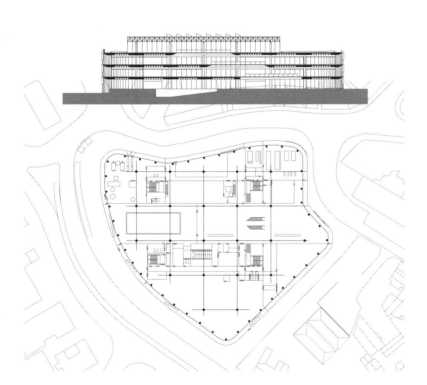

평면 및 단면: 영국 입스위치 윌리스 페이버 듀마스 본사(1971–1975), 노먼 포스터/포스터 파트너즈

이 두 가지 예는 곡선 통유리벽이 어떻게 생성될 수 있는지 보여준다. 원 잭슨 스퀘어의 비정형의 현장 조립 통유리벽 패널은 돌출된 콘크리트 슬래브의 곡선 테두리에 부착된다. 슬래브의 모서리는 통유리벽 시스템의 멀리언 이음이 올바르게 정렬되도록 정확하게 시공되어야 했었다. 두 개 층 높이의 공간을 포함하는 일부 단위세대에서는 통유리벽을 지지하는 수단으로 큰 보가 슬래브 모서리를 대체하였다.

윌리스 페이버 듀마스willis faber & dumas 본사의 가운데 부분은 가장자리에 있는 기둥이 곡선 슬래브 가장자리로부터 46피트(14미터) 이격되어 있는 반면, 중심에는 정사각형 그리드의 콘크리트 기둥으로 구성된다. 어두운 색으로 음영 처리된 유리창은 모서리 덧댐 맞춤과 실리콘 이음으로 연결되어 3층 높이의 통유리벽을 형성하며, 이 통유리벽은 지붕 높이의 둘레 가장자리 보edge beam에 매달려 있다. 유리 핀glass fin은 횡측 가새 보강lateral bracing을 제공한다.

전단 그리드sheared grids

건물의 두 부분은 서로 인접할 수 있으며, 각 부분은 제약조건의 프로그램 또는 맥락적 요구사항에 고유한 방식으로 대응한다. 또한 각 구조물에는 공통의 지지선을 따라 만나는 두 가지 다른 유형의 구조적 패턴이 필요할 수 있다. 각각은 유사한 구조적 패턴을 가질 수 있지만, 하나는 다른 하나에 비해 미끄러지거나 위치가 변할 수 있다. 이러한 상황에서 부분들 간의 차이는 각각의 구조 패턴의 규모scale나 결grain로 표현될 수 있다.

• 두 그리드의 규모 및 결이 유사한 경우, 베이를 선택적으로 추가하거나 빼기만 하면 어떠한 차이라도 해결될 수 있다. 고정된 그리드 구조물이 있는 경우, 이것은 이동 또는 전단이 발생하는 면을 강조한다.

• 그리드의 전단은 공간적 규모 또는 결의 이동에 따라 발생할 수 있다. 이 작업은 전단선shear line을 따라 공통의 거더를 사용하여 수행할 수 있다. 기둥 간격은 받침선bearing line에 따라 달라질 수 있으므로, 특히 보의 경간이 상당히 짧은 경우에는 거더를 지지하는 기둥의 위치가 현지 조건에 쉽게 반응할 수 있다.

• 규모와 결이 다른 두 구조적 패턴은 더 큰 그리드 구조가 더 작은 그리드 구조의 일부인 경우 더 쉽게 만나고 정렬할 수 있다.

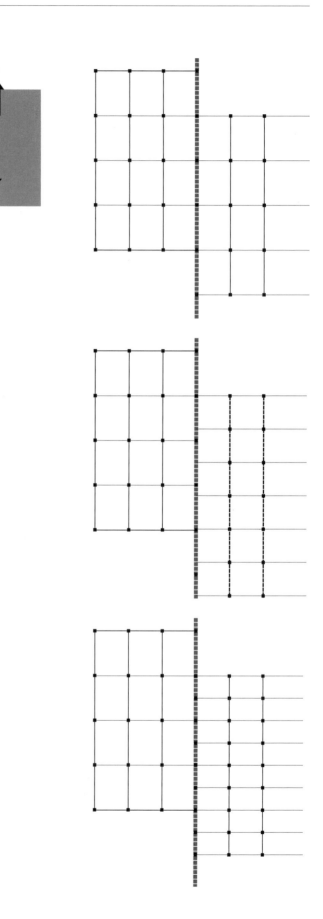

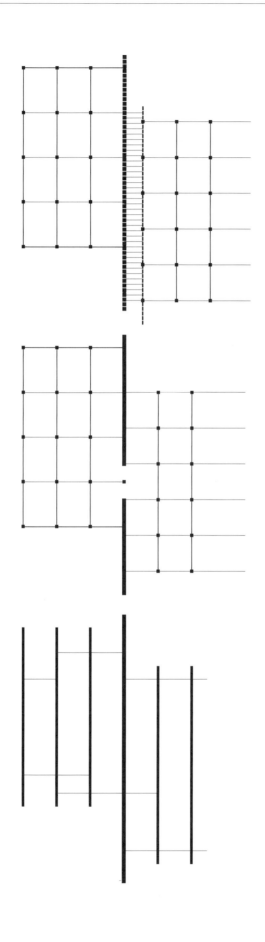

• 규모, 비율, 결이 서로 다른 두 개의 기본 그리드가 기둥과 보 또는 거더의 받침 선bearing line을 따라 해결될 수 없는 경우에는 제3의 구조를 도입하여 두 구조를 중재할 수 있다. 상대적으로 짧은 경간으로 이루어진 이 매개 구조는 종종 더 작은 결을 가지며, 이는 두 개의 기본 그리드의 서로 다른 간격과 지지 패턴을 해결하는 데 도움이 될 수 있다.

• 인접한 사용공간이 내력벽에 의해 제공되는 분리되는 정도를 수용할 수 있는 경우에는 벽 자체가 두 개의 대조적인 구조 그리드를 결합하는 역할을 할 수 있다. 내력벽의 특성은 공간을 두 개의 서로 다른 영역으로 나눈다. 내력벽을 통한 모든 관통하는 부분은 두 요소 사이의 입구portal 또는 문턱threshold으로서 추가적인 의미를 가질 수 있다.

• 한 쌍의 내력벽은 열린 끝단을 향해 강한 방향성으로 구별되는 공간의 장field of space을 정의한다. 이러한 기본적인 형태의 구조 패턴은 다세대 주택과 같이 반복적인 단위로 구성된 프로젝트에서 종종 사용되는데, 이는 각각의 단위를 서로 격리하고, 소리의 통과를 억제하며, 화재의 확산을 억제하는 역할을 동시에 하기 때문이다.

• 일련의 평행한 내력벽은 일련의 선형 공간을 구성할 수 있으며, 내력벽의 견고성은 작은 것부터 큰 것까지 다양한 정도의 미끄러짐slippage 또는 오프셋offsets[3]을 수용할 수 있다.

모서리는 두 면이 만나는 것으로 정의된다. 수직 모서리는 입면도에서 건물 입면의 모서리를 정의하고 동시에 평면에서 두 수평 방향을 마무리하므로 건축적으로 매우 중요하다. 모서리 조건의 건축적 특성과 관련된 것은 시공성constructibility과 구조적인 문제가 있다. 이러한 요인 중 하나에 기반한 결정은 필연적으로 다른 두 가지 요인에 영향을 미친다. 예를 들어, 1방향 경간 시스템의 인접한 면은 본질적으로 다르며, 이는 인접한 파사드의 건축적 관계와 디자인의 표현에 영향을 미칠 수 있다.

- 두 면이 단순히 접촉하고 모서리가 장식되지 않은 상태로 남아 있는 경우, 모서리의 존재는 인접한 표면의 시각적 처리에 따라 달라진다. 상식되지 않은 모서리는 형태의 볼륨을 강조한다.

- 형태 또는 그 면 중 하나는 계속해서 모서리 위치를 점유함으로써 인접한 매스보다 우위를 점할 수 있으므로, 이로써 건축 구성의 전면front을 설정할 수 있다.

- 모서리 조건은 결합되는 표면과 독립적인 별도의 요소를 도입함으로써 시각적으로 강화될 수 있다. 이 요소는 인접한 평면의 가장자리를 정의하는 수직 선형 요소로 모서리를 강조한다.

- 모서리를 둥글게 하면 형태 경계면의 연속성, 볼륨의 간결성 및 윤곽의 부드러움이 강조된다. 곡률반경의 규모는 중요하다. 너무 작으면 시각적으로 무의미해지고, 너무 크면 둘러싸는 내부 공간과 설명하는 외부 형태에 영향을 미친다.

- 빈 공간void은 기본 모서리 조건을 줄이고, 두 개의 작은 모서리를 효과적으로 생성하며, 두 개의 개별 형태 또는 매스 간의 구분을 명확히 한다.

다음 세 쪽의 평면 다이어그램에서는 이러한 유형의 모서리 조건을 구조화하기 위한 대안적 접근 방식을 제시하며, 각 유형은 건축에 영향을 미친다.

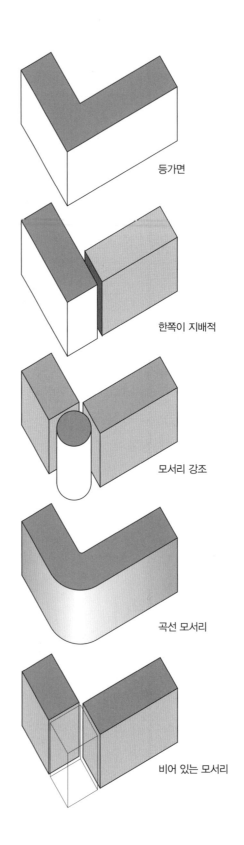

등가면

한쪽이 지배적

모서리 강조

곡선 모서리

비어 있는 모서리

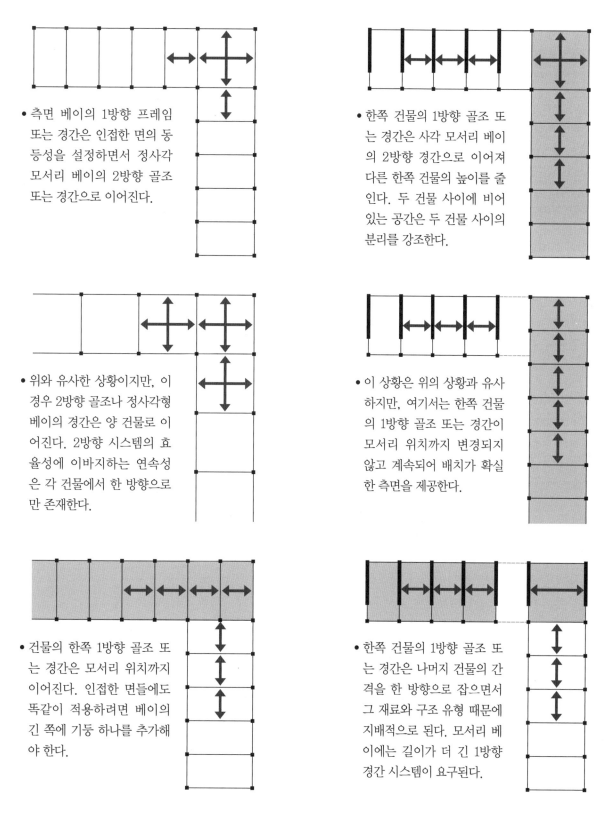

- 측면 베이의 1방향 프레임 또는 경간은 인접한 면의 동등성을 설정하면서 정사각 모서리 베이의 2방향 골조 또는 경간으로 이어진다.

- 한쪽 건물의 1방향 골조 또는 경간은 사각 모서리 베이의 2방향 경간으로 이어져 다른 한쪽 건물의 높이를 줄인다. 두 건물 사이에 비어 있는 공간은 두 건물 사이의 분리를 강조한다.

- 위와 유사한 상황이지만, 이 경우 2방향 골조나 정사각형 베이의 경간은 양 건물로 이어진다. 2방향 시스템의 효율성에 이바지하는 연속성은 각 건물에서 한 방향으로만 존재한다.

- 이 상황은 위의 상황과 유사하지만, 여기서는 한쪽 건물의 1방향 골조 또는 경간이 모서리 위치까지 변경되지 않고 계속되어 배치가 확실한 측면을 제공한다.

- 건물의 한쪽 1방향 골조 또는 경간은 모서리 위치까지 이어진다. 인접한 면들에도 똑같이 적용하려면 베이의 긴 쪽에 기둥 하나를 추가해야 한다.

- 한쪽 건물의 1방향 골조 또는 경간은 나머지 건물의 간격을 한 방향으로 잡으면서 그 재료와 구조 유형 때문에 지배적으로 된다. 모서리 베이에는 길이가 더 긴 1방향 경간 시스템이 요구된다.

등가면equivalent sides

한쪽이 지배적one side dominant

전이 패턴

여기에 제시된 세 가지 평면 다이어그램은 개별 모서리 요소의 상당한 크기, 독특한 모양 또는 대비되는 방향을 통해 모서리의 조건을 특별하거나 고유하게 만드는 방법을 제시한다.

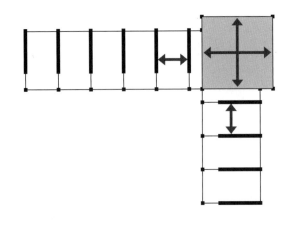

- 정사각형 모서리 베이는 각 건물에 대한 우위를 강조하기 위해 확장되어 자체적인 1방향 골조 또는 경간을 유지한다. 건물의 더 작은 베이 간격에서 더 큰 모서리 베이 경간으로 쉽게 전환할 수 있도록 두 개의 기둥이 추가되었다.

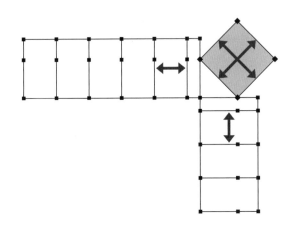

- 각 건물이 고유한 1방향 골조 또는 경간을 유지하는 동안, 정사각형 모서리 베이는 모서리의 위치를 강조하기 위해 회전된다. 회전된 베이의 모서리를 지지하기 위해 두 개의 기둥이 추가된다.

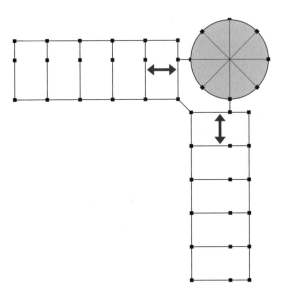

- 원형 모서리 베이는 각 건물의 직선 형상과 대조되며, 모서리의 위치를 강조하고, 자체적인 구조 패턴이 요구된다. 각 측면은 각 건물과 모서리 베이를 연결하는 보가 있는 1방향 시스템으로 골조를 만들 수 있다.

모서리 강조corner emphasized

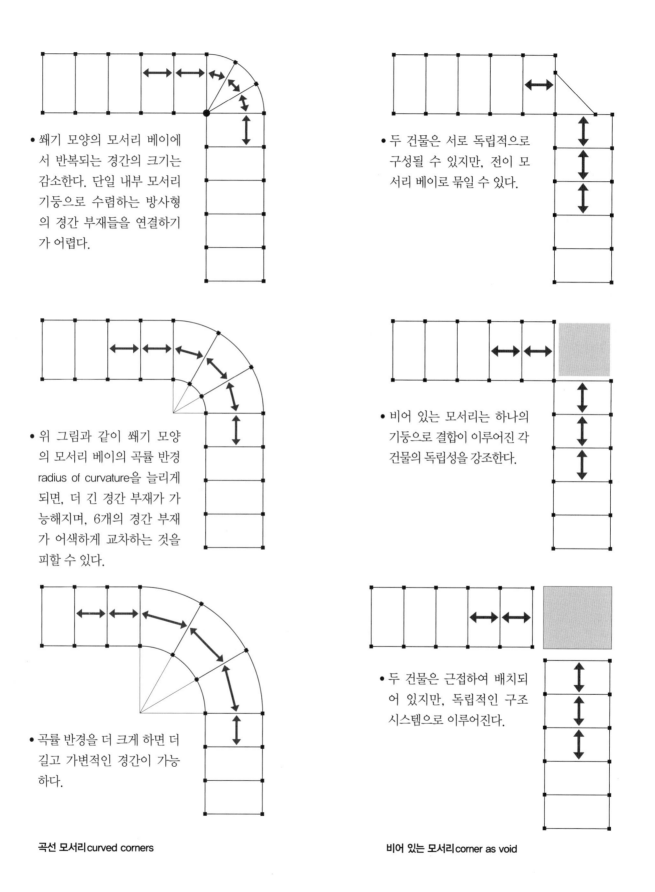

- 쐐기 모양의 모서리 베이에서 반복되는 경간의 크기는 감소한다. 단일 내부 모서리 기둥으로 수렴하는 방사형의 경간 부재들을 연결하기가 어렵다.

- 위 그림과 같이 쐐기 모양의 모서리 베이의 곡률 반경 radius of curvature을 늘리게 되면, 더 긴 경간 부재가 가능해지며, 6개의 경간 부재가 어색하게 교차하는 것을 피할 수 있다.

- 곡률 반경을 더 크게 하면 더 길고 가변적인 경간이 가능하다.

곡선 모서리 curved corners

- 두 건물은 서로 독립적으로 구성될 수 있지만, 전이 모서리 베이로 묶일 수 있다.

- 비어 있는 모서리는 하나의 기둥으로 결합이 이루어진 각 건물의 독립성을 강조한다.

- 두 건물은 근접하여 배치되어 있지만, 독립적인 구조 시스템으로 이루어진다.

비어 있는 모서리 corner as void

기초 그리드foundation grids

기초 시스템의 주요 기능은 상부 구조물을 지지하
고 고정하여 하중을 안전하게 지반으로 전달하는
것이다. 기초는 건물 하중의 분배와 해결에서 중요
한 연결고리 역할을 하므로, 기초의 지지 패턴은 상
부 구조물의 형태와 배치를 수용하고 아래의 토양,
암석, 물과 같은 다양한 조건에 반응하도록 설계되
어야 한다.

지지 토양의 지지력bearing capacity of the supporting
soil은 건물의 기초 유형 선택에 영향을 미친다. 얕
은 기초 또는 확대 기초는 적절한 지지력을 가진 안
정적인 지반이 지표면 근처에서 상대적으로 발생할
때 사용된다. 기초는 토양의 허용 지지력을 초과하
지 않을 정도로 충분히 넓은 면적에 하중을 분산시
키도록 비례한다. 이것은 발생하는 침하settlement가
최소화되거나 구조물의 모든 부분에 균등하게 분포
되도록 해야 한다.

현장의 토양의 허용 지지력이 다양한 경우, 확대 기
초는 구조 주각structural plinth 또는 매트 기초(기본
적으로 두껍고 무거운 철근 콘크리트 슬래브)로 결
합될 수 있다. 매트 기초는 개별 확대 기초 사이에
서 발생할 수 있는 부동침하 현상을 방지하기 위해
집중 하중을 고용량 토양 영역으로 분산시킨다.

건물 하중이 지지하는 토양의 지지력을 초과하는
경우, 말뚝pile기초 또는 잠함caisson기초를 사용해
야 한다. 말뚝기초는 강철, 콘크리트 또는 목재 말
뚝으로 구성되며, 밀도가 높은 토양이나 암석의 보
다 적합한 지지층에 도달하거나 설계 하중이 가해
질 때까지 이루어진다. 개별 말뚝은 일반적으로 건
물 기둥을 지지하는 현장 타설 콘크리트 캡으로 결
합된다.

잠함기초는 흙을 필요한 깊이로 천공하고 철근을
배치하고 콘크리트를 주조하여 만들어진 현장 타설
콘크리트 샤프트cast-in-place concrete shaft이다. 잠
함기초는 일반적으로 말뚝보다 지름이 크며 특히
횡 변위lateral displacement가 주요 관심사인 경사면
에 적합하다.

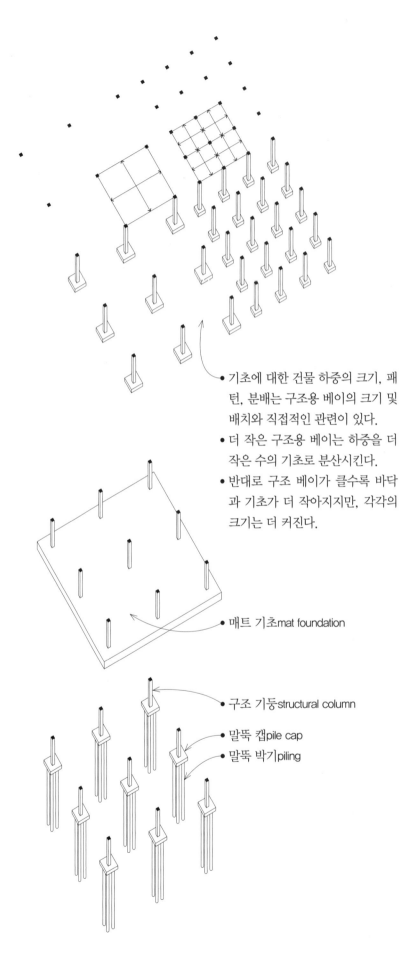

• 기초에 대한 건물 하중의 크기, 패
턴, 분배는 구조용 베이의 크기 및
배치와 직접적인 관련이 있다.
• 더 작은 구조용 베이는 하중을 더
작은 수의 기초로 분산시킨다.
• 반대로 구조 베이가 클수록 바닥
과 기초가 더 작아지지만, 각각의
크기는 더 커진다.

• 매트 기초mat foundation

• 구조 기둥structural column

• 말뚝 캡pile cap
• 말뚝 박기piling

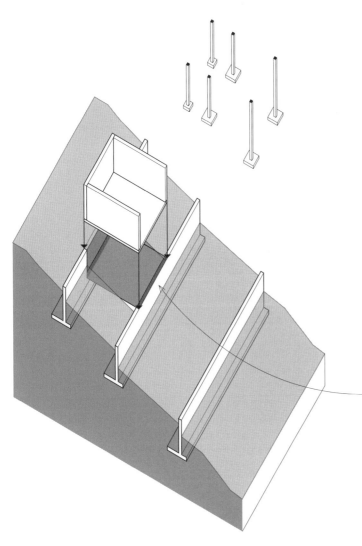

경사면에 위치한 건물buildings on slopes

말뚝기초는 비정형이거나 경사진 지형에서 사용할 수 있으며, 특히 경사면의 표면 토양이 불안정하고 기둥이 토양이나 바위의 더 안정적인 지층에서 지지가 될 수 있도록 아래로 확장될 수 있다. 이 경우에는 토양을 별도로 보관할 필요가 없으며, 말뚝의 위치가 건물에서 요구되는 기둥 위치와 일치할 수 있다.

경사면으로 굴착하는 것이 바람직하거나 필요한 경우, 경사 변화 위의 흙더미mass of earth를 수용하기 위해 옹벽이 종종 사용된다. 보존된 토양은 옹벽의 면에 측면 압력을 가하는 유체 역할을 하여 벽을 옆으로 미끄러지거나 전복하는 경향이 있는 것으로 간주된다. 측면 토압과 벽 기초의 반대 저항에 의해 생성된 전도 모멘트overturning moment는 벽의 높이에 결정적으로 좌우된다. 이 모멘트는 유지되는 토양 높이의 제곱에 따라 증가한다. 옹벽이 높아짐에 따라 말뚝에 타이백tiebacks을 설치하거나 카운터포트counterforts(벽 슬래브를 단단하게 하고 발판에 무게를 더하는 교차 벽)를 구축해야 할 수 있다.

경사면에 평행한 일련의 옹벽은 건물의 상부 구조에서 내력벽을 지속적으로 지지할 수 있다. 옹벽 뒤의 토양에 건물의 무게를 더하는 것은 바람직하지 않다. 따라서 옹벽의 위치는 위 건물의 지지선과 일치해야 한다.

옹벽은 뒤집히거나overturning 수평으로 미끄러짐horizontal sliding 또는 과도한 침하excessive settling로 인해 무너질 수 있다.

- 추력thrust은 기초의 밑면 주위의 옹벽을 뒤집는 경향이 있다. 옹벽이 뒤집히는 것을 방지하려면, 벽의 합성 중량과 베이스 힐base heel에 있는 흙 지지대의 저항 모멘트가 토압에 의해 생성된 저항 모멘트를 상쇄해야 한다.
- 옹벽이 미끄러지는 것을 방지하려면 벽의 복합 중량에 벽을 지지하는 토양의 마찰계수coefficient of friction를 곱한 값이 벽의 횡방향 추력lateral thrust을 상쇄해야 한다. 벽의 하부 레벨에 인접한 토양의 수동 압력은 측면 추력을 저항하는 데 도움이 된다.
- 옹벽의 침하settling 방지를 위해서는 수직으로부터의 힘이 토양의 지지력을 초과하지 않도록 해야 한다.

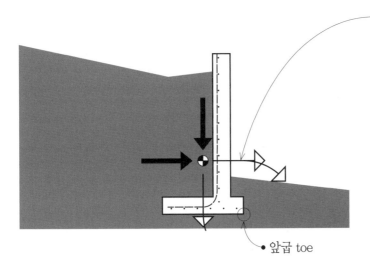

• 앞굽 toe

소규모 프로젝트의 경우, 특히 설계가 경사 부지에 대해 굴착이 필요로 하지 않는 경우, 지중보grade beam를 사용하여 기초를 보통 부지의 상부에 있는 말뚝에 고정하는 단일 강체 장치single rigid unit로 고정할 수 있다. 이는 대지의 굴착을 최소화하는 것이 바람직하고, 주로 높은 곳에서 접근할 수 있는 대지에서 성공적으로 수행되었다.

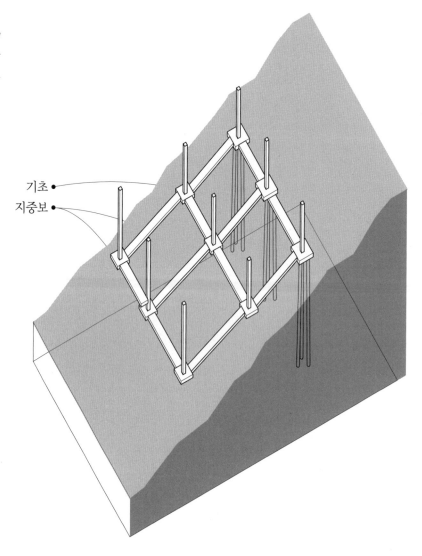

기초 •
지중보 •

설계에서 경사지에 대한 굴착이 필요하지 않은 경우, 기초 벽을 경사면에 수직으로 배치하여 지형을 따르도록 계단식으로 만들 수 있다. 계단식 기초 벽은 토양을 지지하지 않으므로, 일반적으로 옹벽의 보강 및 큰 규모의 기초가 필요하지 않다.

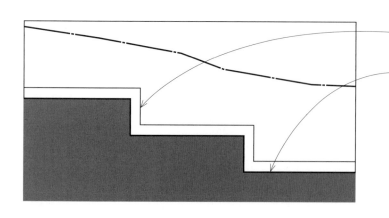

• 부지 경사가 10%를 초과하고 지면에 기초를 고정하는 것이 필요한 경우에는 계단식 기초로 이루어져야 한다.

• 기초의 두께는 수직 부분이 유지되어야 한다.

• 기초는 방해받지 않는 토양 또는 압축된 충전재compacted fill 위에 놓여야 한다.

• 서리frost가 발생되는 조건을 피해 대지의 동결선 아래로 기초가 확장되어야 하는 경우를 제외하면, 기초는 지면보다 12인치(305) 이상 밑에 있어야 한다.

• 기초 상부는 평평해야 하지만 기초 하부는 최대 10%의 경사가 가능하다.

주차 구조물parking structures

주차가 구조물의 유일한 목적인 경우, 차량의 움직임 및 주차에 필요한 특정 치수에 따라 구조용 베이bay 배치에 사용할 수 있는 기둥의 위치가 결정된다.

건물에서 주차가 보조적인 기능인 경우, 일반적으로 주차장은 건물의 아래에 위치하고 나머지 다른 용도들은 상부층을 차지하게 된다. 상부층에 적합한 구조 그리드를 가지고 효과적인 주차를 위한 구조 그리드를 해결하기에는 어려운 경우가 많다. 두 조건을 겹치면 다음 쪽의 다이어그램에서 제시된 기둥 배치의 유연성을 이용하여 둘 사이에 가능한 공통 그리드를 발견할 수 있다.

기둥 정렬이 불가능한 경우, 전이 빔transfer beams이나 각진 버팀재angled struts를 사용하여 하중을 상부층에서 주차층을 통해 기초까지 전달할 수 있다. 이러한 조건을 최소화하는 것이 항상 바람직하다.

주차와 주거와 같이 2가지 용도가 있어서, 방화구획fire separation이 필요한 복합용도 건축물은 하부에 있는 주차 구조물의 지붕이 포스트 텐션 콘크리트 플레이트post-tensioned concrete plate로 시공될 수 있다. 이는 필요한 화재구획을 제공하면서 기둥 또는 내력벽의 하중을 상부층에서 주차장 구조물로 전달할 수 있다. 이는 상부 구조물이 상대적으로 가벼운 하중을 받는 경우에만 가능하며, 집중 하중이 크거나 기둥 사이 정렬이 이루어지지 않아 긴 경간의 가운데 1/3 지점에 집중 하중이 발생할 경우에는 경제적이지 않을 수 있다.

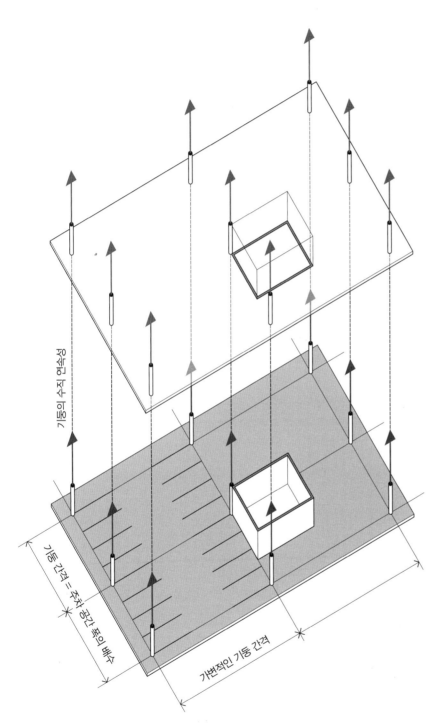

기둥의 수직 연속성

기둥 간격 = 주차 공간 폭의 배수

가변적인 기둥 간격

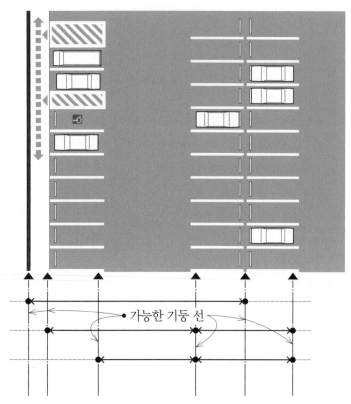

• 90° 주차 배치

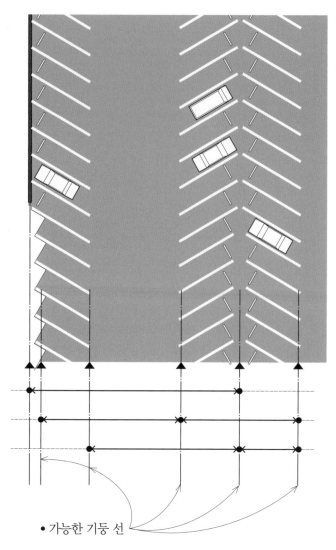

• 가능한 기둥 선

• 대향 주차 배치

주차 구조물의 기둥은 가능하면 한 방향으로 인접한 주차 공간 열 사이에, 다른 방향으로는 주차 공간 폭의 배수로 배치해야 한다. 배치는 자동차를 운전할 수 있고 자동차의 문이 방해받지 않고 열릴 수 있는 충분한 공간을 확보해야 한다. 후진할 때 운전자가 기둥을 볼 수 있도록 해야 한다. 이를 통해 60피트(18미터) 범위에서 적당한 길이의 경간 부재가 가능하다.

그러나 위의 평면도에서 볼 수 있듯이, 기둥 배치를 위한 대안의 위치가 있다. 위 평면도의 검은색 삼각형 표시는 주차 공간의 폭과 함께 기둥을 따라 간격을 둘 수 있는 기둥 선을 나타낸다. 다양한 경간 길이가 가능하여 특정 배치가 위의 구조에서 기둥 지지 패턴과 조정될 수 있음을 알 수 있다.

3

수평 경간

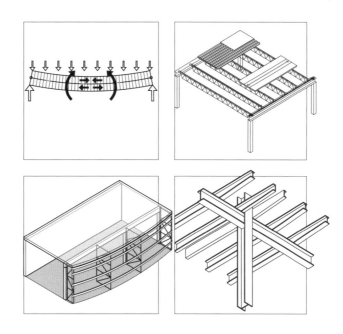

건물의 수직 지지대, 즉 기둥과 내력벽은 공간을 구분하고 공간의 차원을 이해할 수 있게 하는 측정 가능한 리듬과 규모를 설정한다. 그러나 건축 공간은 또한 자기 하중, 활동, 가구를 지탱하는 바닥 구조와 공간을 수용하고 수직 치수를 제한하는 머리 위 지붕 평면을 구축하기 위한 수평 경간이 요구된다.

보beams

모든 바닥 및 지붕 구조는 공간을 가로질러 횡단 하중을 지지 요소로 전달하고 전달하도록 설계된 장선, 보 및 슬래브와 같은 선형 및 평면 요소로 구성된다. 이러한 경간 요소의 구조적 움직임을 이해하기 위해 장선, 거더 및 트러스에도 적용되는 보에 대한 일반적인 설명으로 시작한다.

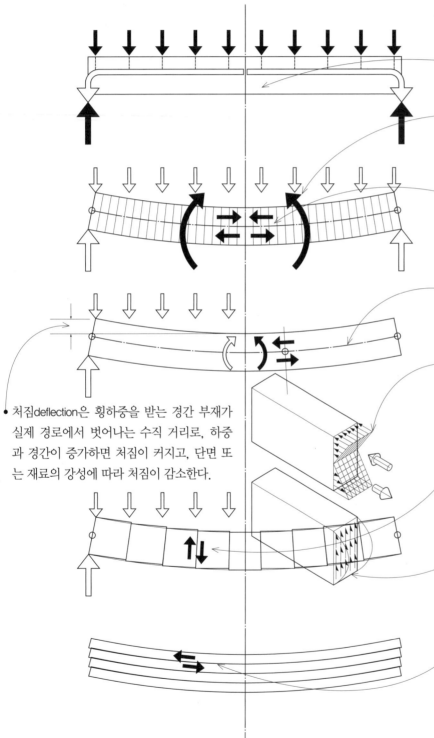

- 경간이란 구조물의 두 지지대 사이의 공간 범위를 말한다.

- 휨 모멘트bending moment는 구조물의 일부가 회전하거나 휘어지는 경향이 있는 외부 모멘트이다.

- 저항 모멘트resisting moment는 휨 모멘트와 크기가 같고 방향이 반대인 내부 모멘트로, 고려되는 단면의 평형을 유지하기 위한 짝힘으로 생성된다.

- 중립축neutral axis은 휨을 받는 보나 다른 부재의 단면 중심을 통과하는 가상의 선이며, 휨 응력이 발생되지 않는다.

- 휨 응력bending stress은 구조 부재의 단면에서 발생하는 압축과 인장 응력의 조합으로 횡력에 저항하기 위해 중립축에서 가장 먼 표면에서 최댓값을 갖는다.

- 처짐deflection은 횡하중을 받는 경간 부재가 실제 경로에서 벗어나는 수직 거리로, 하중과 경간이 증가하면 처짐이 커지고, 단면 또는 재료의 강성에 따라 처짐이 감소한다.

- 수직 전단 응력vertical shearing stress은 횡 전단에 저항하기 위해 보의 단면을 따라 발생하며 중립축에서 최댓값을 가지며 외부 면으로 갈수록 비선형적으로 감소한다.

- 횡 전단transverse shear은 단면의 한쪽 면에 대한 횡력의 대수적 합과 동일하며, 이는 휨을 받는 보 또는 다른 부재의 단면에서 발생한다.

- 수평 또는 수직 전단 응력horizontal or longitudinal shearing stress은 횡하중을 받는 보의 수평면을 따라 발생하며, 임의의 지점에서 해당 지점의 수직 전단 응력과 동일하다.

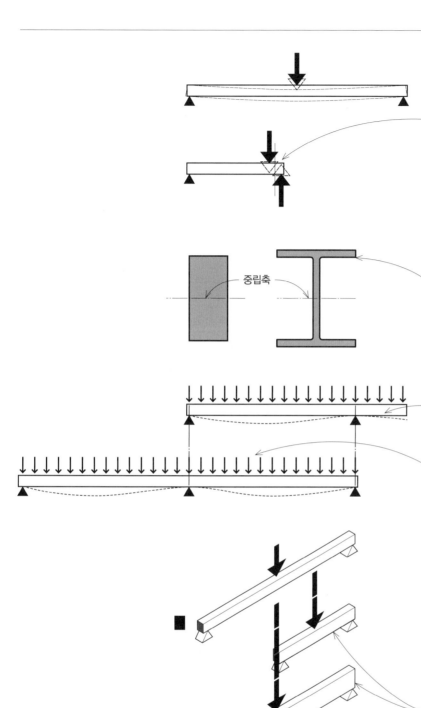

- 보와 거더는 긴 경간을 지니며, 경간 가운데 부분에서 집중 하중을 지지한다. 이처럼 보와 거더는 큰 휨 응력과 처짐을 받게 된다.

- 지지대 근처에 집중 하중이 큰 짧은 경간 보는 휨 응력보다 더 중요한 전단 응력을 발생시킨다. 이러한 전단 응력을 줄이기 위해서는 충분한 보의 폭이 중요하다. 특히 목재 보는 전단 응력 파괴에 매우 취약하다. 강재 보는 일반적으로 전단 응력에 더 잘 견디며, 콘크리트 보는 큰 전단을 견딜 수 있는 적절한 보강재로 상세화할 수 있다.

- 최대 휨 응력이 발생하는 양끝단(중립축으로부터 떨어져 있음)에서 대부분이 재료로 단면을 깊게 하여 보의 효율을 높인다.

- 경간 구조 설계의 주요 목적은 휨과 처짐을 최소화 하는 것이다.

- 돌출부는 중간경간에서 양(+)의 모멘트를 감소시키면서 지지대 위에 캔틸레버 밑면에 음(−)의 모멘트를 발생시킨다.

- 두 개 이상의 지지대에 걸쳐 확장되는 연속보는 유사한 경간과 하중을 갖는 일련의 단순보보다 더 큰 강성과 더 작은 모멘트를 발생시킨다.

- 보의 깊이는 휨 응력을 줄이고 수직 편향을 제한하기 위한 중요한 고려사항이다.

- 보의 휨 모멘트는 보 길이의 제곱에 비례하여 증가하고 보의 처짐은 경간의 네제곱에 비례하여 증가한다. 따라서 보의 길이는 보의 춤을 결정하는 주요 인자이다.

- 보의 경간을 절반으로 줄이거나 너비를 2배로 늘리면 휨 응력이 2배 감소하지만, 춤을 2배로 늘리면 휨 응력이 4배 감소한다.

- 횡방향으로 충분한 강성이 없는 가느다란 부분에 작용하는 압축 응력에 의해 구조 부재에 횡좌굴이 발생할 수 있다.

- 보 폭을 늘리거나 강재 보의 경우 플랜지 폭을 넓히면 횡좌굴에 대한 측면 저항이 증가한다.

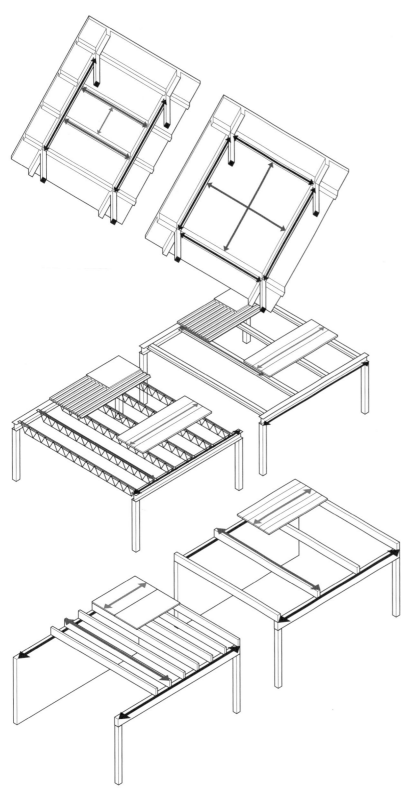

수평 경간은 철근 콘크리트의 거의 균질한 슬래브 또는 구조용 덮개structural sheathing 또는 데크의 면을 지지하는 강재 또는 목재 거더, 보 및 장선의 위계적 층에 의해 가로지를 수 있다.

콘크리트concrete

- 현장 타설 콘크리트 바닥 슬래브는 경간 및 타설 거푸집에 따라 분류한다(102~115쪽 참조).
- 프리캐스트 콘크리트 부판precast concrete planks은 보 또는 내력벽으로 지지할 수 있다.

강재steel

- 강재 보는 강재 데크 또는 프리캐스트 콘크리트 부판을 지지한다.
- 보는 거더, 기둥 또는 내력벽으로 지지할 수 있다.
- 보 골조beam framing는 일반적으로 강재 골조 skeleton frame 시스템의 필수적인 부분이다.
- 촘촘하게 이격된 경량 형강 또는 오픈 웹 장선은 보 또는 내력벽으로 지지될 수 있다.
- 강재 데크나 목재 부판은 비교적 짧은 경간을 지니고 있다.
- 장선은 제한적으로 돌출될 수 있다.

목재wood

- 목재 보는 구조용 부판 또는 데크를 지지한다.
- 보는 거더, 기둥 또는 내력벽에 의해 지지될 수 있다.
- 집중 하중 및 바닥 개구부에는 추가적인 골조가 필요하다.
- 바닥 구조의 하부는 노출된 채 남아 있을 수 있다. 따라서 천장을 적용하는 것은 선택사항이다.

- 비교적 작고 촘촘한 간격의 장선은 보 또는 내력벽에 의해 지지가 될 수 있다.
- 바탕바닥재subflooring, 밑깔개underlayment 및 천장 마감재의 경간은 비교적 짧다.
- 장선 골조는 모양shape과 형태form가 유연하다.

시공 유형types of construction

앞쪽에는 철근 콘크리트, 강재 및 목재 경간 시스템의 주요 유형이 설명되어 있다. 경간 구조물에 대한 재료적인 요구사항은 일반적으로 하중의 크기와 경간의 길이에 의해 결정된다. 구조 재료를 선택할 때 고려해야 할 또 다른 중요한 사항은 건축 법규상 건물의 크기와 사용에 따라 요구되는 시공 유형이다. 건축 법규는 건물의 주요 요소인 구조 골조, 외부 및 내부 내력벽 및 칸막이 벽 그리고 바닥 및 지붕 조립품의 내화 정도에 따라 시공 유형을 분류한다.

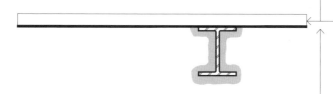

콘크리트concrete
- 불연성
- 시공 유형 I, II 또는 III

- 유형 I의 건물은 주요 건물 요소가 콘크리트, 조적조 또는 강재와 같은 불연성 재료로 구성된다. 일부 가연성 물질은 건물의 기본 구조에 부수적인 경우 허용된다. 유형 II 건물은 주요 건물 요소의 필수 내화 등급 감소를 제외하고 유형 I 건물과 유사하다.

- 유형 III 건물에는 불연성 외벽과 법규에서 허용하는 모든 재료의 주요 내부 요소가 있다.

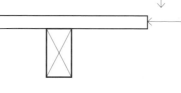

강재steel
- 불연성
- 내화 재료를 적용하면 화재 시에도 불연성 재료의 내구성을 높일 수 있다. 강재나 콘크리트라도 보호되지 않으면 화재 노출 시 강도를 잃을 수 있다.
- 유형 I, II 및 III 시공

- 유형 IV 건물Heavy Timber(중목 구조)은 불연성 외벽과 주요 내부 요소가 지정된 최소 크기의 목재 또는 적층 목재로 되어 있고 은폐된 공간이 없다.

목재wood
- 가연성
- 화재 확산을 방지하고 화재 시 건물 구조물의 내구성durability을 연장하기 위해 난연성fire-retardant 덮개를 적용하여 목재의 내화성fire-resistant을 높일 수 있다.
- 시공 유형 IV 및 V

- 유형 V 건물에는 법규가 허용하는 모든 재료의 구조 요소, 외벽 및 내벽이 있다.

- 보호 시공protected construction에는 비내력벽 및 칸막이벽을 제외한 모든 주요 건물 요소가 1시간 내화 구조여야 한다.

- 비보호 시공unprotected construction에서는 법규에서 부지 경계선에 근접하여 외벽을 보호해야 하는 경우를 제외하고 내화성에 대한 요구 사항이 없다.

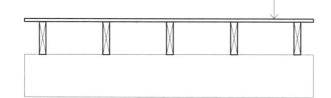

구조 레이어structural layers

균일하게 분포된 하중을 지지할 때는 가장 큰 효율을 위해 표면 형성 레이어 중 첫 번째를 선택해야 한다. 따라서 경간 시스템에 대한 구조 부재의 선택과 그들 사이의 간격은 활하중의 적용 지점에서 시작된다. 하중은 기초에서 해결될 때까지 연속적으로 구조 레이어를 통해 수집된다. 일반적으로, 경간이 커질수록 사용되는 재료의 양을 줄이기 위해 더 많은 레이어가 생성되어 효율성이 향상된다.

- 1방향 경간 요소의 각 레이어는 아래 레이어에서 지지가 되며, 각 연속적인 레이어에서 경간 방향이 번갈아 가도록 요구한다.

레이어 1은 가장 상부의 표면을 형성하는 레이어이며 다음과 같이 구성될 수 있다.

- 구조용 목재 패널
- 목재 또는 강재 데크
- 프리캐스트 콘크리트 부판
- 현장 타설 콘크리트 슬래브

- 이러한 표면 형성 요소의 하중 전달 및 경간 능력은 레이어 2 장선 및 보의 크기와 간격을 결정하였다.

레이어 2는 표면 형성 레이어를 지원하며 다음과 같이 구성될 수 있다.

- 목재 및 경량형강 장선
  wood and light-gauge steel joists
- 오픈 웹 장선open-web joists
- 보beams

- 레이어 2 경간 요소는 본질적으로 더 크고 선형적이다.

레이어 3은 레이어 2의 장선과 보를 지지하기 위해 필요한 경우 다음과 같이 구성될 수 있다.

- 거더 또는 트러스
- 세 번째 수평 레이어 대신에, 하중을 지지하는 일련의 기둥은 레이어 2의 장선과 보를 전달할 수 있다.

시공 깊이|construction depth

바닥 또는 지붕 시스템의 깊이는 경간이 이루어지는 구조 베이의 크기 및 비율, 활하중의 크기 및 사용된 재료의 강도와 직접적인 관련이 있다. 바닥 및 지붕 시스템의 구조적 깊이는 용도지역 조례에서 건물 높이를 제한하고, 사용 가능한 바닥 면적을 최대화하는 것이 프로젝트의 경제성 측면에서 중요하다. 거주할 수 있는 공간 사이의 바닥 시스템의 경우, 고려해야 할 추가적인 요소는 공기 및 구조물을 통한 소음 차단과 조립품의 내화 등급이다.

다음 사항은 강재 및 목재 경간 방식 모두에 적용될 수 있다.

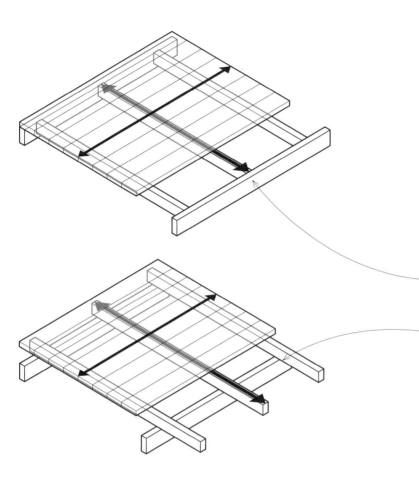

- 경간 시스템의 구조 레이어는 서로 겹쳐 쌓거나, 같은 평면에서 형성되거나 골조로 만들 수 있다.

- 레이어를 쌓으면 시공 깊이는 증가하지만 1방향 경간 요소가 경간 방향으로 돌출할 수 있다.
- 아래의 지지하는 레이어 위에 한 레이어를 쌓으면 다른 시스템이 지지 레이어의 구성원 사이에서 지지 레이어를 교차시킬 수 있는 공간이 제공된다.

- 레이어는 시공 깊이를 최소화하기 위해 평면에서 형성되거나 골조로 형성될 수 있다. 이 경우 거더 또는 트러스와 같이 가장 큰 경간 요소의 깊이는 시스템의 전체 깊이를 설정한다.

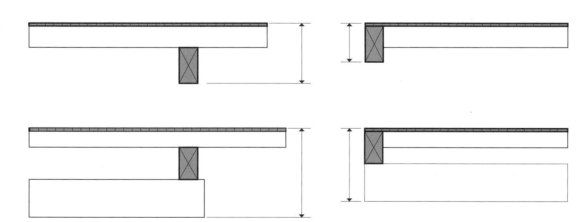

- 일부의 경우에는 기계 및 구조 시스템을 통합함으로써 별도의 층이 존재하기보다는, 동일한 부피를 차지하도록 함으로써 경간 구조의 전체적인 깊이를 추가적으로 줄일 수 있다. 그러나 이는 구조 부재를 관통하고 국소적인 응력을 유발할 수 있으므로 세심한 검토가 요구된다.

구조 요소 및 조립품의 크기 조정 및 비율은 각 요소 또는 조립품이 사용되는 맥락, 즉 전달되는 하중 유형 및 요소 또는 조립체를 지지하는 것에 대한 이해가 요구된다.

분산 및 집중 하중
distributed and concentrated loading

건물 구조는 고정하중, 활하중, 횡하중의 조합을 견딜 수 있도록 설계되었다. 이러한 하중의 크기만큼 중요한 것은 하중이 경간 구조에 적용되는 방식이다. 하중은 분산 또는 집중 방식으로 적용될 수 있다. 일부 구조 시스템은 상대적으로 가볍고 균일하게 분산된 하중을 전달하는 데 더욱 적합하지만, 다른 구조 시스템은 집중 하중을 지탱하는 데 더 적합하므로 이러한 차이를 이해하는 것이 중요하다.

많은 바닥 및 지붕 구조물은 비교적 가볍고 분산된 하중을 받는다. 이러한 경우, 강성stiffness과 처짐 deflection에 대한 저항이 구조물의 설계를 좌우하는 경향이 있는 경우, 일반적으로 장선과 같이 상대적으로 작고 더 촘촘한 간격의 경간 요소를 사용하여 분산된 유형의 구조를 선택하는 것이 적절하다. 그러나 분산형 구조 시스템은 집중 하중을 전달하는 데 적합하지 않으며, 이를 지지하기 위해 거더와 트러스와 같은 더 적은 수의 크기가 큰 1방향 경간 요소가 필요하다.

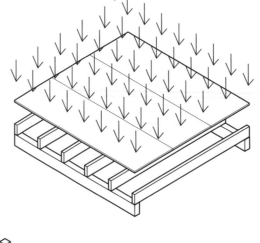

• 균일하게 분산된 하중은 구조물의 자체 중량, 바닥 데크의 활하중, 지붕의 눈하중 또는 벽의 풍하중과 같이 지지 구조 요소의 길이 또는 면적에 걸쳐 확장되는 균일한 하중의 하나이다. 건축 법규는 다양한 용도 및 사용 공간에 대해 최소한으로 균일하게 분산된 단위 하중을 지정한다.

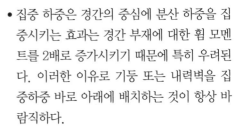

• 집중 하중은 보가 기둥에 닿거나 기둥이 거더에 닿거나 트러스가 내력벽에 작용하는 것처럼 지지 구조 요소의 매우 작은 면적 또는 특정 지점에 작용한다.

• 집중 하중은 경간의 중심에 분산 하중을 집중시키는 효과는 경간 부재에 대한 휨 모멘트를 2배로 증가시키기 때문에 특히 우려된다. 이러한 이유로 기둥 또는 내력벽을 집중하중 바로 아래에 배치하는 것이 항상 바람직하다.

• 이것이 불가능한 경우, 전이 보transfer beam를 사용하여 하중을 수직 지지대로 전달한다.

• 바닥 시스템은 이동하중moving load을 안전하게 지지해야 하므로 탄성을 유지하면서 상대적으로 강성을 유지해야 한다. 과도한 처짐deflection 과 진동이 마감 바닥재와 천장재뿐만 아니라 인간의 쾌적함에 미칠 수 있는 부정적인 영향으로 인해 휨보다는 처짐이 중요한 제어 요소가 되는 경우가 많다.

- 고정하중dead loads은 구조물에 수직으로 아래로 작용하는 정적 하중을 말하며, 구조물의 자체 하중과 영구적으로 부착된 건물의 각종 설비 및 장비 하중을 포함한다.

- 활하중live loads은 공간의 사용, 수집된 눈과 물 또는 휴대용 장비로 인해 생겨난 구조물 위의 이동moving 또는 이동 하중movable load으로 구성된다.

하중 전달load tracing

건물 구조는 고정하중, 활하중, 횡하중의 조합을 견딜 수 있도록 설계되었다. 이러한 하중의 크기만큼 중요한 것은 하중이 경간 구조에 적용되는 방식이다. 하중은 분산 또는 집중 방식으로 적용될 수 있다. 일부 구조 시스템은 상대적으로 가볍고 균일하게 분산된 하중을 전달하는 데 더욱 적합하지만, 다른 구조 시스템은 집중 하중을 지탱하는 데 더 적합하므로 이러한 차이를 이해하는 것이 중요하다.

- 하중 전달의 계층적 순서는 일반적으로 콘크리트, 강재와 목재 경간 시스템에 대해 동일하다.

- 구조용 합판sheathing[1] 또는 데크와 같은 표면 형성 구조물은 가해진 하중을 분산 하중의 형태로 지지 장선이나 보에 분산시킨다.

- 보는 적용된 분산 하중을 지지하는 거더, 트러스, 기둥 또는 내력벽에 수평으로 전달한다.

- 기여 면적tributary area은 구조 요소 또는 부재의 하중에 기여하는 구조물의 부분이다.

- 하중선load strip은 구조 부재를 지지하는 길이당 기여 면적이다.

- 기여 하중tributary load은 기여 면적에 있는 구조 요소나 부재에 걸린 하중이다.

- 베어링bearing은 하중을 지지하는 점, 면, 질량으로서, 특히 보, 트러스, 기둥, 벽 등의 지지 부재들 사이에 접촉하는 면적을 말한다.

- 지지 조건support condition은 구조부재가 지지되거나 다른 부재에 연결되는 방식으로서 하중을 받는 부재의 반력에 영향을 미치는 방식을 말한다.

- 정착anchorage은 구조 부재를 다른 부재 또는 기초에 긴결하기 위한 수단으로 주로 들림uplifting과 횡력horizontal forces에 저항한다.

- 강체 바닥판rigid floor planes은 횡력을 전단벽으로 전달하는 얇고 넓은 보 역할을 하는 수평 격막 역할을 하도록 설계될 수 있다. 횡력 안정성을 제공하는 다양한 방법에 관한 자세한 내용은 5장을 참조

구조 그리드에 의해 정의된 베이의 치수와 비율은 수평 경간 방식의 재료 및 구조 선택에 영향을 미치고, 종종 제한할 수도 있다.

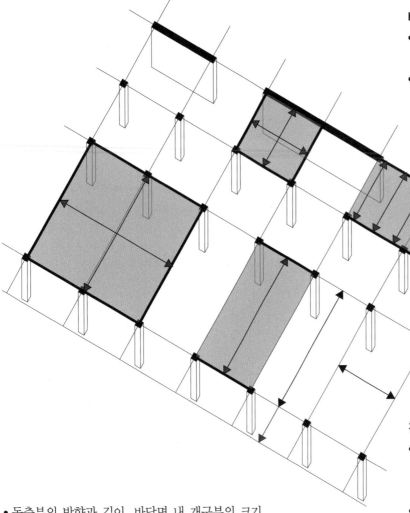

• 돌출부의 방향과 길이, 바닥면 내 개구부의 크기 및 위치는 바닥에 대한 구조적 지지대의 배치에서 고려해야 한다. 바닥 구조의 가장자리 조건과 지지 기초 및 벽 시스템과의 연결은 건물의 구조 건전성 structural integrity과 물리적 외관 모두에 영향을 미친다.

재료material

• 목재와 강재 경간 요소 모두 1방향 방식에 적합하지만, 콘크리트는 1방향 및 2방향 경간 방식 모두에 적합하다.

베이 비율bay proportion

• 2방향 방식은 정사각형 또는 거의 정사각형 베이에 걸쳐 사용하는 것이 가장 좋다.
• 2방향 경간 방식에는 정사각형 또는 거의 정사각형 베이가 필요하지만, 그 반대의 경우는 아니다. 1방향 시스템은 유연하며 정사각형 또는 직사각형 구조 베이의 어느 방향으로도 확장할 수 있다.

경간 방향span direction

• 수직 지지 면의 위치와 방향에 따라 결정되는 수평 경간 방향은 공간구성의 특성, 정의된 공간의 품질, 시공의 경제성 등에 영향을 미친다.
• 1방향 장선 및 보는 직사각형 베이의 짧은 방향이나 긴 방향으로 확장될 수 있으며, 지지 보, 기둥 또는 내력벽은 대체로 수직 방향으로 확장된다.

경간 길이span length

• 지지 기둥과 내력벽의 간격에 따라 수평 경간의 길이가 결정된다.
• 일부 재료는 적절한 범위의 베이 경간을 가진다. 예를 들어, 다양한 유형의 현장 콘크리트 슬래브는 6~38피트(1.8~12미터) 범위의 베이 경간을 가지고 있다. 강재의 경간 요소는 보에서 오픈 웹 장선 및 트러스에 이르기까지 다양한 형태로 제작되며, 그 범위는 80피트(5~24미터)에 이르므로 더욱 유연한 재료이다.

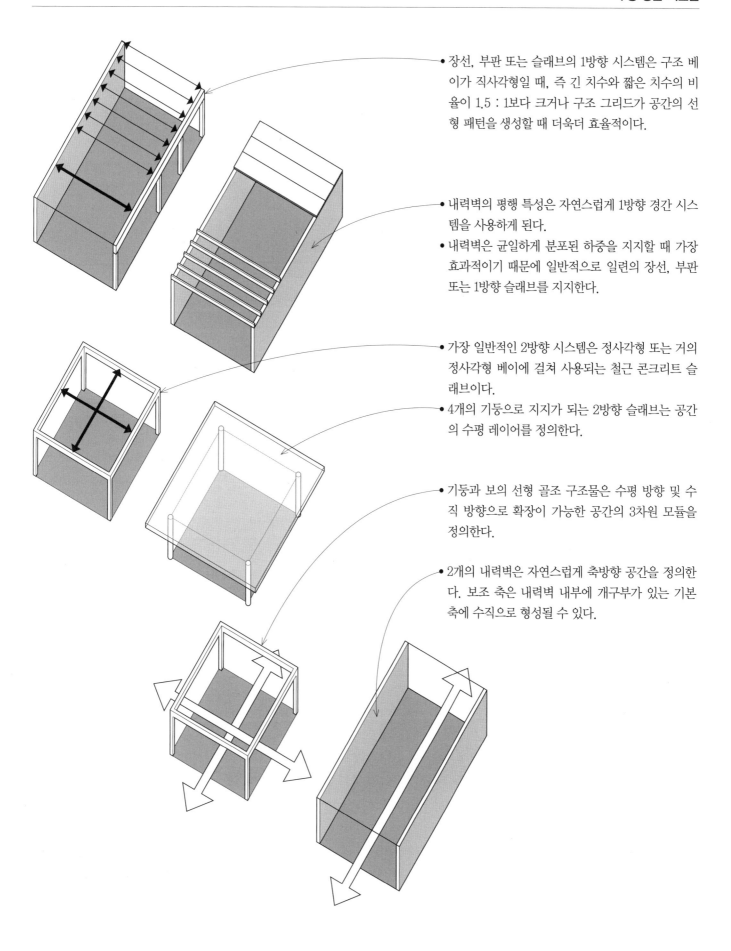

- 장선, 부판 또는 슬래브의 1방향 시스템은 구조 베이가 직사각형일 때, 즉 긴 치수와 짧은 치수의 비율이 1.5 : 1보다 크거나 구조 그리드가 공간의 선형 패턴을 생성할 때 더욱더 효율적이다.

- 내력벽의 평행 특성은 자연스럽게 1방향 경간 시스템을 사용하게 된다.
- 내력벽은 균일하게 분포된 하중을 지지할 때 가장 효과적이기 때문에 일반적으로 일련의 장선, 부판 또는 1방향 슬래브를 지지한다.

- 가장 일반적인 2방향 시스템은 정사각형 또는 거의 정사각형 베이에 걸쳐 사용되는 철근 콘크리트 슬래브이다.
- 4개의 기둥으로 지지가 되는 2방향 슬래브는 공간의 수평 레이어를 정의한다.

- 기둥과 보의 선형 골조 구조물은 수평 방향 및 수직 방향으로 확장이 가능한 공간의 3차원 모듈을 정의한다.

- 2개의 내력벽은 자연스럽게 축방향 공간을 정의한다. 보조 축은 내력벽 내부에 개구부가 있는 기본 축에 수직으로 형성될 수 있다.

1방향 시스템

데크
- 목재　　　목재 데크
- 강재　　　강재 데크

장선
- 목재　　　솔리드 목재 장선
　　　　　　I-형 장선
　　　　　　트러스 장선
- 강재　　　경량 형강 장선
　　　　　　오픈웹 장선

보
- 목재　　　솔리드 목재 보
　　　　　　LVL[2] 및 PSL[3] 보
　　　　　　적층 보
- 강재　　　와이드-플랜지 보
- 콘크리트　콘크리트 보

슬래브
- 콘크리트　1방향 슬래브 및 보
　　　　　　장선 슬래브
　　　　　　프리캐스트 슬래브

2방향 시스템

슬래브
- 콘크리트　플랫 플레이트
　　　　　　플랫 슬래브
　　　　　　2방향 슬래브 및 보
　　　　　　와플 슬래브

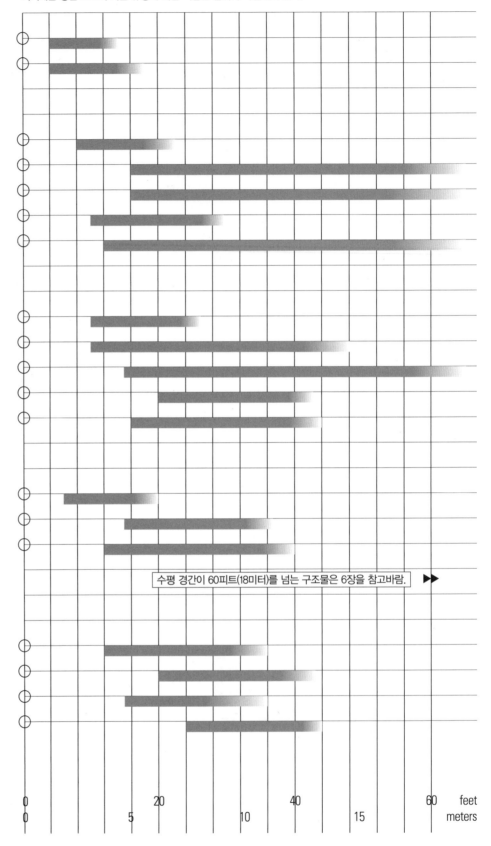

여기에는 경간 요소의 기본 유형에 대한 적합한 범위가 나열되어 있다.

수평 경간이 60피트(18미터)를 넘는 구조물은 6장을 참고바람. ▶▶

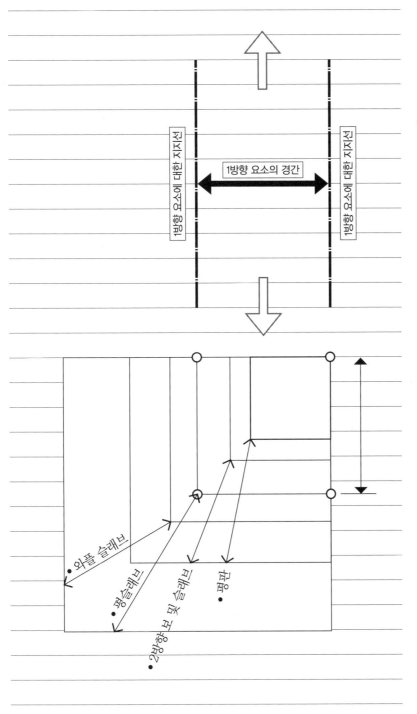

- 베이 폭은 1방향 요소의 경간에 의해 한 방향으로 제한된다. 수직 방향에서 베이 길이는 1방향 요소를 지지하는 데 사용되는 구조 요소(내력벽 또는 일련의 기둥으로 지지가 되는 보 또는 거더)에 의해 결정된다.

- 2방향 시스템의 베이 치수는 각 2방향 철근 콘크리트 슬래브 유형의 경간 성능에 의해 결정된다. 왼쪽의 차트 참조.

- 그리드는 4피트(1220) 정사각형을 기준으로 한다.

콘크리트 슬래브

콘크리트 슬래브는 구조 베이의 한쪽 또는 양방향에 걸쳐 보강된 플레이트 구조물이다. 콘크리트 슬래브는 경간 방식과 제작 형태에 따라 분류된다. 콘크리트 슬래브는 불연성이므로 모든 유형의 시공에서 사용된다.

콘크리트 보

철근 콘크리트 보는 작용하는 힘에 저항할 때 세로 방향 및 웹 보강과 함께 작용하도록 설계되었다. 현장 타설 콘크리트 보는 거의 항상 형성되고 지지하는 슬래브와 함께 배치된다. 슬래브 일부가 보의 필수 요소로 작용하기 때문에 보의 깊이는 슬래브의 맨 위까지 측정된다.

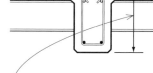

- 보의 깊이 추정에 대한 경험적 규칙: 경간의 $1/16$, 슬래브 깊이를 포함, 2인치(51)씩 증가한다.
- 보의 폭은 2인치 또는 3인치(51 또는 75) 배수로 보 깊이의 $1/3 \sim 1/2$이다.

1방향 슬래브

1방향 슬래브는 균일한 두께이며, 지지대 사이에 한 방향으로 걸쳐지도록 구조적으로 보강된다. 이들은 6~18피트(1.8~5.5미터)의 비교적 짧은 경간으로서 가볍거나 적당한 하중 조건에 적합하다.

1방향 슬래브는 콘크리트 또는 조적조 내력벽으로 지지가 될 수 있지만, 일반적으로 거더 또는 내력벽으로 지지가 되는 평행 지지 보와 통합적으로 제작된다. 이러한 보를 사용하면 베이 크기와 배치에 있어서 유연성을 높일 수 있다.

- 슬래브 경간의 방향은 일반적으로 직사각형 베이의 짧은 방향
- 경간 방향으로 인장 보강

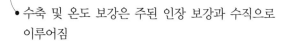

- 수축 및 온도 보강은 주된 인장 보강과 수직으로 이루어짐

- 슬래브 두께 추정을 위한 경험적 규칙: 바닥 슬래브의 경우 경간의 $1/28$, 지붕 슬래브의 경우 최소 4인치(100) 두께로서 경간의 $1/35$

- 슬래브는 평행한 중간 보 또는 내력벽에 의해 양면으로 지지가 된다.
- 보는 거더 또는 기둥으로 지지가 될 수 있다.
- 슬래브와 보가 연속 타설로 형성되어 슬래브의 두께가 보의 깊이에 기여하고, 구조물의 전체 깊이를 줄일 수 있다.

- 연속성은 기둥, 보, 슬래브 및 벽 사이의 분기점 junctures에서 휨 모멘트를 최소화하는 데 요구된다.
- 단순 경간보다는 3개 이상의 연속 경간이 더 효율적이다. 이는 현장 타설 콘크리트 시공에서 쉽게 달성할 수 있다.

- 보와 거더는 기둥 선을 넘어 확장될 수 있으며, 필요한 경우 돌출부가 생길 수 있다.

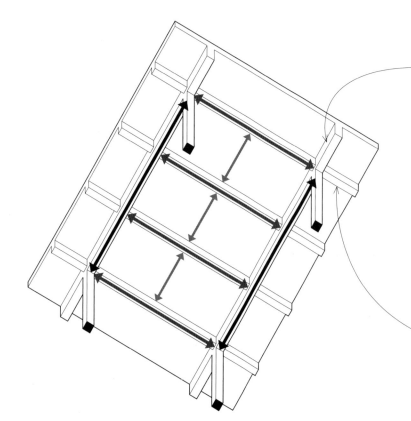

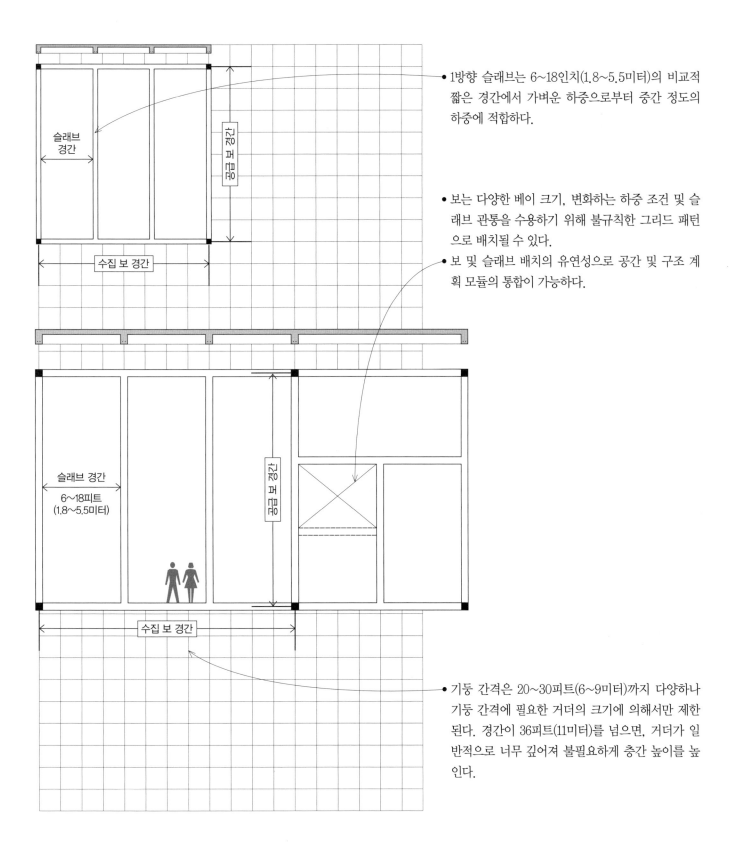

• 1방향 슬래브는 6~18인치(1.8~5.5미터)의 비교적 짧은 경간에서 가벼운 하중으로부터 중간 정도의 하중에 적합하다.

• 보는 다양한 베이 크기, 변화하는 하중 조건 및 슬래브 관통을 수용하기 위해 불규칙한 그리드 패턴으로 배치될 수 있다.

• 보 및 슬래브 배치의 유연성으로 공간 및 구조 계획 모듈의 통합이 가능하다.

• 기둥 간격은 20~30피트(6~9미터)까지 다양하나 기둥 간격에 필요한 거더의 크기에 의해서만 제한된다. 경간이 36피트(11미터)를 넘으면, 거더가 일반적으로 너무 깊어져 불필요하게 층간 높이를 높인다.

• 그리드는 3피트(915) 정사각형을 기준으로 한다.

장선 슬래브

장선 슬래브joist slabs는 일련의 밀접하게 배치된 장선과 일체로 타설되며, 이 장선은 차례로 평행한 보 세트에 의해 지지가 된다. 일련의 T자형 보로 설계된 장선 슬래브는 1방향 슬래브보다 더 긴 경간과 무거운 하중에 적합하다.

• 리브에서 인장 보강이 일어난다.
• 슬래브에 수축 및 온도보강이 놓인다.

• 슬래브 춤 3~4 $\frac{1}{2}$인치(75~115)
• 전체 춤에 대한 경험 법칙 : 경간의 $\frac{1}{24}$

• 장선 너비 5~9인치(125~230)

• 팬 장선 시스템은 슬래브 구조물의 자체 무게를 줄이면서 필요한 춤과 강성을 제공한다.
• 장선을 타설하는 데 사용되는 팬은 재사용이 가능한 금속 또는 유리섬유fiberglass 재질 금형이며, 폭이 20인치 및 30인치(510 및 760)이고 깊이는 6~20인치(150~510)로서 2인치(51) 단위로 표시된다. 끝으로 갈수록 좁아지는 측면 형태를 통해 탈형이 쉽게 한다.
• 끝으로 갈수록 좁아지는 테이퍼 앤드폼taper endform 은 전단 저항을 높이기 위해 장선 끝을 두껍게 하는 데 사용된다.

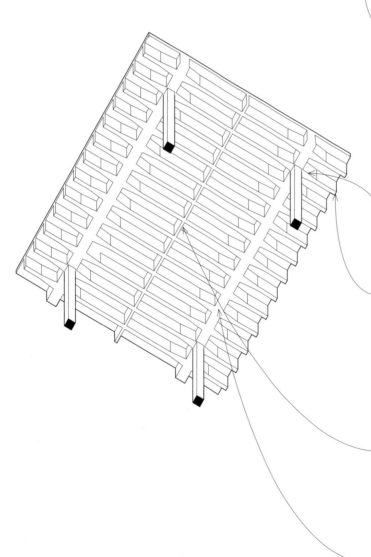

• 돌출부 장선은 지지 보와 평면에서 형성될 수 있다.
• 대체 장선을 제거하고 슬래브를 두껍게 하여 장선 간격의 중심 간격을 5~6피트(1525~1830)로 설정하면 보다 넓은 모듈 시스템을 만들 수 있다. 이 스킵-장선skip-joist 또는 넓은 모듈 시스템은 더 긴 경간과 가볍고 중간 정도의 분산 하중을 위한 경제적이고 효율적인 시스템이다.

• 분배 리브distribution rib는 가능한 집중 하중을 더 넓은 면적에 분산되도록 장선에 수직으로 형성된다. 20~30피트(6~9미터) 사이의 경간에 필요하며, 30피트(9미터)보다 큰 경간에 설치할 때 중심 간격이 15피트(4.5미터)를 넘지 않도록 한다.

• 장선 밴드는 폭이 넓고, 춤이 얕은 보이며, 춤이 장선과 같으므로 형태를 만드는 데 경제적이다.

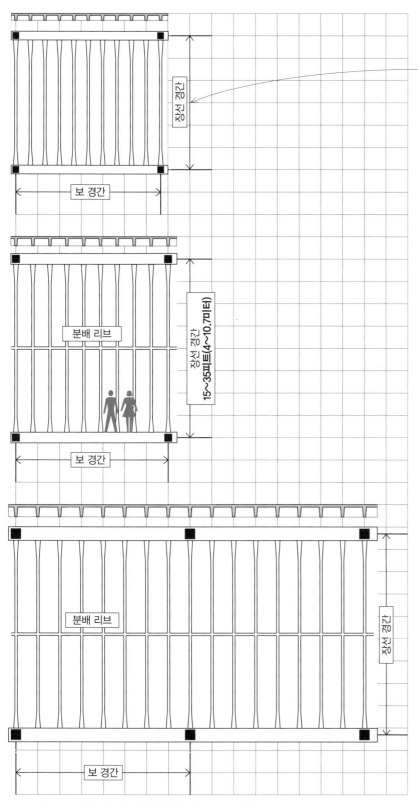

장선 경간

보 경간

분배 리브

장선 경간
15~35피트(4~10.7미터)

보 경간

분배 리브

장선 경간

보 경간

• 장선 슬래브는 15~30피트(4.6~10.7미터)의 가벼운 하중에서 중간 활하중에 적합하다. 더 긴 경간은 포스트텐션posttensioning 처리를 하면 가능할 수도 있다.

• 장선은 일반적으로 장선 밴드가 짧은 방향에 걸쳐 있도록 직사각형 구조 베이의 긴 방향에 걸쳐 있다.
• 장선은 돌출부 방향으로 확장되어야 한다.
• 가벼운 하중 조건에서는 장선 밴드를 직사각형 베이의 긴 방향으로 설치하는 것이 더 경제적일 수 있다.
• 장선 팬의 모듈식 특성은 규칙적이고 반복적인 치수와 형상을 가진 구조 그리드를 사용하는 것을 권장한다.
• 장선 슬래브는 불규칙한 개구부나 샤프트를 쉽게 수용하지 않는다.

• 팬 구조의 독특한 하부 외관은 노출된 상태로 남을 수 있지만, 기계 시스템은 구조 바닥 시스템 위 또는 아래에 설치되어야 한다.

• 그리드는 3피트(915) 정사각형을 기준으로 한다.

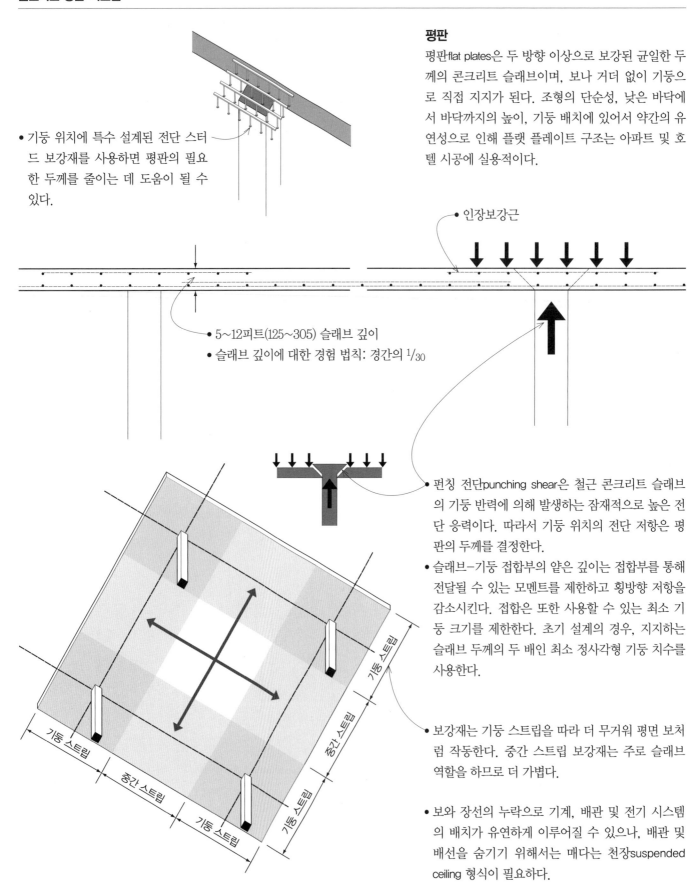

- 기둥 위치에 특수 설계된 전단 스터드 보강재를 사용하면 평판의 필요한 두께를 줄이는 데 도움이 될 수 있다.

평판

평판flat plates은 두 방향 이상으로 보강된 균일한 두께의 콘크리트 슬래브이며, 보나 거더 없이 기둥으로 직접 지지가 된다. 조형의 단순성, 낮은 바닥에서 바닥까지의 높이, 기둥 배치에 있어서 약간의 유연성으로 인해 플랫 플레이트 구조는 아파트 및 호텔 시공에 실용적이다.

• 인장보강근

- 5~12피트(125~305) 슬래브 깊이
- 슬래브 깊이에 대한 경험 법칙: 경간의 $1/30$

- 펀칭 전단punching shear은 철근 콘크리트 슬래브의 기둥 반력에 의해 발생하는 잠재적으로 높은 전단 응력이다. 따라서 기둥 위치의 전단 저항은 평판의 두께를 결정한다.
- 슬래브–기둥 접합부의 얕은 깊이는 접합부를 통해 전달될 수 있는 모멘트를 제한하고 횡방향 저항을 감소시킨다. 접합은 또한 사용할 수 있는 최소 기둥 크기를 제한한다. 초기 설계의 경우, 지지하는 슬래브 두께의 두 배인 최소 정사각형 기둥 치수를 사용한다.

기둥 스트립
중간 스트립
기둥 스트립

기둥 스트립
중간 스트립
기둥 스트립

- 보강재는 기둥 스트립을 따라 더 무거워 평면 보처럼 작동한다. 중간 스트립 보강재는 주로 슬래브 역할을 하므로 더 가볍다.

- 보와 장선의 누락으로 기계, 배관 및 전기 시스템의 배치가 유연하게 이루어질 수 있으나, 배관 및 배선을 숨기기 위해서는 매다는 천장suspended ceiling 형식이 필요하다.

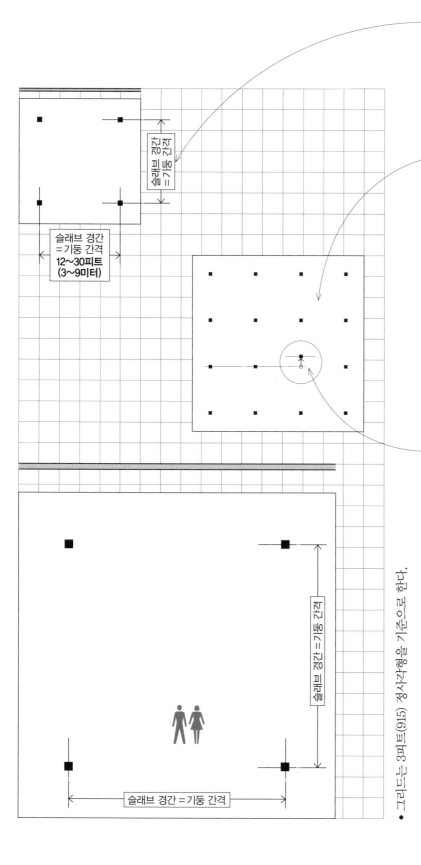

슬래브 경간
=기둥 간격

슬래브 경간
=기둥 간격
**12~30피트
(3~9미터)**

슬래브 경간 = 기둥 간격

슬래브 경간 = 기둥 간격

• 그리드는 3피트(915) 정사각형을 기준으로 한다.

• 평판은 12~30피트(3.6~9.1미터)의 비교적 짧은 경간으로 가벼운 하중에서 중간 하중에 적합하다. 포스트텐셔닝post-tensioning 처리를 통해 더 큰 경간 또는 감소된 슬래브 두께를 얻을 수 있다. 포스트텐셔닝은 또한 처짐deflection과 균열cracking을 더욱 효과적으로 제어할 수 있다.

• 2방향 시스템은 정사각형 또는 거의 정사각형 베이에 걸쳐 있을 때 가장 효율적이다. 긴 치수와 짧은 치수의 비율은 1.5 : 1보다 커서는 안 된다.

• 효율을 극대화하기 위해, 평판은 양방향으로 최소 3 베이 연속 경간이 이루어져야 하며, 연속 경간 길이는 더 긴 경간의 1/3 이상 차이가 나지 않아야 한다.

• 규칙적인 기둥 그리드가 가장 적합하지만 기둥 배치에서 약간의 유연성이 가능하다.

• 개별 기둥은 일반 기둥 선에서 최대 10% 간격을 띄울 수 있지만, 연속적인 바닥의 기둥이 수직으로 정렬된 상태를 유지하려면 모든 레벨에서 이동해야 한다.

평슬래브

평슬래브flat slabs는 전단 강도 및 모멘트 저항 능력을 높이기 위해 기둥 지지대 두꺼워진 평판이다.

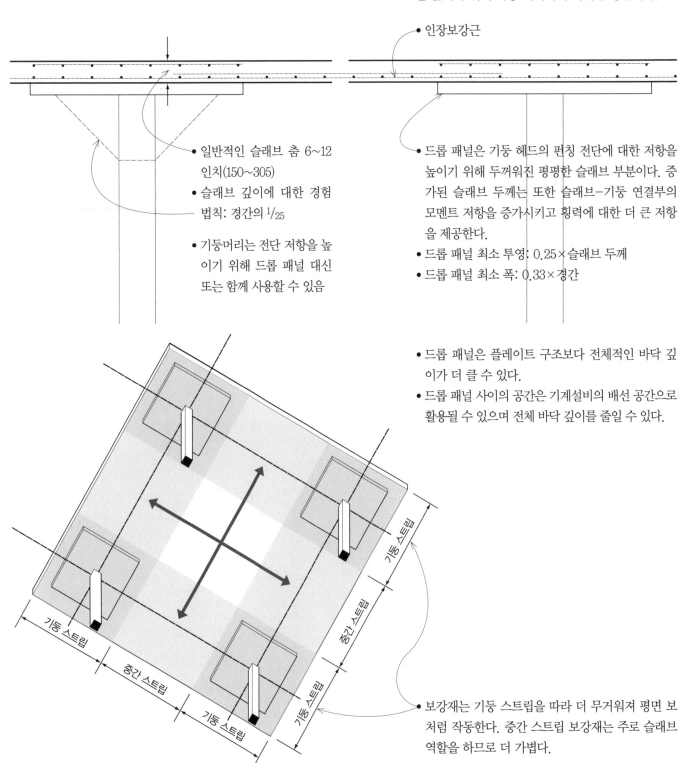

● 인장보강근

● 일반적인 슬래브 춤 6~12 인치(150~305)
● 슬래브 깊이에 대한 경험 법칙: 경간의 1/25
● 기둥머리는 전단 저항을 높이기 위해 드롭 패널 대신 또는 함께 사용할 수 있음

● 드롭 패널은 기둥 헤드의 펀칭 전단에 대한 저항을 높이기 위해 두꺼워진 평평한 슬래브 부분이다. 증가된 슬래브 두께는 또한 슬래브-기둥 연결부의 모멘트 저항을 증가시키고 횡력에 대한 더 큰 저항을 제공한다.
● 드롭 패널 최소 투영: 0.25×슬래브 두께
● 드롭 패널 최소 폭: 0.33×경간

● 드롭 패널은 플레이트 구조보다 전체적인 바닥 깊이가 더 클 수 있다.
● 드롭 패널 사이의 공간은 기계설비의 배선 공간으로 활용될 수 있으며 전체 바닥 깊이를 줄일 수 있다.

기둥 스트립
중간 스트립
기둥 스트립
기둥 스트립
중간 스트립
기둥 스트립

● 보강재는 기둥 스트립을 따라 더 무거워져 평면 보처럼 작동한다. 중간 스트립 보강재는 주로 슬래브 역할을 하므로 더 가볍다.

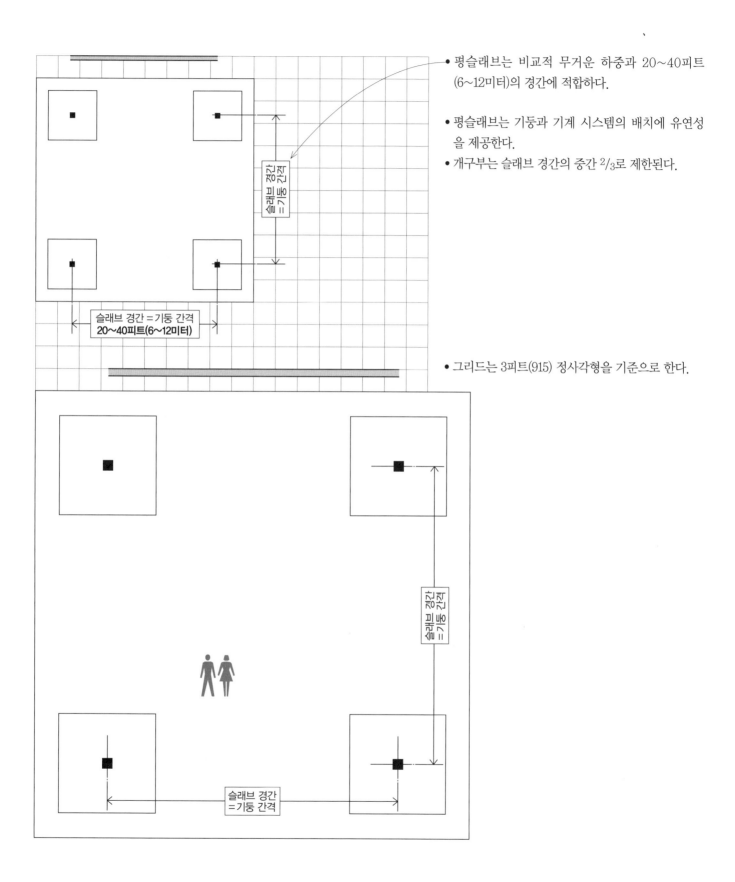

- 평슬래브는 비교적 무거운 하중과 20~40피트 (6~12미터)의 경간에 적합하다.

- 평슬래브는 기둥과 기계 시스템의 배치에 유연성을 제공한다.
- 개구부는 슬래브 경간의 중간 ²/₃로 제한된다.

슬래브 경간 = 기둥 간격
20~40피트(6~12미터)

- 그리드는 3피트(915) 정사각형을 기준으로 한다.

슬래브 경간
=기둥 간격

보가 있는 2방향 슬래브

균일한 두께의 2방향 슬래브는 두 방향으로 보강될 수 있으며 정사각형 또는 거의 정사각에 가까운 베이의 4면에서 지지 보및 기둥과 일체로 타설될 수 있다. 2방향 슬래브와 보 구조는 중간 경간과 무거운 하중에 효과적이다. 평슬래브와 평판에 비해 콘크리트 슬래브–보 시스템의 주요 장점은 횡하중에 저항하는 기둥–보 상호 작용으로 가능하게 되는 견고한 골조 작용이다. 주요 단점은 거푸집 공사의 비용이 증가하고 시공 깊이가 커지는 것이다. 특히 기계 덕트가 보 구조 아래로 내려가야 할 경우가 그러하다.

- 슬래브와 보가 연속적으로 타설이 되므로 슬래브의 두께는 보의 구조적 깊이에 영향을 미친다.
- 보 깊이를 추정하기 위한 경험 법칙: 슬래브 깊이를 포함하여 경간의 $1/16$

- 슬래브 춤에 대한 경험적 규칙: 슬래브 둘레의 $1/180$
- 최소 슬래브 춤 4"(100)

- 인장보강근

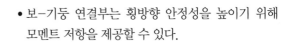

- 보–기둥 연결부는 횡방향 안정성을 높이기 위해 모멘트 저항을 제공할 수 있다.

- 기계 시스템은 보 아래에서 양방향으로 작동해야 하므로 바닥 또는 지붕 시공의 전체 깊이가 증가해야 한다. 바닥을 들어 올린 방식raised floor system을 사용하고 구조용 바닥 위로 기계 시스템을 배치하면 이러한 어려움을 완화할 수 있다.

- 보강 철근의 배치를 단순화하기 위해 2방향 슬래브는 기둥과 중간 스트립strip으로 나누어진다. 기둥 스트립은 보와 함께 작용하기 위해 더 많은 보강재가 있지만, 중간 스트립은 주로 슬래브 역할을 하므로 보강재가 적다.

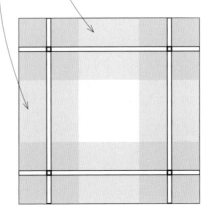

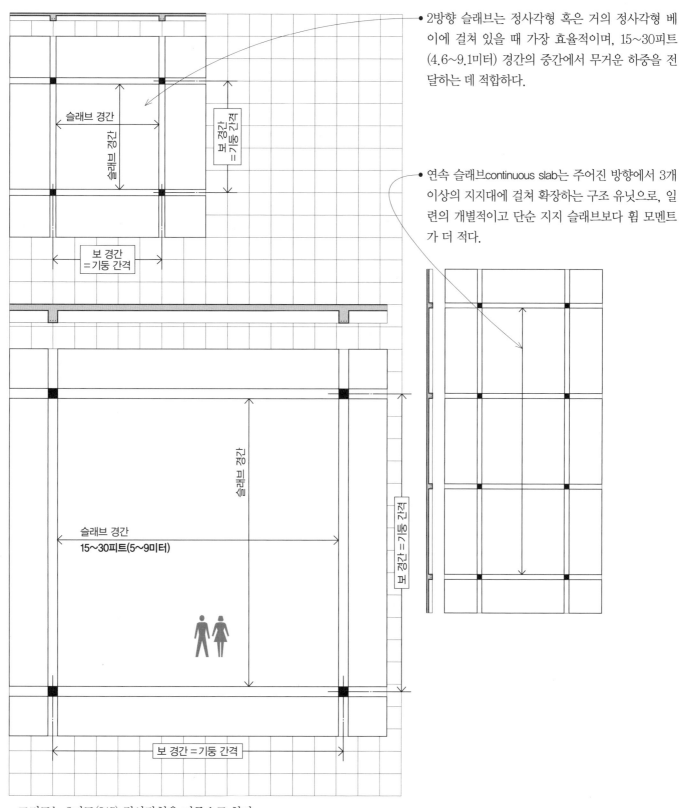

• 2방향 슬래브는 정사각형 혹은 거의 정사각형 베이에 걸쳐 있을 때 가장 효율적이며, 15~30피트 (4.6~9.1미터) 경간의 중간에서 무거운 하중을 전달하는 데 적합하다.

• 연속 슬래브continuous slab는 주어진 방향에서 3개 이상의 지지대에 걸쳐 확장하는 구조 유닛으로, 일련의 개별적이고 단순 지지 슬래브보다 휨 모멘트가 더 적다.

• 그리드는 3피트(915) 정사각형을 기준으로 한다.

와플 슬래브

와플 슬래브waffle slabs는 2방향의 리브로 보강한 2방향 콘크리트 슬래브이다. 이는 플랫 슬래브보다 더 무거운 하중을 전달할 수 있고 더 긴 경간을 확보할 수 있다.

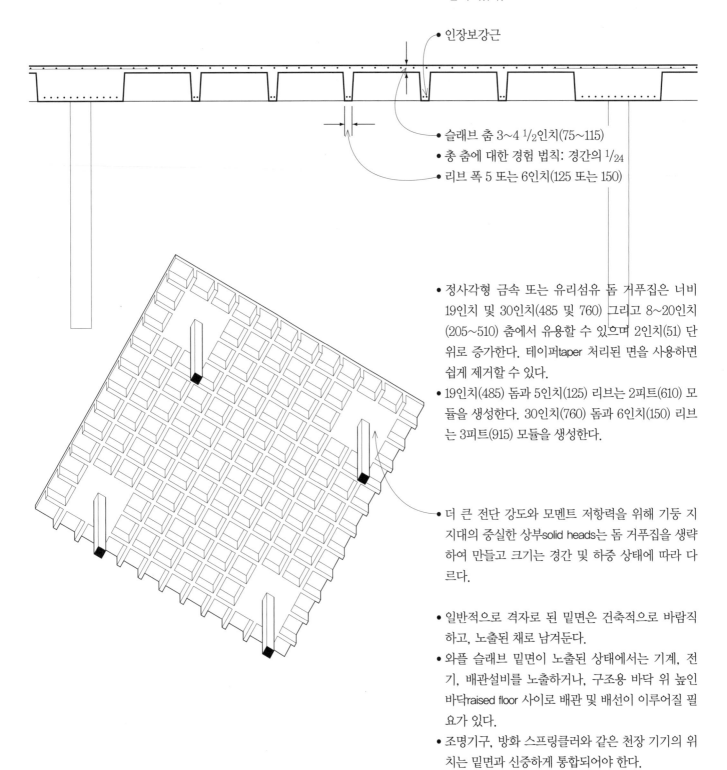

● 인장보강근

● 슬래브 춤 3~4 1/2인치(75~115)
● 총 춤에 대한 경험 법칙: 경간의 1/24
● 리브 폭 5 또는 6인치(125 또는 150)

● 정사각형 금속 또는 유리섬유 돔 거푸집은 너비 19인치 및 30인치(485 및 760) 그리고 8~20인치(205~510) 춤에서 유용할 수 있으며 2인치(51) 단위로 증가한다. 테이퍼taper 처리된 면을 사용하면 쉽게 제거할 수 있다.
● 19인치(485) 돔과 5인치(125) 리브는 2피트(610) 모듈을 생성한다. 30인치(760) 돔과 6인치(150) 리브는 3피트(915) 모듈을 생성한다.

● 더 큰 전단 강도와 모멘트 저항력을 위해 기둥 지지대의 중실한 상부solid heads는 돔 거푸집을 생략하여 만들고 크기는 경간 및 하중 상태에 따라 다르다.

● 일반적으로 격자로 된 밑면은 건축적으로 바람직하고, 노출된 채로 남겨둔다.
● 와플 슬래브 밑면이 노출된 상태에서는 기계, 전기, 배관설비를 노출하거나, 구조용 바닥 위 높인 바닥raised floor 사이로 배관 및 배선이 이루어질 필요가 있다.
● 조명기구, 방화 스프링클러와 같은 천장 기기의 위치는 밑면과 신중하게 통합되어야 한다.

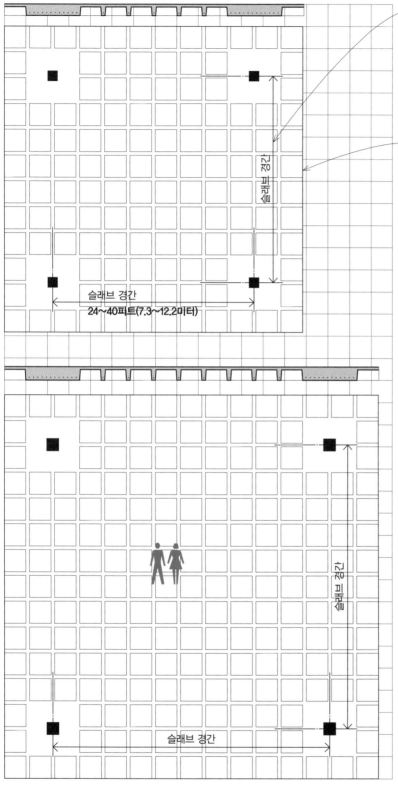

슬래브 경간
24~40피트(7.3~12.2미터)

정방 피치

슬래브 경간

정방 피치

• 리브 시공은 24~40피트(7.3~12.2미터) 경간의 비교적 가벼운 콘크리트 시스템을 만들 수 있고 더 긴 경간을 위해서는 포스트텐션을 통해 60피트(18미터)까지 연장할 수 있다.

• 최대 효율을 위해 베이는 정사각형 또는 가능한 한 거의 정사각형이어야 한다.

• 와플 슬래브는 주경간의 ⅓까지 양방향으로 효율적으로 캔틸레버로 뻗을 수 있다. 캔틸레버가 없는 경우 돔 형태를 생략하고, 테두리 슬래브 밴드를 형성한다.

• 돔 시스템의 모듈식 특성은 규칙적이고 반복적인 치수와 형상을 가진 구조 그리드의 사용을 권장한다.

• 그리드는 3피트(915) 정사각형을 기준으로 한다.

프리캐스트 콘크리트 슬래브

프리캐스트 콘크리트 슬래브precast concrete slabs는 현장 타설 콘크리트, 프리캐스트 콘크리트 또는 조적 내력벽 또는 강재, 현장 타설 콘크리트 또는 프리캐스트 콘크리트 골조로 지지될 수 있는 1방향 경간 단위spanning unit이다. 이 프리캐스트 단위는 정규 밀도normal-density 또는 구조용 경량 콘크리트로 제조되며, 구조적 효율성을 더 높이기 위해 프리스트레스prestressed 처리되어 춤이 더 줄어들고, 무게가 감소하며, 경간은 더 길어진다.

프리캐스트 단위 부재는 공장 밖에서 타설하고 증기 경화되어 건설 현장으로 운송된 후, 크레인을 사용하여 고정 부품으로 제자리에 설치된다. 이 단위 부재의 크기와 비율은 운송 수단에 따라 제한될 수 있다. 공장 환경에서 제작하게 되므로 일관된 품질의 강도, 내구성 및 마감 품질을 가질 수 있으며 현장 거푸집 공사가 필요하지 않게 된다.

- 강재 직물 또는 철근으로 보강된 2~3 $1/2$인치 (51~90) 콘크리트 토핑은 프리캐스트 단위 부재와 접합하여 복합구조 단위 부재를 형성한다.
- 토핑topping은 또한 표면의 불규칙성을 숨기고 슬래브의 내화 등급을 높이며 배선을 위한 바닥 밑 관로underfloor conduit를 수용한다.

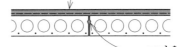

- 그라우트 키

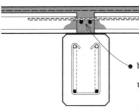

- 바닥이 수평 격막 역할을 하고 전단벽에 횡력을 전달하려면 강재 보강근을 통해 프리캐스트 슬래브 유닛을 각각의 지지대와 받침 단부에 서로 결속해야 한다.

- 모멘트에 강한 조인트를 제작하기 어려우므로 전단벽 또는 교차 가새로 횡방향 안정성을 제공해야 한다.

- 현장에서 작은 개구부를 뚫을 수 있다.
- 슬래브 경간과 평행한 좁은 개구부가 선호된다. 넓은 개구부의 경우 공학적 분석이 요구된다.

- 고유한 내화성 및 고품질 마감으로 프리캐스트 슬래브 밑면을 코킹, 페인트 칠하고 마감 천장으로 노출할 수 있다. 천장 마감재는 슬래브 부재에 적용되거나 매달리게 할 수도 있다.
- 슬래브 부재 밑면이 마감된 천장으로 노출되면 기계, 배관, 전기배선도 노출된다.
- 마감 천장으로 노출된 프리캐스트 슬래브는 소음 저감 처리가 필요할 수 있다.

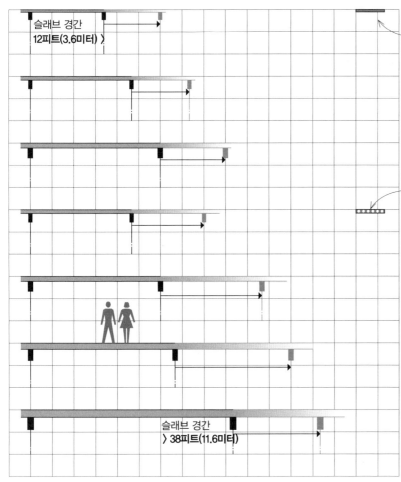

• 그리드는 3피트(915) 정사각형을 기준으로 한다.

중실 평슬래브solid flat slabs

• 표준 폭 4피트-0인치(1220): 정확한 치수는 보강 및 그라우팅을 위한 공간을 제공하기 위해 변함
• 두께 4인치, 6인치, 8인치(100, 150, 205)
• 경간 범위 12~24피트(3.6~7.3미터)
• 춤에 대한 경험 법칙 : 경간의 $1/40$

중공 슬래브hollow core slabs

• 표준 폭 4피트-0인치(1220)
• 또한 1피트-4인치, 2피트-0인치, 3피트-4인치, 8피트-0인치(405, 610, 1015, 2440)의 폭도 가능
• 두께는 6인치, 8인치, 10인치, 12인치(150, 205, 255, 305)
• 경간 범위는 12~38피트(3.6~11.6미터)
• 춤에 대한 경험 법칙: 경간의 $1/40$
• 연속적인 공백은 무게와 비용을 줄여주므로 배선의 통로로 사용할 수 있다.

• 프리캐스트 콘크리트 부판 시스템은 반복 및 1,500 제곱피트(140제곱미터) 이상의 바닥 또는 지붕 면적에 의존하여 경제적이다.
• 표준 크기 단위는 슬래브 폭에 따른 설계 모듈의 사용을 장려한다. 이는 불규칙한 바닥 형태에는 적합하지 않을 수 있다.

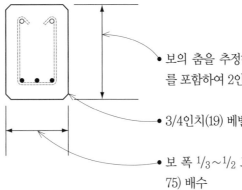

• 보의 춤을 추정하기 위한 경험 법칙: 슬래브 깊이를 포함하여 2인치(51) 단위로 경간의 $1/16$

• 3/4인치(19) 베벨 또는 모따기

• 보 폭 $1/3$~$1/2$ 보 춤은 2인치 또는 3인치(50 또는 75) 배수
• 보 폭은 지지하는 기둥의 폭보다 크거나 같아야 함

구조용 강재 골조structural steel framing

구조용 강재 거더, 보, 트러스, 기둥은 1층 건물에서 고층 빌딩에 이르는 규모의 구조를 위한 골조틀을 만드는 데 사용된다. 구조용 강재는 현장 작업이 어렵기 때문에 일반적으로 공장에서 설계 사양에 따라 절단, 형상화, 천공 작업이 이루어진다. 따라서 비교적 빠르고 정밀한 구조용 골조 시공이 이루어질 수 있다.

구조용 강재는 비보호 비연소noncombustible 구조에서 노출된 채로 남겨둘 수 있지만, 강재는 화재 시 강도가 급격히 감소하므로 내화 구조로서 자격을 갖추기 위해서는 내화 등급을 충족하는 조립체 또는 피복이 필요하다. 노출된 조건에서는 부식에 대한 저항도 요구된다.

강재 보 및 거더steel beams and girds

- 와이드플랜지 강재(W)는 구조적으로 더 효율적이며, 주로 기존의 I형 강재 보(S)를 대체한다. 또한 채널(C) 형강, 구조용 각형강관 또는 합성 형강으로 보를 제작할 수 있다.
- 연결부에는 일반적으로 스틸 앵글steel angles, 티tee 또는 플레이트plate와 같은 전이 부재가 사용된다. 실제 연결부는 리벳으로 고정할 수 있지만, 볼트 또는 용접을 통한 경우가 더 많다.

- 일반적인 철골 보의 경간 범위는 20~40피트(6~12미터)이나 32피트(10미터) 이상에서는 경제적인 대안으로서 중량이 줄어든 오픈웹 강재 장선open-web steel joists이 사용된다.
- 보 춤을 추정하기 위한 경험 법칙
  강재 보 : 경간의 $1/20$
  강재 거더 : 경간의 $1/15$
- 보의 폭 : 보 춤의 $1/3$~$1/2$

- 일반적인 목적은 과도한 처짐 없이 허용 응력 내에서 휨과 전단력에 저항하고 의도한 용도를 위해 가장 가벼운 강재 단면을 사용하는 것이다.
- 재료비 이외에 시공하는 데 필요한 인건비도 고려되어야 한다.

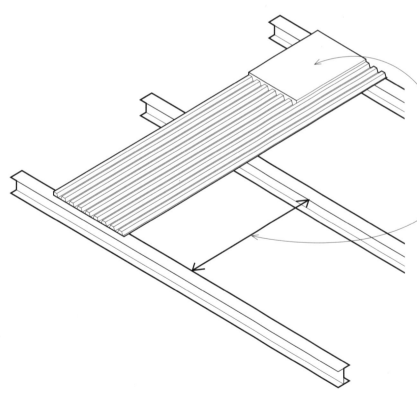

- 바닥 또는 지붕 데크는 다음과 같이 구성된다.
  - 금속 데크
  - 프리캐스트 콘크리트 슬래브
  - 구조용 목재 패널 또는 부판, 못을 박을 수 있는 상현재 또는 못을 박는 도구nailer가 필요

- 바닥 또는 지붕 데크를 지지하는 보 또는 오픈웹 장선의 간격은 가해지는 하중의 크기와 데크의 경간 능력에 따라 중심 간격은 4~16피트(1.2~4.9미터)이다.

- 횡방향 풍하중 또는 지진력을 견디기 위해서는 전단벽, 대각 가새 또는 모멘트 저항 연결 이음이 있는 강체 골조rigid framing를 사용해야 한다.

- K 계열 장선은 상현과 하현 사이의 지그재그 패턴으로 이루어진 단일 휨 부재로 구성된 웹(복부)을 가지고 있다.
- K 계열 장선 춤 범위는 8~30인치(760)
- LHlong-span 계열 및 DLHdeep long-span 계열 장선은 하중과 경간 확장을 위해 더 무거운 웹(복부) 및 현재chord members를 가지고 있다.
- LH 계열 경간 장선 춤: 18~48인치(455~1220)
- DLH 계열 경간 장선 춤: 52~72인치(1320~1830)

- 경간 범위 또는 오픈 웹 강재 장선: 12~60피트 (3.6~18미터)
- 오픈 웹 장선 춤을 추정하는 경험 법칙: 경간의 1/24

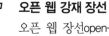

오픈 웹 강재 장선

오픈 웹 장선open-web steel joist은 트러스 웹(복부)을 지닌 경량의 공장 조립 강부재이다. 특히 32피트(10미터) 이상의 경간에서 가벼운 분산 하중에서 중간 분산 하중을 위한 강재 보에 대한 경제적인 대안을 제공한다.

- 골조는 장선이 균일하게 분산된 하중을 전달할 때 가장 효율적으로 작동한다. 공학적 요구사항을 적절하게 반영할 경우, 장선의 패널 지점 위에 집중 하중을 받을 수 있다.
- 오픈 웹, 즉 개방된 복부는 기계 설비를 통과시킬 수 있다.
- 설비를 위한 추가적인 공간이 필요한 경우, 천장은 하현부bottom chords에 부착되거나 달대천장 형태가 될 수 있다. 또한, 천장을 생략하여 장선과 바닥 데크를 노출할 수도 있다.

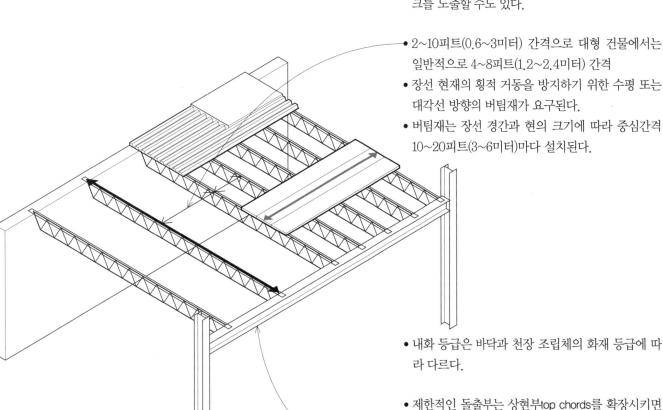

- 2~10피트(0.6~3미터) 간격으로 대형 건물에서는 일반적으로 4~8피트(1.2~2.4미터) 간격
- 장선 현재의 횡적 거동을 방지하기 위한 수평 또는 대각선 방향의 버팀재가 요구된다.
- 버팀재는 장선 경간과 현의 크기에 따라 중심간격 10~20피트(3~6미터)마다 설치된다.

- 내화 등급은 바닥과 천장 조립체의 화재 등급에 따라 다르다.

- 제한적인 돌출부는 상현부top chords를 확장시키면 가능하다.

- 오픈 웹 강재 장선은 오픈 웹 장선의 더 무거운 버전인 강재 보 또는 장선 거더 또는 조적조 및 철근 콘크리트로 이루어진 내력벽 또는 경량형강 강재 골조로 지지가 될 수 있다.

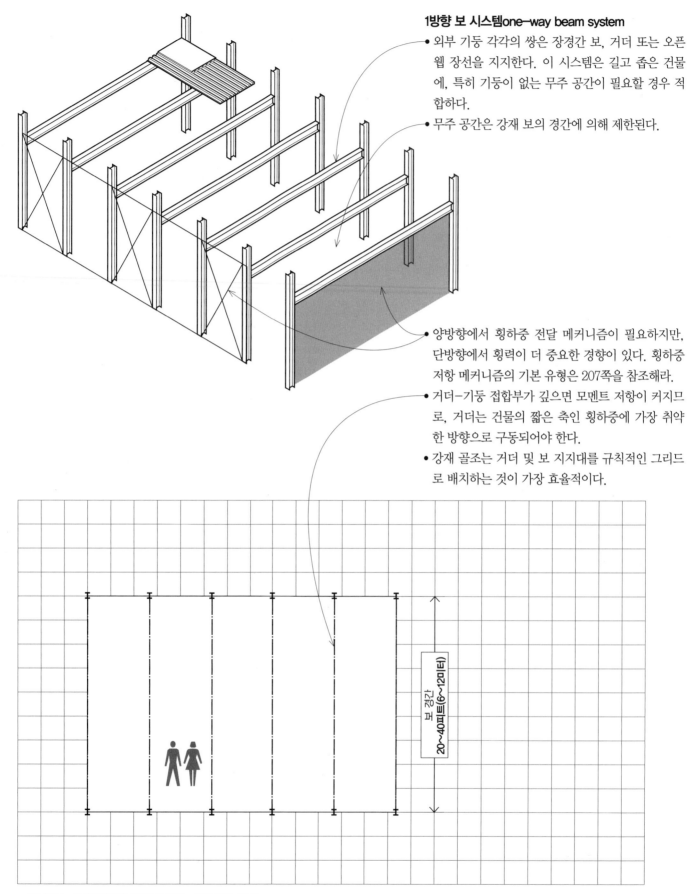

1방향 보 시스템one–way beam system

- 외부 기둥 각각의 쌍은 장경간 보, 거더 또는 오픈 웹 장선을 지지한다. 이 시스템은 길고 좁은 건물에, 특히 기둥이 없는 무주 공간이 필요할 경우 적합하다.
- 무주 공간은 강재 보의 경간에 의해 제한된다.

- 양방향에서 횡하중 전달 메커니즘이 필요하지만, 단방향에서 횡력이 더 중요한 경향이 있다. 횡하중 저항 메커니즘의 기본 유형은 207쪽을 참조해라.
- 거더–기둥 접합부가 깊으면 모멘트 저항이 커지므로, 거더는 건물의 짧은 축인 횡하중에 가장 취약한 방향으로 구동되어야 한다.
- 강재 골조는 거더 및 보 지지대를 규칙적인 그리드로 배치하는 것이 가장 효율적이다.

보 경간 20~40피트(6~12미터)

- 그리드는 3피트(915) 징사각형을 기준으로 한다.

보와 거더 시스템Beam-and-Girder System

- 1차 보 또는 거더의 경제적인 경간은 20~40피트 (6~12미터) 범위에 있다.
- 2차 보의 경제적인 경간은 22~60피트(7~20미터) 범위에 있다.
- 1차 보와 2차 보 모두는 30피트(10미터)까지의 범위에 대한 구조용 강재 섹션으로 구성될 수 있다. 장경간에서는 오픈 웹 장선이나 트러스 거더가 더 경제적이다.

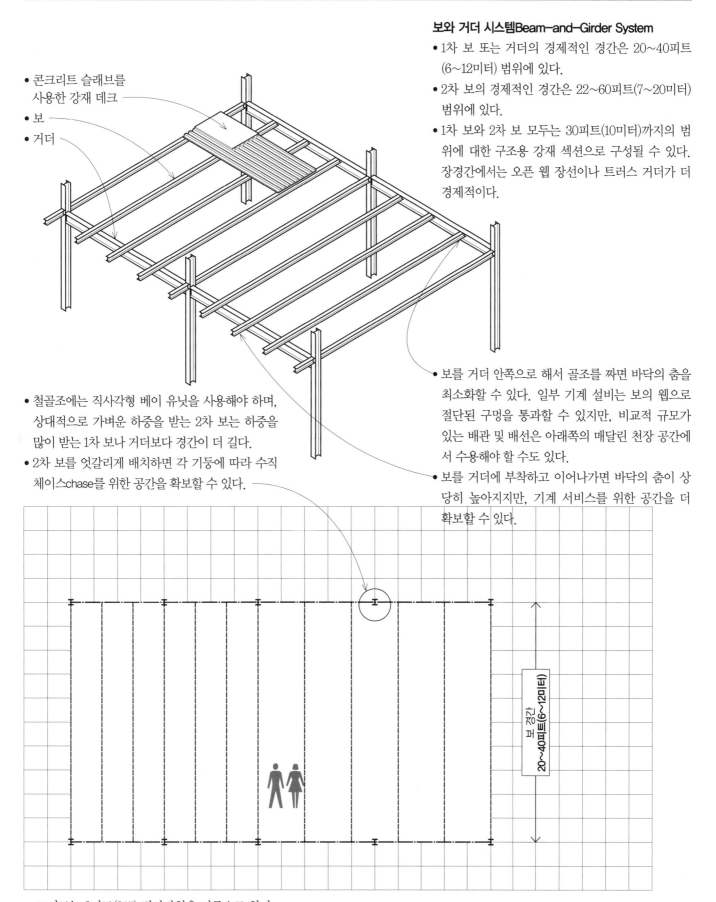

- 콘크리트 슬래브를 사용한 강재 데크
- 보
- 거더

- 보를 거더 안쪽으로 해서 골조를 짜면 바닥의 춤을 최소화할 수 있다. 일부 기계 설비는 보의 웹으로 절단된 구멍을 통과할 수 있지만, 비교적 규모가 있는 배관 및 배선은 아래쪽의 매달린 천장 공간에서 수용해야 할 수도 있다.
- 보를 거더에 부착하고 이어나가면 바닥의 춤이 상당히 높아지지만, 기계 서비스를 위한 공간을 더 확보할 수 있다.

- 철골조에는 직사각형 베이 유닛을 사용해야 하며, 상대적으로 가벼운 하중을 받는 2차 보는 하중을 많이 받는 1차 보나 거더보다 경간이 더 길다.
- 2차 보를 엇갈리게 배치하면 각 기둥에 따라 수직 체이스chase를 위한 공간을 확보할 수 있다.

보 경간 20~40피트(6~12미터)

- 그리드는 3피트(915) 정사각형을 기준으로 한다.

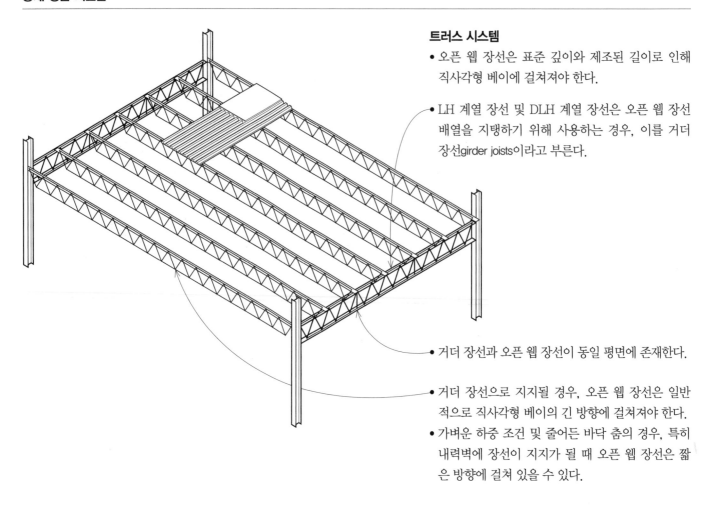

트러스 시스템

- 오픈 웹 장선은 표준 깊이와 제조된 길이로 인해 직사각형 베이에 걸쳐져야 한다.

- LH 계열 장선 및 DLH 계열 장선은 오픈 웹 장선 배열을 지탱하기 위해 사용하는 경우, 이를 거더 장선girder joists이라고 부른다.

- 거더 장선과 오픈 웹 장선이 동일 평면에 존재한다.

- 거더 장선으로 지지될 경우, 오픈 웹 장선은 일반 적으로 직사각형 베이의 긴 방향에 걸쳐져야 한다.

- 가벼운 하중 조건 및 줄어든 바닥 춤의 경우, 특히 내력벽에 장선이 지지가 될 때 오픈 웹 장선은 짧 은 방향에 걸쳐 있을 수 있다.

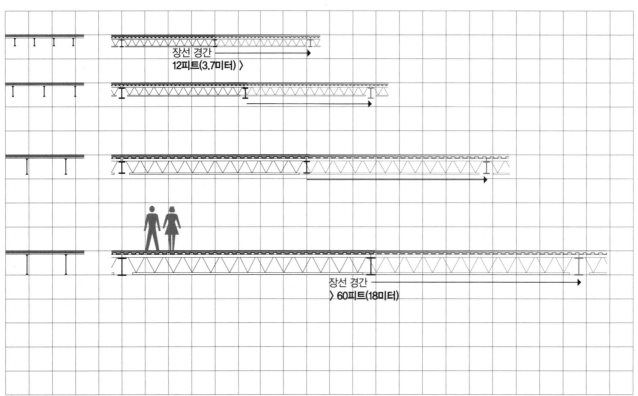

장선 경간
12피트(3.7미터)

장선 경간
〉 60피트(18미터)

- 그리드는 3피트(915) 정사각형을 기준으로 한다.

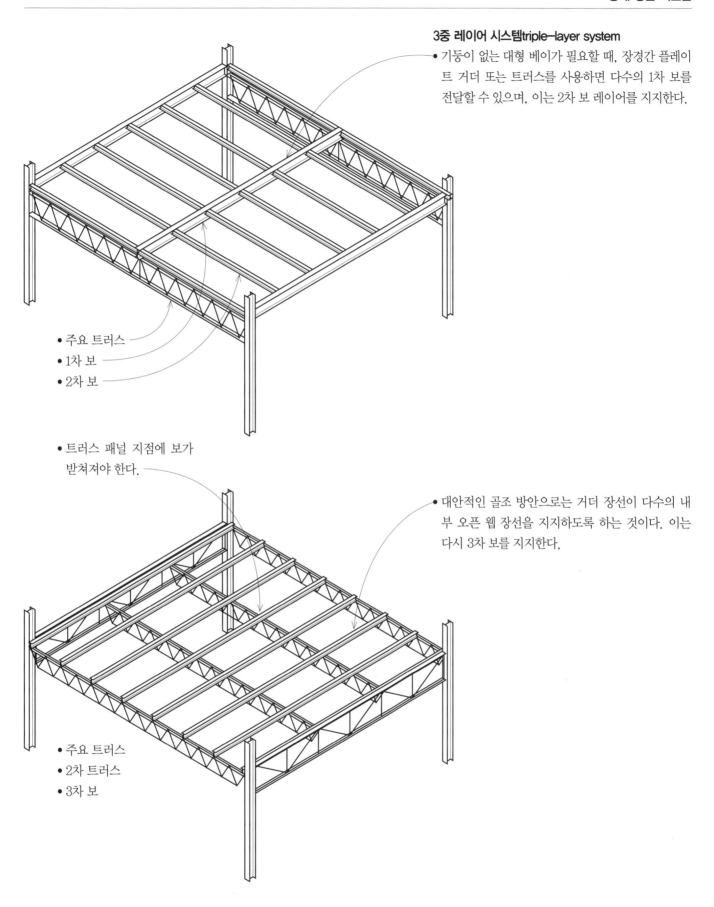

3중 레이어 시스템triple-layer system

- 기둥이 없는 대형 베이가 필요할 때, 장경간 플레이트 거더 또는 트러스를 사용하면 다수의 1차 보를 전달할 수 있으며, 이는 2차 보 레이어를 지지한다.

- 주요 트러스
- 1차 보
- 2차 보

- 트러스 패널 지점에 보가 받쳐져야 한다.

- 대안적인 골조 방안으로는 거더 장선이 다수의 내부 오픈 웹 장선을 지지하도록 하는 것이다. 이는 다시 3차 보를 지지한다.

- 주요 트러스
- 2차 트러스
- 3차 보

금속 데크

금속 데크metal decking는 강성과 경간 길이를 증가
시키기 위해 파형으로 제작된다. 바닥 데크는 시공
중 작업 플랫폼 역할을 하며, 현장 타설 콘크리트 슬
래브의 거푸집 역할도 병행한다.

- 거푸집 데크form decking는 슬래브가 자체 하중 및
  활하중을 지탱할 수 있을 때까지 철근 콘크리트 슬
  래브의 영구적인 거푸집 역할을 한다.

- 콘크리트 슬래브

- 복합 데크는 1.5인치, 2인치, 3인치(38, 51, 75)의
  춤이 가능
- 전체 슬래브 춤 범위는 4~8인치(100~205)

- 강재 보 또는 오픈 웹 장선 지지대

- 복합 데크composite decking는 볼록한 리브 패턴으
  로 접합된 콘크리트 슬래브의 인장 보강 역할을 한
  다. 콘크리트 슬래브와 바닥 보 또는 장선 사이의
  복합 작용은 데크를 통해 전단 스터드를 아래 지지
  보에 용접하여 얻을 수 있다.
- 복합 데크와 유사한 방식으로, 셀룰러 데크cellular
  decking는 파형 강판을 평 강판에 용접하여 전기
  및 통신 배선을 위해 연결된 공간 또는 통로를 만
  들 수 있다. 특정 부위를 제거하면 바닥 콘센트나
  통신 연결구outlet를 설치할 수 있다. 천공된 셀을
  유리섬유로 채우면, 흡음 천장acoustic ceiling 역할
  을 할 수 있다.

- 데크 패널은 데크를 지지하는 강재 장선이나 보에
  퍼들용접puddle-welds 또는 전단 스터드shear studs
  로 고정한다.
- 패널은 나사, 용접 또는 버튼 펀칭 돌출잇기로 측
  면을 따라 서로 고정된다.
- 데크가 구조 격막 역할을 하면서 횡방향 하중을 전
  단벽으로 전달하려면, 데크의 가장자리 주변을 강
  재 지지대에 용접해야 한다. 이때 추가로 지지대와
  측면 겹침 고정의 보다 엄격한 요구사항이 적용될
  수 있다.
- 지붕에 적용할 경우, 콘크리트 상판 대신 강재 데
  크 바로 위에 경질 단열재rigid insulation를 설치할
  수 있다.

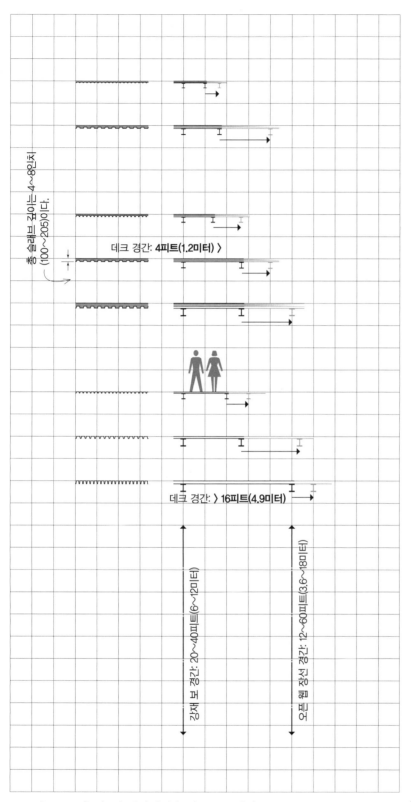

데크 경간: 4피트(1.2미터) 〉

데크 경간: 〉 16피트(4.9미터)

총 슬래브 깊이는 4~8인치 (100~205)이다.

강재 보 경간: 20~40피트(6~12미터)

오픈 웹 장선 경간: 12~60피트(3.6~18미터)

• 그리드는 3피트(915) 정사각형을 기준으로 한다.

거푸집 데크

• 1인치(25) : 3~5피트(915~1525)의 경간 범위

• 2인치(51) : 5~12피트(1525~3660)의 경간 범위

복합 데크

• 1 1/2인치(38)+콘크리트 : 4~8피트(1220~2440)의 경간 범위

• 2인치(51)+콘크리트 : 8~12피트(2440~3660)의 경간 범위

• 3인치(75)+콘크리트 : 8~15인치(2440~4570)의 경간 범위

지붕 데크roof decking

• 1 1/2인치(38) : 6~12피트(3660)의 경간 범위

• 2인치(51) : 6~12피트(3660)의 경간 범위

• 3인치(75) : 10~16피트(3050~4875)의 경간 범위

• 금속 데크의 전체 깊이에 대한 경험 법칙 : 경간의 1/35

경량형강 장선

경량형강 장선light-gauge steel joist은 냉간압연 강판 혹은 띠강으로 제조한다. 그 결과 강재 장선은 더 가볍고, 치수가 더 안정적이며, 목재 장선보다 더 긴 경간이 가능하다. 하지만 더 많은 열을 전도하고 가공과 제조에 더 많은 에너지가 요구된다. 냉간압연 강재 장선은 경량화, 불연성화, 방습 등의 바닥 구조물이며, 쉽게 절단되므로 간단한 공구로 조립할 수 있다. 목재 경량 골조 구조와 마찬가지로 이 골조는 각종 설비와 단열재를 위한 공간을 포함하고 있으며 다양한 마감재를 적용할 수 있다.

- 경량형강 장선은 불연성이며 타입 I 및 타입 II 시공에 사용될 수 있다.
- 경량형강 장선은 목재 장선 골조와 유사한 방식으로 배치 및 조립된다.
- 접합부는 전기 또는 공압 공구pneumatic tools로 삽입한 직결나사self-drilling, 자동 태핑나사self-tapping screws 또는 공압 공구용 핀pneumatic driven pins로 만든다.
- 장선잡이strap bridging는 장선의 회전 또는 횡방향 변위를 방지한다. 중심간격 5~8피트(1.5~2.4미터)마다 장선 경간에 따라 설치한다.

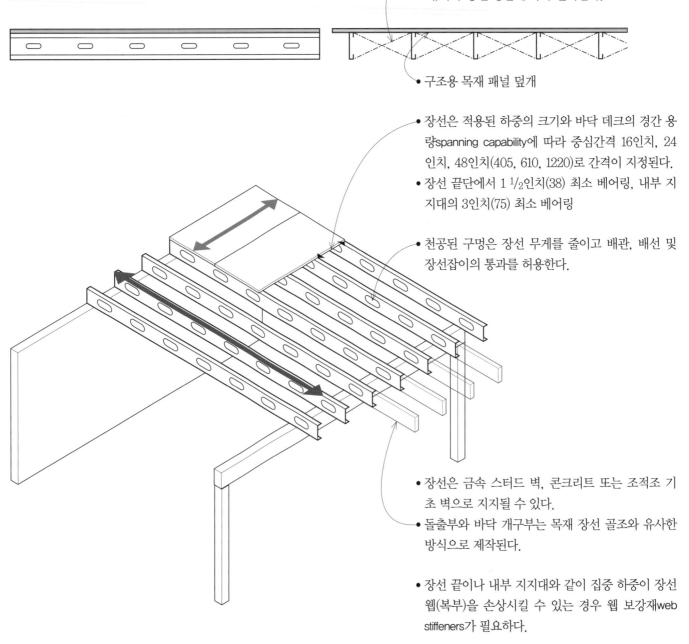

- 구조용 목재 패널 덮개
- 장선은 적용된 하중의 크기와 바닥 데크의 경간 용량spanning capability에 따라 중심간격 16인치, 24인치, 48인치(405, 610, 1220)로 간격이 지정된다.
- 장선 끝단에서 1 1/2인치(38) 최소 베어링, 내부 지지대의 3인치(75) 최소 베어링
- 천공된 구멍은 장선 무게를 줄이고 배관, 배선 및 장선잡이의 통과를 허용한다.
- 장선은 금속 스터드 벽, 콘크리트 또는 조적조 기초 벽으로 지지될 수 있다.
- 돌출부와 바닥 개구부는 목재 장선 골조와 유사한 방식으로 제작된다.
- 장선 끝이나 내부 지지대와 같이 집중 하중이 장선 웹(복부)을 손상시킬 수 있는 경우 웹 보강재web stiffeners가 필요하다.

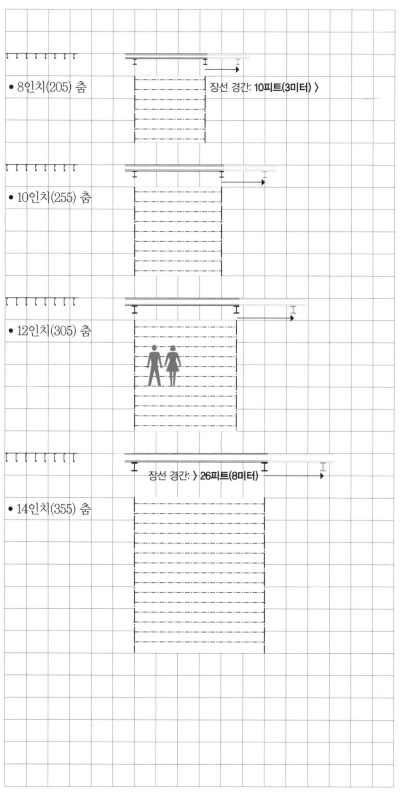

- 8인치(205) 춤
- 10인치(255) 춤
- 12인치(305) 춤
- 14인치(355) 춤

장선 경간: 10피트(3미터) ⟩

장선 경간: ⟩ 26피트(8미터)

- 공칭 춤 : 6인치, 8인치, 10인치, 12인치, 14인치 (150, 205, 255, 355)
- 플랜지 폭 : 1 ¹/₂인치, 1 ³/₄인치, 2인치, 2 ¹/₂인치 (38, 45, 51, 64)
- 게이지 : 14~22

- 장선 춤 추정에 관한 경험 법칙 : 경간의 ¹/₂₀

- 그리드는 3피트(915) 정사각형을 기준으로 한다.

목재 구조물wood construction

현재 사용 중인 두 가지 목재 구성 방식이 있으며, 이들은 중량 목재 골조와 경량 목재 골조이다. 중량 목재 골조는 보호되지 않는 강철보다 내화 등급이 상당히 높은 보와 기둥과 같은 크고 두꺼운 부재를 사용한다. 대형 제재목이 부족하므로, 현재 대부분의 목재 골조는 중실 목재solid wood보다는 집성목재와 평행스트랜드목재로 구성된다. 건축적으로 목재 골조는 미관을 고려하여 노출되는 경우가 많다.

경량 목재 골조는 구조 단위 역할을 하는 조립체를 형성하기 위해 비교적 작고 촘촘한 간격의 부재를 사용한다. 경량 목재 부재는 인화성이 높으므로 요구되는 내화 등급을 얻기 위해 마감 표면 재료에 의존해야 한다. 경량 목재 골조는 부패 및 곤충 침입에 취약하므로 지면에서 적절하게 이격하고, 압력 처리된 목재를 사용하고, 밀폐된 공간에서의 응결을 제어하기 위한 환기가 요구된다.

목조 건축물에서 모멘트 저항 접합을 달성하기 어렵기 때문에 가볍고 무거운 골조 모두는 횡력에 저항하기 위해 전단벽 또는 대각선 가새diagonal bracing로 안정화되어야 한다.

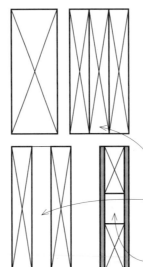

목재 보
중실 제재목solid sawn lumber

- 목재 보를 선택할 때는 목재 종류, 구조 등급, 탄성 계수, 허용 가능한 휨과 전단 응력값 그리고 의도한 용도에 허용되는 최소 처짐 등의 사항을 고려해야 한다. 또한 정확한 하중 조건과 사용되는 접합부의 유형에 주의를 기울여야 한다.
- 조립보built-up beams는 접합된 적층이 없는 경우, 개별 부재의 강도 합과 강도가 같을 수 있다.
- 간격재 보spaced beam는 개별 부재가 일체형 단위로 작동할 수 있도록 빈번한 간격으로 차단되고 못치기가 이루어진다.
- 상자형 보box beams는 2개 이상의 합판이나 배향성 스트랜드 보드 웹에 제재목 또는 단판적층재로 만든 플랜지flange를 접착하여 제작한다. 공학적 요구 사항을 적용하면 최대 90피트(27미터) 경간까지 가능하다.

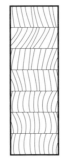

집성목재

- 집성목재glue laminated timber는 일반적으로 모든 합판의 결(섬유방향)이 평행한 상태에서 제어된 조건으로 접착제로 응력 등급 목재를 적층하여 만든다. 중실 제재목solid sawn timber보다 집성목재의 장점은 일반적으로 더 높은 허용 단위 응력, 개선된 외관 및 다양한 단면 형상의 가용성이다. 집성목재는 원하는 길이로 거멀이음(스카프 이음scarf joint)이나 빗살이음finger joints으로 횡단면에서 잇거나end-joined, 더 큰 폭이나 춤을 만들기 위해 가장자리 접착edge-glued할 수 있다.

평행스트랜드목재

- 평행스트랜드목재parallel strand lumber(PSL)는 좁은 목재 가닥을 방수 접착제를 사용하여 열과 압력으로 접합하여 생산한다. 이 제품은 'Parallam'이라는 상표로 판매되는 독점 제품으로 기둥과 보 구조에서 보와 기둥, 경량 골조 구조물에서 보, 헤더(끝막이보), 상인방에 사용된다.

단판적층재

- 단판적층재laminated veneer lumber(LVL)는 방수 접착제를 사용하여 열과 압력을 가하여 합판층을 접착하여 제조된다. 모든 합판의 결을 동일한 길이 방향으로 놓으면 가장자리가 보로 하중을 받거나, 면이 부판으로 하중을 가할 때 강도가 높은 제품이 된다. 단판적층재는 Microlam과 같은 다양한 브랜드 이름으로 판매되며, 헤더(끝막이보)와 보 또는 조립식 목재 I-형 장선의 플랜지로 사용된다.

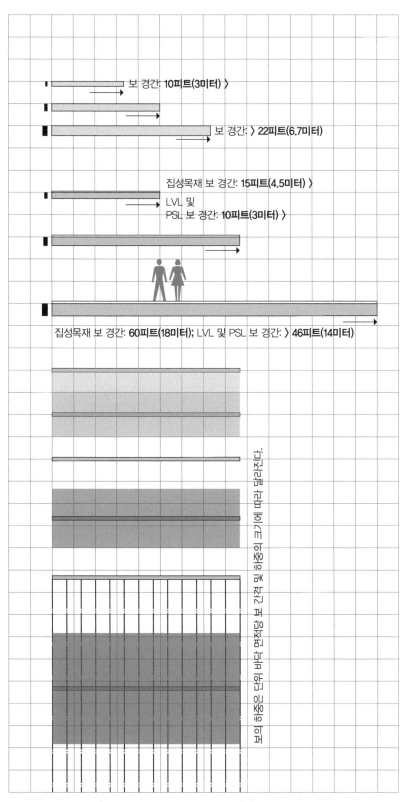

보 경간: 10피트(3미터) 〉

보 경간: 〉 22피트(6.7미터)

집성목재 보 경간: 15피트(4.5미터) 〉

LVL 및
PSL 보 경간: 10피트(3미터) 〉

집성목재 보 경간: 60피트(18미터); LVL 및 PSL 보 경간: 〉 46피트(14미터)

보 하중은 단위 바닥 면적당 보 간격 및 하중의 크기에 따라 달라진다.

• 그리드는 3피트(915) 정사각형을 기준으로 한다.

중실 목재 보solid wood beams
• 4×8~6×12의 공칭 증가분으로 2인치(51) 단위로 사용할 수 있다. 실제 치수는 공칭보다 깊이가 $3/4$인치(19) 적고 너비가 $1/2$인치(13) 작다.
• 중실 목재 보의 춤 추정을 위한 경험 법칙: 경간의 $1/15$
• 보beam의 폭 = 보 춤의 $1/3 \sim 1/2$

집성목재glue-laminated timber
• 보 폭: 3 $1/8$인치, 5 $1/8$인치, 6 $3/4$인치, 8 $3/4$인치, 10 $3/4$인치(80, 130, 170, 220, 275)
• 보 춤은 최대 75인치(1905)까지 1 $3/8$인치 또는 1 $1/2$인치(35 또는 38) 라미네이션의 배수이다. 곡선 부재는 $3/4$인치(19) 라미네이션으로 적층되어 더 촘촘한 곡률을 만들 수 있다.

평행스트랜드목재parallel strand lumber
• 보 폭: 3 $1/2$인치, 5 $1/4$인치, 7인치(30, 135, 180)
• 보 춤: 9 $1/2$인치, 11 $7/8$인치, 14인치, 16인치, 18인치(240, 300, 355, 410, 460)

목재단판적층재laminated veneer lumber
• 1 $3/4$인치(45) 보의 폭: 더 큰 너비를 위해 적층될 수 있다.
• 5 $1/2$인치, 7 $1/4$인치, 9 $1/4$인치, 11 $1/4$인치, 11 $7/8$인치, 14인치, 16인치, 18인치, 20인치(140, 185, 235, 285, 300, 355, 405, 455 및 510) 보 깊이이다.

• 제작된 보의 춤 추정을 위한 경험 법칙: 경간의 $1/20$
• 보의 경간은 추정치일 뿐이다. 보의 크기를 정확하게 계산하려면 보의 간격과 전달되는 하중의 크기에 따라 보의 기여 하중 면적을 고려해야 한다.

• 보의 폭은 보 깊이의 $1/4 \sim 1/3$이어야 한다.
• 운반상 한계로 인해 제조된 보의 최대 표준 길이는 60피트(18미터)이다.

널과 보 시스템plank-and-beam systems

목재 널과 보 경간 시스템은 일반적으로 골격 골조 구조를 형성하기 위해 기둥 그리드와 함께 사용된다. 큰 부재를 적은 수로 사용하는 방식을 적용하면 경간을 늘릴 수 있으므로, 자재비용과 인건비 절감에 대한 잠재적 가능성을 확보할 수 있다.

- 널과 보 골조는 중간 정도의 고르게 분포된 하중을 지지할 때 가장 효과적이다. 집중 하중에는 추가 골조가 필요할 수 있다.
- 흔히 그렇듯, 이 구조 시스템이 노출될 때는 사용되는 목재의 종류와 등급, 특히 보와 보, 보와 기둥 접합부에서의 연결 상세 및 시공 품질에 세심한 주의를 기울여야 한다.

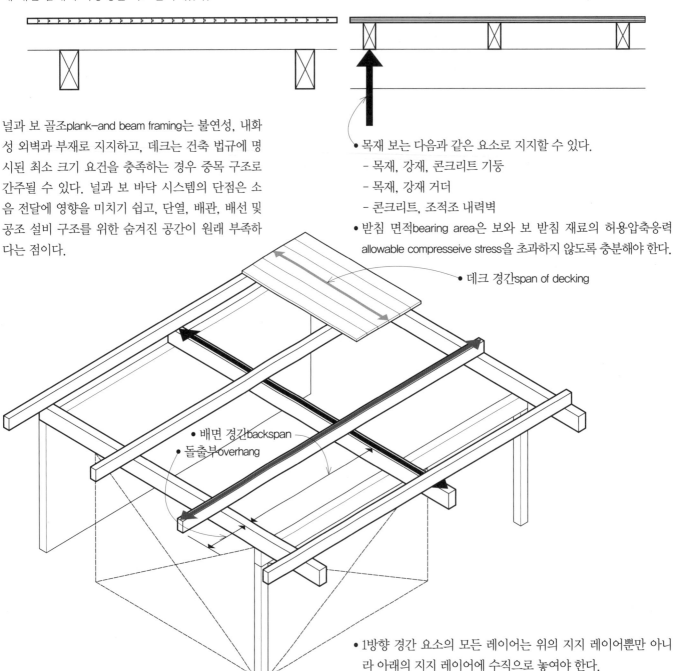

널과 보 골조plank-and beam framing는 불연성, 내화성 외벽과 부재로 지지하고, 데크는 건축 법규에 명시된 최소 크기 요건을 충족하는 경우 중목 구조로 간주될 수 있다. 널과 보 바닥 시스템의 단점은 소음 전달에 영향을 미치기 쉽고, 단열, 배관, 배선 및 공조 설비 구조를 위한 숨겨진 공간이 원래 부족하다는 점이다.

- 목재 보는 다음과 같은 요소로 지지할 수 있다.
  - 목재, 강재, 콘크리트 기둥
  - 목재, 강재 거더
  - 콘크리트, 조적조 내력벽
- 받침 면적bearing area은 보와 보 받침 재료의 허용압축응력allowable compresseive stress을 초과하지 않도록 충분해야 한다.

• 데크 경간span of decking

• 배면 경간backspan
• 돌출부overhang

- 1방향 경간 요소의 모든 레이어는 위의 지지 레이어뿐만 아니라 아래의 지지 레이어에 수직으로 놓여야 한다.
- 돌출부는 보가 부착되어 끝부분 지지대 위로 계속 유지될 때 가능하며, 배면 경간backspan의 1/4로 제한된다.
- 횡방향 안정성을 제공하기 위해서는 대각선 가새 또는 전단벽이 필요하다. 목재 기둥-보 골조에서는 모멘트 방지 연결부 개발이 가능하지 않다.

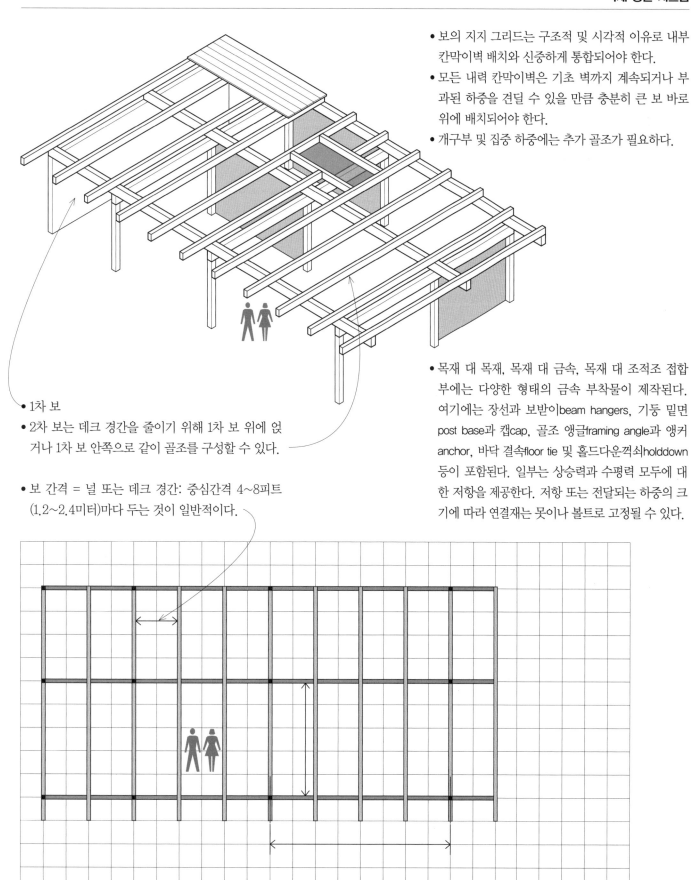

- 보의 지지 그리드는 구조적 및 시각적 이유로 내부 칸막이벽 배치와 신중하게 통합되어야 한다.
- 모든 내력 칸막이벽은 기초 벽까지 계속되거나 부과된 하중을 견딜 수 있을 만큼 충분히 큰 보 바로 위에 배치되어야 한다.
- 개구부 및 집중 하중에는 추가 골조가 필요하다.

- 1차 보
- 2차 보는 데크 경간을 줄이기 위해 1차 보 위에 얹거나 1차 보 안쪽으로 같이 골조를 구성할 수 있다.

- 보 간격 = 널 또는 데크 경간: 중심간격 4~8피트 (1.2~2.4미터)마다 두는 것이 일반적이다.

- 목재 대 목재, 목재 대 금속, 목재 대 조적조 접합부에는 다양한 형태의 금속 부착물이 제작된다. 여기에는 장선과 보받이beam hangers, 기둥 밑면 post base과 캡cap, 골조 앵글framing angle과 앵커 anchor, 바닥 결속floor tie 및 홀드다운꺾쇠holddown 등이 포함된다. 일부는 상승력과 수평력 모두에 대한 저항을 제공한다. 저항 또는 전달되는 하중의 크기에 따라 연결재는 못이나 볼트로 고정될 수 있다.

- 그리드는 3피트(915) 정사각형을 기준으로 한다.

목재 데크

목재 데크wood decking는 일반적으로 널과 보 방식
과 함께 사용되지만 철골 구조의 표면층을 형성할
수도 있다. 데크 하부는 마감된 천장 표면으로 노출
될 수 있다.

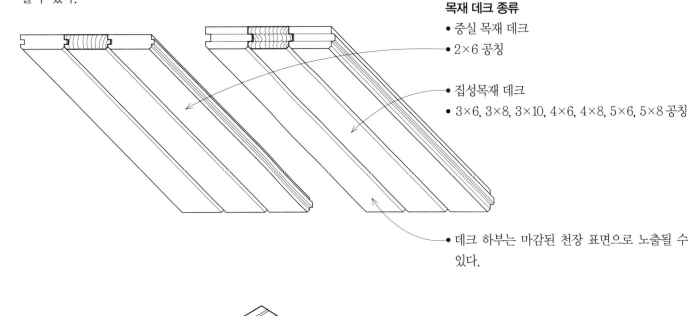

목재 데크 종류

- 중실 목재 데크
- 2×6 공칭

- 집성목재 데크
- 3×6, 3×8, 3×10, 4×6, 4×8, 5×6, 5×8 공칭

- 데크 하부는 마감된 천장 표면으로 노출될 수
  있다.

- 표면층에 대한 다른 옵션으로는 2-4-1 합판 또
  는 조립식 응력외피 패널prefabricated stresses-
  skin panel이 있다.

- 2-4-1 합판 패널의 두께는 1 $\frac{1}{8}$인치(29)이며
  최대 4피트(1220)까지 확장될 수 있다.
- 치장 합판face ply을 보에 수직으로 두 경간에
  걸치고, 합판끼리는 엇갈린staggered 횡단면 이
  음end joints 처리된다.

- 응력외피 패널은 목재 세로보stringers와 십자가
  새에 접착제로 열과 압력으로 접합된 합판면으
  로 구성된다. 합판면과 목재 세로보는 합판이
  집중 하중 분산과 거의 모든 휨응력에 저항하
  는 일련의 I-형 보와 비슷한 역할을 한다.
- 패널은 단열재, 습기지연제vaper retarder 그리
  고 내부 마감을 하나의 구성요소로 통합한다.

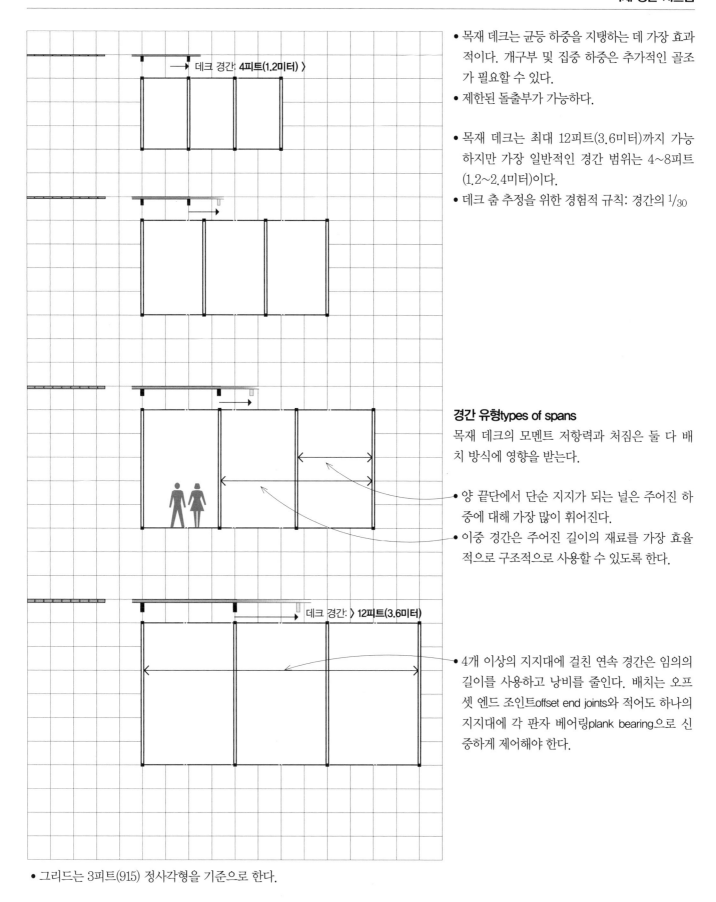

- 목재 데크는 균등 하중을 지탱하는 데 가장 효과적이다. 개구부 및 집중 하중은 추가적인 골조가 필요할 수 있다.
- 제한된 돌출부가 가능하다.

- 목재 데크는 최대 12피트(3.6미터)까지 가능하지만 가장 일반적인 경간 범위는 4~8피트(1.2~2.4미터)이다.
- 데크 춤 추정을 위한 경험적 규칙: 경간의 1/30

데크 경간: **4피트(1.2미터) ⟩**

경간 유형types of spans

목재 데크의 모멘트 저항력과 처짐은 둘 다 배치 방식에 영향을 받는다.

- 양 끝단에서 단순 지지가 되는 널은 주어진 하중에 대해 가장 많이 휘어진다.
- 이중 경간은 주어진 길이의 재료를 가장 효율적으로 구조적으로 사용할 수 있도록 한다.

데크 경간: ⟩ **12피트(3.6미터)**

- 4개 이상의 지지대에 걸친 연속 경간은 임의의 길이를 사용하고 낭비를 줄인다. 배치는 오프셋 엔드 조인트offset end joints와 적어도 하나의 지지대에 각 판자 베어링plank bearing으로 신중하게 제어해야 한다.

- 그리드는 3피트(915) 정사각형을 기준으로 한다.

목재 장선wood joist

장선joist이라는 용어는 촘촘한 간격의 다중 부재 경간 조립체를 위해 설계된 다양한 경간 부재를 말한다. 장선 간격이 좁으므로 각 부재에 대한 기여 하중 면적이 상대적으로 작고, 지지 보 또는 벽에 분산 하중 패턴이 나타난다.

목재 장선은 경량 목재 골조 구조의 필수적인 하위 시스템이다. 장선에 사용되는 규격 제재목은 쉽게 작업할 수 있으며 간단한 도구로 현장에서 신속하게 조립할 수 있다. 목재패널 덮개나 바탕 바닥재와 함께, 목재 장선은 시공을 위한 동일 높이의 작업 플랫폼을 형성한다. 공학적 요구사항을 적절하게 반영할 경우, 결과적으로 바닥 구조물은 횡방향 하중을 전단벽으로 전달하는 구조적으로 격막diaphragm 역할을 할 수 있다.

- 장선 간격은 적용되는 예상되는 하중의 크기와 바탕 바닥재 또는 덮개sheathing의 경간 능력에 따라 12인치, 16인치 또는 24인치(305, 405 또는 610)로 이루어진다.
- 장선은 균등 하중을 위해 설계되었으며 점 하중point loads을 전달하고 공유할 수 있도록 십자가새cross-bracing 또는 버팀재bridge로 된 경우보다 효율적이다.

- 중공 부분cavities은 배관, 배선 및 단열재를 수용할 수 있다.
- 천장은 장선에 직접 적용하거나 더 낮은 위치에 달반자로 매달거나 장선에 수직 방향으로 설치하여 기계설비 배관mechanical runs을 숨길 수 있다.
- 경량 목재 골조는 가연성이므로 내화 등급은 바닥 마감재와 천장재에 따라 결정된다.
- 장선의 단부는 측면 지지대가 필요하다.

- 바탕 바닥재subflooring은 장선을 결속하여 비틀림과 좌굴을 방지한다. 바탕 바닥재는 일반적으로 합판으로 구성되지만, 승인된 표준에 따라 제조될 경우 배향성 스트랜드 보드Oriented Strand Board(OSB), 웨이퍼보드 및 파티클보드와 같은 다른 비단판 nonveneer 패널 재료를 사용할 수 있다. 패널 두께는 $7/16$~1인치(11~25)이며 패널 경간은 16인치, 20인치 및 24인치(405, 600 및 610)이 가능하다.

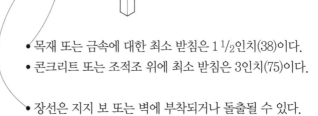

- 목재 또는 금속에 대한 최소 받침은 $1\,^1/_2$인치(38)이다.
- 콘크리트 또는 조적조 위에 최소 받침은 3인치(75)이다.

- 장선은 지지 보 또는 벽에 부착되거나 돌출될 수 있다.
- 시공 깊이 감소를 위해 장선은 조립식 장선받이prefabricated joist hangers를 사용하여 지지 보로 골조를 만들 수 있다.

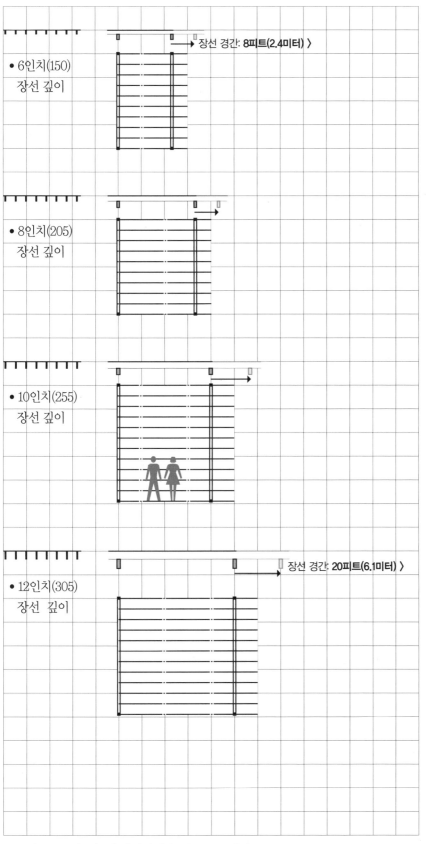

• 6인치(150)
장선 깊이

장선 경간: 8피트(2.4미터) 〉

• 8인치(205)
장선 깊이

• 10인치(255)
장선 깊이

장선 경간: 20피트(6.1미터) 〉

• 12인치(305)
장선 깊이

• 그리드는 3피트(915) 정사각형을 기준으로 한다.

• 목재 장선 골조는 매우 유연하며 재료의 작업성 workability으로 인해 불규칙한 배치에 적합하다.

• 목재 장선 크기: 2×6, 2×8, 2×10 및 2×12 공칭

• 장선 치수: 2~6인치(51~150)의 공칭 치수에서 $1/2$인치(13)를 빼고 6인치(150)보다 큰 공칭 치수에서 $3/4$인치(19)를 뺀다.

• 목재 장선 경간 범위

2×6	~10피트(3미터)
2×88	~12피트(2.4~3.6미터)
2×1010	~14피트(3~4.3미터)
2×1212	~20피트(3.6~6.1미터)

• 장선 춤을 추정하는 경험적 법칙: 경간의 $1/16$

• 중실 목재 장선은 최대 20피트(6미터) 길이까지 사용할 수 있다.

• 장선 부재가 경간 범위의 한계에 접근할 때 응력을 받는 장선 골조의 강성stiffness은 강도 strength보다 종종 더 중요하다.

• 전체 시공 깊이가 허용 가능한 경우, 서로 밀접하게 이격이 된 얕은 장선보다 더 멀리 떨어져 있는 깊은 장선이 강성에 더 적합하다.

조립식 장선 및 트러스

조립식으로prefabricated 사전에 공학적인pre-engineered 요구사항을 충족한 목재 장선 및 트러스는 일반적으로 제재목sawn lumber보다 가볍고 치수 안정성이 높으며, 더 큰 깊이와 길이로 제작이 가능하며, 더 긴 거리에 걸쳐 있을 수 있으므로 바닥과 지붕 골조에 치수 목재dimensional lumber 대신 점점 더 많이 사용되고 있다. 조립식 바닥 장선 또는 트러스의 정확한 형태는 제조업체에 따라 다르지만, 바닥을 구성하기 위해 배치되는 방식은 원칙적으로 기존의 목재 장선 골조와 유사하다. 복잡한 바닥 배치는 골조를 제작하기 어렵게 하므로, 긴 경간과 단순한 평면에 가장 적합하다.

I-형 장선

- I-형 장선은 단일 합판 또는 배향성 스트랜드 보드oriented strand board로 웹(복부)을 만들고, 그 상단과 하단 가장자리에 제재목 또는 적층 단판 제재목LVL으로 만든 플랜지를 결합하여 제작한다.
- 공칭 춤 10~16인치(255~405)
- 상업용 건물 시공의 경우 최대 24인치(610)까지 춤을 적용할 수 있다.

- 3 1/2인치(90) 최소 받침 길이

- 이중 장선은 평행한 내력벽을 지지한다.
- 조립식 목재 트러스 면에 수직으로 횡방향 지지력을 제공하기 위해 가새가 필요하다.

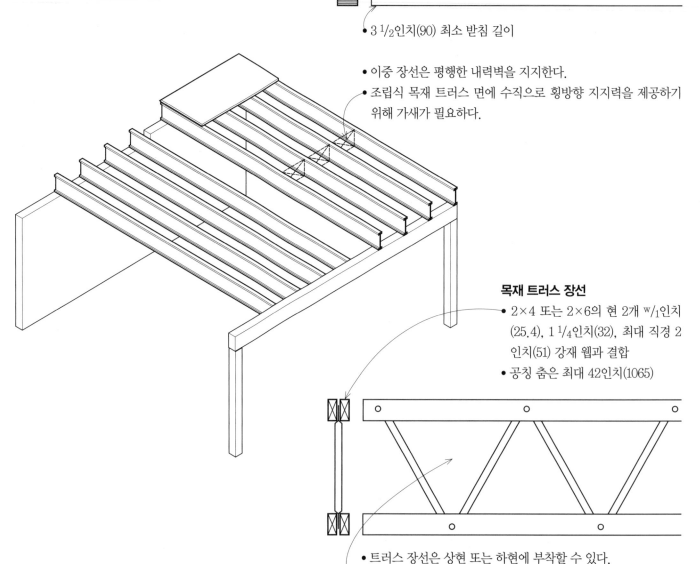

목재 트러스 장선

- 2×4 또는 2×6의 현 2개 w/1인치(25.4), 1 1/4인치(32), 최대 직경 2인치(51) 강재 웹과 결합
- 공칭 춤은 최대 42인치(1065)

- 트러스 장선은 상현 또는 하현에 부착할 수 있다.
- 전기와 기계를 위한 배관 및 배선이 웹web의 개구부를 통해 통과할 수 있다.

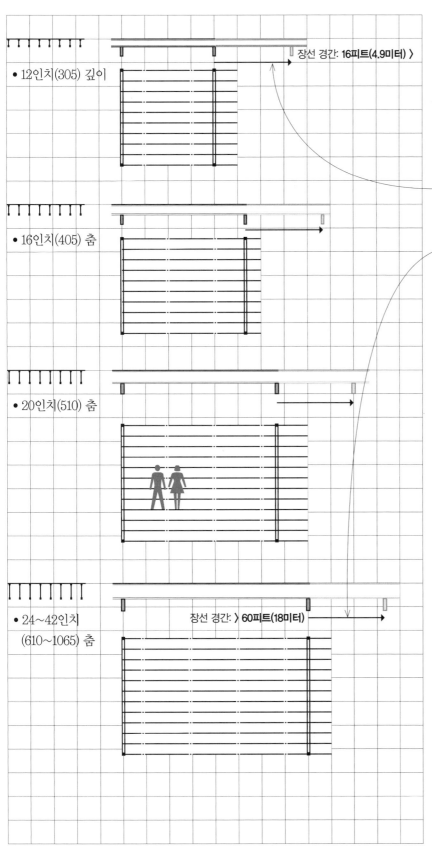

- 12인치(305) 깊이

- 16인치(405) 춤

- 20인치(510) 춤

- 24~42인치 (610~1065) 춤

장선 경간: **16피트(4.9미터)** 〉

I–형 장선
- 16~60피트(4.9~18.3미터) 경간

목재 트러스 장선
- 16~60피트(4.9~18.3미터) 경간

- 조립식 장선 및 트러스의 춤 추정을 위한 경험적 법칙: 경간의 $1/18$

장선 경간: 〉 **60피트(18미터)**

- 그리드는 3피트(915) 정사각형을 기준으로 한다.

캔틸레버

캔틸레버cantilevers는 한쪽 끝에는 강체로 고정되고 다른 쪽 끝에는 자유로운 보, 거더, 트러스 또는 기타 견고한 골조 구조물로 이루어진다. 캔틸레버의 고정단은 가로 방향 및 회전 방향으로 하중에 저항하는 반면 다른 쪽 끝은 자유롭게 꺾어서 회전한다. 순수 캔틸레버 보는 위에 하중을 가할 때 단일 하향 곡률을 나타낸다. 보의 상단 표면은 인장 응력을 받지만, 하단 섬유는 압축 응력을 받는다. 캔틸레버 보는 매우 큰 처짐을 갖는 경향이 있으며 지지점에서 임계 휨 모멘트가 발생한다.

돌출 보

돌출 보overhanging beams는 단순 보의 한쪽 또는 양쪽 끝을 확장하여 형성된다. 캔틸레버 작용은 내부 경간에 존재하는 편향을 상쇄하는 양positive의 효과를 갖는 보 확장의 결과이다. 돌출 보는 단순한 캔틸레버 보와 달리 여러 곡률을 나타낸다. 인장 및 압축 응력은 처짐 모양에 해당하는 보의 길이에 따라 반전된다.

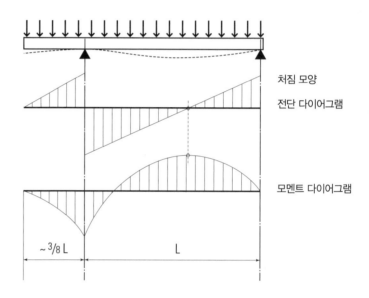

처짐 모양

전단 다이어그램

모멘트 다이어그램

- 하중이 균등하게 분포되어 있다고 가정할 때, 지지대 위의 모멘트가 같고 중간 경간의 모멘트와 방향이 반대인 돌출 보의 위치는 대략 경간의 $3/8$ 지점이다.

- 하중이 균등하게 분포되어 있다고 가정할 때, 지지대 위의 모멘트가 같고 중간 경간의 모멘트와 방향이 반대인 이중 돌출 보의 위치는 대략 경간의 약 $1/3$ 지점이다.

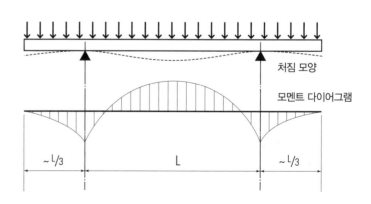

처짐 모양

모멘트 다이어그램

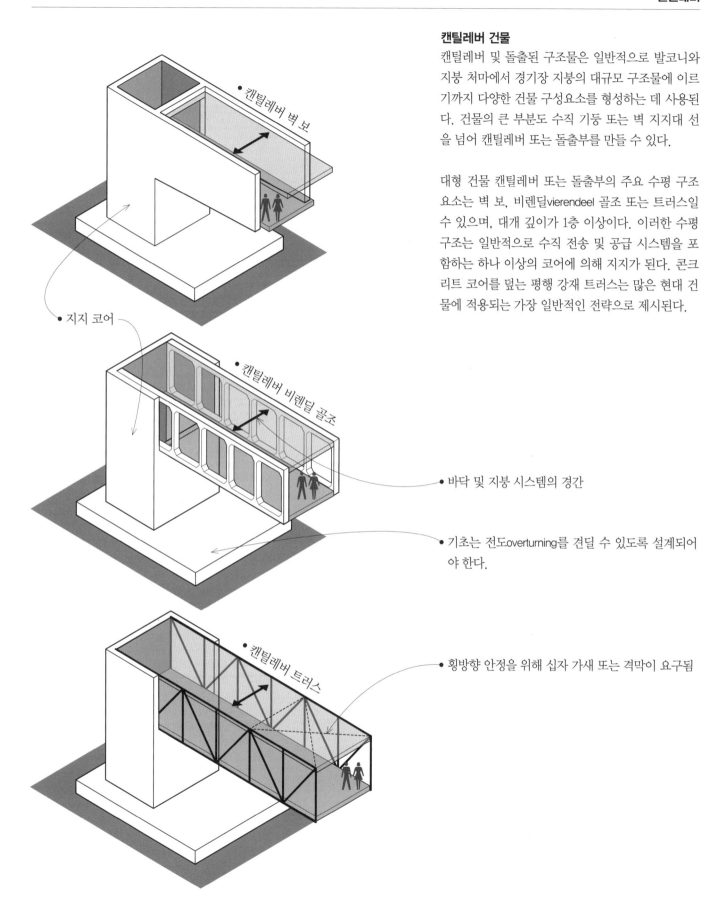

캔틸레버 벽 보

지지 코어

캔틸레버 비렌딜 골조

캔틸레버 트러스

캔틸레버 건물

캔틸레버 및 돌출된 구조물은 일반적으로 발코니와 지붕 처마에서 경기장 지붕의 대규모 구조물에 이르기까지 다양한 건물 구성요소를 형성하는 데 사용된다. 건물의 큰 부분도 수직 기둥 또는 벽 지지대 선을 넘어 캔틸레버 또는 돌출부를 만들 수 있다.

대형 건물 캔틸레버 또는 돌출부의 주요 수평 구조 요소는 벽 보, 비렌딜vierendeel 골조 또는 트러스일 수 있으며, 대개 깊이가 1층 이상이다. 이러한 수평 구조는 일반적으로 수직 전송 및 공급 시스템을 포함하는 하나 이상의 코어에 의해 지지가 된다. 콘크리트 코어를 덮는 평행 강재 트러스는 많은 현대 건물에 적용되는 가장 일반적인 전략으로 제시된다.

• 바닥 및 지붕 시스템의 경간

• 기초는 전도overturning를 견딜 수 있도록 설계되어야 한다.

• 횡방향 안정을 위해 십자 가새 또는 격막이 요구됨

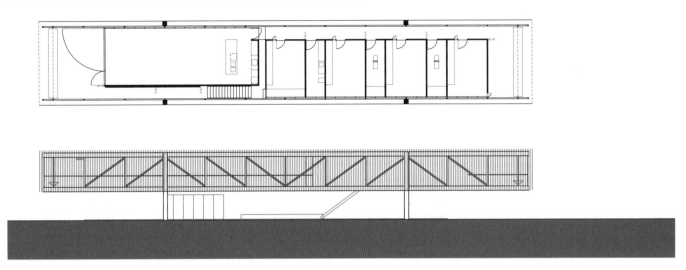

평면 및 입면: 호주 빅토리아 세인트앤드루스 비치 비치 하우스(2003-2006), 션고셀 아키텍츠

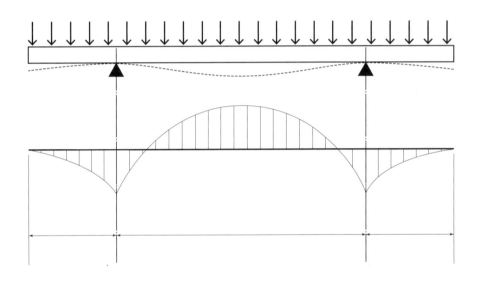

세인트 앤드류 해변 주택은 단순 보의 양끝을 확장하여 형성된 이중 돌출 보의 예시다. 이 경우 바닥과 지붕 골조로 연결된 한 쌍의 전체 길이의 층고 트러스가 지면 위의 거실 층의 부피를 정의하고 높여서, 더 나은 전망을 제공하고 아래에 자동차와 저장 공간을 제공한다. 캔틸레버 작용 결과는 기둥 지지대 너머 트러스의 확장을 형성하며, 이는 내부 경간에 존재하는 처짐을 상쇄하는 긍정적인 효과가 있다.

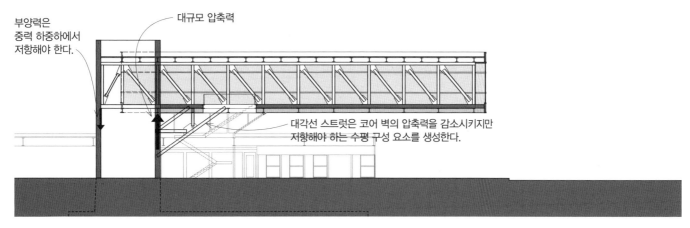

부양력은
중력 하중하에서
저항해야 한다.

대규모 압축력

대각선 스트럿은 코어 벽의 압축력을 감소시키지만
저항해야 하는 수평 구성 요소를 생성한다.

다이어그램 및 단면: 미시건 그랜드래피즈 라마 건설 본사(2006–2007), 인터그레이티드 아키텍쳐

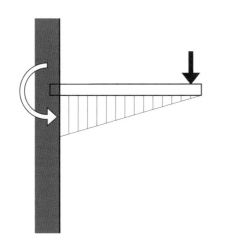

라마 건설 본사는 콘크리트 수직 순환 샤프트에서 캔틸레버로 연결된 16피트(4.8미터) 깊이, 112피트 (37미터) 길이의 트러스 한 쌍을 사용하여 6,500제곱피트(604제곱미터)의 사무실 공간을 지지한다. 이 트러스 설계에 있어 주된 고려사항은 보행자 통행으로 인해 발생되는 불편한 수직 진동을 제어하는 것이었다.

1방향 경간 방식은 일반 직사각형 베이를 경간으로 할 때 가장 효율적이다. 2방향 방식의 경우, 구조 베이는 규칙적일 뿐만 아니라 가능한 한 거의 정사각형에 가까워야 한다. 또한 일반 베이를 사용하면 동일한 단면적과 길이의 반복되는 부재를 사용할 수 있으므로 규모의 경제가 가능하다. 그러나 프로그램의 요구사항, 상황에 따른 제약 또는 미적인 주도는 종종 직사각형이나 기하학적으로 규칙적이지 않은 구조 베이의 개발을 제안할 수 있다.

존재 이유가 무엇이든 불규칙한 모양의 베이는 종종 단독으로 존재하지 않는다. 그들은 종종 더 규칙적인 그리드 또는 지지대와 경간 요소의 패턴의 주변을 따라 형성된다. 그럼에도 불구하고 경간 부재는 각 경간 부재의 길이가 다를 수 있지만, 각 층에서 가장 긴 경간으로 설계되어야 하므로 불규칙한 베이는 거의 항상 구조적 비효율성을 초래한다.

다음은 불규칙한 모양의 베이를 구성하고 골조를 만드는 대안적인 방법이다.

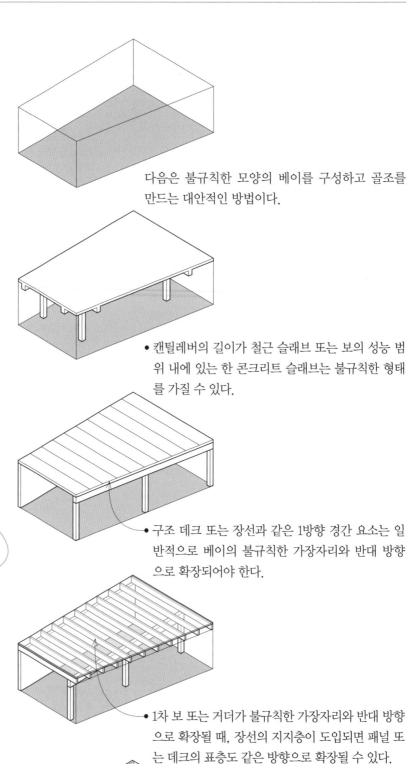

- 캔틸레버의 길이가 철근 슬래브 또는 보의 성능 범위 내에 있는 한 콘크리트 슬래브는 불규칙한 형태를 가질 수 있다.

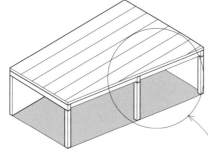

- 구조용 패널이나 데크 경간이 불규칙한 방향으로 경간이 이루어질 때, 생성된 예각에서 평면 재료를 형성하거나 다듬기가 어려울 수 있다. 또한 절단된 패널의 자유로운 가장자리에 대한 지지대도 추가해야 한다.

- 구조 데크 또는 장선과 같은 1방향 경간 요소는 일반적으로 베이의 불규칙한 가장자리와 반대 방향으로 확장되어야 한다.

- 1차 보 또는 거더가 불규칙한 가장자리와 반대 방향으로 확장될 때, 장선의 지지층이 도입되면 패널 또는 데크의 표층도 같은 방향으로 확장될 수 있다.

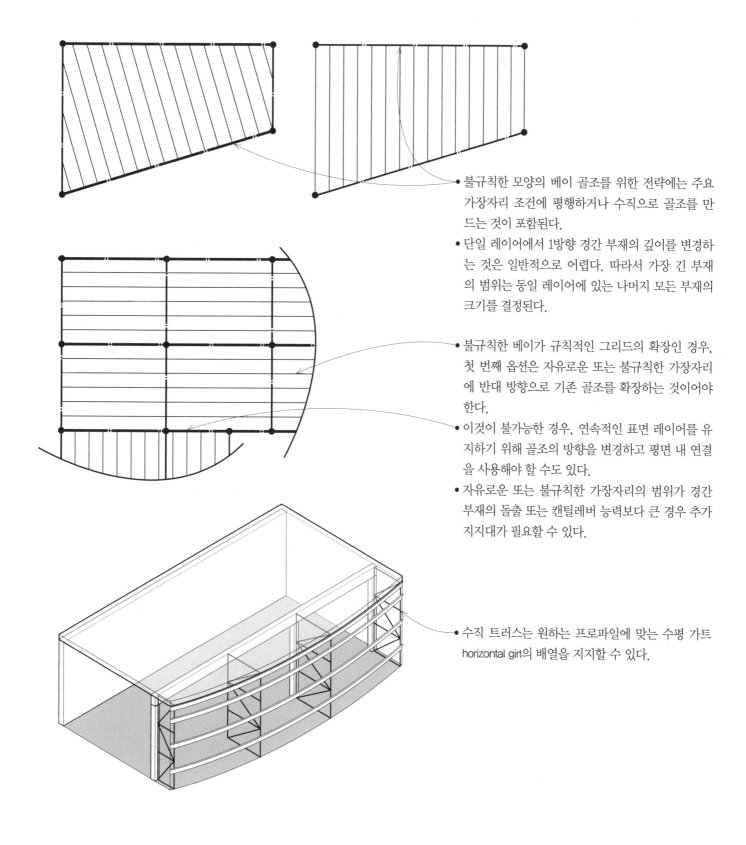

- 불규칙한 모양의 베이 골조를 위한 전략에는 주요 가장자리 조건에 평행하거나 수직으로 골조를 만드는 것이 포함된다.

- 단일 레이어에서 1방향 경간 부재의 깊이를 변경하는 것은 일반적으로 어렵다. 따라서 가장 긴 부재의 범위는 동일 레이어에 있는 나머지 모든 부재의 크기를 결정된다.

- 불규칙한 베이가 규칙적인 그리드의 확장인 경우, 첫 번째 옵션은 자유로운 또는 불규칙한 가장자리에 반대 방향으로 기존 골조를 확장하는 것이어야 한다.

- 이것이 불가능한 경우, 연속적인 표면 레이어를 유지하기 위해 골조의 방향을 변경하고 평면 내 연결을 사용해야 할 수도 있다.

- 자유로운 또는 불규칙한 가장자리의 범위가 경간 부재의 돌출 또는 캔틸레버 능력보다 큰 경우 추가 지지대가 필요할 수 있다.

- 수직 트러스는 원하는 프로파일에 맞는 수평 가트 horizontal girt의 배열을 지지할 수 있다.

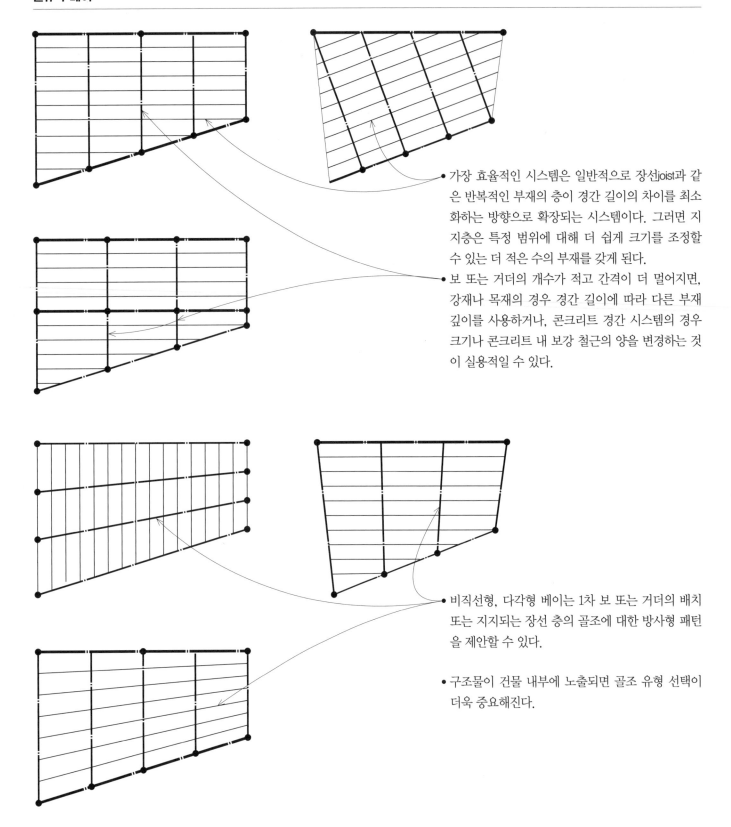

가장 효율적인 시스템은 일반적으로 장선joist과 같은 반복적인 부재의 층이 경간 길이의 차이를 최소화하는 방향으로 확장되는 시스템이다. 그러면 지지층은 특정 범위에 대해 더 쉽게 크기를 조정할 수 있는 더 적은 수의 부재를 갖게 된다.

보 또는 거더의 개수가 적고 간격이 더 멀어지면, 강재나 목재의 경우 경간 길이에 따라 다른 부재 깊이를 사용하거나, 콘크리트 경간 시스템의 경우 크기나 콘크리트 내 보강 철근의 양을 변경하는 것이 실용적일 수 있다.

비직선형, 다각형 베이는 1차 보 또는 거더의 배치 또는 지지되는 장선 층의 골조에 대한 방사형 패턴을 제안할 수 있다.

구조물이 건물 내부에 노출되면 골조 유형 선택이 더욱 중요해진다.

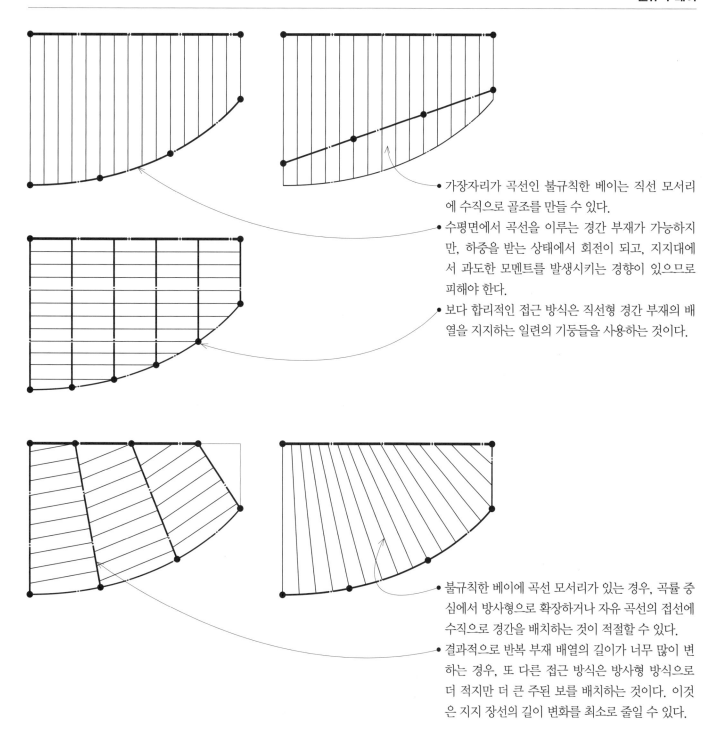

가장자리가 곡선인 불규칙한 베이는 직선 모서리에 수직으로 골조를 만들 수 있다.

수평면에서 곡선을 이루는 경간 부재가 가능하지만, 하중을 받는 상태에서 회전이 되고, 지지대에서 과도한 모멘트를 발생시키는 경향이 있으므로 피해야 한다.

보다 합리적인 접근 방식은 직선형 경간 부재의 배열을 지지하는 일련의 기둥들을 사용하는 것이다.

불규칙한 베이에 곡선 모서리가 있는 경우, 곡률 중심에서 방사형으로 확장하거나 자유 곡선의 접선에 수직으로 경간을 배치하는 것이 적절할 수 있다.

결과적으로 반복 부재 배열의 길이가 너무 많이 변하는 경우, 또 다른 접근 방식은 방사형 방식으로 더 적지만 더 큰 주된 보를 배치하는 것이다. 이것은 지지 장선의 길이 변화를 최소로 줄일 수 있다.

모서리 베이

가장자리 및 모서리 베이를 골조로 구조화하는 것은 건물의 입면 설계에 영향을 미치는 문제가 발생한다. 예를 들어, 커튼월은 건물의 콘크리트 또는 강철 구조 골조에 의존한다. 커튼월이 모서리를 두르는 방법(즉, 건물의 한 면을 감싸면서 모양이 달라지는지 아닌지)은 종종 가장자리 베이와 모서리 베이가 구조화되고 골조가 지정되는 방식에 의해 영향을 받는다. 1방향 골조 방식은 방향성이 있으므로 인접한 입면을 같은 방식으로 처리하기 어려울 수 있다. 2방향 방식의 한 가지 장점은 인접한 입면을 구조적으로 동일한 방식으로 처리할 수 있다는 것이다.

또 다른 영향은 가장자리 및 모서리 베이가 주변 지지대를 넘어 확장되어 바닥 또는 지붕 돌출부를 생성하는 정도이다. 이것은 구조적인 골조 틀의 가장자리에서 벗어나, 커튼월이 떠 있도록 만드는 경우 특히 중요하다.

목재 또는 목재 골조와 강재 또는 콘크리트 구조물의 한 가지 차이점은 각 시스템에서 돌출부가 구현되는 방식에 있다. 목재 연결부는 모멘트 저항으로 만들 수 없으므로 목재 골조의 돌출부는 돌출된 장선이나 보와 지지 보 또는 거더가 별도의 레이어에 있어야 한다. 강재와 콘크리트 구조 모두에서는 돌출된 요소와 지지대를 같은 레이어에 배치하는 것이 가능하다.

콘크리트concrete

철근 콘크리트 방식 또는 현장 타설 포스트 텐션 콘크리트 방식은 기둥, 보 및 슬래브가 만나는 교차점에서 모멘트 저항을 제공한다. 이 교차점은 두 방향에서 캔틸레버 휨 모멘트에 저항할 수 있다.

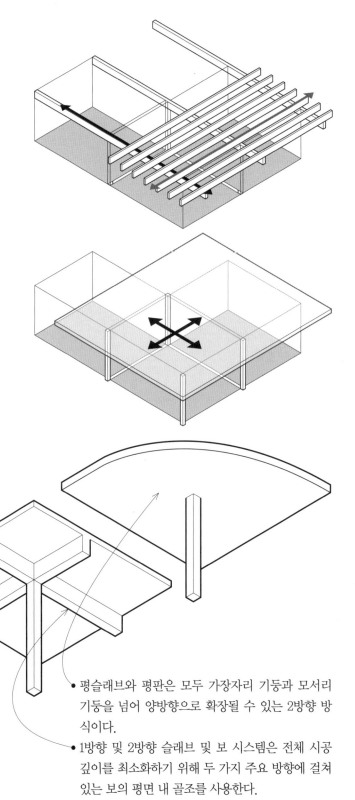

- 평슬래브와 평판은 모두 가장자리 기둥과 모서리 기둥을 넘어 양방향으로 확장될 수 있는 2방향 방식이다.
- 1방향 및 2방향 슬래브 및 보 시스템은 전체 시공 깊이를 최소화하기 위해 두 가지 주요 방향에 걸쳐 있는 보의 평면 내 골조를 사용한다.
- 돌출부의 범위는 일반적으로 베이 치수의 일부이다. 배면 경간과 크거나 같은 돌출부 치수는 기둥 지지대에서 매우 큰 휨 모멘트를 발생시키고, 매우 깊은 보의 깊이를 필요로 한다.

강재|steel

강재 구조물의 돌출부는 모멘트 연결부가 있는 평면 내에서 골조로 제작되거나 보 또는 거더를 지지하는 끝단을 지탱하고 계속 유지될 수 있다. 어느 경우든, 1방향 골조 방식의 방향성은 인접한 면에서는 분명하며, 완성된 건물에서는 시각적으로 표시되지 않을 경우 상세 수준에서 분명히 알 수 있다.

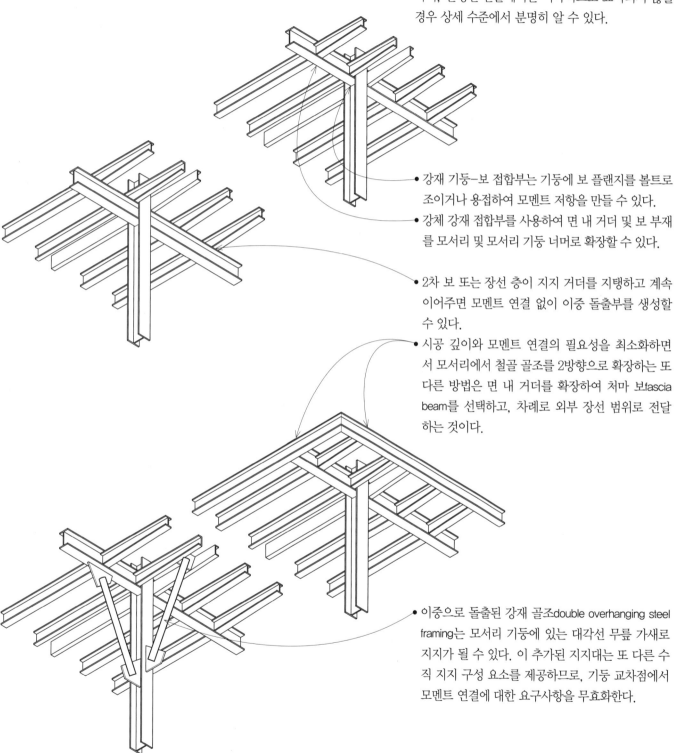

• 강재 기둥–보 접합부는 기둥에 보 플랜지를 볼트로 조이거나 용접하여 모멘트 저항을 만들 수 있다.

• 강체 강재 접합부를 사용하여 면 내 거더 및 보 부재를 모서리 및 모서리 기둥 너머로 확장할 수 있다.

• 2차 보 또는 장선 층이 지지 거더를 지탱하고 계속 이어주면 모멘트 연결 없이 이중 돌출부를 생성할 수 있다.

• 시공 깊이와 모멘트 연결의 필요성을 최소화하면서 모서리에서 철골 골조를 2방향으로 확장하는 또 다른 방법은 면 내 거더를 확장하여 처마 보fascia beam를 선택하고, 차례로 외부 장선 범위로 전달하는 것이다.

• 이중으로 돌출된 강재 골조double overhanging steel framing는 모서리 기둥에 있는 대각선 무릎 가새로 지지가 될 수 있다. 이 추가된 지지대는 또 다른 수직 지지 구성 요소를 제공하므로, 기둥 교차점에서 모멘트 연결에 대한 요구사항을 무효화한다.

목재timber

1방향 시스템의 방향성은 목재 골조 시스템에서 가장 명확하게 표현된다.

- 목재 시공에서 모멘트 저항 연결부를 개발하는 것은 사실상 불가능하다. 모서리에서 이중 돌출부를 달성하려면, 지지된 골조 층이 방향을 변경하고 지지 보 또는 거더 위로 계속 유지되어야 한다.
- 외부 기둥은 일반적으로 내부 기둥보다 크기가 작고 기여 면적이 작다. 모서리에서 보와 장선을 캔틸레버로 돌출하여 모서리 기둥은 내부 기둥과 더 동등한 하중을 지지하고 거의 같은 크기로 설계할 수 있다.

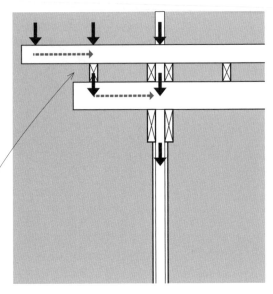

- 까치발4) 구조물은 휨 부재의 깊이가 제한될 때 지붕 또는 바닥 골조 시스템의 돌출 범위를 늘리기 위해 고안되었다. 돌출부는 배면 경간의 모멘트를 줄이는 장점이 있으며, 두 개의 휨 부재가 지지대를 너머로 연결될 때, 이상적으로는 최대 모멘트의 위치에 연결될 때 가장 효율적이다. 브래킷에 의해 생성된 집중 하중은 높은 하중과 짧은 경간으로 인해 하부 부재를 전단 파괴에 더 민감하게 만드는 경향이 있다.

중국 전통 건축에서는 기둥이나 기둥이 지지하는 면적을 늘리고 보의 유효 경간을 줄이기 위해 까치발이 사용되었다(5쪽 참고).

- 대각선 가새는 모서리 또는 모서리 기둥에서 돌출된 보의 길이를 지지하고 연장하는 데 도움을 준다.

4

수직 차원

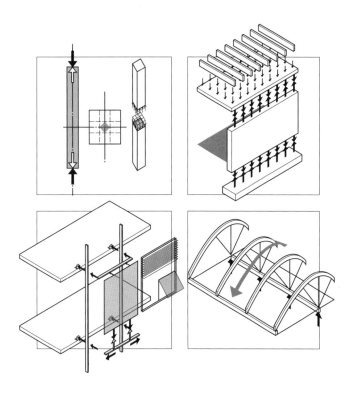

이 장에서는 건물 구조물의 수직 차원, 즉 수평으로 이어지는 경간 시스템을 위한 수직 지지대 및 기후 요소로부터의 피난처 및 보호를 제공하고, 건물 내부로 유입되는 공기, 열, 소리의 흐름을 제어하는 데 도움이 되는 차폐를 위한 수직 시스템을 다룬다.

물론 수평 경간 시스템의 패턴은 수직 지지대의 패턴과 밀접한 관련이 있어야 한다. 기둥과 보의 배열, 일련의 내력벽 또는 이 두 가지의 조합이든 이러한 수직 지지대의 패턴은 건물 내부 공간의 원하는 형태와 배치와 조화를 이루어야 한다. 기둥과 벽은 모두 수평면보다 시야에서 더 큰 존재감을 가지고 있으므로, 다양한 공간의 볼륨을 정의하고 그 안에 있는 사람들에게 위요감과 사생활 보호를 제공하는 것이 더 중요하다. 또한, 그것들은 한 공간과 다른 공간을 분리하고, 내부와 외부 환경 간의 공통 경계를 설정하는 역할을 한다.

지붕 구조가 앞의 장이 아닌 이번 장에 포함된 이유는 지붕 구조물은 본질적으로 경간 시스템이지만, 수직적 측면에 있어서 건물의 외부 형태와 내부 공간 형성에 미칠 수 있는 영향을 고려해야 하기 때문이다.

• 설계과정에서 우리는 평면, 단면, 입면을 사용하여 형태의 패턴을 연구하고, 공간 구성에서 규모의 관계를 확장할 수 있는 2차원 평면을 설정하고, 설계과정에서 지적인 질서를 부여한다. 평면, 단면 또는 입면 여부와 관계없이 모든 단일 다중 뷰 view 도면에는 3차원 아이디어, 구조 또는 구성에 대한 부분적인 정보만 나타낼 수 있다. 이러한 뷰에는 고유한 특성이 있다. 따라서 우리는 형태, 구조 또는 구성의 3차원적 특성을 완전히 설명하기 위해 독특하지만 관련된 일련의 뷰가 요구된다.

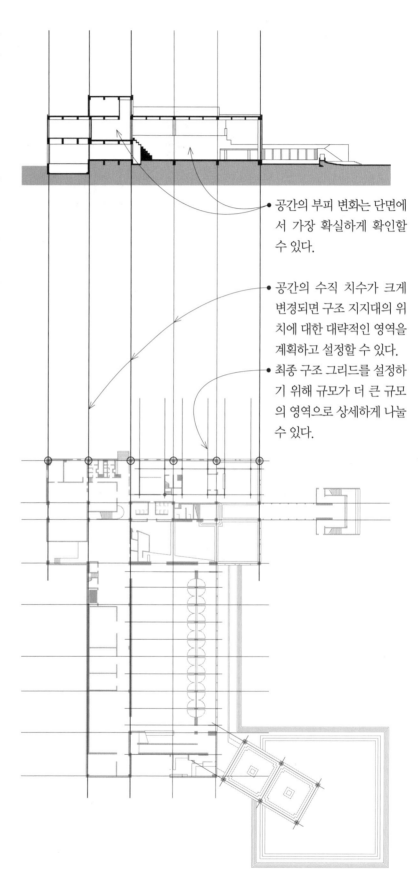

• 공간의 부피 변화는 단면에서 가장 확실하게 확인할 수 있다.

• 공간의 수직 치수가 크게 변경되면 구조 지지대의 위치에 대한 대략적인 영역을 계획하고 설정할 수 있다.

• 최종 구조 그리드를 설정하기 위해 규모가 더 큰 규모의 영역으로 상세하게 나눌 수 있다.

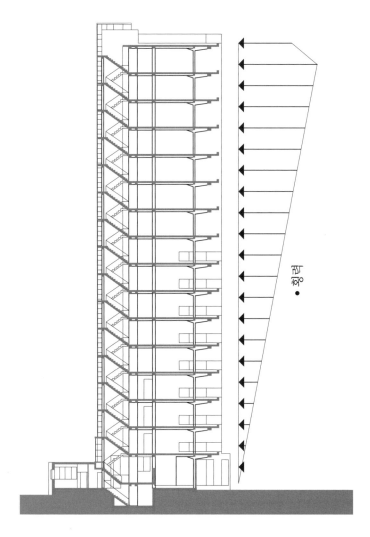

건물 규모

건물의 수직 규모는 저층, 중층, 고층 구조물로 분류할 수 있다. 저층 구조물은 일반적으로 1층부터 3층까지의 규모이고 엘리베이터가 없는 반면, 중층 구조물은 보통 5~10층으로 이루어져 있으며 엘리베이터가 설치되어 있다. 고층 구조물은 비교적 높은 층수가 있으므로 엘리베이터가 설치되어야 한다. 건물의 규모는 건축 법규에 의해 허용된 건축유형 또는 거주성과 직접적인 관련이 있으므로 구조 시스템을 선택하고 설계할 때 이러한 범주에서 생각하는 것이 유용하다.

건물의 수직 규모는 구조 시스템의 선택과 설계에도 영향을 미친다. 콘크리트, 조적조 또는 강재와 같이 상대적으로 무거운 재료로 구성된 저층 및 짧은 경간short-span으로 이루어진 구조물의 경우, 구조 형태의 주요 결정 요인은 일반적으로 활하중의 크기이다. 유사한 재료로 구성된 장경간long-span 구조물의 경우 구조물의 고정하중이 구조적 전략을 수립하는 데 있어 주요 요인이 될 수 있다. 그러나 건물이 높아짐에 따라, 많은 층에 걸쳐 중력 하중이 누적될 뿐만 아니라, 횡방향 풍력과 지진력은 전체 구조 시스템 개발에 매우 중요한 문제가 된다.

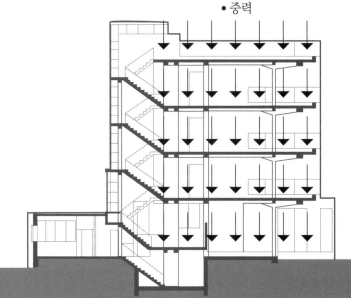

횡력에 관한 논의는 5장, 고층 구조물은 7장을 참조

인체 척도human scale

방의 3차원 중에서 높이는 너비나 길이보다 규모에 더 큰 영향을 미친다. 방의 벽은 둘러싸는 역할을 하는 반면, 머리 위 천장면의 높이는 그 장소의 특질과 친밀감을 결정짓는다. 공간의 천장 높이를 높이는 것은 그 너비를 비슷한 양만큼 증가시키는 것보다 더 눈에 띄고, 규모에 더 큰 영향을 미칠 것이다. 보통의 천장 높이를 가진 평범한 방은 대부분의 사람들에게 편안함을 줄 수 있지만, 천장 높이가 비슷한 대규모 모임 공간에서는 위로부터 압박감을 느낄 수 있다. 기둥과 내력벽은 건물의 층 또는 건물 내 단일 공간이 원하는 규모를 설정하기에 충분한 높이여야 한다. 지지되지 않는 높이가 증가함에 따라, 기둥과 내력벽은 안정성을 유지하기 위해 반드시 두꺼워져야 한다.

• 내부 공간의 규모는 주로 너비와 길이의 수평 치수에 대한 높이의 비율에 따라 결정된다.

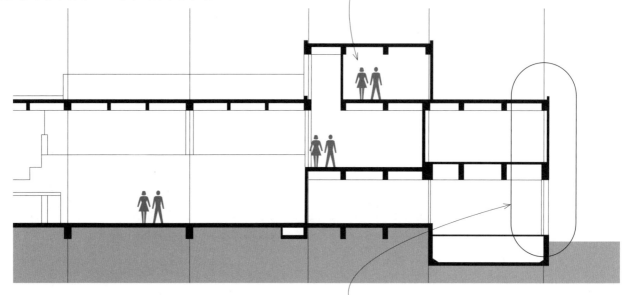

외벽

벽은 건물의 내부 공간을 둘러싸고, 분리하고, 보호하는 수직 구조물이다. 이러한 구조물은 바닥과 지붕에서 부과된 하중을 지지하도록 설계된 균질 또는 복합 구조의 하중 지지 구조일 수도 있고 기둥과 보의 골조에 비구조 패널이 부착되거나 그 사이를 채울 수 있다. 건물 내 공간을 세분화하는 내벽 또는 칸막이벽은 구조적이거나 비내력벽일 수 있다. 이러한 구조는 원하는 마감재를 지지할 수 있어야 하며, 필요한 정도의 음향 분리 기능을 제공해야 하고, 필요한 경우 기계 및 전기 서비스의 분배 및 콘센트를 갖추어야 한다.

문과 창의 개구부는 위에서부터 수직 하중이 개구부 주위에 분산되고, 문과 창 장치 자체에 전달되지 않도록 구성되어야 한다. 크기와 위치는 채광, 환기, 전망 및 물리적 접근에 대한 요구 사항은 물론 구조 시스템 및 모듈식 벽 재료의 제약 조건에 따라 결정된다.

• 외벽은 기둥과 보의 구조적 골조에 의해 지지되는 내력벽의 하중과 불투명도 또는 비내력 커튼월의 밝기 또는 투명도와 관계없이 건물의 시각적 특성을 갖추는 데 이바지한다.

지붕 구조물

지붕 구조물는 건물을 보호하는 주된 요소이다. 지붕 구조물은 건물의 내부 공간을 태양, 비, 눈으로부터 보호할 뿐만 아니라, 건물의 전체적인 형태와 공간의 형태에도 큰 영향을 미친다. 지붕 구조의 형태와 형상은 공간을 가로질러 지지대를 형성하고, 비와 눈을 배출하기 위한 기울기를 통해 설정된다. 설계 요소로서 지붕 평면은 건물의 형태와 실루엣에 영향을 미칠 수 있으므로 중요하다.

지붕면은 건물 외벽으로 보이지 않게 숨기거나, 건물의 볼륨을 강조하기 위해 벽과 일체가 될 수 있다. 캐노피 아래의 다양한 공간을 포함하는 하나의 감싸는 형태로 표현될 수도 있고, 단일 건물 내 일련의 공간을 나타내는 여러 개의 지붕 형태로 구성될 수도 있다.

지붕면은 바깥쪽으로 확장되어 태양이나 비로부터 문과 창 개구부를 보호하는 돌출부를 형성하거나, 더 아래쪽으로 연속하여 접지면에 더 가깝게 연결할 수 있다. 따뜻한 기후에서는 시원한 바람이 건물의 내부 공간을 가로질러 지날 수 있도록 높이 올릴 수 있다.

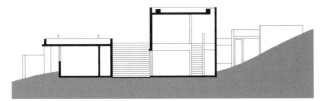

일본 효고현 아시야시 코시노 하우스(1979–1984), 안도 다다오

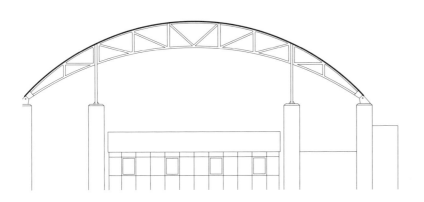

말레이시아 셀랑고르 수방 자야 메나라 메시니아가 (꼭대기 층, 1989–1992), 켄 양

브리티시 컬럼비아 나나이모 반스 하우스(1991–1993), 팻카우 아키텍츠

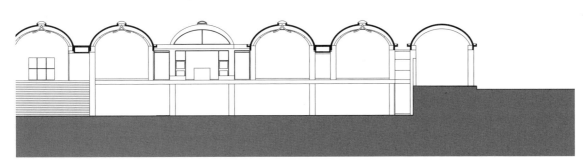

미국 텍사스 포트 워스 킴벨 미술관(1966–1972), 루이스 칸

역사를 통틀어 건축 재료와 건설 기술의 발전은 건물의 수직 구조물의 변화를 가져왔다. 즉, 돌을 쌓아 올려 만든 내력벽에서부터 상인방이나 아치형 개구부가 뚫린 조적조 벽에 이르기까지, 목제 기둥과 보로 이루어진 가구식 구조로부터 철근 콘크리트 및 강골조에 이르기까지 발전을 거듭하였다.

외벽은 건물의 내부 공간을 날씨로부터 보호하는 역할을 하므로, 외벽 시공은 열의 흐름, 공기, 소리, 습기, 수증기의 통과를 제어할 수 있어야 한다. 벽 구조에 적용되거나 벽 구조와 일체가 되는 외피는 내구성을 가지고, 태양, 바람, 비로 인한 풍화 작용에 견딜 수 있어야 한다. 건축 법규는 외벽, 내력벽 및 내부 칸막이벽의 내화 등급을 지정한다. 수직 하중을 지지하는 것 외에도, 외벽 구조는 수평 풍하중을 견딜 수 있어야 한다. 만약 충분하게 견고하다면, 외벽은 전단벽의 역할을 담당하고, 횡방향 풍력과 지진력을 지반으로 전달할 수 있어야 한다.

기둥과 벽은 수평면보다 시야에서 더 큰 존재감을 가지고 있으므로, 분리된 공간의 볼륨을 정의하고 그 안에 있는 사람들에게 둘러싸인 감각과 사생활 보호를 제공하는 데 더 중요하다. 예를 들어, 목재, 강재 또는 콘크리트 기둥과 보로 이루어진 구조 골조는 볼륨의 네 면 모두에 인접한 공간과 관계를 설정할 수 있는 기회를 제공한다. 차폐를 제공하기 위해 우리는 바람, 전단력 및 기타 횡력에 견디도록 설계된 비내력 패널 또는 벽 시스템을 얼마든지 사용할 수 있다.

구조 골조 대신 조적조 또는 콘크리트로 된 한 쌍의 평행한 내력벽이 사용된다면, 건물은 방향성을 가지며, 공간의 열린 끝을 향하게 된다. 내력벽의 모든 개구부는 벽의 구조적 무결성을 약화하지 않도록 크기와 위치가 제한되어야 한다. 만약 건물의 모든 네 면이 내력벽에 의해 둘러싸여 있다면, 그 공간은 안으로 향하게 되며 인접한 공간과의 관계를 설정하기 위해 전적으로 개구부에 의존하게 될 것이다.

다음 세 가지 방식은 머리 위 공간을 감싸는 셸터를 제공하는 경간 시스템으로, 여러 가지 방법으로 평평하거나 기울이게 하여, 볼륨의 공간 및 형태적인 특성을 추가로 수정할 수 있도록 한다.

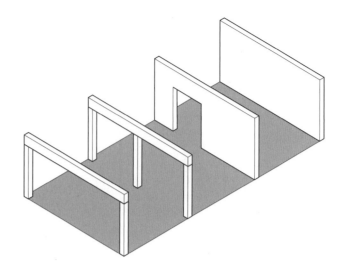

- 바닥 및 지붕 하중을 지탱할 수 있는 내력벽에서 기둥 및 보의 구조적 골조 틀로의 변환

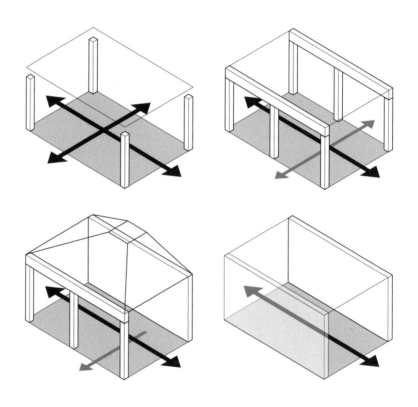

- 또한 공간의 물리적 특성에 영향을 미치는 것은 천장면이다. 천장은 우리의 손이 닿지 않는 곳이며, 거의 항상 순수한 시각적 영역에 속한다. 지지대 사이의 공간에 걸쳐 머리 위 바닥 또는 지붕 구조물의 형태를 표현할 수 있으며, 분리된 천장으로 매달아 공간의 규모를 변경하거나 실내 공간 영역을 정의할 수 있다.

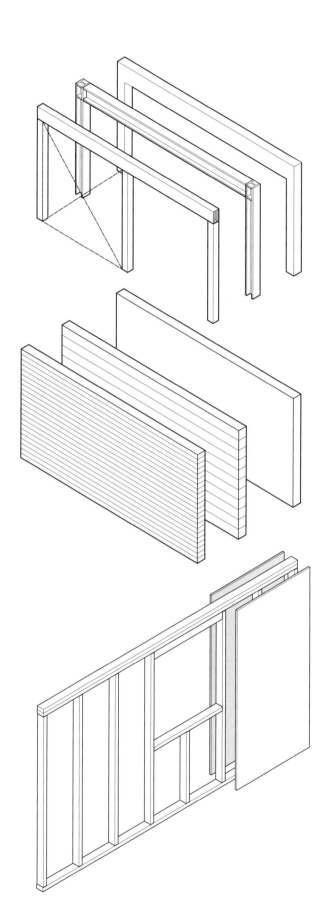

구조용 골조

- 콘크리트 골조는 일반적으로 강접골조이며, 불연 재료의 내화 구조이다.
- 불연 강골조는 모멘트 접합을 활용할 수 있고, 내화 구조가 되기 위해서는 내화 피복이 요구된다.
- 목재 골조는 횡적 안정성을 확보하기 위해 대각선 가새나 전단면이 요구된다. 만약 외벽이 불연성이면서 내화성능을 가지고, 골조 부재가 건축 규정에 특정된 최소 규격 요구 사항에 부합한다면 중목구조 요건을 갖출 수 있다.
- 강골조와 콘크리트 골조는 목재 골조보다 더 긴 경간이 가능하고, 더 무거운 하중을 지탱할 수 있다.
- 구조 골조는 다양한 방식의 비내력 또는 커튼월 방식을 적용할 수 있으며, 그 하중을 지지할 수 있다.
- 골조가 노출되어 있을 때, 접합부의 상세 처리는 구조적으로 그리고 외관상 매우 중요하다.

콘크리트 및 조적조 내력벽

- 콘크리트 및 조적조 벽은 불연성 구조물로 분류되며, 하중 전달 능력은 질량에 의존한다.
- 콘크리트 및 조적조 벽은 압축에는 강하지만, 인장 응력을 다루기 위해서는 보강이 필요하다.
- 높이 대 너비 비율은 횡적 안정성을 위한 조건으로 적절한 팽창 줄눈(이음)의 배치와 함께 벽체의 설계와 시공에 있어 중요한 요소이다.
- 벽의 표면은 노출된 상태로 남겨둘 수 있다.

금속 및 목재 샛기둥 벽체

- 냉간 압연 금속 또는 목재 샛기둥은 일반적으로 중심 간격 16인치 또는 24인치(406 또는 610)마다 설치한다. 샛기둥의 간격은 덮개 재료의 폭과 길이를 고려하여 결정한다.
- 샛기둥은 수직 하중을 지탱하고 덮개 혹은 대각선 가새를 이용하여 벽면의 강성을 높인다.
- 벽체 골조 내의 중공cavities은 단열, 습기지연제, 기계 및 전기 설비의 배관/배선 및 배출구/콘센트를 위한 공간으로 활용된다.
- 샛기둥 골조에는 다양한 마감 재료를 내벽 및 외벽에 적용할 수 있다. 일부 마감 재료는 못치기 바탕 덮개 시공이 필요할 때가 있다.
- 마감 재료는 벽 조립체의 내화 등급을 결정한다.
- 샛기둥 골조는 현장에서 조립할 수 있으며, 현장 바깥에서 미리 조립하여 반입할 수도 있다.
- 샛기둥 벽체는 상대적으로 부재 크기가 작고, 부재를 연결하는 수단이 다양하므로 시공성이 높다.

기여 하중tributary loads

수직 지지대의 하중 기여 면적tributary area[1]을 결정할 때에는 구조 그리드의 배치와 지지되는 수평 경간 시스템의 유형과 패턴을 반드시 고려해야 한다. 내력벽과 기둥은 트러스, 거더와 보, 그리고 슬래브로부터 중력 하중을 수집하고, 이러한 하중을 기초 아래로 수직으로 재분배하도록 설계되었다. 가새 골조, 강골조 및 전단벽은 또한 수직 방향에서 아래쪽으로 방향을 바꿔야 하는 내력벽과 기둥에 횡하중을 유발할 수 있다.

- 내부 기둥에 작용하는 하중의 기여 면적tributary area은 모든 방향에서 가장 가까운 기둥까지의 거리의 절반까지 확장된다. 따라서, 동일 구조 베이의 규칙적인 그리드에서는 내부 기둥이 단일 베이 면적에 가해지는 하중과 같은 수직 하중을 전달한다.

- 테두리perimeter 기둥은 내부 베이의 절반에 가해지는 하중과 동일한 하중을 전달한다.

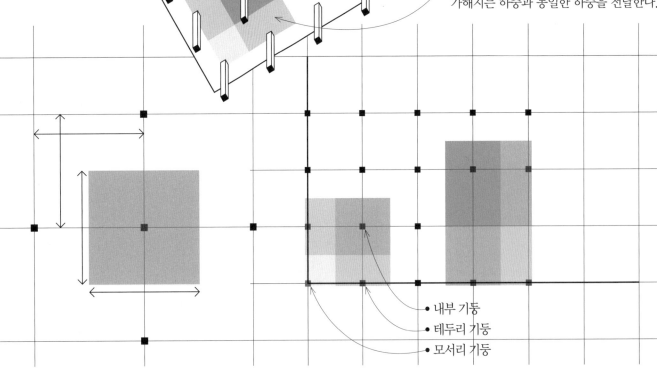

- 내부 기둥
- 테두리 기둥
- 모서리 기둥

- 특정 내력벽 또는 기둥에 대한 중력 하중의 기여 면적tributary area은 내력벽 또는 기둥에서 인접한 수직 지지대까지의 거리에 의해 결정되며, 이는 바닥 또는 지붕 구조물의 경간 길이와 같다.

- 그리드에서 기둥을 생략하면 기본적으로 인접 기둥으로 전달되는 하중이 전달된다. 이것은 또한 바닥 또는 지붕 경간과 더 깊은 경간 부재를 두 배로 만든다.
- 외부 모서리에 있는 기둥은 내부 베이 하중의 1/4에 해당하는 하중을 전달한다.

하중 누적load accumulation

기둥은 보 및 거더에서 수집된 중력 하중을 수직의 집중 하중으로 재분배한다. 고층 건물에서 이러한 중력 하중은 지붕에서 기초까지 연속적인 바닥을 통해 내력벽과 기둥을 따라 아래로 향하면서 누적되고 증가한다.

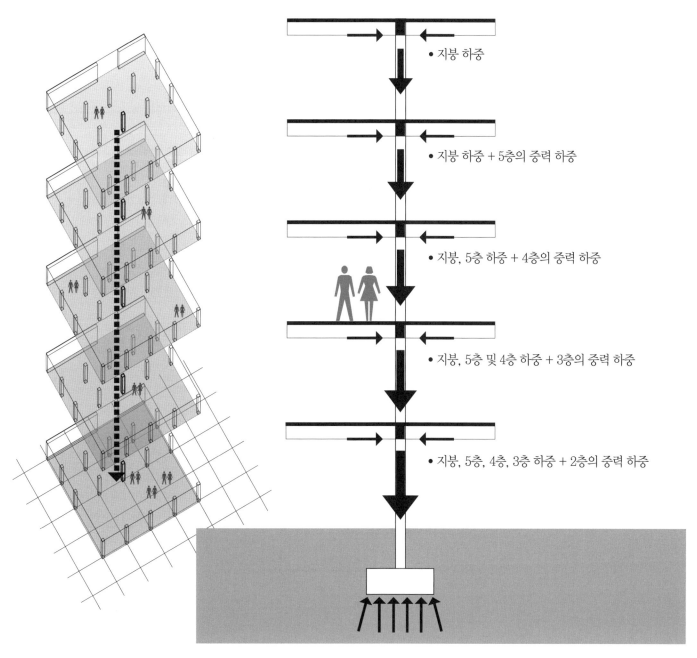

- 지붕 하중

- 지붕 하중 + 5층의 중력 하중

- 지붕, 5층 하중 + 4층의 중력 하중

- 지붕, 5층 및 4층 하중 + 3층의 중력 하중

- 지붕, 5층, 4층, 3층 하중 + 2층의 중력 하중

- 기초에 가해지는 총 하중은 지붕과 사이에 있는 모든 바닥의 중력 하중의 합이다.

수직 연속성

중력 하중에 대한 가장 효율적인 경로는 수직으로 정렬된 기둥과 내력벽을 통해 기초까지 직접 아래로 향하는 것이다. 즉, 동일 그리드가 건물의 지붕 구조뿐만 아니라 모든 바닥 구조물에 대한 수직 지지대의 배치를 제어해야 함을 의미한다. 수직 하중 경로의 편차는 전이 보transfer beam 또는 트러스를 통해 수직 지지대로 수평 방향으로 하중을 재분배하여야 하며, 결과적으로 경간 부재의 하중과 깊이가 증가한다.

수직으로 정렬된 지지대는 규칙적인 그리드가 항상 바람직하지만, 설계 프로그램은 일반적인 그리드 간격으로 수용할 수 있는 것보다 훨씬 더 큰 공간 볼륨에 대해서도 사용할 수 있다. 여기에는 건물 내에서 매우 넓은 공간을 수용할 수 있는 몇 가지 방법이 제시되어 있다.

- 전이 보 또는 트러스는 보다 규칙적인 베이 간격 내에 예외적으로 큰 부피 또는 더 큰 공간을 수용하기 위해 종종 필요하다.

- 전이 보의 경간은 가능한 한 짧아야 한다.

- 전이 보의 끝부분 지지대에 가깝게 가해지는 집중 하중은 매우 높은 전단력을 생성한다.

- 건물 단면 프로파일이 갑자기 파손되는 경우, 일반적으로 파손된 면을 따라 내력벽 또는 일련의 기둥으로 수평 경간 시스템을 지지하는 것이 가장 바람직하다.

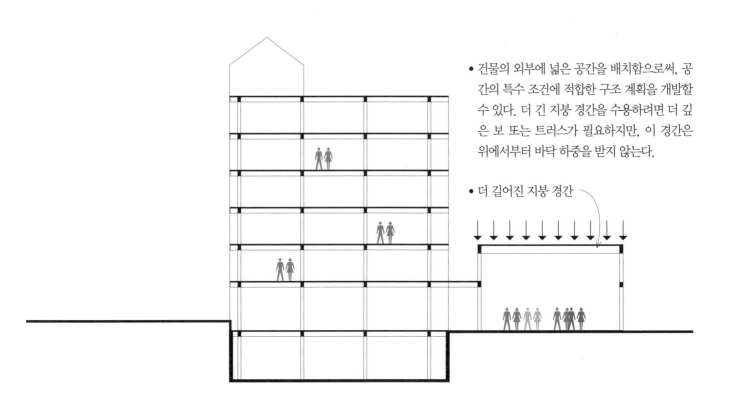

- 건물의 외부에 넓은 공간을 배치함으로써, 공간의 특수 조건에 적합한 구조 계획을 개발할 수 있다. 더 긴 지붕 경간을 수용하려면 더 깊은 보 또는 트러스가 필요하지만, 이 경간은 위에서부터 바닥 하중을 받지 않는다.

- 더 길어진 지붕 경간

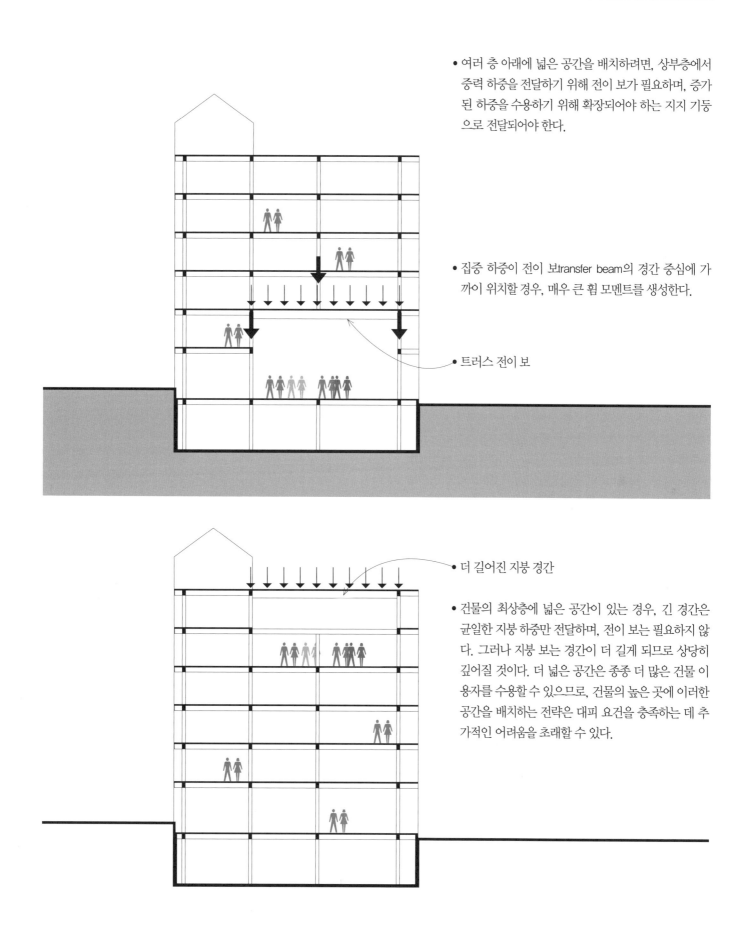

- 여러 층 아래에 넓은 공간을 배치하려면, 상부층에서 중력 하중을 전달하기 위해 전이 보가 필요하며, 증가된 하중을 수용하기 위해 확장되어야 하는 지지 기둥으로 전달되어야 한다.

- 집중 하중이 전이 보transfer beam의 경간 중심에 가까이 위치할 경우, 매우 큰 휨 모멘트를 생성한다.

- 트러스 전이 보

- 더 길어진 지붕 경간

- 건물의 최상층에 넓은 공간이 있는 경우, 긴 경간은 균일한 지붕 하중만 전달하며, 전이 보는 필요하지 않다. 그러나 지붕 보는 경간이 더 길게 되므로 상당히 깊어질 것이다. 더 넓은 공간은 종종 더 많은 건물 이용자를 수용할 수 있으므로, 건물의 높은 곳에 이러한 공간을 배치하는 전략은 대피 요건을 충족하는 데 추가적인 어려움을 초래할 수 있다.

기둥

기둥은 기본적으로 부재의 끝에 가해지는 축방향 압축 하중을 지지하도록 설계된 단단하고 상대적으로 가느다란 구조 부재이다. 상대적으로 짧고 두꺼운 기둥은 좌굴buckling보다는 파쇄crushing에 의해 파손될 수 있다. 축방향 하중의 직접적인 응력이 횡단면 재료의 압축 강도를 초과할 때 파손이 발생한다. 그러나 편심 하중으로 휨이 발생하면 고르지 않은 단면 응력 분포를 생성할 수 있다.

길고 가느다란 기둥은 파쇄보다는 좌굴로 인해 파손될 수 있다. 좌굴은 세장한 구조 부재가 재료의 항복 응력에 도달하기 전에 축방향 하중 작용으로 갑작스럽게 측면 또는 비틀림 불안정이 발생한 것을 의미한다. 좌굴 하중이 가해지면 기둥은 횡방향으로 휘어지기 시작하여 원래의 선형 상태를 복원하는 데 필요한 내부 힘을 생성할 수 없게 된다. 추가 하중은 구부러져 붕괴가 발생할 때까지 기둥은 더 휘어지게 된다. 기둥의 세장비slenderness ratio가 높을수록 좌굴을 일으키는 (최대) 응력critical stress이 낮아진다. 기둥 설계의 주요 목적은 유효 길이를 줄이거나 횡단면의 회전 반경을 최대화하여 세장비를 줄이는 것이다.

중간 기둥은 다음과 같이 파손되는 경우가 있다. 즉, 길이가 짧은 기둥의 경우, 종종 부분적으로 비탄력적으로 되어 파쇄가 일어나고, 길이가 긴 기둥의 경우에는 부분적으로 탄력이 존재함으로 인해 좌굴이 일어난다.

• 외력은 구조 부재 내에서 내부 응력을 생성한다.

• Kern 영역은 단면에 압축 응력만 존재하는 경우 모든 압축 하중의 결과가 통과해야 하는 기둥 또는 벽의 수평 단면의 중심 영역이다. 이 영역을 넘어 적용되는 압축 하중은 단면에 인장 응력tensile stress을 발생시킨다.

• 길이가 짧은 기둥은 파쇄로 인해 파손된다.
• 세장한 기둥은 좌굴로 인해 파손된다.

• 강한 축strong axis
• 약한 축weak axis

• 회전 반경radius of gyration(r)은 물체의 질량이 집중된다고 가정할 수 있는 축으로부터의 거리이다. 기둥 단면의 경우, 회전 반경은 관성 모멘트를 단면적으로 나눈 값의 제곱근과 같다.
• 기둥의 세장비는 최소 회전 반경(r)에 대한 유효 길이(L)의 비율이다.
• 비대칭 기둥 단면의 경우, 좌굴은 약한 축weaker axis 또는 최소 치수least dimension 방향으로 일어나는 경향이 있다.

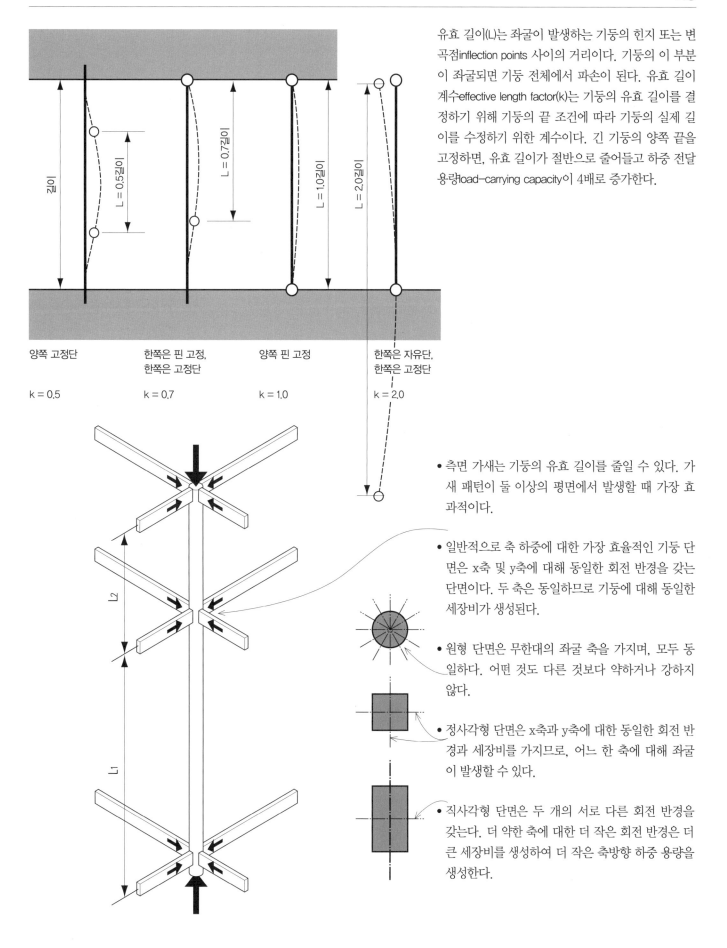

유효 길이(L)는 좌굴이 발생하는 기둥의 힌지 또는 변 곡점inflection points 사이의 거리이다. 기둥의 이 부분 이 좌굴되면 기둥 전체에서 파손이 된다. 유효 길이 계수effective length factor(k)는 기둥의 유효 길이를 결 정하기 위해 기둥의 끝 조건에 따라 기둥의 실제 길 이를 수정하기 위한 계수이다. 긴 기둥의 양쪽 끝을 고정하면, 유효 길이가 절반으로 줄어들고 하중 전달 용량load-carrying capacity이 4배로 증가한다.

양쪽 고정단

k = 0.5

한쪽은 핀 고정,
한쪽은 고정단

k = 0.7

양쪽 핀 고정

k = 1.0

한쪽은 자유단,
한쪽은 고정단

k = 2.0

• 측면 가새는 기둥의 유효 길이를 줄일 수 있다. 가 새 패턴이 둘 이상의 평면에서 발생할 때 가장 효 과적이다.

• 일반적으로 축 하중에 대한 가장 효율적인 기둥 단 면은 x축 및 y축에 대해 동일한 회전 반경을 갖는 단면이다. 두 축은 동일하므로 기둥에 대해 동일한 세장비가 생성된다.

• 원형 단면은 무한대의 좌굴 축을 가지며, 모두 동 일하다. 어떤 것도 다른 것보다 약하거나 강하지 않다.

• 정사각형 단면은 x축과 y축에 대한 동일한 회전 반 경과 세장비를 가지므로, 어느 한 축에 대해 좌굴 이 발생할 수 있다.

• 직사각형 단면은 두 개의 서로 다른 회전 반경을 갖는다. 더 약한 축에 대한 더 작은 회전 반경은 더 큰 세장비를 생성하여 더 작은 축방향 하중 용량을 생성한다.

경사 기둥

기둥은 정렬되지 않은 집중 하중을 전달하기 위해 기울어질 수 있다. 기둥 경사의 중요한 2차 효과는 축 하중의 수평 구성 요소를 지지 보, 바닥 슬래브 또는 기초에 도입하는 것이며, 이러한 요소는 설계에 통합되어야 한다.

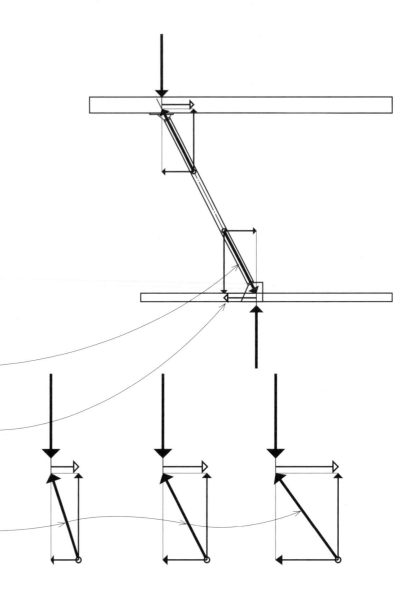

- 경사 기둥은 기둥의 자체 무게에 따른 추가 모멘트와 기울기로 인한 추가 전단력을 고려하여 수직 기둥으로 설계할 수 있다.
- 스트럿strut 반력의 수직 구성 요소만이 중력 하중을 견딜 수 있다.

- 수직 중력 하중은 경사 기둥 스트럿의 축을 따라 방향이 바뀌므로, 스트럿의 축 반력은 수직 및 수평 구성 요소를 모두 갖는다. 따라서 축방향 하중은 항상 수직 구성 요소보다 크기 때문에, 스트럿은 단면이 동등한 수직 기둥보다 커야 한다.
- 스트럿에 가해지는 축방향 하중에는 구조물이 견뎌야 하는 수평 구성 요소도 있다. 이 수평 구성 요소의 크기는 스트럿의 기울기에 직접적인 영향을 받는다.

- 스트럿이 기울어질수록, 축방향 하중의 수평 구성 요소는 커진다.

스트럿

중력 하중을 전달하는 경사 기둥을 스트럿strut이라고 하는 반면, 스트럿은 구조물의 강성을 유지하기 위해 트러스 골조의 다른 부재에 끝단이 연결된 구성 요소와 같이 길이를 따라 압축 또는 인장 하중을 받는 모든 경사 부재를 가리킬 수 있다. 스트럿은 주로 탄성 좌굴로 인해 파괴되지만, 인장력에 견딜 수 있다.

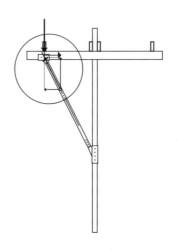

여기에 제시된 사례는 경사 기둥을 사용할 수 있는 다양한 범위를 보여준다. KPN 텔레콤 빌딩은 중앙 수직 코어와 두 개의 인접한 타워의 세 개의 영역으로 구성되어 있다. 두 번째로 높은 구간은 근처의 에라스무스 다리의 케이블과 유사한 5.9°의 경사를 가지고 있다. 유리 커튼월은 경사면을 덮고 특수 제작된 896개의 조명을 사용하여 광고판 역할을 한다. 독특한 특징은 164피트(50m)의 경사 강철 기둥으로, 길쭉한 시가cigar 모양을 하고 있으며, 이 기둥은 파사드의 중앙 지점에 부착되어 횡력에 대해 건물의 안정되도록 지원한다. 어떤 이유로든 이 경사 기둥이 손상되더라도 건물은 무너지지 않을 것이다.

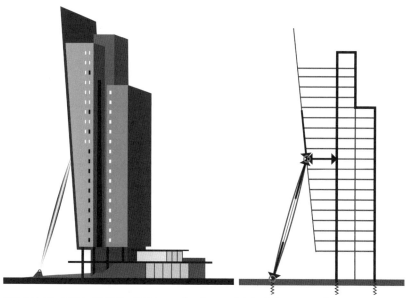

외부 모습 및 다이어그램 단면: 네덜란드 로테르담 KPN 텔레콤 빌딩(1997-2000), 렌조 피아노

Metropark의 Centra는 20피트(6m) 깊이와 120피트(36m)에 걸쳐 있는 비대칭 나무 기둥과 천장부터 바닥까지 내려오는 트러스를 사용하며 4층의 큰 돌출부를 지지한다. 지붕 구조, 중앙에 직사각형 개구부를 만들어 아래 광장 영역으로 빛이 들어오게 한다. 나무 기둥은 두꺼운 철판으로 네 부분으로 사전 제작된 후, 현장에서 함께 용접되고 콘크리트로 주입되었다.

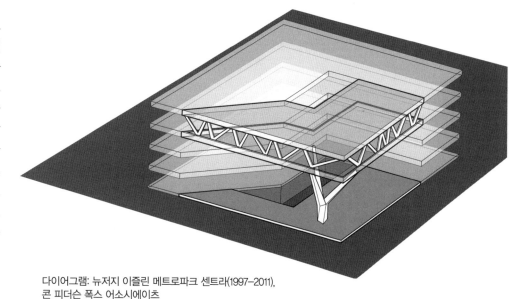

다이어그램: 뉴저지 이즐린 메트로파크 센트라(1997-2011), 콘 피더슨 폭스 어소시에이츠

앵거스 글렌 커뮤니티 센터와 도서관의 지붕은 수영장 길이에 걸쳐 있는 주 트러스에 의존한다. 대각선이 없는 속이 빈 관형 강재 부재로 구성된 인장 아치로 설계된 트러스는 주요 집성목재 보와 데크를 지지한다. 경사 기둥은 트러스 끝단에서만 지지가 되며, 공간에 물리적 방해물을 형성하는 내부 기둥은 없다. 경사진 트러스 기둥 또한 집성목재 보의 외부 끝단을 지지하는 데 사용된다.

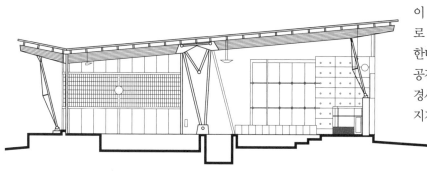

단면: 캐나다 온타리오 마컴 앵거스 글렌 복지관과 도서관(2004), 퍼킨스＋윌

콘크리트 기둥은 적용된 힘에 저항할 때 수직 및 측면 보강을 함께 작용하도록 설계되었다.

횡 보강근은 수직 보강근을 구속하고, 좌굴이 생기지 않도록 기둥의 강도를 높인다.

- 띠철근은 최소 직경 $^3/_8$인치(10)로 간격은 띠철근 간격의 48배, 수직 주철근 직경의 16배, 기둥의 최소 단면 치수 중 작은 값 이하로 하여야 한다. 각각의 모서리와 번갈아 설치한 수평 방향 철근은 반드시 횡방향으로 135° 이하로 굽힌 타이를 이용하여 지지해야 한다. 또한, 어떤 철근도 다른 지지 철근으로부터 순 간격 6인치(150)를 넘어서는 안 된다.

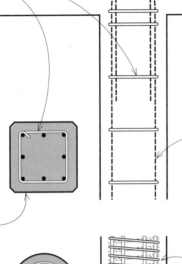

- 직사각형 기둥: 최소 단면 치수 8인치(205), 최소 총면적 96제곱인치(61,935제곱밀리미터)이다.

- 원형 기둥: 최소 직경 10인치(255)

- 나선 철근은 같은 간격으로 감은 연속적인 나선의 형태를 가지고 있으며, 수직 간격재를 이용하여 제자리에 단단히 고정된다.
- 나선 철근은 최소 직경 $^3/_8$인치(10)로, 나선 간의 중심 간격은 코어 콘크리트 직경의 최대 $^1/_6$을 넘어서면 안 되며, 나선 철근 사이의 순 간격은 1 $^3/_8$인치(35) 이상 3인치(75) 이하의 치수에서 조골재 크기의 1 $^1/_2$배 이상의 너비로 배치한다.
- 양단 부에는 정착을 위해 나선을 1 $^1/_2$회전 더 감아준다.

- 꽂임근은 기둥과 힘을 지지하는 보와 슬래브를 단단히 결합한다.
- 콘크리트의 연속성과 기둥에서 보, 플레이트, 슬래브까지 철근의 연장으로 모멘트 저항 이음부를 만든다.

수직 보강근은 콘크리트 기둥이 압축력을 지탱하는 능력을 증강하고, 기둥에 횡하중이 걸렸을 때 인장력에 더 많이 저항하도록 해준다. 또한 크리프creep와 기둥의 수축으로 인한 현상을 줄인다.

- 수직 보강근은 전단 면적의 1% 이상 8% 이하의 면적을 차지하도록 구성한다. 띠철근 기둥일 경우에는 최소 4개의 No.5 철근으로 나선 철근 기둥일 경우에는 최소 6개의 No.5 철근으로 보강근을 구성한다.
- 지지 지점에는 추가적인 결속재tie가 필요할 수 있다.

- 강재 보강을 위한 피복은 최소 1 $^1/_2$인치(38) 이상이다.
- 철근이음splices은 겹침이음으로 한다. 겹침 길이는 철근 직경에 따라 정해진 것을 따른다. 수직 철근의 끝부분을 맞댐이음으로 하거나 연결할 때에는 압착이음sleeve clamp 혹은 아크용접arc-welding 방식으로 한다.

- 콘크리트 기둥은 독립기초나 매트기초/온통기초 혹은 복합기초, 때로는 말뚝 캡에 의해 지지가 될 수 있다.

- 꽂임근은 수직 철근 직경의 40배 혹은 24인치(610)로 겹친다. 푸팅 혹은 말뚝 캡 안쪽으로 충분히 내려 정착을 위한 적정한 길이가 되도록 한다.
- 콘크리트가 영구히 토양에 노출될 것을 전제로 타설하는 경우, 강재의 보강을 위한 피복의 최소 두께는 3인치(75)이다.
- 기초의 접지면적은 기둥의 하중을 하부지지 토양의 허용지지력 이내로 분산시킨다.

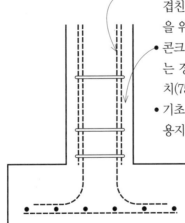

철근 콘크리트 기둥은 일반적으로 콘크리트 보와 슬래브와 함께 타설하여 일체식 구조monolithic structure를 형성한다.

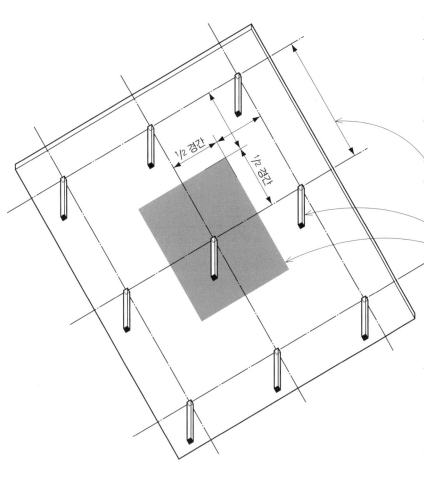

- 규칙적인 그리드로 배치하면 보와 기둥을 경제적으로 구성할 수 있다.
- 기둥은 건물의 기초까지 연속되어야 한다.

- 기둥 간격 = 보 또는 슬래브 경간
- 기둥 간격은 가해질 수 있는 하중을 결정한다.

- 철근 콘크리트 기둥
- 철근 콘크리트 슬래브

예비 설계에 대한 다음의 추정치는 12피트(3.6미터) 높이를 가정한다.

- 12인치(305) 기둥은 최대 2,000제곱피트(185제곱미터)의 바닥 및 지붕 면적을 지지할 수 있다.
- 16인치(405) 기둥은 최대 3,000제곱피트f(280제곱미터)의 바닥 및 지붕 면적을 지지할 수 있다.
- 20인치(510) 기둥은 최대 4,000제곱피트(372제곱미터)의 바닥 및 지붕 면적을 지지할 수 있다.

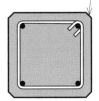

- 가능하면 기둥의 크기 변화보다는 강재 보강의 차이를 두는 방식으로 설계한다. 어쩔 수 없이 기둥의 치수에 변화를 주어야 한다면, 기둥 하나당 한 번에 한 방향으로 치수를 변경한다.

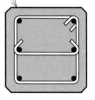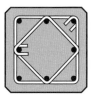

- 철근 콘크리트 기둥은 다양한 강재 연결재steel connectors를 활용하여, 그리드로 구성된 목재나 강재 보를 지지할 수 있다.

강재 기둥에 가장 많이 사용되는 단면 형상은 와이
드플랜지wide-flange(W)shape이다. 두 방향으로 보
에 부착되는 접합부를 형성하기에 적절하고, 모든
면에 구분 없이 볼트 접합 혹은 용접 접합이 가능하
다. 이외에 기둥에 사용되는 다른 형상은 강관과 각
형 강관이다. 기둥 단면은 또한 최종 용도에 부합되
도록 여러 형상으로 만들 수 있으며, 여러 장의 강
판을 사용하여 제작할 수도 있다.

- 복합기둥compound columns은 적어도 $2^1/_2$인치(64)
  두께의 콘크리트로 싸여 있고, 철망으로 보강된 구
  조용 강재 기둥이다.

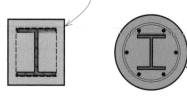

- 합성기둥composite columns은 수직 및 나선 보강근
  으로 보강된 콘크리트로 완전히 감싼 구조용 강재
  단면이다.

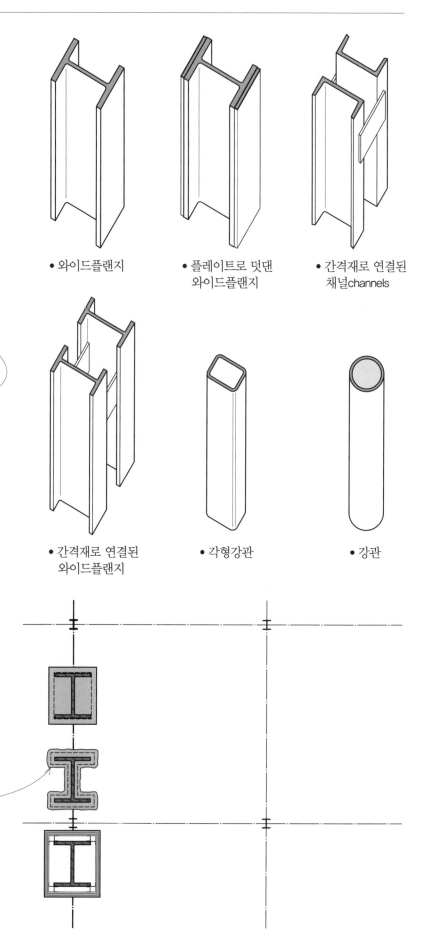

- 와이드플랜지
- 플레이트로 덧댄 와이드플랜지
- 간격재로 연결된 채널channels
- 간격재로 연결된 와이드플랜지
- 각형강관
- 강관

- 기둥의 web은 구조 골조의 짧은 축 또는 구조물의
  횡력에 가장 취약한 방향으로 향해야 한다.
- 커튼월을 구조 골조에 쉽게 부착할 수 있도록 주변
  기둥의 플랜지를 바깥쪽으로 향해야 한다.

- 횡방향 풍하중 및 지진하중에 대한 내성을 위해서
  는 전단면, 대각 가새 또는 모멘트 저항 연결부가
  있는 강접 골조를 사용해야 한다.

- 화재 시 강재의 강도가 급격히 저하될 수 있으므
  로, 내화성 조립체 또는 피복이 요구된다. 이 단열
  재는 강재 기둥의 총 마감 치수에 최대 8인치(205)
  까지 추가할 수 있다.
- 일부 공사의 경우 자동 스프링클러 시스템으로 건
  물을 보호할 경우, 구조용 강재가 노출되는 경우가
  있다.

강재 기둥에 가해지는 허용하중은 단면적과 세장비 slenderness ratio(L/r)에 달려 있다. 여기서 'L'은 기둥의 고정간 길이unsupported length(인치)이고 'r'은 기둥 단면에 대한 최소 단면 2차 반지름least radius of gyration이다.

강재 기둥에 대한 다음의 추정 지침은 유효 길이를 12피트(3.7미터)로 가정한다.

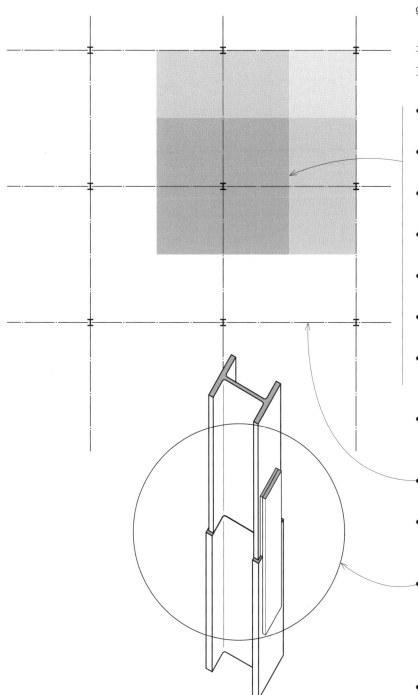

- 4×4 강관 기둥은 최대 750제곱피트(70제곱미터)의 바닥 및 지붕 면적을 지지할 수 있다.
- 6×6 강관 기둥은 최대 2,400제곱피트(223제곱미터)의 바닥 및 지붕 면적을 지지할 수 있다.
- W6×6은 최대 750제곱피트(70제곱미터)의 바닥 및 지붕 면적을 지지할 수 있다.
- W8×8은 최대 3,000제곱피트(279제곱미터)의 바닥 및 지붕 면적을 지지할 수 있다.
- W10×10은 최대 4,500제곱피트(418제곱미터)의 바닥 및 지붕 면적을 지지할 수 있다.
- W12×12은 최대 6,000제곱피트(557제곱미터)의 바닥 및 지붕 면적을 지지할 수 있다.
- W14×14은 최대 12,000제곱피트(1,115제곱미터)의 바닥 및 지붕 면적을 지지할 수 있다.

- 강재 골조는 거더, 보, 장선의 규칙적인 그리드를 지지하기 위해 기둥을 배치할 때 가장 효율적이다.

- 기둥 간격 = 보 경간

- 무거운 하중을 지지하거나, 더 높은 높이로 올라가거나 혹은 구조물의 횡적 안정성에 관여하는 기둥의 경우에는 크기나 중량이 증가한다.
- 강재 기둥의 높은 강도의 강재를 사용하거나, 두껍고 무거운 단면을 사용하여 크기는 늘리지 않고 보강할 수 있다. 수직으로 정렬된 기둥의 크기가 한 층에서 다음 층으로 변경해야 하는 경우, 내부 기둥은 연속된 층에서 서로 중심에 배치된다.
- 건물의 테두리 구조는 종종 외장재의 추가적인 무게를 견디고, 건물의 측면 가새에도 관여하기 때문에 예비 설계 목적으로 내부 및 주변 기둥 모두에 대해 동일한 크기 요구 사항을 가정할 수 있다.

목재 기둥

목재 기둥wood columns은 가운데가 차 있는 목재를 쓰거나(중실기둥), 조립하거나, 빈 공간을 사이에 두고 결합하여 만들 수 있다. 목재 기둥을 선택할 때 다음 사항을 고려해야 한다. 제재목의 수종; 구조용 등급; 탄성계수, 의도한 용도에 허용되는 허용압축, 휨 및 전단 응력값, 또한 정확한 하중 조건과 사용되는 접합 유형에 주의를 기울여야 한다. 오래된 제재목이 부족함에 따라 구조 등급이 높은 원목solid lumber의 가용성이 감소하여, 더 큰 부재 크기와 더 높은 등급을 위해 집성목재glue-lam 및 평행스트랜드목재parallel-stand-laminated lumber(PSL)에 대한 의존도가 높아졌다.

목재 기둥column과 기둥post은 압축 시 축방향으로 하중이 가해진다. 최대 단위 응력이 결grain과 평행한 압축에서 허용 단위 응력을 초과하는 경우, 목재 섬유에 파쇄crushing를 일으킬 수 있다. 기둥의 하중 역량도 세장비slenderness ratio에 의해 결정된다. 기둥의 세장비가 증가하면, 기둥이 좌굴buckling로 인해 파괴될 수 있다.

- 중실 또는 조립식 기둥의 경우 L/d < 50
- 간격 기둥의 개별 부재 L/d < 80

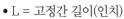

- L = 고정간 길이(인치)
- d = 압축 부재의 최소 치수(인치)

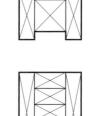

- 중실 제재목 기둥solid sawn columns은 건조가 잘 된 목재여야 한다.

- 조립식 기둥built-up은 접착제로 집성하거나 기계적으로 고정해서 만들 수 있다. 집성목 기둥은 중실 제재목 기둥에 비해 더 높은 허용압축응력을 가지는 반면, 기계적으로 고정시킨 조립식 기둥은 동일한 치수와 재질의 중실 기둥의 강도에 미치지 못한다.

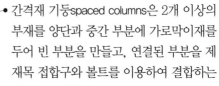

- 간격재 기둥spaced columns은 2개 이상의 부재를 양단과 중간 부분에 가로막이재를 두어 빈 부분을 만들고, 연결된 부분을 제재목 접합구와 볼트를 이용하여 결합하는 방식으로 만든다.

다음은 목재 기둥에 대한 추정 지침이다.

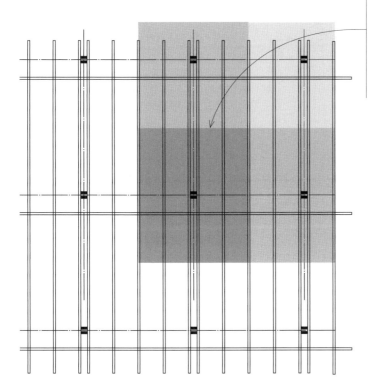

- 6×6은 최대 500제곱피트(46제곱미터)의 바닥 및 지붕 면적을 지지할 수 있다.
- 8×8은 최대 1,000제곱피트(93제곱미터)의 바닥 및 지붕 면적을 지지할 수 있다.
- 10×10은 최대 2,500제곱피트(232제곱미터)의 바닥 및 지붕 면적을 지지할 수 있다.

- 지지되지 않는 높이가 12피트(3.6미터)인 것으로 가정한다.
- 무거운 하중을 지지하거나, 더 높은 높이로 올라가거나, 횡력에 저항하는 기둥의 경우에는 크기를 늘려야 한다.
- 더 큰 단면을 선택하는 것 외에도, 목재의 결grain과 평행한 압축상태에서 탄성이나 허용응력이 더 큰 수종을 사용하여 목재 기둥의 용량을 늘릴 수 있다.

목재 접합구timber connectors

필요한 볼트 수를 수용할 수 있는 표면 접촉 면적이 충분하지 않은 경우, 목재 접합구를 사용할 수 있다. 목재 접합구는 두 개의 목재 부재의 면 사이에 전단을 전달하기 위한 금속링, 강판, 그리드로 단일 종류의 볼트를 이용한다. 여기서 볼트는 목재 조립부의 움직임을 제한하고 고정하는 역할을 한다. 목재 접합구는 하중이 분산되는 목재 면적을 넓히고 받침 단위당 더 높은 응력을 발생시키기 때문에 볼트 또는 랙 스크루lag screw 단독으로 고정할 때보다 효율적이다.

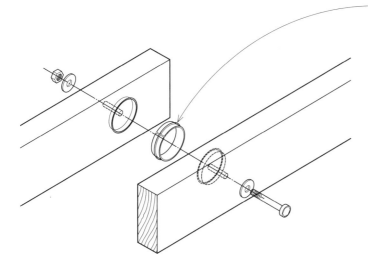

- 분할 링 접합구split-ring connectors는 결합 부재 면 높이에 맞춰 파낸 홈에 삽입하고, 단일 볼트로 제자리에 고정시키는 금속 링으로 구성된다. 링 안쪽에 제혀tongue-and-groove로 재단한 부분은 하중이 걸릴 때 약간의 변형이 생기지만, 여전히 모든 면에서 받침 역할을 유지한다. 단면을 경사지게 하면 링의 삽입이 쉬워지고, 링이 홈에 완전히 안착된 후 단단히 조이는 이음을 가능하게 한다.

- 2 1/2인치 및 4인치(64 및 100) 직경 가능
- 2 1/2인치(64) 분할 링의 경우 최소 3 5/8인치(90) 전면 너비4인치(100) 분할 링의 경우 5 1/2인치(140)
- 2 1/2인치(64) 분할 링에 직경 1/2인치(13) 볼트 사용 4인치(100) 분할 링에 직경 3/4인치(19) 볼트 사용

- 전단판shear plates은 면 높이에 맞춰 홈에 삽입된 가단성 철malleable iron의 원형 판으로 구성되며 단일 볼트를 이용하여 목재 면에 맞춰 고정된다. 전단판은 분리 가능한 목재 대 목재 연결에서 전단 저항을 개발하기 위해 연속적으로 쌍으로 사용되거나 목재 대 금속 연결에서 단독으로 사용된다.

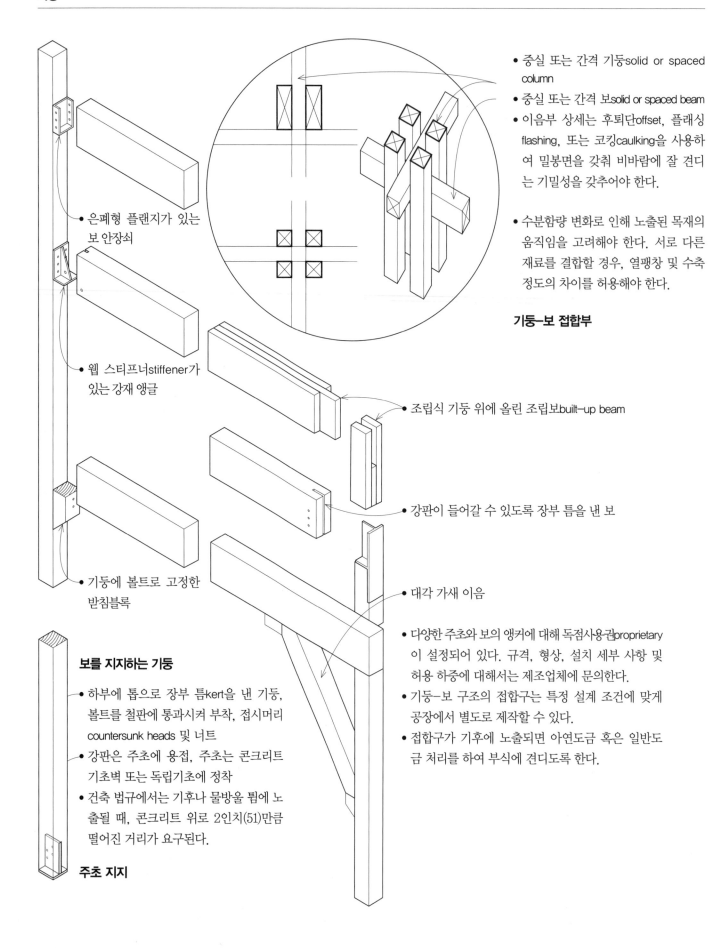

• 중실 또는 간격 기둥solid or spaced column
• 중실 또는 간격 보solid or spaced beam
• 이음부 상세는 후퇴단offset, 플래싱 flashing, 또는 코킹caulking을 사용하여 밀봉면을 갖춰 비바람에 잘 견디는 기밀성을 갖추어야 한다.

• 수분함량 변화로 인해 노출된 목재의 움직임을 고려해야 한다. 서로 다른 재료를 결합할 경우, 열팽창 및 수축 정도의 차이를 허용해야 한다.

기둥-보 접합부

• 은폐형 플랜지가 있는 보 안장쇠

• 웹 스티프너stiffener가 있는 강재 앵글

• 조립식 기둥 위에 올린 조립보built-up beam

• 강판이 들어갈 수 있도록 장부 틈을 낸 보

• 기둥에 볼트로 고정한 받침블록

• 대각 가새 이음

보를 지지하는 기둥

• 하부에 톱으로 장부 틈kert을 낸 기둥, 볼트를 철판에 통과시켜 부착, 접시머리 countersunk heads 및 너트
• 강판은 주초에 용접, 주초는 콘크리트 기초벽 또는 독립기초에 정착
• 건축 법규에서는 기후나 물방울 튐에 노출될 때, 콘크리트 위로 2인치(51)만큼 떨어진 거리가 요구된다.

주초 지지

• 다양한 주초와 보의 앵커에 대해 독점사용권proprietary이 설정되어 있다. 규격, 형상, 설치 세부 사항 및 허용 하중에 대해서는 제조업체에 문의한다.
• 기둥-보 구조의 접합구는 특정 설계 조건에 맞게 공장에서 별도로 제작할 수 있다.
• 접합구가 기후에 노출되면 아연도금 혹은 일반도금 처리를 하여 부식에 견디도록 한다.

내력벽

내력벽은 건물의 바닥이나 지붕에서와 같이 부과된 하중을 지지하고 압축력을 벽면을 통해 기초까지 전달할 수 있는 모든 벽을 말한다. 내력벽 시스템은 조적조, 현장 타설 콘크리트, 현장 타설 틸트업 콘크리트 또는 목재 또는 금속 샛기둥으로 구성될 수 있다.

내력벽은 바닥에서 바닥까지 연속되어야 하며 지붕에서 기초까지 수직으로 정렬되어야 한다. 이러한 연속성 때문에, 내력벽은 전단벽의 역할을 할 수 있고, 벽면에 평행하게 작용하는 지진이나 바람에 대한 측면 저항을 제공한다. 그러나 내력벽은 상대적으로 얇으므로, 평면에 수직으로 작용하는 횡력에 대해 상당한 전단 저항을 제공할 수 없다.

외부 내력벽은 중력하중에 의한 압착이나 좌굴에 저항하는 것 외에도 수평 방향의 풍하중으로 인한 휨에 영향을 받는다. 이러한 힘은 수평 지붕과 바닥면으로 전달된 다음 내력벽에 수직으로 작용하는 횡력 저항 요소로 전달된다.

- 콘크리트 슬래브와 지붕 또는 바닥 장선은 내력벽 상단을 따라 균일한 하중을 부과한다. 벽 상단에서 하중 경로를 방해할 수 있는 개구부가 없는 경우, 기초 상단에 균일한 하중이 발생한다.
- 수직 하중은 경량 골조 시공 시 헤더header 보를 사용하여 조적조 시공 시 아치 또는 상인보, 콘크리트 시공 시 추가 철근을 사용하여 개구부 양쪽으로 방향을 전환해야 한다.

- 집중 하중은 기둥이나 보가 넓은 간격으로 떨어져 있을 때 벽면 상단에서 집중 하중이 발생한다. 벽의 재료에 따라, 집중 하중은 벽을 따라 이동하면서 45°에서 60°의 각도로 분산된다. 결과적으로 기초 하중은 적용된 하중 바로 아래에서 가장 큰 힘으로 불균일하게 된다.

- 건축 법규는 위치, 시공 유형 및 사용자 유형에 따라 외벽의 필수적인 내화등급을 지정한다. 종종 이러한 요구 사항을 충족하는 벽은 내력벽으로도 적합하다.

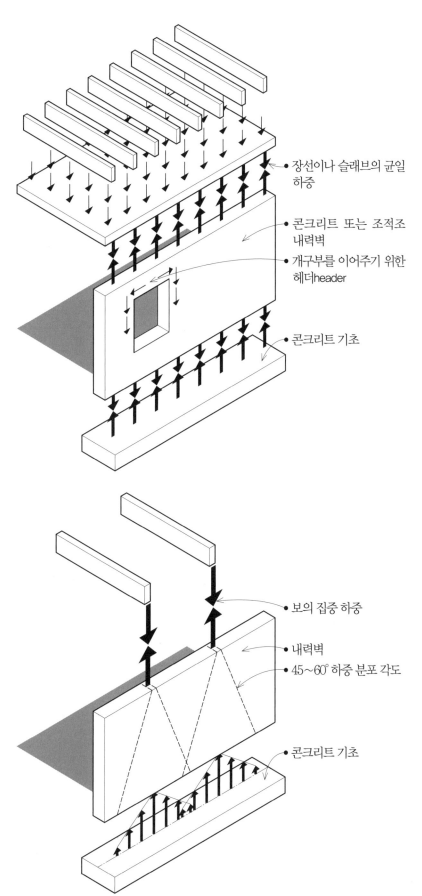

- 장선이나 슬래브의 균일 하중
- 콘크리트 또는 조적조 내력벽
- 개구부를 이어주기 위한 헤더header
- 콘크리트 기초

- 보의 집중 하중
- 내력벽
- 45~60° 하중 분포 각도
- 콘크리트 기초

콘크리트 벽

콘크리트 벽은 현장 또는 현장 밖에서 미리 타설할 수 있으며, 현장에서 주조된다. 프리캐스트 벽의 장점은 고품질 콘크리트 마감을 달성할 수 있으며 프리스트레스트(사전에 인장력 부여)가 가능하다는 점이다. 일반적으로 프리캐스트 패널은 콘크리트 벽이 마감 벽 표면을 제공할 때 사용된다. 프리캐스트 벽 패널은 높은 횡하중을 받지 않는 저층 건물에 특히 적합하다.

- 현장 타설 콘크리트 벽은 구조물의 1차 수직 내하력 요소로 사용하거나 철골 또는 콘크리트 골조와 연계하여 사용할 수 있다.
- 콘크리트 재료는 내화성능이 높으므로 건물의 코어 및 샤프트를 감싸고 전단벽 역할을 하는 데 이상적이다.

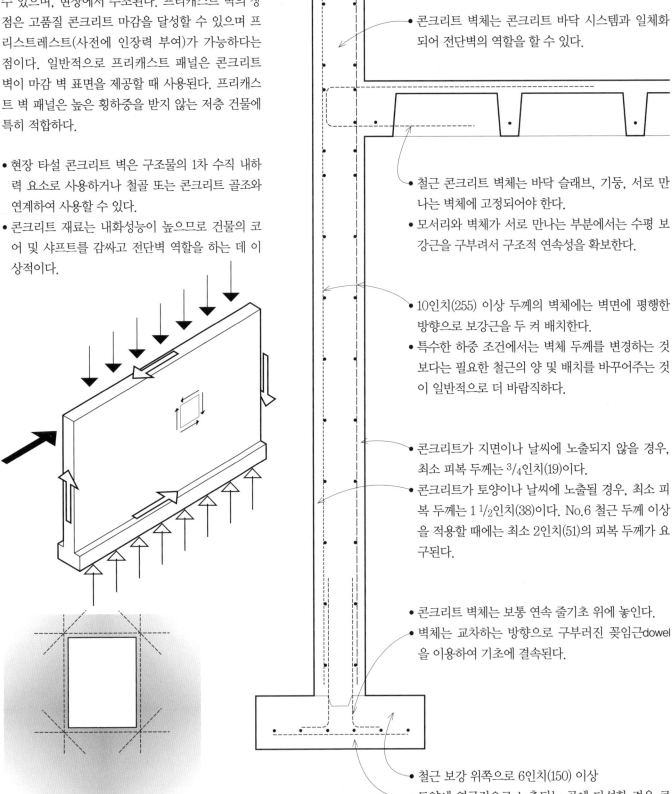

- 콘크리트 벽체는 콘크리트 바닥 시스템과 일체화되어 전단벽의 역할을 할 수 있다.

- 철근 콘크리트 벽체는 바닥 슬래브, 기둥, 서로 만나는 벽체에 고정되어야 한다.
- 모서리와 벽체가 서로 만나는 부분에서는 수평 보강근을 구부려서 구조적 연속성을 확보한다.

- 10인치(255) 이상 두께의 벽체에는 벽면에 평행한 방향으로 보강근을 두 켜 배치한다.
- 특수한 하중 조건에서는 벽체 두께를 변경하는 것보다는 필요한 철근의 양 및 배치를 바꾸어주는 것이 일반적으로 더 바람직하다.

- 콘크리트가 지면이나 날씨에 노출되지 않을 경우, 최소 피복 두께는 $3/4$인치(19)이다.
- 콘크리트가 토양이나 날씨에 노출될 경우, 최소 피복 두께는 $1\,1/2$인치(38)이다. No.6 철근 두께 이상을 적용할 때에는 최소 2인치(51)의 피복 두께가 요구된다.

- 콘크리트 벽체는 보통 연속 줄기초 위에 놓인다.
- 벽체는 교차하는 방향으로 구부러진 꽂임근dowel을 이용하여 기초에 결속된다.

- 철근 보강 위쪽으로 6인치(150) 이상
- 토양에 영구적으로 노출되는 곳에 타설할 경우 콘크리트 피복은 최소 3인치(75) 이상 요구된다.

- 문과 창의 개구부에는 가장자리와 모서리를 따라 보강 철근이 필요하다.

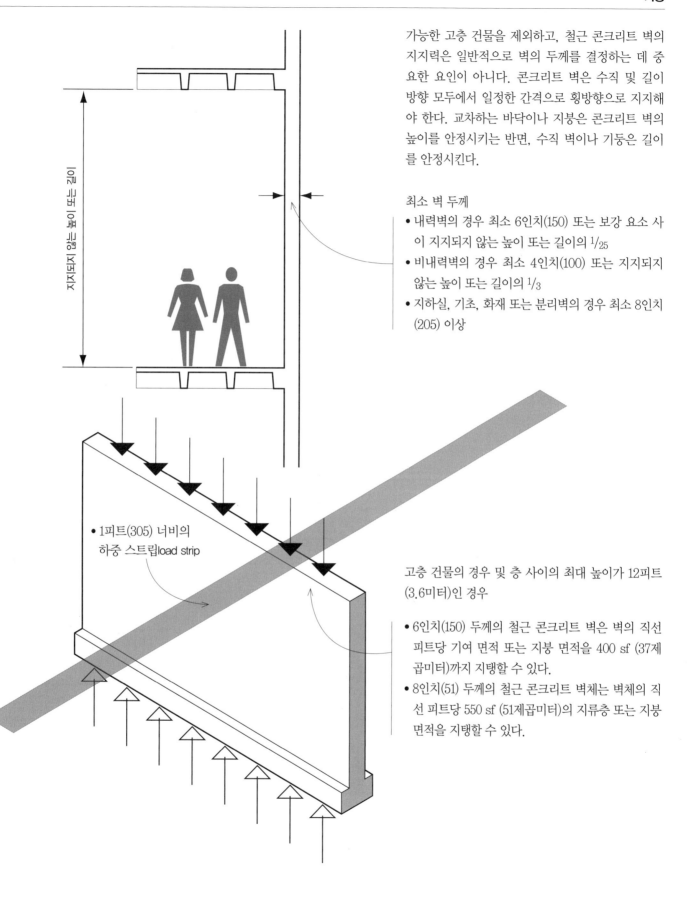

지지되지 않는 높이 또는 길이

• 1피트(305) 너비의 하중 스트립load strip

가능한 고층 건물을 제외하고, 철근 콘크리트 벽의 지지력은 일반적으로 벽의 두께를 결정하는 데 중요한 요인이 아니다. 콘크리트 벽은 수직 및 길이 방향 모두에서 일정한 간격으로 횡방향으로 지지해야 한다. 교차하는 바닥이나 지붕은 콘크리트 벽의 높이를 안정시키는 반면, 수직 벽이나 기둥은 길이를 안정시킨다.

최소 벽 두께
• 내력벽의 경우 최소 6인치(150) 또는 보강 요소 사이 지지되지 않는 높이 또는 길이의 1/25
• 비내력벽의 경우 최소 4인치(100) 또는 지지되지 않는 높이 또는 길이의 1/3
• 지하실, 기초, 화재 또는 분리벽의 경우 최소 8인치(205) 이상

고층 건물의 경우 및 층 사이의 최대 높이가 12피트(3.6미터)인 경우

• 6인치(150) 두께의 철근 콘크리트 벽은 벽의 직선 피트당 기여 면적 또는 지붕 면적을 400 sf (37제곱미터)까지 지탱할 수 있다.
• 8인치(51) 두께의 철근 콘크리트 벽체는 벽체의 직선 피트당 550 sf (51제곱미터)의 지류층 또는 지붕 면적을 지탱할 수 있다.

조적조 벽체

조적조 시공은 석재, 벽돌 또는 콘크리트 블록과 같은 다양한 자연 재료 또는 제조된 자재를 사용하며, 일반적으로 모르타르를 결합제로 사용하여 내구성, 내화성, 구조적으로 압축 효율이 높은 벽을 형성한다. 가장 일반적인 구조용 조적조 단위는 프리캐스트 콘크리트 조적조 유닛Concrete Masonry Unit(CMU) 또는 콘크리트 블록이다. 콘크리트 블록은 더 경제적이고 쉽게 보강할 수 있으므로, 일반적으로 소성 점토 벽돌과 내력벽을 위한 타일을 대체하였다. 벽돌과 점토 타일은 주로 마감재로 사용되는데, 일반적으로 경골조나 콘크리트 블록 내력벽에 얇게 부착된 형태로 사용된다.

조적조 내력벽은 중실 벽, 중공 벽 또는 베니어veneer 벽으로 구성될 수 있다. 보강 없이 시공할 수 있지만, 조적조 내력벽은 수직 하중을 전달하는 데 있어서 더 큰 강도와 좌굴 및 횡방향에 대한 저항을 증가시키기 위해, 두꺼운 조인트 또는 공동에 배치된 강재 보강 철근을 사용하여 보강이 이루어져야 한다. 철근, 그라우트, 조적조 단위부재 사이에 강력한 결합이 형성되는 것이 필수적이다.

- 표준 콘크리트 블록은 2개 또는 3개의 코어와 공칭 치수는 8인치×8인치×16인치(7 $^5/_8$인치×7 $^5/_8$인치×15 $^5/_8$인치 실제; 205×205×405)이다.
- 6인치, 10인치 및 12인치(150, 255 및 305) 공칭 폭이 가능하다.

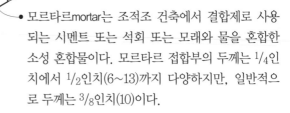

- 모르타르mortar는 조적조 건축에서 결합제로 사용되는 시멘트 또는 석회 또는 모래와 물을 혼합한 소성 혼합물이다. 모르타르 접합부의 두께는 $^1/_4$인치에서 $^1/_2$인치(6~13)까지 다양하지만, 일반적으로 두께는 $^3/_8$인치(10)이다.

- 외벽은 기후요인을 견디고, 열의 흐름을 제어해야 한다.
- 치장줄눈tooled joints, 중공cavities, 플래싱flashing, 코킹caulking 등을 사용해서 수분의 침투를 조절해야 한다.
- 공동벽cavity walls은 물의 침투에 대한 내성이 높고 열 성능이 개선되므로 선호된다.

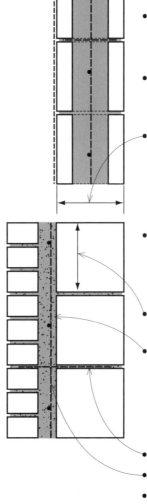

- 8인치(205) 최소 공칭 두께
  조적조 내력벽
  조적조 전단벽
  조적조 난간

- 조적조 내력벽의 경우 6인치(150)의 최소 공칭 두께. 횡 하중에 대한 저항을 위해 조적조 벽은 높이가 35피트(10미터)로 제한된다.

- 모듈식 치수

- 그라우트된grouted 조적조 벽은 작업이 진행됨에 따라 모든 내부 이음매와 공동이 그라우트로 완전히 채워진다. 인접한 재료를 고체 덩어리로 통합하는 데 사용되는 그라우트는 재료의 분리 없이 쉽게 흐르는 유동성 포틀랜드 시멘트 모르타르이다.
- 수평이음보강재
- 철재보강재
- 철근 콘크리트 기초까지 보강이 연속됨

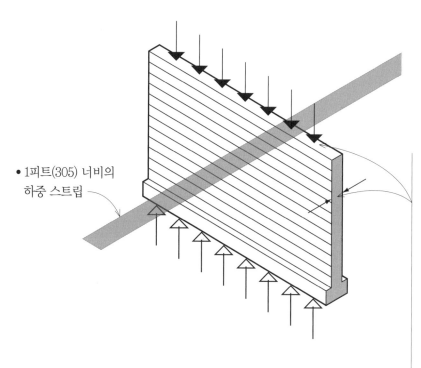

• 조적조 내력벽은 강재, 목재 또는 콘크리트 경간 시스템을 지지하기 위해 일반적으로 평행 세트로 배열된다.
• 일반적인 경간 요소에는 오픈 웹 강재 장선, 목재 또는 강재 보, 현장 타설 또는 프리캐스트 콘크리트 슬래브가 포함된다.

• 1피트(305) 너비의 하중 스트립

• 8인치(205) 두께의 보강된 CMU 벽은 수직 피트 또는 벽당 최대 250제곱피트(23제곱미터)의 지류 바닥 또는 지붕 면적을 지지할 수 있다.
• 10인치(255) 두께의 보강된 CMU 벽은 수직 피트 또는 벽당 최대 350제곱피트(32제곱미터)의 지류 바닥 또는 지붕 면적을 지지할 수 있다.
• 12인치(305) 두께의 보강된 CMU 벽은 수직 피트 또는 벽당 최대 450제곱피트(40제곱미터)의 지류 바닥 또는 지붕 면적을 지지할 수 있다.
• 16인치(405) 두께의 이중으로 보강된 CMU 벽은 수직 피트 또는 벽당 최대 650제곱피트(60제곱미터)의 지류 바닥 또는 지붕 면적을 지지할 수 있다.

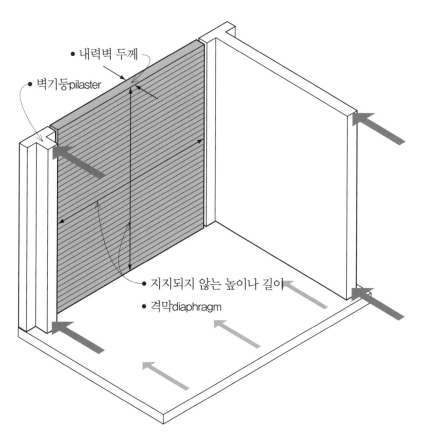

• 내력벽 두께
• 벽기둥pilaster
• 지지되지 않는 높이나 길이
• 격막diaphragm

• 조적조 내력벽은 수평 및 수직으로 지지가 되어야 한다.
• 측면 지지대는 수평 방향의 벽, 벽기둥 또는 구조 골조에 의해 제공되고, 수직 방향의 바닥 또는 지붕 격막에 의해 제공될 수 있다.
• 벽기둥은 횡력과 좌굴에 대해 조적조 벽을 보강할 뿐만 아니라, 큰 집중 하중을 지지할 수 있다.

• 그라우트로 완전히 채워진 내력벽은 지지되지 않는 높이 또는 길이가 두께의 20배일 수 있다. 다른 모든 조적조 내력벽은 지지되지 않는 높이 또는 길이가 두께의 18배까지 될 수 있다.
• 습기함량에 따른 온도변화 또는 응력 집중으로 인한 조적조 벽의 차등 거동에 대응하기 위해서는 신축이음expansion joint 및 제어이음control joint 사용이 요구된다.

샛기둥 골조 벽stud-framed walls

경량 골조 벽은 원하는 벽 높이와 경간 기능에 따라 일반적으로 중심 간격 12인치, 16인치 또는 24인치 (305, 405 또는 610)로 배치되는 경량 형강 강재 또는 목재 샛기둥으로 구성된다. 일반적인 외피 및 표면 재료 경량 골조 구조는 일반적으로 경량 구성 요소와 조립의 용이성을 활용하는 저층 구조물의 내력벽에 사용된다. 이 시스템은 형태나 배치가 불규칙한 건물에 특히 적합하다.

경량 형강 샛기둥은 냉간압연 강재 시트cold-forming sheet 혹은 띠강strip steel으로 제조한다. 냉간 성형된 금속 샛기둥은 경량, 불연성 및 방습 구조로 간단한 도구로 쉽게 절단 및 조립할 수 있다. 금속 샛기둥 벽은 비내력 칸막이벽 또는 경량 형강 강재 장선을 지지하는 내력벽으로 사용될 수 있다. 경량 목재 골조와 달리 금속 경량 골조는 불연성 시공 시 칸막이벽 제작에 사용할 수 있다. 그러나 목재 및 금속 경량 골조 벽 조립체의 내화 등급은 표면 재료의 내화성을 기준으로 한다.

금속 및 목재 샛기둥 벽은 모두 위에서 균일하게 하중을 가하면 일체화된 벽으로 이상적으로 활용될 수 있다. 샛기둥은 수직 및 수평 휨 하중을 전달하는 반면, 외피는 벽면을 강화하고 수평 및 수직 하중을 개별 샛기둥으로 분배한다. 벽 골조의 모든 개구부에는 하중을 개구부 양쪽으로 재분배하는 헤더 보header beam를 사용해야 한다. 헤더 반응으로 인한 집중 하중은 샛기둥들을 결합함으로써 기둥의 역할을 할 수 있도록 지지가 이루어져야 한다.

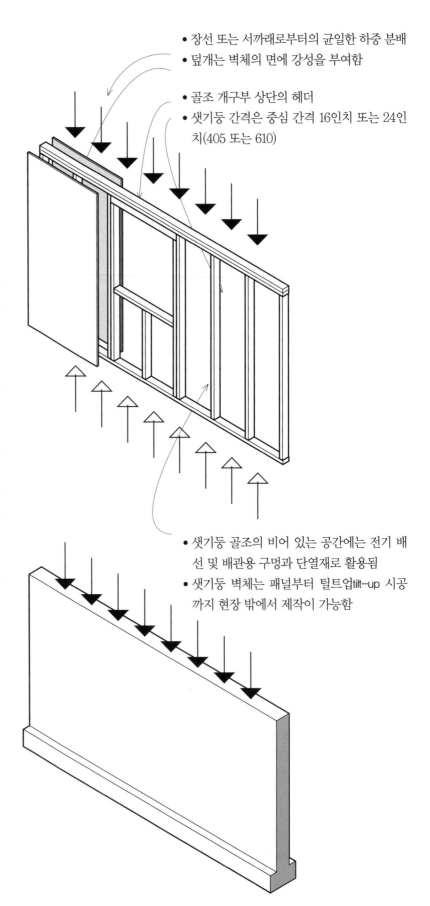

- 장선 또는 서까래로부터의 균일한 하중 분배
- 덮개는 벽체의 면에 강성을 부여함

- 골조 개구부 상단의 헤더
- 샛기둥 간격은 중심 간격 16인치 또는 24인치(405 또는 610)

- 샛기둥 골조의 비어 있는 공간에는 전기 배선 및 배관용 구멍과 단열재로 활용됨
- 샛기둥 벽체는 패널부터 틸트업tilt-up 시공까지 현장 밖에서 제작이 가능함

- 콘크리트 기초 벽 및 기초

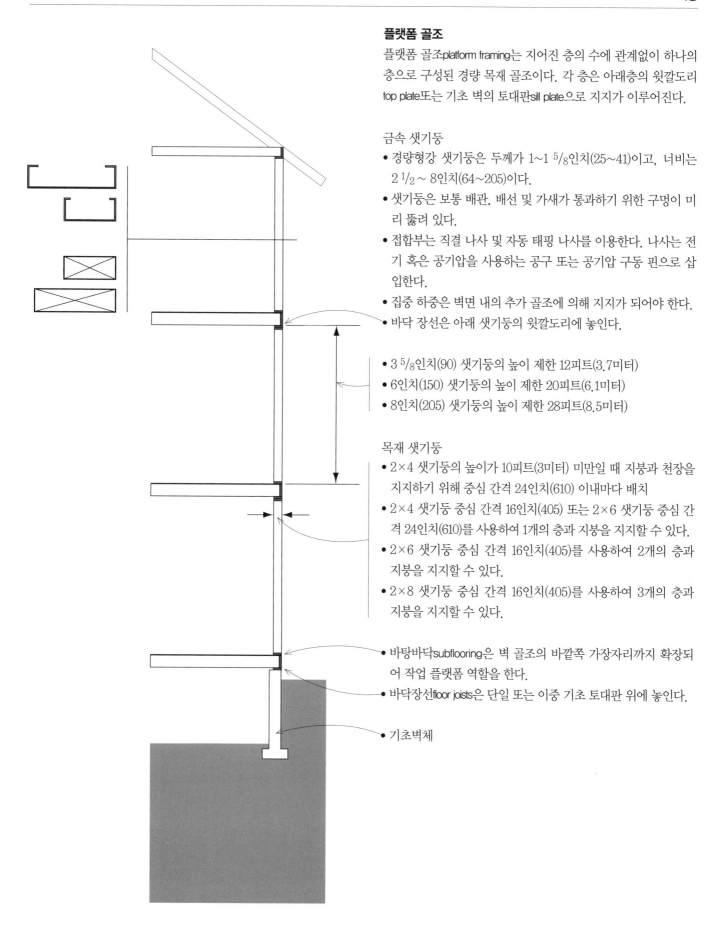

플랫폼 골조

플랫폼 골조platform framing는 지어진 층의 수에 관계없이 하나의 층으로 구성된 경량 목재 골조이다. 각 층은 아래층의 윗깔도리 top plate또는 기초 벽의 토대판sill plate으로 지지가 이루어진다.

금속 샛기둥

- 경량형강 샛기둥은 두께가 1~1 $^5/_8$인치(25~41)이고, 너비는 2 $^1/_2$ ~ 8인치(64~205)이다.
- 샛기둥은 보통 배관, 배선 및 가새가 통과하기 위한 구멍이 미리 뚫려 있다.
- 접합부는 직결 나사 및 자동 태핑 나사를 이용한다. 나사는 전기 혹은 공기압을 사용하는 공구 또는 공기압 구동 핀으로 삽입한다.
- 집중 하중은 벽면 내의 추가 골조에 의해 지지가 되어야 한다.
- 바닥 장선은 아래 샛기둥의 윗깔도리에 놓인다.

- 3 $^5/_8$인치(90) 샛기둥의 높이 제한 12피트(3.7미터)
- 6인치(150) 샛기둥의 높이 제한 20피트(6.1미터)
- 8인치(205) 샛기둥의 높이 제한 28피트(8.5미터)

목재 샛기둥

- 2×4 샛기둥의 높이가 10피트(3미터) 미만일 때 지붕과 천장을 지지하기 위해 중심 간격 24인치(610) 이내마다 배치
- 2×4 샛기둥 중심 간격 16인치(405) 또는 2×6 샛기둥 중심 간격 24인치(610)를 사용하여 1개의 층과 지붕을 지지할 수 있다.
- 2×6 샛기둥 중심 간격 16인치(405)를 사용하여 2개의 층과 지붕을 지지할 수 있다.
- 2×8 샛기둥 중심 간격 16인치(405)를 사용하여 3개의 층과 지붕을 지지할 수 있다.

- 바탕바닥subflooring은 벽 골조의 바깥쪽 가장자리까지 확장되어 작업 플랫폼 역할을 한다.
- 바닥장선floor joists은 단일 또는 이중 기초 토대판 위에 놓인다.

- 기초벽체

커튼월

커튼월curtain wall은 건물의 강재 또는 콘크리트 구조 골조에 의해 전적으로 지지가 되는 외벽으로 커튼월의 자체 하중과 횡하중 이외의 어떠한 하중을 지지 않는다. 커튼월은 구조물의 안정성에 기여할 수 없다.

커튼월은 시야 확보용 투명 유리 또는 불투명 스팬드럴 유닛을 고정하는 금속 골조 또는 프리캐스트 콘크리트, 절단석, 조적 또는 금속의 얇은 패널로 구성될 수 있다. 벽체 유닛은 1~3층 높이로 할 수 있고, 유리판은 프레임 설치 이전 또는 이후에 설치할 수 있다. 패널 시스템은 제어된 공장 조립과 신속한 설치가 가능하지만, 배송 및 취급을 위해서는 부피가 커지므로 유의해야 한다.

커튼월 시공은 이론적으로는 간단하지만, 실제로는 복잡하며, 신중한 개발과 테스트 및 설치가 요구된다. 또한 건축가, 구조 엔지니어, 시공업자, 커튼월 시공 경험이 있는 제작자 간 긴밀한 협조가 필요하다.

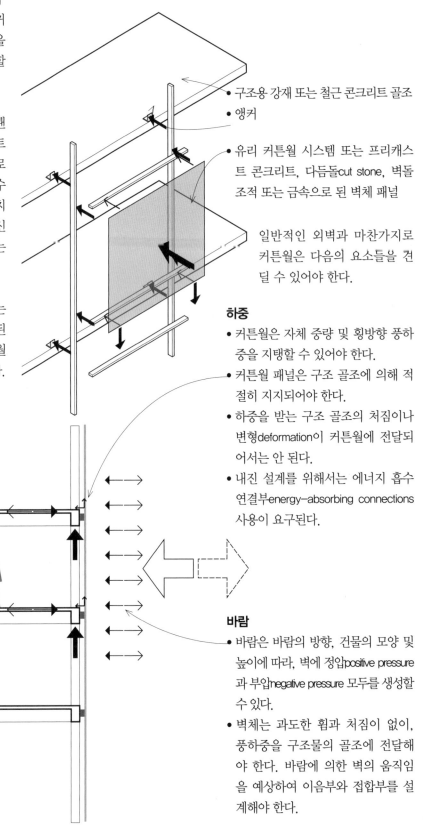

- 구조용 강재 또는 철근 콘크리트 골조
- 앵커

- 유리 커튼월 시스템 또는 프리캐스트 콘크리트, 다듬돌cut stone, 벽돌 조적 또는 금속으로 된 벽체 패널

일반적인 외벽과 마찬가지로 커튼월은 다음의 요소들을 견딜 수 있어야 한다.

하중

- 커튼월은 자체 중량 및 횡방향 풍하중을 지탱할 수 있어야 한다.
- 커튼월 패널은 구조 골조에 의해 적절히 지지되어야 한다.
- 하중을 받는 구조 골조의 처짐이나 변형deformation이 커튼월에 전달되어서는 안 된다.
- 내진 설계를 위해서는 에너지 흡수 연결부energy-absorbing connections 사용이 요구된다.

바람

- 바람은 바람의 방향, 건물의 모양 및 높이에 따라, 벽에 정압positive pressure과 부압negative pressure 모두를 생성할 수 있다.
- 벽체는 과도한 휨과 처짐이 없이, 풍하중을 구조물의 골조에 전달해야 한다. 바람에 의한 벽의 움직임을 예상하여 이음부와 접합부를 설계해야 한다.

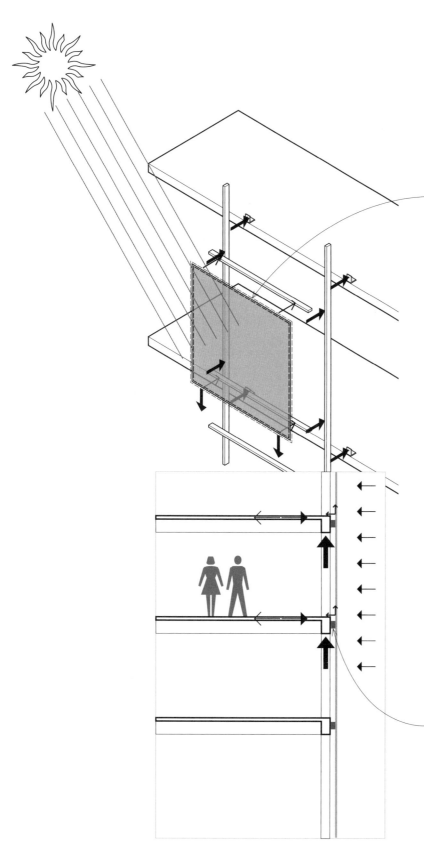

태양

- 차양 장치 또는 반사/착색유리를 사용하여 밝기와 눈부심을 제어해야 한다.
- 자외선은 접합부 및 유리 작업에 들어가는 재료를 열화시키고, 인테리어 가구의 색을 바래게 할 수 있다.

온도

- 일별 및 계절별 온도 변화는 벽 조립체를 구성하는 재료, 특히 금속의 팽창 및 수축을 유발한다. 서로 다른 재료의 다양한 열팽창으로 인한 허용 가능한 차등 거동에 대한 고려가 꼭 필요하다.
- 조인트(이음)과 실란트(밀봉재)는 열응력에 의해 움직임을 견딜 수 있어야 한다.
- 유리 커튼월을 통한 열류는 단열유리, 불투명 단열 패널을 사용하고, 금속 프레임 안에 열 차단재를 넣는 방식으로 제어해야 한다.
- 베니어 판의 단열재 역시 벽체 유닛에 통합되거나 패널 뒤쪽에 부착되거나 현장에서 뒷받침 벽backup wall이 제공될 수 있다.

물

- 빗물은 벽면에 모일 수 있다. 또한 바람의 압력을 받아 표면의 미세한 구멍을 통해 이동할 수 있다.
- 벽체 내에 응축되어서 모이는 수증기는 외부로 배출되어야 한다.
- 압력 등가 설계 원칙pressure-equalized design principles은 커튼월, 특히 외부 대기와 내부 환경 사이의 압력 차이로 인해 벽 이음매의 가장 작은 개구부까지 빗물이 이동할 수 있는 고층 건물에서 매우 중요하다.

화재

- 세이핑safing이라고 불리는 불연성 재료noncombustible material는 기둥 덮개와 벽체 패널과 슬래브 가장자리 또는 스팬드럴 보 사이에 화재 확산을 방지하기 위해 층별로 반드시 설치되어야 한다.
- 건축 법규 역시 구조 골조와 커튼월 패널 자체의 내화 관련 요구 사항을 지정하고 있다.

커튼월은 기둥 사이에 수평으로 또는 바닥 사이에 수직으로 걸쳐 있는 부재를 통합해야 한다. 기둥에서 기둥으로 수평으로 확장할 수 있지만, 구조 골조의 기둥 간격에 의해 결정되는 간격은 일반적으로 바닥에서 바닥까지의 높이보다 훨씬 크다. 이러한 이유로 커튼월 시스템은 일반적으로 바닥에서 바닥까지 수직으로 뻗어 있으며 강재 또는 콘크리트 스팬드럴 보나 캔틸레버 콘크리트 슬래브 가장자리에 매달려 있다.

커튼월 어셈블리의 주요 경간 부재는 압출된 알루미늄, 더 작은 강재 채널 및 앵글 또는 경량 형강 강재 골조일 수 있다. 패널로 구성된 커튼월에서 경간 부재는 패널을 하나의 단위로 처리할 수 있는 뒷댐 지지strong-back를 형성한다.

원하는 경우, 1차 경간 부재에 수직인 2차 골조는 커튼월 설계의 모듈을 더 작은 부품으로 세분화하고 불투명, 절연 패널, 자연 환기를 위한 구동이 가능한 창, 루버 또는 기타 태양 차양 장치와 같은 다양한 기능을 제공하는 다양한 장치를 통합할 수 있다.

• 강재 또는 콘크리트 스팬드럴 보

• 구조 멀리언mullion의 1차 수직경간
• 구조 멀리언은 커튼월 면의 풍하중을 건물의 구조 프레임으로 전달한다.
• 압출된 알루미늄 단면 또는 구조용 강재 형태의 구조 멀리언은 스팬드럴 보 또는 콘크리트 슬래브 가장자리에 매달려 있거나 지지가 된다.

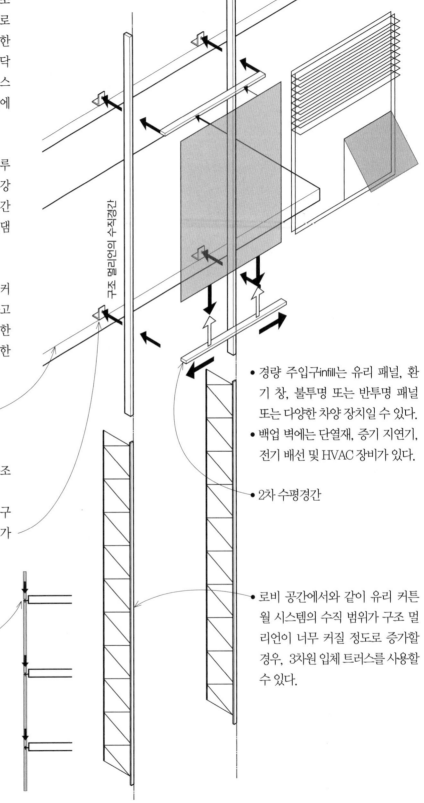

구조 멀리언의 수직경간

• 지지대 위에 패널을 지지한다.

• 패널이 지지대에 매달려 있다.

• 경량 주입구infill는 유리 패널, 환기 창, 불투명 또는 반투명 패널 또는 다양한 차양 장치일 수 있다.
• 백업 벽에는 단열재, 증기 지연기, 전기 배선 및 HVAC 장비가 있다.

• 2차 수평경간

• 로비 공간에서와 같이 유리 커튼월 시스템의 수직 범위가 구조 멀리언이 너무 커질 정도로 증가할 경우, 3차원 입체 트러스를 사용할 수 있다.

커튼월을 건물의 구조 골조에 고정하기 위해 다양한 금속 장치를 사용할 수 있다. 일부 이음부는 모든 방향으로부터 적용되는 하중을 견디도록 고정단으로 되어 있다. 나머지는 횡방향 풍하중에만 저항하도록 설계되었다. 이러한 이음부는 일반적으로 커튼월 유닛과 구조 골조의 치수 불일치를 허용하고, 구조 골조가 하중을 받을 때 쳐지거나, 커튼월이 열응력이나 온도 변화에 반응하여 생기는 차등 거동differential movement을 수용하기 위해 입체적으로 조정할 수 있도록 만들 수 있다.

슬롯 구멍이 있는 끼움판shim plate과 앵글angle은 한쪽 방향으로 조정할 수 있다. 앵글과 끼움판을 조합하면 3차원적으로 조정할 수 있다. 최종적인 조정이 완료되고 나서, 접합부에 고정단이 요구된다면, 용접을 통해 영구적으로 고정할 수 있다.

구조용 강골조

- 접근성을 위해서는 상단 고정이 가장 바람직하다.

- 앵글 클립angle clip은 스팬드럴 보의 플랜지 부분이나 콘크리트 슬래브 가장자리에 타설된 강재 앵글에 끼워 넣거나 볼트 또는 용접으로 결합한다.

- 쐐기 모양의 슬롯slot은 수직 조정과 정압 연결 모두를 제공하는 쐐기 모양의 너트를 받는다.

철근 콘크리트 골조

- 콘크리트 슬래브 모서리에 미리 타설한 앵글

- 접합부는 구조 골조의 대략적인 치수와 커튼월 조립체의 마감 치수와의 차이를 수용할 수 있어야 한다.

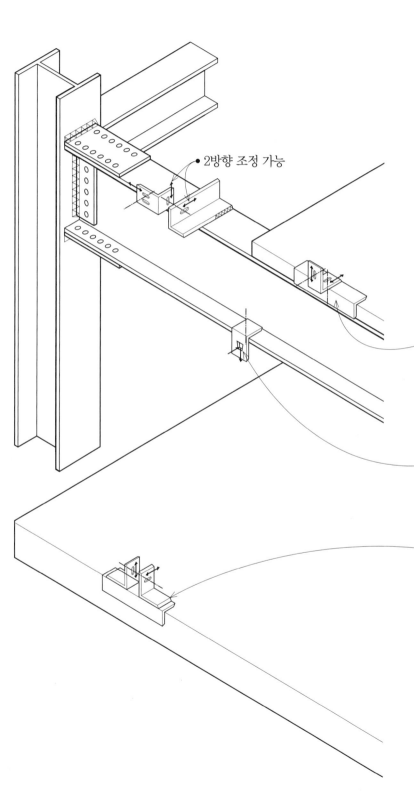

2방향 조정 가능

커튼월과 구조 골조와의 관계

구조 골조와 관련하여 커튼월의 위치를 결정하는 중요한 설계 결정은 커튼월의 기후요소(비, 바람, 온도 등) 차폐 기능을 건물 골조의 구조 기능으로부터 분리하는 것으로부터 시작된다.

커튼월은 다음과 같은 세 가지 기본적인 방법으로 건물의 구조 골조와 관련된다.
• 구조 골조의 평면 뒤에 위치
• 구조 골조의 평면 내에 위치
• 구조 골조의 평면 앞에 위치

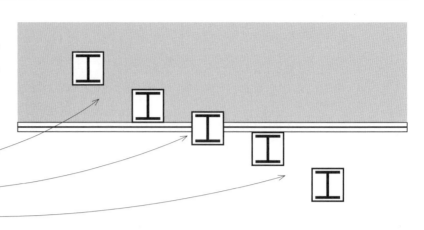

구조 골조 앞에 위치하는 커튼월

가장 일반적인 배치는 커튼월을 구조 골조 앞에 배치하는 것이다. 건물 구조와 관련하여 커튼월의 평면을 설정하면 외부 피복재를 설계하여 구조 골조의 그리드를 강조하거나 기둥 및 보 또는 슬래브 패턴에 대한 대조를 제공할 수 있다.

• 커튼월은 구조적 개구부 없이 연속적인 습기 및 공기 방어벽을 형성할 수 있다.
• 외부 커튼월에서 열 이동의 누적효과가 더 클 수 있으나, 구조 골조의 제약을 받지 않으므로 열의 이동은 수용하기 쉬울 수 있다.

• 기둥구조 안의 공간은 수직 서비스 통로로 활용될 수 있다.

• 건물 내부에 노출된 구조용 강재는 내화 조립 또는 피복이 필요하다.

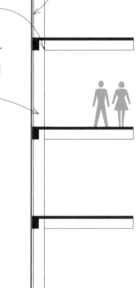

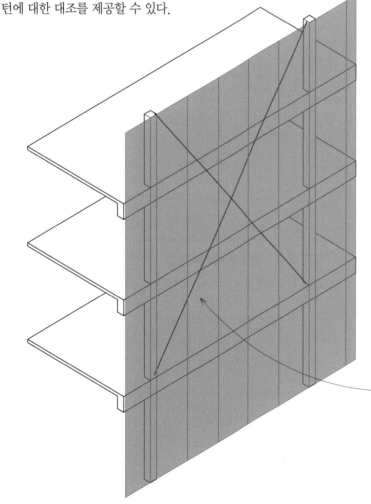

• 건물의 실내 공간에 기둥 및 대각 가새가 노출되어 있다.

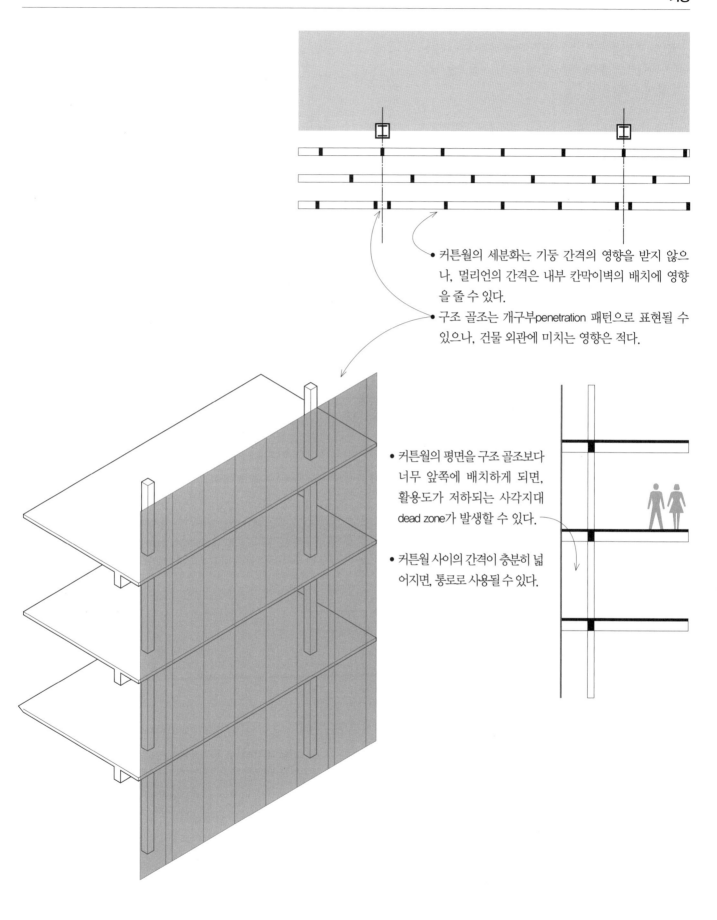

- 커튼월의 세분화는 기둥 간격의 영향을 받지 않으나, 멀리언의 간격은 내부 칸막이벽의 배치에 영향을 줄 수 있다.
- 구조 골조는 개구부penetration 패턴으로 표현될 수 있으나, 건물 외관에 미치는 영향은 적다.

- 커튼월의 평면을 구조 골조보다 너무 앞쪽에 배치하게 되면, 활용도가 저하되는 사각지대 dead zone가 발생할 수 있다.

- 커튼월 사이의 간격이 충분히 넓어지면, 통로로 사용될 수 있다.

평면 내 커튼월

커튼월 패널을 구조 골조 평면 내에 배치하면, 건물 파사드에서 기둥 및 보 골조의 규모, 비율 및 시각적 무게가 표현된다.

• 노출된 기둥과 보 또는 슬래브 가장자리는 열 차단 막thermal barrier이 포함된 내후성 외피가 필요할 수 있다.

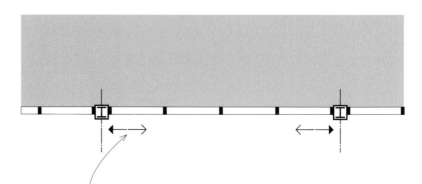

• 커튼월 틈막이infill와 구조 골조의 연결부는 서로 다른 재료의 다양한 열팽창으로 인한 차등 거동 differential movement이 가능해야 한다.

• 하중을 받는 구조 골조의 처짐deflection 또는 변형 deformation이 커튼월 조립체로 전달되어서는 안 된다.

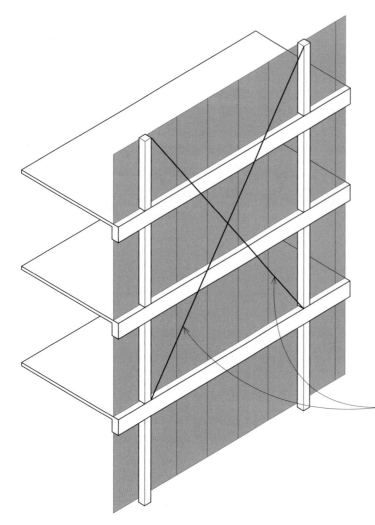

• 구조 골조를 대각 가새로 보강할 때, 골조의 깊이 로 인해 대각선 부재가 커튼월을 우회할 수 있는 경우가 아니면, 평면 내 커튼월을 피해야 한다. 평면 내 대각선 부재는 특별한 모양과 이음부를 제작 해야 하므로 시공이 복잡해질 수 있다.

구조 골조 뒤에 있는 커튼월

커튼월을 구조 골조 뒤에 배치하면 구조 프레임의
설계가 외부 파사드의 주요 표현 특징이 된다.

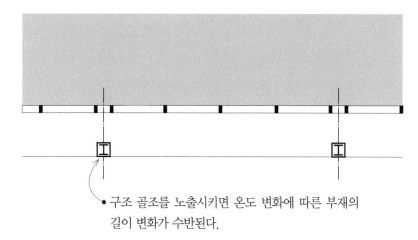

• 구조 골조를 노출시키면 온도 변화에 따른 부재의
길이 변화가 수반된다.

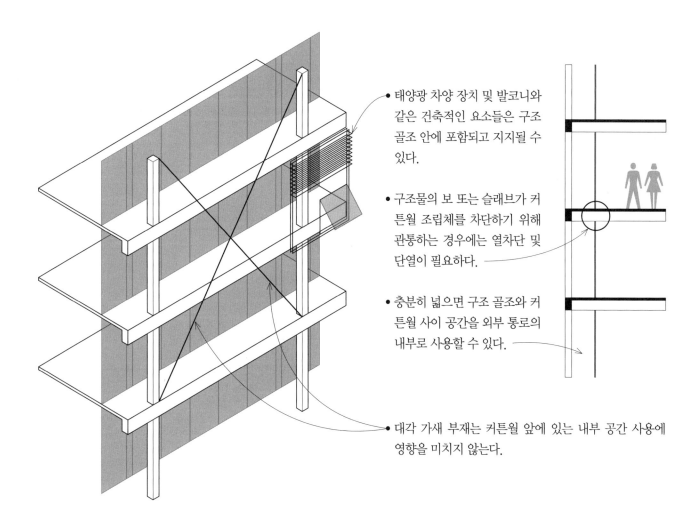

• 태양광 차양 장치 및 발코니와
같은 건축적인 요소들은 구조
골조 안에 포함되고 지지될 수
있다.

• 구조물의 보 또는 슬래브가 커
튼월 조립체를 차단하기 위해
관통하는 경우에는 열차단 및
단열이 필요하다.

• 충분히 넓으면 구조 골조와 커
튼월 사이 공간을 외부 통로의
내부로 사용할 수 있다.

• 대각 가새 부재는 커튼월 앞에 있는 내부 공간 사용에
영향을 미치지 않는다.

구조용 유리 파사드structural glass facades

커튼월curtain wall과 구조용 유리 파사드에는 밀접한 관련이 있지만, 지지 방식이 다르다. 일반적으로 커튼월은 건물의 기본 구조물에 부착되고 지지가 되는 층마다 이어진다. 사출된 알루미늄 부재는 일반적으로 일부 유형의 패널 재료(유리, 합성 금속, 석재 또는 테라코타)를 고정하는 골조틀framework의 일부로 사용된다.

구조용 유리 파사드는 지난 수십 년 동안 건물에서 최대한의 투명성을 제공하는 수단으로 등장했다. 구조용 유리 파사드는 구조물과 외피를 통합하고 긴 경간에 걸쳐 사용할 수 있다. 유리를 지지하는 데 사용되는 구조 시스템은 노출되어 있으며 건물의 기본 구조와 구별된다. 구조용 유리 파사드는 일반적으로 기본 지지 구조의 특성에 따라 분류된다.

- 뒷댐 지지 방식strong-back system: 이 방식은 수직-수평 또는 수평 구성요소를 사용하여 필요한 경간을 수용할 수 있는 구조부로 구성된다. 때로는 직선 또는 곡선의 수평보가 머리 위쪽에서 케이블로 매달려 있고, 보 양단은 정착을 위한 건물 구조에 고정된다.
- 유리핀 지지 방식glass fin system: 유리핀으로 지지하는 파사드의 기원은 1950년대로 거슬러 올라간다. 이 방식은 하드웨어 및 첨판splice plates을 제외하고 금속지지 구조물에 의존하지 않는 특별한 유리 기술을 대표한다. 유리 핀은 유리 파사드에 수직으로 두어 횡방향으로 지지하며, 뒷댐 지지 방식의 구조 부재와 유사한 방식으로 열처리 강화 유리를 여러 겹 접합하여 주요 구조 부재로 쓰는 기법이 도입되었다.
- 평면 트러스 지지 방식planar truss system: 다양한 유형과 구성의 평면 트러스를 이용하여 유리 파사드를 지지할 수 있다. 가장 일반적으로 사용되는 방식은 트러스의 춤이 유리 평면에 수직인 방향으로 설치하는 것이다. 트러스는 일반적으로 건물의 격자선 또는 격자 모듈을 세분한 수치를 따라 규칙적인 간격으로 배치한다. 트러스는 수직으로 올라가고 평면상 선형으로 보이는 경우가 가장 많지만, 내부 또는 외부로 경사지게 하거나, 평면상으로 곡선으로 보이도록 구성할 수도 있다. 트러스는 파사드의 외부 또는 내부에 배치할 수 있다. 횡방향 안정성을 위해 대각선 방향의 인장력 계측기tension counter와 가새 스프레더bracing spreader가 통합된 부재를 사용할 때가 많다.

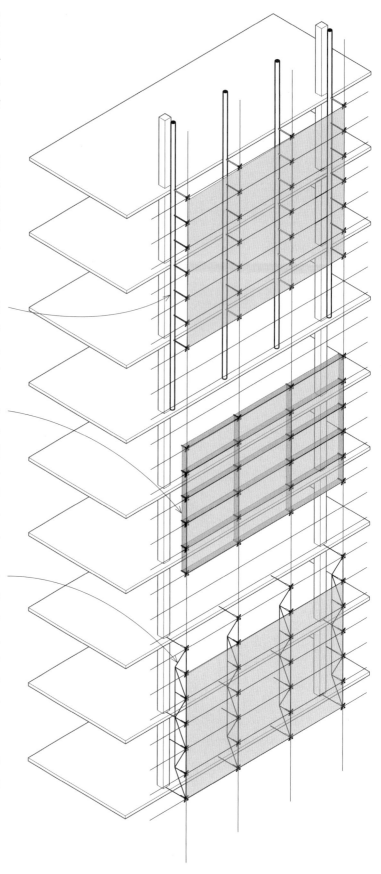

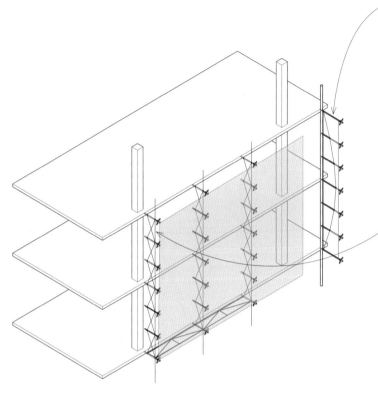

• 장대 트러스 지지 방식mast truss systesm: 장대 트러스는 일반적으로 원형관 또는 각관 형태의 단면을 가진 중심부의 압축재(장대)를 안정화하기 위해 인장 요소를 사용한다. 케이블은 스프레더 스트럿에 걸쳐 마스트 끝에 부착된다. 스프레더 스트럿은 장대의 길이 방향을 따라 일정한 간격으로 단단히 고정되어 있으며, 장대 중앙으로 갈수록 길어진다. 이로 인해 케이블은 아치 형상으로 구성된다. 장대 양면 또는 방사형(3면, 4면)으로 설치한 케이블 아치는 장대의 좌굴 용량을 증가시킬 수 있다. 이 방식에서 안정성을 확보하려면 트러스 부재에 프리텐션작업이 필요하다.

• 케이블 트러스 지지 방식cabled truss systems: 케이블 트러스는 장대 트러스와 유사하지만, 압축을 받는 기본 부재가 없다는 차이가 있다. 이 유형의 트러스에서 스프레더 스트럿은 유일한 압축재이다. 삼각형 형상으로 단단한 부재를 결합하여 안정성을 얻는 전형적인 평면 트러스와는 달리, 이 방식에서는 압축력을 받는 주요 부재없이 상단과 하단 경계부에서 케이블에 인장력을 가하여 안정성을 확보한다.

• 그리드셸gridshell: 그리드셸은 프라이 오토Frei Otto가 1940년대에 최초로 고안한 형태저항구조form-active structure로, 전면에 걸쳐 볼록하거나 오목한 곡선 2종류를 사용한 이중 곡면 형태를 통해 강도를 끌어낸다. 이 시스템은 면 내부에 프리스트레스를 가한 케이블 네트워크를 사용하여 박판 셀 그리드에 안정성과 전단저항을 제공한다. 볼트형, 돔형 및 기타 이중 곡면 구조는 수직으로 올리거나 위를 덮는 방식뿐만 아니라 이중 곡면만으로도 건물 외부 전체를 둘러쌀 수 있다.

• 케이블 네트 지지 방식cable net systesms: 케이블 네트는 최근에 개발된 구조용 유리기술로, 눈에 보이는 구조 시스템을 최소로 하고 투명성을 최대한 높이는 방식이다. 그물 형태를 만드는 수평 및 수직 케이블은 두 방향으로 뻗어 나간다. 유리는 프리텐션을 가한 그물 형상의 케이블로 지지한다. 케이블 네트 방식은 균일한 인장력에 의존하여 설계하지만, 그물 형상은 이중 곡면 형태를 구성하는 경우가 훨씬 많다. 클램핑clamping 장치는 두 가지 기능이 있다. 교차점에서 케이블을 고정하고, 창유리 격자 위에서 서로 인접한 유리판의 모서리와 가장자리 단면을 붙잡아 고정한다.

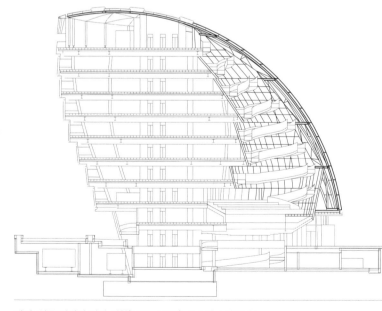

단면: 영국 런던의 런던 시청(1998~2003), 포스터+파트너스

다이어그리드

다이어그리드diagrid는 대각선 그리드를 형성하는 교차 부재의 구조를 말하며, 특별히 접합된 교점 nodes에서 연결되어 횡력과 중력 하중에 저항할 수 있는 건물 표면 전체에 통합 네트워크를 생성한다. 이러한 외부 골조는 내부 지지대 수를 가능한 줄여 공간과 건축 재료를 절감하고, 내부 공간 배치에서 유연성을 더욱 높일 수 있다. 모든 삼각형 부재들을 함께 3차원 골조로 묶는 수평 고리는 외부 골조 격자에 좌굴 저항을 제공하는 데 필요하다.

- 다이어그리드는 어떤 방향으로든 하중을 견디는 연속적인 강성 셸shell 구조와 개별 요소를 사용하여 제공되는 시공성constructability을 결합한다.
- 각 대각선은 지면에 연속적인 하중 경로load path를 제공하는 것으로 볼 수 있다. 가능한 하중 경로의 수는 높은 수준의 중복성redundancy을 제공한다.

- 다이어그리드 및 고층 구조물 안정화를 위한 적용에 관한 논의는 297~301쪽을 참조

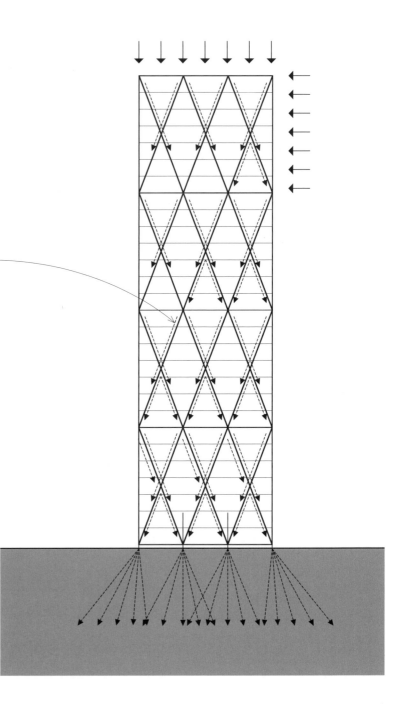

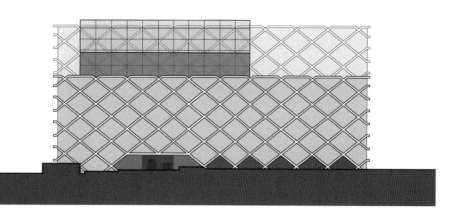

입면: 호주 시드니 원 셸리 스트리트(2009),
피츠패트릭+파트너스

원 셸리 스트리트 프로젝트는 구조 다이어그리드 시
스템을 사용하여 시각적으로 독특한 외관을 형성한
다. 다이어그리드는 유리 파사드의 바깥쪽에 위치하
고 매우 가까우므로, 제작 및 설치 과정에서 면밀한
모니터링, 관리 및 조율이 요구되었다.

원 셸리 스트리트의 다이어그리드의 기하학적 규칙
성과 달리, TOD 오모테산도Omotesando 빌딩에 사
용된 콘크리트 다이어그리드는 인근에 있는 느릅나
무의 구조를 모방한 나무 실루엣 패턴을 기반으로 한
다. 나무의 성장 패턴과 유사하게, 다이어그리드 부
재는 건물에서 위로 올라갈수록 얇아지고 개구부 비
율이 높아진다. 그 결과 구조물은 내부 기둥 없이
32~50피트(10~15미터)에 이르는 바닥 슬래브를 지
지한다. 지진 중 흔들림을 최소화하기 위해서 이 구
조물은 충격 흡수 기초 위에 놓여 있다.

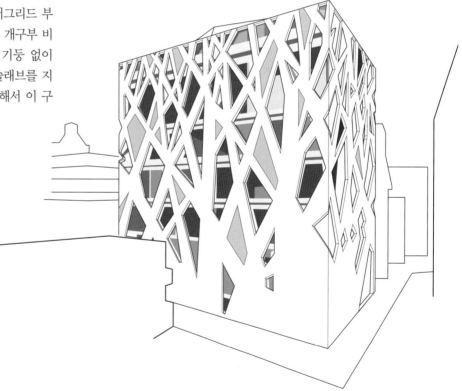

외부 경관: 일본 도쿄 TOD 오모테산도 빌딩(2002-2004), 도요 이토 및 어소시에이츠

바닥 구조와 같이 지붕 구조는 수평 경간 시스템이
다. 그러나 바닥 구조는 거주자의 활동과 가구를 지
탱하기 위해 평평하고 평평한 플랫폼을 제공하는
반면, 지붕 구조는 건물의 외부 형태와 캐노피 아래
의 공간의 질에 극적으로 영향을 미칠 수 있는 수직
적 측면을 가지고 있다. 지붕 구조는 평지붕, 경사
지붕, 박공지붕으로 되어 있거나, 넓게 펼쳐져서 덮
혀 있거나, 리듬감 있게 연결된 형태도 가능하다.
외벽과 높이가 같거나 돌출된 가장자리로 노출되거
나 난간parapet 뒤에 숨겨져 시야에 가려질 수 있다.
지붕의 밑면이 노출된 상태로 유지되면, 지붕은 그
형태를 아래 내부 공간의 상부 경계에도 전달한다.

지붕 시스템은 건물 내부 공간의 주요 보호 요소
로 기능하므로, 그 형태와 경사는 지붕 유형(싱글
shingle, 타일 또는 연속 막membrane)과 호환이 되
어야 한다. 배수구drain, 지붕 홈통gutter, 수직 홈통
downspout은 빗물과 눈이 녹은 물이 배출되도록 사
용이 된다. 지붕의 시공은 또한 수증기의 통과, 태
양 복사의 침투를 제어해야 한다. 건축 법규에서 요
구되는 건축 유형에 따라 지붕 구조와 조립은 화재
확산에 저항할 수 있어야 한다.

바닥 시스템과 마찬가지로 지붕은 공간을 가로지르
도록 구조화되어야 하며, 부착된 장비 및 누적된 비
와 눈의 무게뿐만 아니라 자체적인 하중도 지탱할
수 있어야 한다. 데크로 사용되는 평지붕은 활하중
live load의 영향을 받는다. 이러한 중력 하중 외에도
지붕의 평면은 횡풍 및 지진력은 물론 상승하는 바
람에 저항하고 이러한 힘을 지지 구조로 전달해야
한다.

건물의 중력 하중은 지붕 시스템에서 시작하므로,
구조 배치는 하중이 기초 시스템으로 전달되는 기
둥과 내력벽 시스템의 구조 배치와 일치해야 한다.
이러한 지붕 지지 패턴과 지붕 경간의 범위는 차례
로 내부 공간의 배치와 지붕 구조가 지지할 수 있는
천장 유형에 영향을 준다. 지붕 경간이 길면보다 유
연한 내부 공간을 제공하는 반면, 짧은 지붕 경간은
보다 정확하게 한정된 공간을 제안할 수 있다.

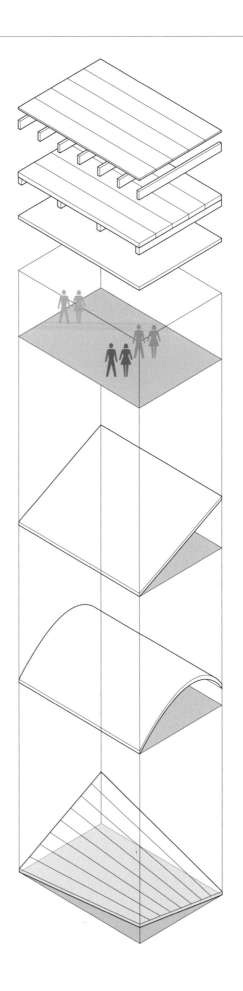

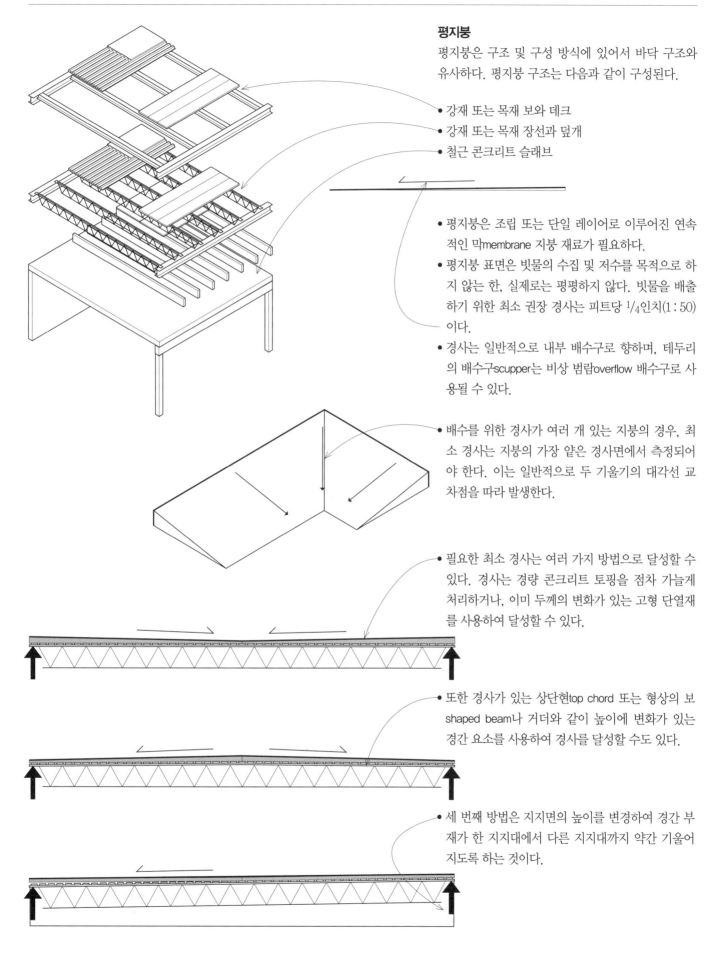

평지붕

평지붕은 구조 및 구성 방식에 있어서 바닥 구조와 유사하다. 평지붕 구조는 다음과 같이 구성된다.

- 강재 또는 목재 보와 데크
- 강재 또는 목재 장선과 덮개
- 철근 콘크리트 슬래브

- 평지붕은 조립 또는 단일 레이어로 이루어진 연속적인 막membrane 지붕 재료가 필요하다.
- 평지붕 표면은 빗물의 수집 및 저수를 목적으로 하지 않는 한, 실제로는 평평하지 않다. 빗물을 배출하기 위한 최소 권장 경사는 피트당 1/4인치(1:50)이다.
- 경사는 일반적으로 내부 배수구로 향하며, 테두리의 배수구scupper는 비상 범람overflow 배수구로 사용될 수 있다.

- 배수를 위한 경사가 여러 개 있는 지붕의 경우, 최소 경사는 지붕의 가장 얕은 경사면에서 측정되어야 한다. 이는 일반적으로 두 기울기의 대각선 교차점을 따라 발생한다.

- 필요한 최소 경사는 여러 가지 방법으로 달성할 수 있다. 경사는 경량 콘크리트 토핑을 점차 가늘게 처리하거나, 이미 두께의 변화가 있는 고형 단열재를 사용하여 달성할 수 있다.

- 또한 경사가 있는 상단현top chord 또는 형상의 보shaped beam나 거더와 같이 높이에 변화가 있는 경간 요소를 사용하여 경사를 달성할 수도 있다.

- 세 번째 방법은 지지면의 높이를 변경하여 경간 부재가 한 지지대에서 다른 지지대까지 약간 기울어지도록 하는 것이다.

경사 지붕

지붕 경사는 지붕 재료의 선택, 밑깔개underlayment 및 처마 플래싱eave flashing, 설계 풍하중에 영향을 미친다. 일부 지붕 재료는 낮은 경사의 지붕에 적합하며, 다른 재료는 빗물을 제대로 배출하려면 더 가파른 기울기로 지붕 표면 위에 놓여야 한다.

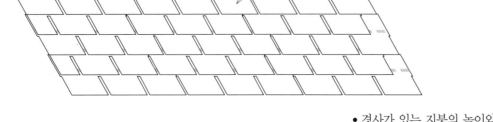

- 경사 지붕은 평지붕보다 빗물을 더 쉽게 처마 홈통으로 배출한다.

- 다양한 지붕 재료의 최소 지붕 경사는 다음과 같다.

- 4 : 12 슬레이트(절판암) 지붕널
  목재 너와

- 3 : 12 금속 연동 지붕 패널
  금속 지붕 지붕널
  목재 지붕널

- 2 1/2 : 12 점토 및 콘크리트 타일

- 2 : 12 아스팔트 지붕널

- 경사가 있는 지붕의 높이와 면적은 수평 치수에 따라 증가한다.
- 경사가 높은 지붕 아래 공간을 사용할 수 있다.
- 천장은 지붕 구조물에 매달거나 별도의 구조 시스템을 가질 수 있다.

4유닛

3유닛

2 1/2유닛

2유닛

구조물

• 수평거리: 12유닛

바닥 구조와 마찬가지로 지붕 재료의 특성 및 빗물을 배출하기 위해 지붕 재료를 놓는 방식에 따라 2차 지지대의 패턴이 결정되며, 2차 지지대는 지붕 구조물의 1차 경간 부재 위에 놓인다. 이러한 관계를 이해하면 지붕 구조의 골조 패턴을 개발하는 데 도움이 된다.

- 지붕널, 타일 또는 패널에는 단단한 또는 간격이 있는 덮개sheathing가 필요할 수 있다.
- 덮개는 지붕 경사면에 걸쳐 있다.

- 덮개 지지대는 지붕 경사면 아래로 뻗어 있다.
- 덮개의 깊이 및 경간 기능에 따라 지지대의 간격이 결정된다.

- 경사진 지붕면 골조를 위한 가장 단순한 방식은 경사면에 따라 걸쳐 있고, 견고하거나 간격이 있는 덮개를 지지하는 상대적으로 작고 촘촘한 간격의 서까래rafter를 사용하는 것이다.

목재 서까래 범위는 다음과 같다.
- 2×6은 최대 10피트(3.0미터)까지 경간이 이루어진다.
- 2×8은 최대 14피트(4.3미터)까지 경간이 이루어진다.
- 2×10은 최대 16피트(4.9미터)까지 경간이 이루어진다.
- 2×12는 최대 22피트(6.7미터)까지 경간이 이루어진다.

- 1차 지붕 보roof beam는 지붕 경사를 가로질러 아래로 확장될 수 있다.
- 지붕 경사를 따라 이어지는 지붕 보는 구조 데크 또는 패널을 지지할 수 있다.
- 구조 데크 또는 패널의 깊이와 경간 기능에 따라 지붕 보의 간격이 결정된다.
- 지붕 보의 경간 방향은 구조 패널 또는 데크의 방향과 수직이다.

- 중도리purlin의 깊이와 경간 기능에 따라 지붕 보의 간격이 결정된다.

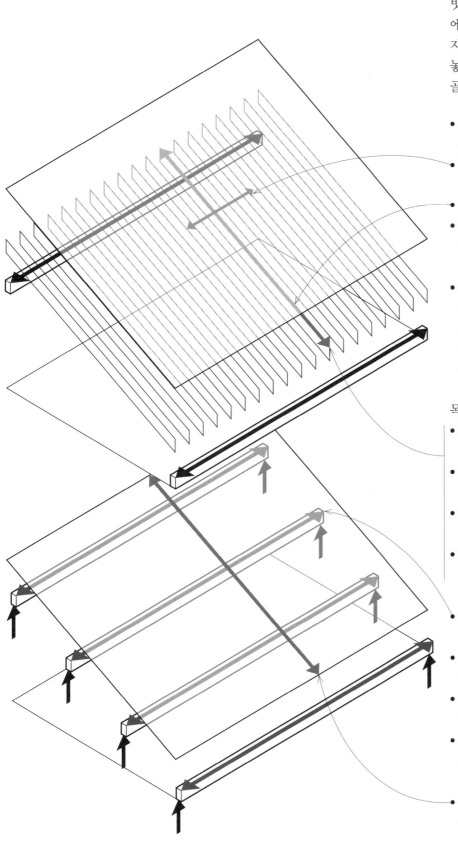

지붕 보의 방향과 간격, 보 간격에 걸쳐 사용되는 요소 및 시공 조립체의 전체 깊이에 따라 강재 및 목재 지붕 구조의 골조를 만드는 다른 방법이 있다.

경사와 평행한 지붕 보

강재 또는 목재 지붕 보의 중심 간격은 4~8 피트(1220~2440)이고, 강재 또는 목재 데크로 확장될 수 있다. 보는 거더, 기둥 또는 철근 콘크리트 또는 조적조 내력벽으로 지지가 될 수 있다.

2개의 층 시스템에서 지붕 보는 더 멀리 떨어져 있을 수 있으며, 일련의 중도리를 지지할 수 있다. 이 중도리는 지붕 데크 또는 견고한 시트 지붕 재료로 확장된다.

경사에 수직인 지붕 보

2개의 레이어 구조의 예에서 보듯이 지붕 보는 전통적인 서까래 시스템을 지지한다.

지붕 보는 지붕 데크를 사용하여 경간을 이룰 수 있을 만큼 가까운 간격으로 배치될 수 있다. 더 멀리 떨어져 있는 보는 경사와 평행한 일련의 2차 보를 지지할 수 있다.

일련의 모양을 가진 지붕 트러스가 기본 지붕 보 대신 사용되는 경우, 트러스의 하부현과 웹은 공간의 질에 실질적인 영향을 미친다.

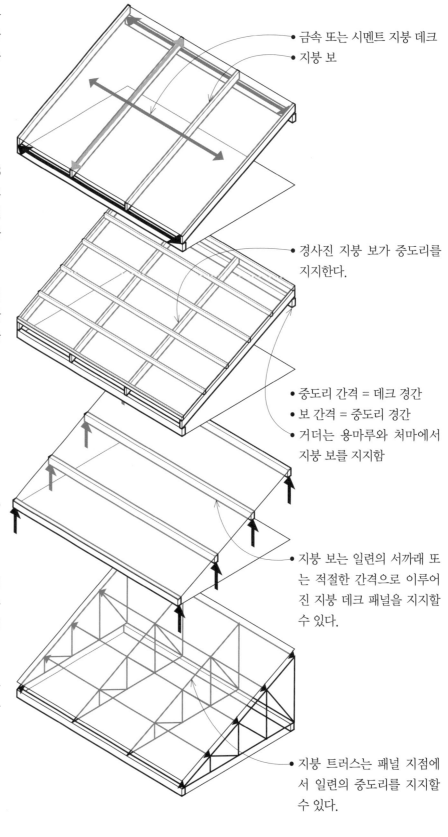

- 금속 또는 시멘트 지붕 데크
- 지붕 보

- 경사진 지붕 보가 중도리를 지지한다.

- 중도리 간격 = 데크 경간
- 보 간격 = 중도리 경간
- 거더는 용마루와 처마에서 지붕 보를 지지함

- 지붕 보는 일련의 서까래 또는 적절한 간격으로 이루어진 지붕 데크 패널을 지지할 수 있다.

- 지붕 트러스는 패널 지점에서 일련의 중도리를 지지할 수 있다.

다중 경사 지붕

경사 지붕면을 결합하여 다양한 지붕 형태를 만들 수 있다. 가장 흔한 것 중 하나는 가운데 용마루ridge에서 아래로 경사지는 두 개의 지붕면으로 구성된 박공지붕gable roof이다.

박공지붕을 골조로 만드는 방법에는 두 가지가 있다. 두 개 이상의 기둥으로 지탱되는 용마루 보ridge beam는 일련의 단순한 서까래rafter 경간을 지지할 수 있다.

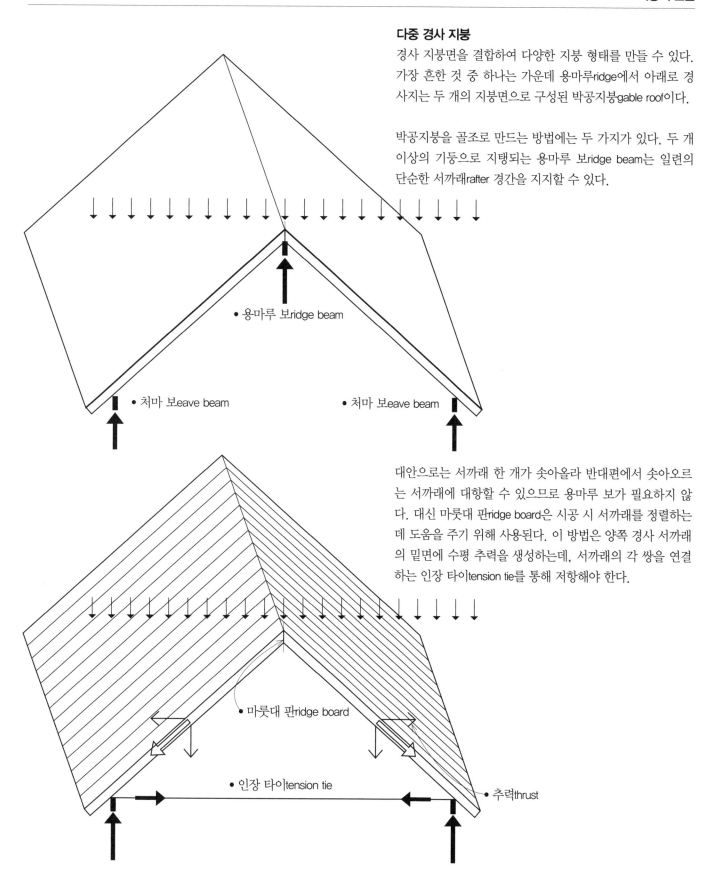

• 용마루 보ridge beam

• 처마 보eave beam　　　• 처마 보eave beam

대안으로는 서까래 한 개가 솟아올라 반대편에서 솟아오르는 서까래에 대항할 수 있으므로 용마루 보가 필요하지 않다. 대신 마룻대 판ridge board은 시공 시 서까래를 정렬하는 데 도움을 주기 위해 사용된다. 이 방법은 양쪽 경사 서까래의 밑면에 수평 추력을 생성하는데, 서까래의 각 쌍을 연결하는 인장 타이tension tie를 통해 저항해야 한다.

• 마룻대 판ridge board

• 인장 타이tension tie　　　• 추력thrust

지붕의 구성은 빗물과 눈 녹은 물을 배출하는 패턴을 염두에 두고 용마루ridge, 추녀마루hip 또는 골valley 에서 만나거나 교차하는 여러 경사면으로 생각하면 유용하다. 용마루, 추녀마루 및 골은 모두 지지선이 필요한 지붕 평면의 단절된 선break line을 나타내며 기둥 또는 내력벽으로 지탱되는 보 또는 트러스 형태 일 수 있다.

모임지붕hip roofs, 돔, 그리고 유사한 지붕 형태의 경 간 요소는 가장 높은 꼭대기에서 서로 마주 보고 지 지할 수 있다. 그러나 기초 지지대에서 발생하는 수 평 추력에 대응하려면, 인장 타이tention tie 또는 고리 ring 또는 일련의 연결된 수평 보가 필요하다.

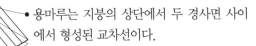

- 용마루는 지붕의 상단에서 두 경사면 사이 에서 형성된 교차선이다.

- 추녀마루는 인접한 두 경사 지붕면이 만나는 선에 의해 형성되는 경사진 돌출각이다.
- 골은 두 개의 경사 지붕면과 빗물이 흐르는 방향의 교차점에 형성된 선이다.

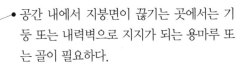

- 공간 내에서 지붕면이 끊기는 곳에서는 기 둥 또는 내력벽으로 지지가 되는 용마루 또 는 골이 필요하다.
- 거더나 트러스를 공간에 걸쳐 용마루나 골 보를 집중 하중으로 지지하는 것도 하나의 대안이 될 수 있다.

- 공간을 가로지르는 지붕면이 단절되는 지 점은 둘레 기둥 또는 내력벽으로 끝단을 지 탱하는 명쾌한 경간 보 또는 트러스로 지탱 할 수 있다. 예를 들어, 일련의 깊은 트러스 는 일정한 폭을 통해 톱니 지붕을 만들 수 있다.

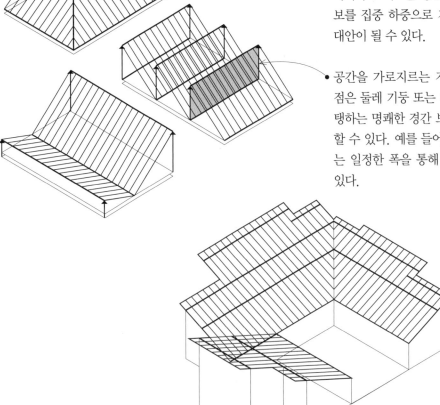

볼트 지붕

곡선 지붕 표면은 원하는 형태나 공간의 프로파일과 일치하도록 형성된 조립 지붕재료 또는 맞춤형 압연 강재 보, 집성목재 보 또는 트러스와 같은 경간 부재를 사용하여 구조물을 만들 수 있다.

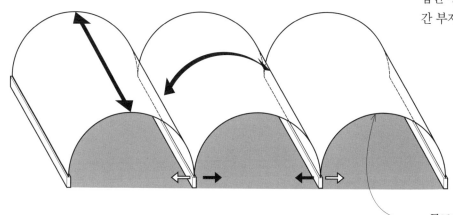

• 콘크리트 슬래브를 원하는 곡률로 형성하여 길이 방향으로 돌출시킬 수도 있다. 예를 들어, 배럴 셸은 길이 방향으로 확장되는 곡선 단면을 가진 깊은 보처럼 작동하도록 돌출될 수 있다. 그러나 배럴 셸이 상대적으로 짧으면, 아치형 동작을 나타내며 아치형 동작의 외부 추력을 상쇄하기 위해 타이 로드 또는 횡방향 강성 골조가 필요하다.

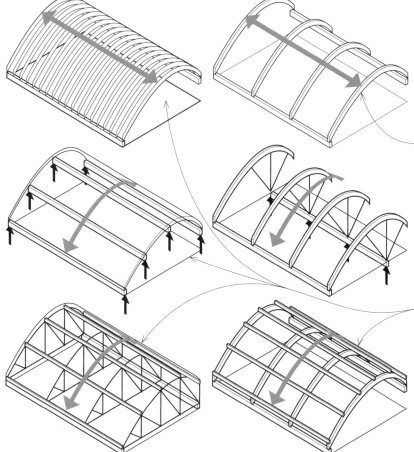

• 형상 콘크리트 부재는 현장 타설이 가능하나, 경간이 크고 반복이 최소인 상황에서만 경제적이다. 반복적인 요소의 경우 프리캐스트 콘크리트 부재가 더 경제적이다. 형상화된 구조 부재는 프로파일이 해당 경간에 대한 모멘트 다이어그램을 반영할 때 가장 효율적이다. 예를 들어, 휨 모멘트가 더 큰 구간에서는 단면이 더 깊어야 한다.

• 곡선 지붕을 1방향 경간 요소로 골조로 만들 때, 지붕 재료와 1차 및 2차 경간 방향에 대한 고려 사항은 평지붕과 경사 지붕에 적용되는 것과 동일하다.

지붕 구조물

구조물의 규모가 증가함에 따라 지붕 경간을 합리적인 한계 내로 유지하기 위해 내부 지지선이 필요할 수 있다. 가능하면 이러한 지지선은 지붕 형태에 의해 형성된 볼륨의 공간의 특성을 강화시킬 필요가 있다. 스포츠 경기장이나 공연장과 같이 넓은 공간이 필요하고, 내부 지지대가 공간의 기능을 방해하는 경우에는 장경간long-spanning 지붕 구조가 필요하다. 장경간 구조에 대한 자세한 내용은 6장을 참조.

5

횡적 안정성

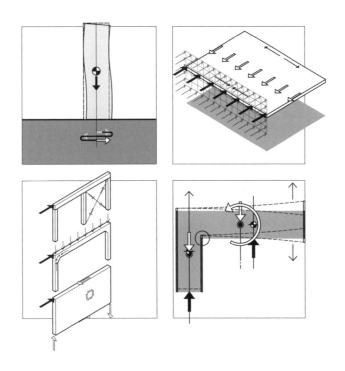

건물의 구조 시스템을 고려할 때, 우리는 일반적으로 건물의 수직 지지대와 수평 경간 조립체가 어떻게 건물 그 자체 무게와 건물 사용으로 비롯되는 무게에 의해 부과되는 고정 하중과 활하중을 전달하도록 설계가 이루어지는 방식을 먼저 생각하게 된다. 그러나 건물의 안정성에 중요하지만, 바람, 지진, 토압 및 온도와 같은 환경 조건의 조합에 대한 저항도 건물의 중력 하중 요소를 불안정하게 만들 수 있다. 이 중, 바람과 지진에 의해 구조물에 가해지는 힘이 이 장에서의 주요 관심사이다. 바람과 지진은 구조물의 규모와 적용 지점이 빠르게 변화하는 동적 하중에 영향을 받는다. 동적 하중 아래에서, 구조물은 그것의 질량과 관련하여 관성력을 발생시키며 최대 변형은 적용된 힘의 최대 크기와 반드시 일치하지는 않는다. 동적 특성에도 불구하고 풍하중과 지진 하중은 종종 횡방향으로 작용하는 등가 정적 하중으로 취급된다.

바람

풍하중은 이동하는 공기 질량의 운동 에너지에 의해 가해지는 힘으로 발생하며, 이는 경로에 있는 건물 및 기타 장애물에 대한 직접적인 압력, 음압 또는 흡입의 조합을 생성할 수 있다. 풍력은 일반적으로 건물의 영향을 받는 표면에 수직으로 적용되는 것으로 가정한다.

지진

지진력은 지진의 진동하는 지반 운동에서 비롯되며, 이것은 건물의 기초가 갑자기 움직이고 동시에 모든 방향으로 구조물의 흔들림을 유발한다. 지진의 지반 운동은 본질적으로 3차원적이고 수평, 수직, 회전 요소를 가지고 있지만, 구조 설계에서는 수평 요소가 가장 중요하다고 여긴다. 지진이 발생하는 동안, 건물 구조의 질량은 수평 지면 가속도에 저항하려고 관성력을 발생시킨다. 그 결과 지반과 건물의 질량 사이에 전단력이 발생하며, 이 전단력은 밑면 위의 개별 바닥 또는 격막으로 분산된다.

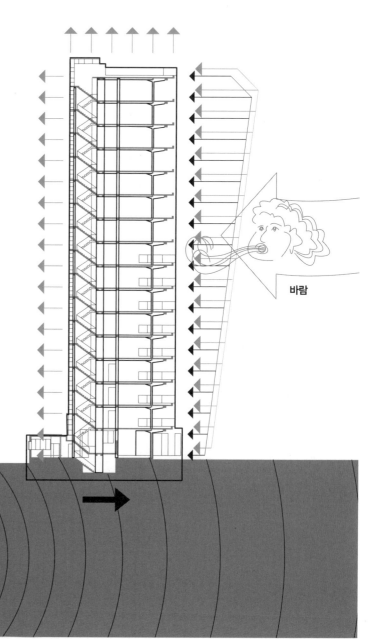

바람

지진

모든 건물은 바람과 지진의 측면 하중을 받는다. 하지만, 높고 가느다란 건물 구조 시스템은 횡력에 저항해야 하는 경향이 있어 수직 부재에 큰 휨 모멘트를 부과하고 횡방향 변위를 유발할 수 있다.

반면에 가로와 세로의 비율이 낮은 건물의 구조 설계는 주로 수직 중력 하중에 의해 좌우된다. 바람과 지진에 의한 횡하중은 부재의 크기에 상대적으로 작은 영향을 미치지만 무시할 수는 없다.

또한 바람과 지진 모두 모든 건물에 횡하중을 가하지만, 횡력이 적용되는 방식이 다르다. 아마도 이러한 차이점 중에서 가장 중요한 것은 지진력의 관성 특성으로, 건물의 무게에 따라 가해지는 힘이 증가하는 것이다. 따라서 무게는 내진 설계의 주요 인자이다. 그러나 풍력에 반응할 때, 건물은 미끄러짐sliding과 전도overturning에 저항하기 위해 무게를 유리하게 사용할 수 있다.

마찬가지로 풍력에 의해 상대적으로 강성이 있는 건물은 진동의 진폭이 작으므로, 유리하게 반응한다. 하지만 강성이 작은 구조물의 경우 지진하중에 대해 보다 양호한 응답을 보이는 경향을 가지고 있는데, 이는 구조물의 유연한 거동이 운동 에너지 일부를 소멸시키고 움직임을 통해 결과적으로 응력을 완화할 수 있기 때문이다.

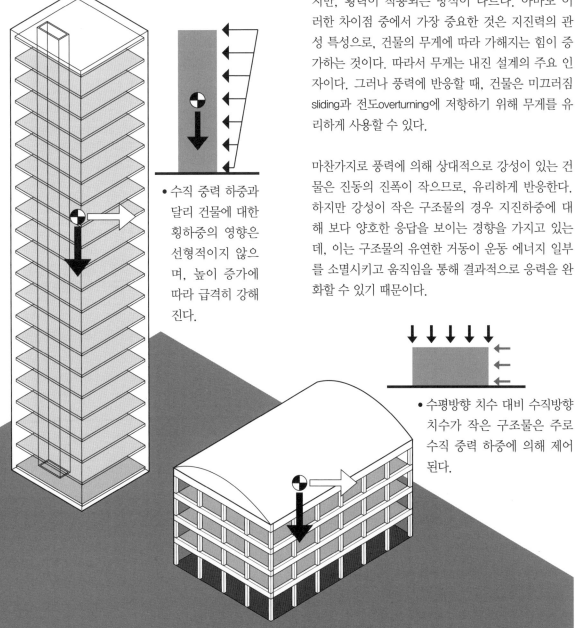

• 수직 중력 하중과 달리 건물에 대한 횡하중의 영향은 선형적이지 않으며, 높이 증가에 따라 급격히 강해진다.

• 수평방향 치수 대비 수직방향 치수가 작은 구조물은 주로 수직 중력 하중에 의해 제어된다.

바람은 움직이는 공기 덩어리이다. 건물과 기타 구조물은 움직이는 공기 덩어리의 운동 에너지를 압력의 위치 에너지로 변환하면서 바람을 꺾거나 방해하는 장애물로 나타낸다.

풍압은 풍속으로 인해 증가한다. 장기간에 걸쳐 측정된 특정 지역의 평균 풍속은 일반적으로 높이에 따라 증가한다. 평균 속도의 증가율은 또한 지면의 거칠기와 다른 건물, 식물 및 토지 형태를 포함한 주변 물체에 의해 제공되는 간섭으로 인해 영향을 받는다.

- 직접 압력: 바람의 경로에 수직인 건물 표면(바람이 불어오는 벽)은 직접 압력direct pressure의 형태로 풍력의 대부분을 받는다.

- 흡입: 측면 및 바람 방향(바람이 불어오는 방향의 반대쪽) 건물 표면과 경사가 30° 미만인 바람 방향 지붕 표면은 음압negative pressure 또는 흡입suction으로 인해 지붕 및 외피에 파손이 발생할 수 있다.

- 항력: 움직이는 공기 덩어리는 건물에 부딪힐 때 멈추지 않지만, 건물 주위로 흐르는 유체fluid가 된다. 이 흐름과 평행한 표면은 마찰로 인해 세로 방향의 항력drag을 받는다.

건물에 대한 바람의 주요 효과는 전체 구조물, 특히 외피에 가하는 횡력이다. 순 효과는 직접적인 압력, 음압 또는 흡입력, 항력의 조합이며, 풍압은 건물 구조물이 미끄러지거나 전도가 되는 원인이 될 수 있다.

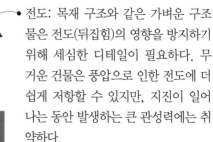

- 미끄러짐: 풍압은 건물과 그 기초 사이에 생성된 전단력에 의해 건물이 측면으로 이동되거나 횡방향으로 움직일 수 있다. 이러한 형태의 파손을 방지하기 위해서는 적절한 고정 장치가 필요하다.

- 전도: 목재 구조와 같은 가벼운 구조물은 전도(뒤집힘)의 영향을 방지하기 위해 세심한 디테일이 필요하다. 무거운 건물은 풍압으로 인한 전도에 더 쉽게 저항할 수 있지만, 지진이 일어나는 동안 발생하는 큰 관성력에는 취약하다.

- 풍압에 의해 생성된 뒤집히는 힘은 풍속의 증가나 노출된 건물 표면에 의해 증폭될 수 있다.

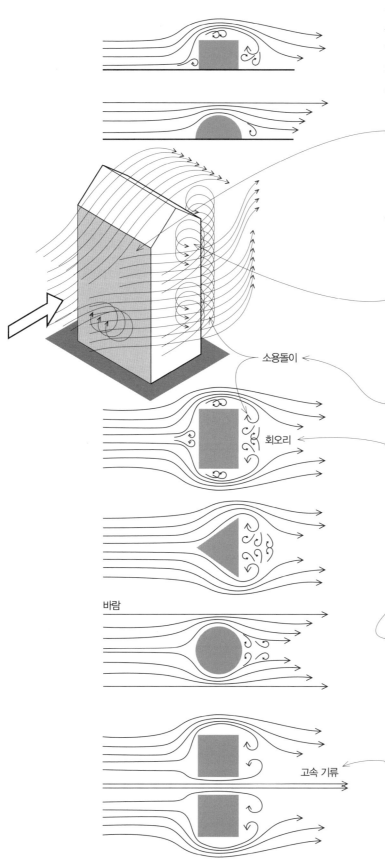

건물의 모양과 형태는 건물에 대한 풍압의 영향을 높이거나 낮출 수 있다. 예를 들어, 원형 또는 곡선 형태와 같은 공기역학적 형태의 건물은 일반적으로 평평한 표면을 가진 직사각형 건물보다 바람 저항이 낮다.

- 직사각형 형태의 노출면이 클수록 건물 전체 건물 전단에 대한 풍압의 영향과 건물 기초에서 발생하는 전도 모멘트가 커진다.

- 움직이는 기단의 흐름은 건물 및 기타 장애물을 지날 때 속도가 증가한다. 공기 입자의 흐름을 압축하는 날카로운 모서리나 가장자리는 둥글거나 공기 역학적 모서리보다 이 효과를 증가시킨다.

- 난기류에서 공기가 건물 표면과 접촉하는 한 양(+)의 풍압으로 기록된다. 건물 면이 너무 급격하게 볼록하거나 공기 흐름이 너무 빠르면, 기단이 건물 표면을 벗어나 음압의 정체공기 구역dead air zone이 형성된다.

- 소용돌이vortices 및 회오리eddies는 이러한 저기압 지역의 난류에 의해 발생하는 원형 기류이다.

- 난기류는 천천히 움직이는 반면, 소용돌이는 건물에 인접한 원형의 상승 기류와 흡입 흐름을 생성하는 더 빠른 기류이다.

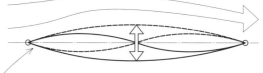

- 난기류turbulence의 존재는 건물에 대한 바람의 영향을 악화시킬 수 있다. 예를 들어, 바람에 의한 진동의 기본 주기가 구조물의 자연 주기와 일치할 때 허용할 수 없는 움직임이나 흔들림을 일으킬 수 있는 공진효과harmonic effect가 있다.

- 움직이는 기단이 두 건물 사이의 좁은 공간이나 건물의 아케이드를 통해 유입되면서 난기류가 발생하는 경우가 많다. 이 공간의 해당 풍속은 종종 주요 기류의 풍속을 초과한다. 이러한 유형의 난기류를 벤츄리 효과ventury effect라고 한다.

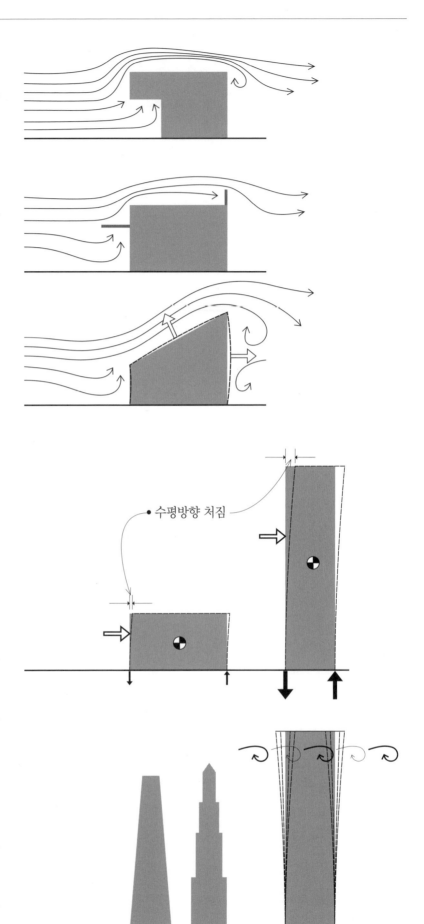

- 측면이 개방된 건물이나 바람을 포착할 수 있는 오목한 공간 또는 속이 빈 건물에는 설계 풍압이 더 크다.

- 난간, 발코니, 캐노피와 같은 건물의 돌출부는 이동하는 기단으로 인해 국부적인 압력이 증가할 수 있다.

- 풍압은 매우 높은 벽과 길게 뻗은 중도리에 큰 휨 모멘트와 처짐을 유발할 수 있다.

바람은 일반적인 설계 수준을 초과하는 높고 가느다란 구조물에 동적 하중을 발생시킬 수 있다. 고층 건물을 위한 구조 시스템과 외피의 효율적인 설계를 위해서는 풍력이 가느다란 건물 형태에 어떠한 영향을 미치는지에 대한 지식이 요구된다. 구조설계자는 풍동 테스트와 컴퓨터 모델링을 사용하여 구조물의 전체 기초 전단, 전도 모멘트, 구조물에 대한 풍압의 층별 분포를 결정하고, 건물의 움직임이 거주자의 편안함에 미치는 영향에 대한 정보를 수집한다.

- 높은 종횡비(높이 대 바닥 너비)를 가진 높고 가느다란 건물은 상단에서 더 큰 수평 처짐이 일어나고, 전도 모멘트에 더 취약하다.

- 단기 돌풍 속도는 추가 변위를 만드는 동적 풍압을 생성할 수도 있다. 높고 세장한 건물의 경우, 이러한 돌풍 작용이 지배적일 수 있으며 돌풍 뷔페팅 gust buffeting이라고 하는 역동적인 움직임을 생성하여 날씬한 구조물에 진동을 초래할 수 있다.
- 위로 갈수록 가늘어지는 건물 형태는 바람이 상승할 때 바람에 더 적은 표면적을 노출시켜 더 높은 곳에서 겪을 수 있는 증가하는 풍속과 압력을 상쇄하는 데 도움이 된다.
- 고층 건물 구조물에 대한 자세한 내용은 7장을 참조하라.

- 수평방향 처짐

지진은 단층선을 따라 지각판의 급격한 움직임에 의해 지각에서 유도되는 일련의 종방향 및 횡방향 진동으로 구성된다. 지진의 충격은 파동의 형태로 지표면을 따라 전파되고, 진원에서 멀어질수록 대수적으로 감쇠한다. 이러한 지반 운동은 본질적으로 3차원이지만, 수평 구성 요소는 구조 설계에서 더 중요한 것으로 간주된다. 구조물의 수직 하중 전달 요소는 일반적으로 추가 수직 하중에 저항할 수 있는 상당한 여유 공간을 가지고 있다.

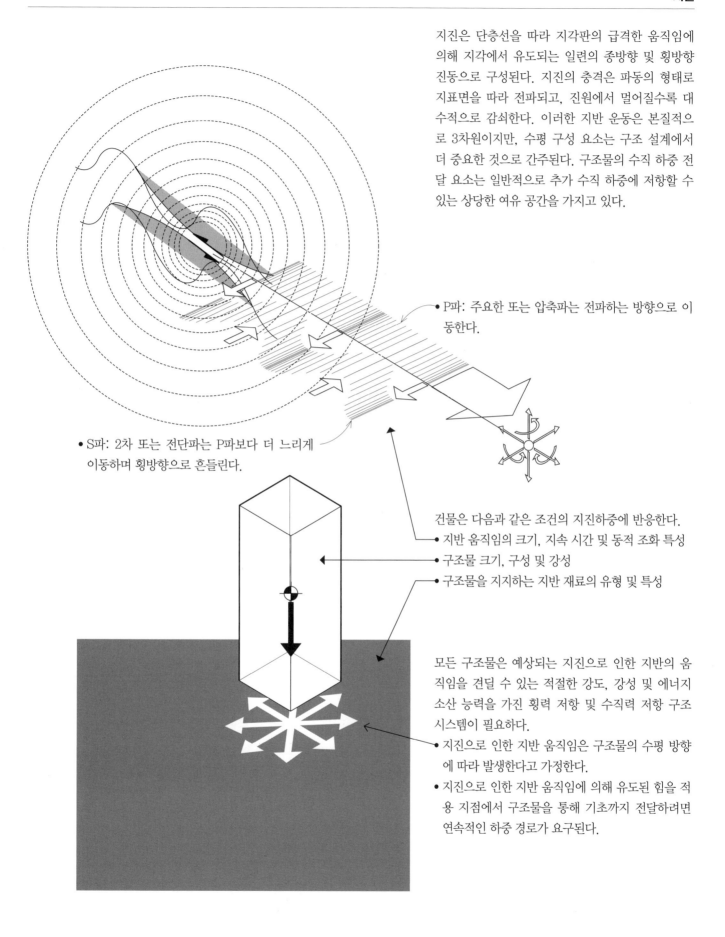

- P파: 주요한 또는 압축파는 전파하는 방향으로 이동한다.

- S파: 2차 또는 전단파는 P파보다 더 느리게 이동하며 횡방향으로 흔들린다.

건물은 다음과 같은 조건의 지진하중에 반응한다.
- 지반 움직임의 크기, 지속 시간 및 동적 조화 특성
- 구조물 크기, 구성 및 강성
- 구조물을 지지하는 지반 재료의 유형 및 특성

모든 구조물은 예상되는 지진으로 인한 지반의 움직임을 견딜 수 있는 적절한 강도, 강성 및 에너지 소산 능력을 가진 횡력 저항 및 수직력 저항 구조 시스템이 필요하다.
- 지진으로 인한 지반 움직임은 구조물의 수평 방향에 따라 발생한다고 가정한다.
- 지진으로 인한 지반 움직임에 의해 유도된 힘을 적용 지점에서 구조물을 통해 기초까지 전달하려면 연속적인 하중 경로가 요구된다.

지진에 노출된 건물의 전반적인 경향은 지반이 흔들릴 때 진동하는 것이다. 지진에 의해 유도된 흔들림은 관성력, 전도 모멘트, 진동 고유주기의 세 가지 주요 방식으로 건물에 영향을 준다.

관성력inertial force

- 지진 발생 시 건물의 첫 번째 반응은 질량의 관성으로 인해 전혀 움직이지 않으려고 하는 것이다. 그러나 순간적으로 지반가속도는 건물의 기초 부분에서 움직임을 유발시키고, 건물 상부에 횡하중을 그리고 기초 부분에 전단력(밑면전단력¹⁾)을 발생시킨다. 건물의 관성력은 기초 부분 전단력으로 대응하지만 반대 방향으로 작용하여, 건물이 앞뒤로 진동시킨다.

- 뉴턴의 제2법칙에 따르면 관성력은 질량과 가속도의 곱과 같다.

- 건물의 질량을 줄임으로써 관성력을 줄일 수 있다. 따라서 경량구조물은 내진 설계에 유리하다. 목조주택과 같은 가벼운 건물은 일반적으로 지진에 잘 견디는 반면, 무거운 조적조 건물은 심각한 손상을 입을 수 있다.

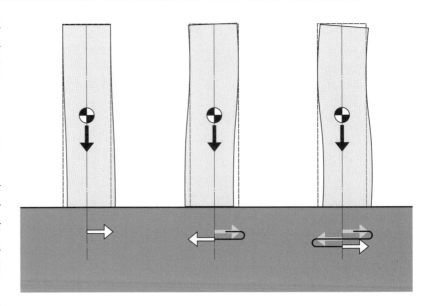

- 밑면전단력은 수평 방향으로 작용한다고 가정하는 구조물에 대한 전체 횡방향 지진력에 대한 최소 설계값이다.

- 일반 구조물, 낮고 불규칙한 구조물 및 지진 위험이 낮은 구조물의 경우, 지진대에서 지반 운동의 특성과 강도를 반영하기 위해 구조물의 총 고정하중에 여러 계수를 곱하여 밑면전단력을 계산한다. 해당 계수가 기초 아래 지반의 종류, 건물 사용 유형, 구조물의 질량과 강성 분포, 그리고 구조물의 고유주기(한 번 완전한 진동에 필요한 시간) 등을 반영하여 결정된다고 할 수 있다.

- 고층 건축물, 비정형 형태 또는 골조 시스템이 있는 구조물, 또는 지진하중에 의해 파손되거나 붕괴하기 쉬운 연성 또는 소성 토양 위에 지어진 구조물에 대해서는 보다 복잡한 동적 해석이 필요하다.

전도 모멘트

- 지면 위 일정 높이에서 가해지는 횡하중은 구조물의 기저부에 전도 모멘트overturning moment를 발생시킨다. 하중 평형을 위해, 전도 모멘트는 외부 복원 모멘트와 기둥 부재와 전단벽에서 발생하는 내부 저항 모멘트에 의해 균형이 이루어져야 한다.

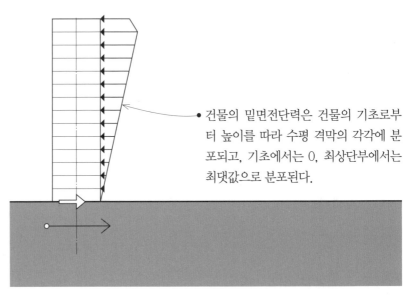

- 건물의 밑면전단력은 건물의 기초로부터 높이를 따라 수평 격막의 각각에 분포되고, 기초에서는 0, 최상단부에서는 최댓값으로 분포된다.

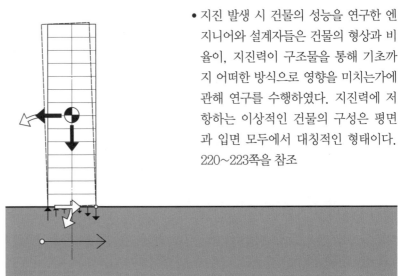

- 지진 발생 시 건물의 성능을 연구한 엔지니어와 설계자들은 건물의 형상과 비율이, 지진력이 구조물을 통해 기초까지 어떠한 방식으로 영향을 미치는가에 관해 연구를 수행하였다. 지진력에 저항하는 이상적인 건물의 구성은 평면과 입면 모두에서 대칭적인 형태이다. 220~223쪽을 참조

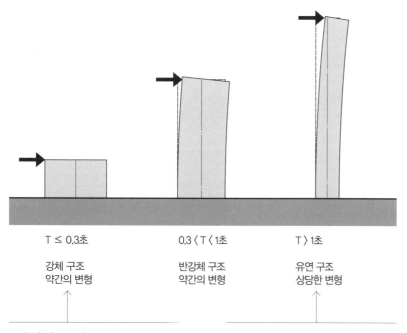

T ≤ 0.3초

0.3 〈 T 〈 1초

T 〉 1초

강체 구조
약간의 변형

반강체 구조
약간의 변형

유연 구조
상당한 변형

• 강성이고 진동주기가 단기인 short-period 건물은 내부 응력을 통해 에너지를 흡수하고 횡력에 더 민감하다.

• 유연하고 진동주기가 오래 지속되는long-period 건물은 움직임을 통해 에너지를 분산하고 횡력을 덜 끌어당기는 경향이 있다.

진동 고유주기|fundamental period of vibration

구조물의 자연 또는 주요 주기(T)는 밑면 위의 높이와 적용된 힘의 방향에 평행한 치수에 따라 달라진다. 상대적으로 강성 구조물은 빠르게 진동하고 짧은 주기를 갖지만, 더 유연한 구조물은 더 느리게 진동하고 긴 주기를 가진다.

지진 진동이 건물 구조의 기초가 되는 지반 재질을 통해 전파될 때, 지진 진동이 물질의 기본 주기에 따라 증폭되거나 감쇠될 수 있다. 지반 물질의 기본 주기는 단단한 토양 또는 암석의 경우 약 0.40초에서부터 부드러운 토양은 최대 1.5초까지 다양하다. 매우 부드러운 토양은 최대 2초의 주기를 가질 수 있다. 단단한 땅 위에 지어진 건물보다 부드러운 땅 위의 건물에서 지진으로 인해 흔들림이 더 큰 경향이 있다. 토양의 주기가 건물의 주기의 범위 안에 들어 있으면, 이 반응은 공진resonance을 유발시킬 수 있다.

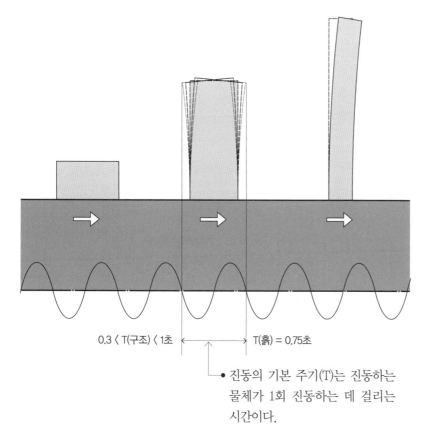

0.3 〈 T(구조) 〈 1초   T(흙) = 0.75초

• 진동의 기본 주기(T)는 진동하는 물체가 1회 진동하는 데 걸리는 시간이다.

건물 진동의 증폭은 바람직하지 않다. 구조 설계는 건물의 주기가 지지 토양의 주기와 일치하지 않도록 해야 한다. 단단하고 뻣뻣한(단기) 지반 위에 세워진 고층 건물(장기)뿐만 아니라 연약(장기) 지반에 위치한 짧은 강성(단기) 건물이 적합하다.

감쇠, 연성, 강도-강성은 구조물이 지진에 의해 유도된 운동의 영향에 저항하고 분산시키는 데 도움이 될 수 있는 세 가지 특성이다.

감쇠

감쇠damping는 진동 구조물의 연속적인 진동 또는 파동을 점진적으로 감소시키기 위해 에너지를 흡수하거나 소산하는 여러 수단 중 하나를 말한다. 특정 유형의 감쇠 메커니즘은 302~304쪽을 참조하라. 이러한 감쇠 방법 외에도 건물의 비구조적 요소, 연결부, 건축 자재 및 설계 시 가정사항은 지진 발생 시 건물의 진동 또는 흔들림의 크기를 크게 줄이는 감쇠 특성을 제공할 수 있다.

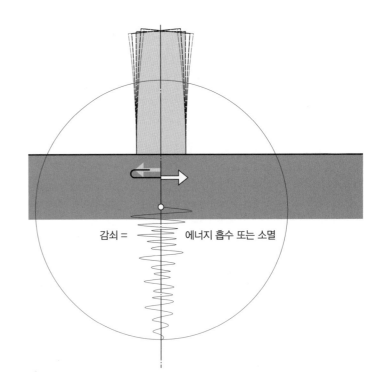

감쇠 = 에너지 흡수 또는 소멸

연성

연성ductility은 구조 부재의 휨 항복 능력에서 설계 변형의 몇 배를 변형시키는 능력으로, 과도한 하중이 다른 구조 부재 또는 동일한 부재의 다른 부분에 분산될 수 있다. 연성은 건물에서 강재와 같은 재료들이 부서지지 않고 상당히 변형될 수 있게 하고, 그렇게 함으로써 지진 에너지를 분산시킬 수 있는 예비 강도의 중요한 원천이다.

강도 및 강성

강도strength는 재료의 허용응력을 초과하지 않고 주어진 하중을 견딜 수 있는 구조 부재의 능력이다. 반면에 강성stiffness은 구조 부재가 변형을 제어하고 하중을 받는 상태에서 움직이는 양을 제한하는 능력의 척도이다. 이러한 방식으로 움직임을 제어하면 건물 거주자의 편안함뿐만 아니라 외피, 칸막이벽, 천장 및 가구와 같은 건물의 비구조적인 구성요소에 대한 부정적인 영향을 최소화할 수 있다.

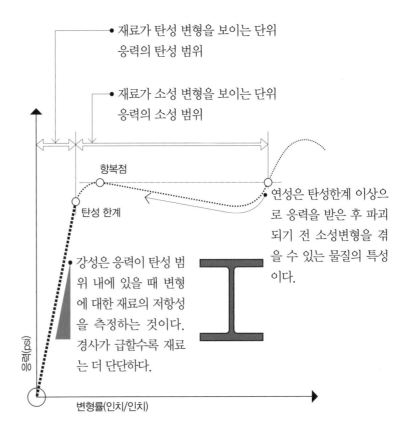

재료가 탄성 변형을 보이는 단위 응력의 탄성 범위

재료가 소성 변형을 보이는 단위 응력의 소성 범위

항복점

탄성 한계

강성은 응력이 탄성 범위 내에 있을 때 변형에 대한 재료의 저항성을 측정하는 것이다. 경사가 급할수록 재료는 더 단단하다.

연성은 탄성한계 이상으로 응력을 받은 후 파괴되기 전 소성변형을 겪을 수 있는 물질의 특성이다.

응력(psi)

변형률(인치/인치)

일반적으로 건물의 측면 안정성을 보장하기 위해 단독으로 또는 조합하여 통해 흔히 사용되는 세 가지 기본 메커니즘이 있다. 가새 골조, 모멘트 골조, 전단벽이다. 이러한 모든 횡력 저항 메커니즘은 평면 내 횡력에 대해서만 효과적이지만, 평면에 수직인 횡력에 저항하는 것을 기대할 수 없다.

수직 저항 요소에 횡력을 분배하는 데 사용되는 주요 수평 메커니즘은 격막diaphragm이다.

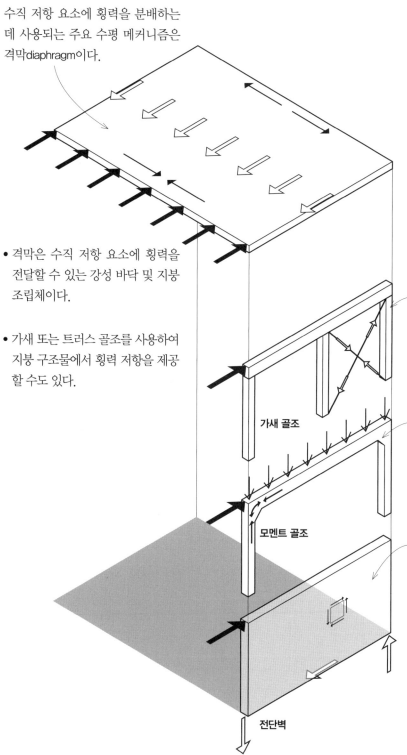

• 격막은 수직 저항 요소에 횡력을 전달할 수 있는 강성 바닥 및 지붕 조립체이다.

• 가새 또는 트러스 골조를 사용하여 지붕 구조물에서 횡력 저항을 제공할 수도 있다.

가새 골조

모멘트 골조

전단벽

• 가새 골조는 선형의 강재 또는 철근콘크리트 부재가 접합부에 단단하게 연결되어 부재의 끝부분이 자유롭게 회전하지 않도록 하는 구조이다. 가해진 하중은 골조의 모든 부재에서 축력, 휨모멘트 및 전단력을 생성한다.

• 모멘트 골조는 접합부에 단단하게 연결되어 부재의 끝부분이 자유롭게 회전하는 것을 억제하는 선형의 강재 또는 철근콘크리트 부재로 구성되어 있다. 가해진 하중은 골조의 모든 부재에서 축력, 휨모멘트 및 전단력을 생성한다.

• 전단벽은 수평 하중을 지면 기초에 전달하는 데 있어 얇고 깊은 캔틸레버 보 역할을 할 수 있는 다양한 콘크리트, 조적조, 강재 또는 목재 벽 조립체이다.

대규모 지진 발생 시 수직 저항 요소의 연성과 자연 감쇠를 보장하기 위해서는 구조물의 디테일 설계와 시공 품질 관리가 매우 중요하다.

가새 골조

가새 골조braced frames는 안정적인 삼각형 구성을 만드는 대각선 부재 시스템으로 견고하게 만들어진 기둥–보 골조로 구성된다. 현재 사용 중인 다양한 가새 시스템의 예는 다음과 같다.

- 무릎 가새
- 대각선 가새
- 십자형 가새
- V자형 가새
- K자형 가새
- 편심 가새
- 격자 가새

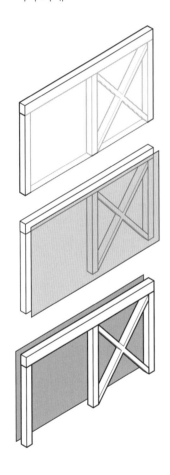

가새 골조는 건물 내부에 배치하여 코어 또는 주요 지지 평면을 보강하거나 외부 벽 평면에 배치할 수 있다. 벽이나 칸막이에 숨겨지거나 노출될 수 있으며, 이 경우 강한 구조적 표현이 형성된다.

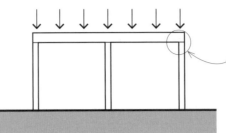

- 일반적인 기둥–보 골조는 적용된 수직 하중을 잠재적으로 견딜 수 있는 핀 또는 힌지 연결부로 결합된 것으로 가정한다.

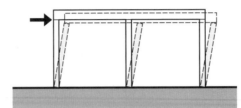

- 그러나 4힌지 사각형은 본질적으로 불안정하며 횡방향으로 가해지는 하중에 저항할 수 없다.

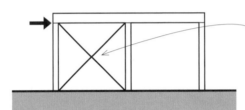

- 대각선 가새 방식을 추가하면 골조에 필요한 측면 안정성을 제공할 수 있다.

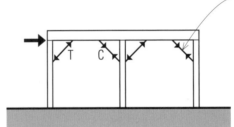

- 버팀 가새는 삼각측량을 통해 보–기둥 접합부에 상대적으로 단단한 연결부를 개발하여 측면 저항을 제공한다. 상대적으로 크기가 작은 버팀 가새는 어느 방향에서든 횡력에 저항할 수 있도록 쌍으로 사용해야 한다.

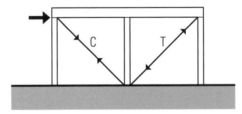

- 단일 대각선 가새는 인장과 압축을 모두 처리할 수 있어야 한다. 단일 대각선 가새의 크기는 압축 시 좌굴에 대한 저항에 의해 결정되며, 이는 결국 지지되지 않는 길이와 관련된다.

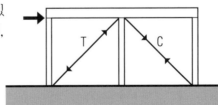

- 대각선 가새에서 수평 및 수직 구성요소의 상대적 크기는 가새의 기울기로 인한 결과이다. 대각선 가새가 수직일수록 동일한 횡하중을 견디기 위해 더 강해져야 한다.

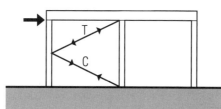

• K자형 가새는 수직 골조 부재의 중간 지점 근처에서 만나는 한 쌍의 대각선 가새로 구성된다. 각 대각선 가새는 골조에 작용하는 횡력의 방향에 따라 인장 또는 압축의 영향을 받을 수 있다.

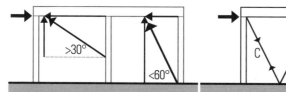

• 대각선 가새에서 수평 및 수직 구성요소의 상대적인 크기는 가새의 기울기에서 비롯된다. 대각선 가새가 수직일수록 동일한 횡하중을 견디기 위해 더 강해야 한다.

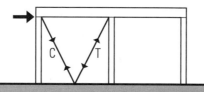

• V자형 가새는 수평 골조 부재의 중간 지점 근처에서 만나는 한 쌍의 대각선 가새로 구성된다. K자형 가새와 마찬가지로 각 대각선은 횡력의 방향에 따라 인장 또는 압축의 영향을 받을 수 있다.

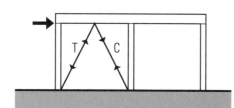

• 역V자형 가새chevron bracing은 V자형 가새와 유사하지만, 방향이 반전된 V자 아래의 공간을 통과할 수 있도록 한다.

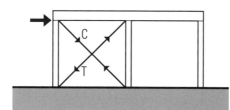

• X자형 가새는 한 쌍의 대각선으로 구성된다. 앞의 예와 같이, 각 대각선은 횡력의 방향에 따라 인장 또는 압축을 받을 수 있다. 각 대각선만으로 골조를 안정화할 수 있는 경우, 어느 정도의 여유도 degree of redundancy가 달성된다.

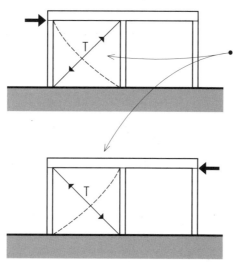

• 대각선방향 인장력 대응 시스템은 주로 인장력을 부담할 수 있는 케이블 또는 로드rod로 구성된다. 양쪽 방향의 횡력에 대항하여 골조를 안정시키기 위해서는 항상 한 쌍의 케이블 또는 로드가 필요하다. 각 하중 방향에 대해, 한쪽 방향 케이블 또는 로드는 장력에서 효과적으로 작동하는 반면, 다른 방향 케이블 또는 로드는 느슨해지고 하중을 전달하지 않는 것으로 가정한다.

편심 가새

편심 가새eccentric bracing 골조는 가새 골조의 강도
와 강성을 모멘트 골조의 소성plastic 거동 및 에너지
분산 특성과 결합하여 구성한다. 가새와 기둥 부재
사이에 또는 두 개의 반대되는 가새 사이에 짧은 연
결 보를 형성하면서 보 또는 거더 부재에 별도의 지
점에서 연결하는 대각 가새도 통합된다. 링크 보는
골조의 다른 요소에 큰 힘이 가해지는 것을 제한하
고 과도한 압력을 가하는 퓨즈 역할을 한다.

예상되는 지진 하중의 크기와 건축 기준법의 보수
적인 특성으로 인해 대지진 발생 시 구조물이 어느
정도 항복한다고 가정해야 한다. 그러나 캘리포니
아와 같은 지진 위험이 큰 지역에서는 대지진 시 완
전히 탄력성을 유지하도록 건물을 설계하는 것은
너무 경제적이지 않다. 철골은 지진 에너지를 많이
분산시키고 큰 비탄성 변형하에서도 안정성을 유지
하는 연성을 갖추고 있으므로 지진 지역에서는 편
심 가새를 갖춘 철골구조가 일반적으로 사용된다.
이러한 구조물들은 또한 풍하중으로 인한 횡변형을
줄이는 데 필요한 강성을 제공한다.

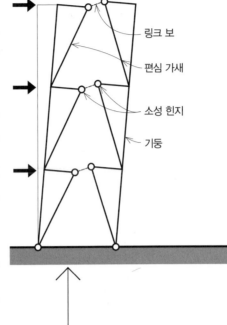

- 짧은 링크 보는 다른 부재의 변
형에 앞서 소성변형을 통하여
지진 에너지를 흡수한다.
- 편심 가새 골조는 또한 주기적
지진 하중 동안 골조 변형을 제
어하고 건축 요소의 손상을 최
소화하기 위해 설계될 수 있다.

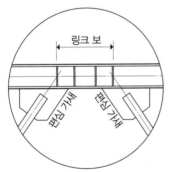

- 강재는 높은 강도에 연성(파손 없이 변형
가능한 능력)이 뛰어나 편심 가새 골조에
이상적인 재료이다.

- 편심 가새 골조는 일반적으로 구조물의
외벽 면에 배치되지만, 강재 골조의 코어
부분을 지지하기 위해 사용되기도 한다.

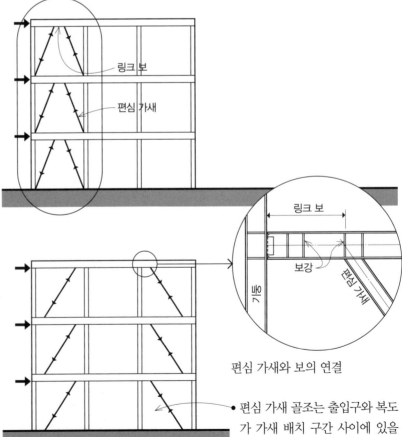

편심 가새와 보의 연결

- 편심 가새 골조는 출입구와 복도
가 가새 배치 구간 사이에 있을
때 유용하다.

다중 베이 배치

다중 베이 배치multi-bay arrangements에서 제공되는 측면 가새의 양은 가해지는 횡방향 하중의 함수이며, 다중 베이 배치의 모든 베이가 반드시 가새를 설치할 필요는 없다.

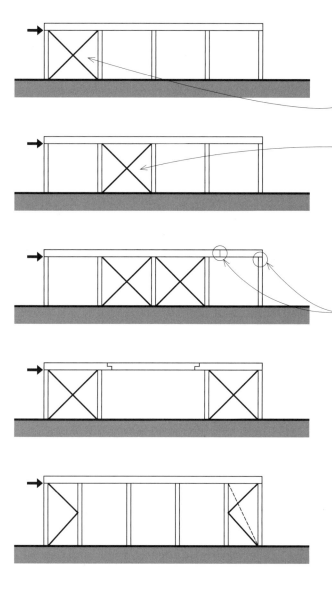

- 일반적으로 세 번째 또는 네 번째 베이마다 최소한의 가새를 설치한다.
- 내부 베이는 다른 베이에 안정성을 제공하기 위해 측면 가새를 설치할 수 있다.

- 베이가 많아질수록 가새의 부재 크기가 감소하고, 골조의 횡 강성이 향상되어 횡 변위가 감소한다.

- 두 개의 내부 베이를 가새로 보강하여 외부 베이의 횡방향 안정성을 제공할 수 있다.
- 다중 베이 골조의 보는 연속할 필요가 없다. 예를 들어, 핀 접합부는 골조의 측면 안정성에 부정적인 영향을 미치지 않는다.

- 두 개의 외부 베이를 가새로 보강하여 내부에 기둥이 없는 베이에 횡방향 안정성을 제공할 수 있다. 돌출된 두 개의 보는 하나의 단순보를 지지한다.

- 베이의 비율이 단일 대각 가새를 너무 가파르게 하거나 너무 평평하게 만드는 경우, 효과적인 가새 작용을 보장하기 위해 다른 형태의 가새를 고려할 필요가 있다.

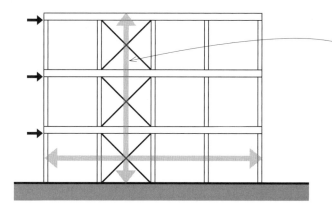

- 단층 건물의 모든 베이에 가새를 설치할 필요는 없지만, 다층 건물의 모든 층에 가새를 설치하는 것은 매우 중요하다. 이 경우 대각선으로 가새 보강된 베이는 수직 트러스 역할을 한다.

- 이러한 각 그림에서 표시된 가새 골조 대신에 모멘트 골조 또는 전단벽이 사용될 수도 있다.

모멘트 골조

모멘트 골조는 모멘트 저항 골조라고도 하며, 강접 또는 반강접 접합부가 있는 기둥 부재와 함께 평면에 있는 바닥 또는 지붕 경간 부재로 구성된다. 골조의 강도와 강성은 보와 기둥의 크기에 비례하고 기둥의 지지가 되지 않는 높이 및 간격에 반비례한다. 모멘트 골조는 특히 고층 구조물의 낮은 레벨에서는 상당히 큰 규모의 보와 기둥이 요구된다.

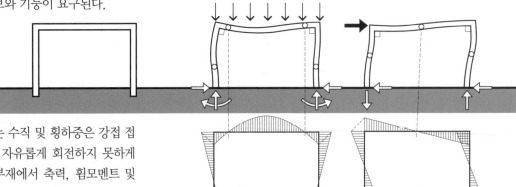

- 모멘트 골조에 가해지는 수직 및 횡하중은 강접 접합부가 부재의 단부를 자유롭게 회전하지 못하게 하므로, 골조의 모든 부재에서 축력, 휨모멘트 및 전단력을 생성시킨다. 게다가, 수직 하중은 모멘트 골조의 기초 부분에 수평 추력을 발생시킨다. 모멘트 골조는 정적 부정정 구조물이며, 그것의 평면 방향에서 견고하다.

- 모멘트 골조를 구성하는 모든 요소는 사실 보와 기둥으로, 휨응력과 인장 또는 압축 응력이 조합되어 가해진다.

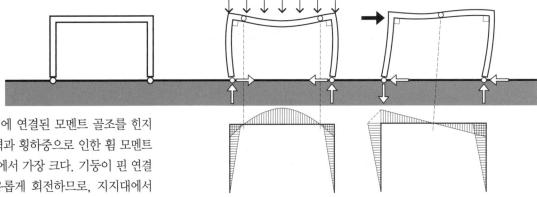

- 핀 접합으로 지지대에 연결된 모멘트 골조를 힌지 골조라고 한다. 중력과 횡하중으로 인한 휨 모멘트는 보−기둥 연결부에서 가장 크다. 기둥이 핀 연결부를 중심으로 자유롭게 회전하므로, 지지대에서 휨 모멘트가 발생하지 않는다.

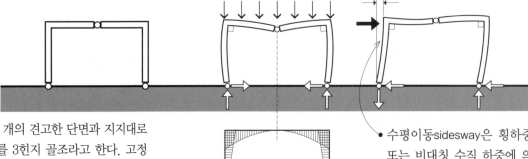

- 핀 조인트가 있는 두 개의 견고한 단면과 지지대로 구성된 구조 조립체를 3힌지 골조라고 한다. 고정 골조나 힌지 골조보다 처짐에 더 민감하지만, 3힌지 골조는 비교적 현장에서 간단한 핀 연결을 통해 어느 정도 사전 조립이 가능하다.

- 수평이동sidesway은 횡하중 또는 비대칭 수직 하중에 의해 발생하는 모멘트 골조의 횡방향 변위이다.

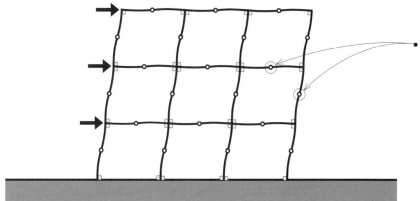

- 다층 모멘트 골조는 횡방향으로 하중이 가해질 때 변곡점(내부 힌지 지점)이 발생한다. 모멘트가 발생하지 않는 이러한 이론적인 힌지는 강재 시공용 접합부의 위치를 결정하고 콘크리트의 타설 전략을 세우는 데 도움이 된다.

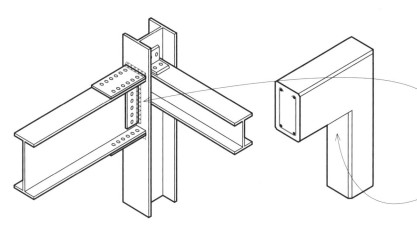

- 모멘트 저항 능력이 필요한 모멘트 골조는 일반적으로 구조용 강재 또는 철근콘크리트로 시공된다. 보-기둥 연결부의 상세는 접합부의 강성을 보장하기 위해 매우 중요하다.
- 구조용 강재 보와 기둥을 연결할 때 용접, 고강도 볼트, 또는 이 둘을 조합하여 모멘트에 대한 저항력을 발현시킬 수 있다. 강재 모멘트 저항 골조는 시스템의 탄성 용량이 초과한 후 지진력에 저항하기 위한 연성 시스템을 제공한다.
- 철근콘크리트 모멘트 골조는 보와 기둥, 무량판 슬래브와 기둥 또는 내력벽이 있는 슬래브로 구성될 수 있다. 콘크리트의 일체식 구조에서 발생하는 고유한 연속성은 자연적으로 발생하는 모멘트 저항 연결구조를 제공하므로, 부재는 철근의 매우 간단한 디테일을 가진 캔틸레버를 가질 수 있다.

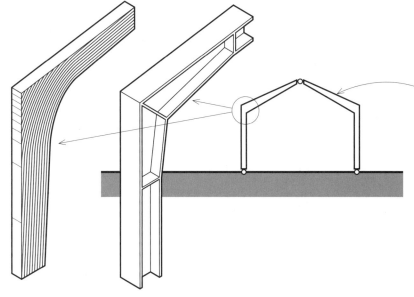

- 지붕을 위한 경사 섹션으로 3힌지 골조를 구성할 수 있다. 그것의 기본적인 구조적 반응은 평평한 지붕과 유사하다. 그렇나 부재의 형상은 종종 보-기둥 접합부에서 휨 모멘트의 상대적인 크기를 나타낸다. 부재 단면은 휨 모멘트가 기본적으로 0이기 때문에 핀 접합부에서 감소한다.
- 구조용 강재 외에도 집성목재를 사용하여 3힌지 단면을 제작할 수 있다. 큰 휨 모멘트에 저항하기 위해 보-기둥 교차점에 추가적인 재료가 제공된다.

전단벽

전단벽은 상대적으로 얇고 긴 강성의 수직부재이다. 전단벽은 수직면 끝에 위치해서 위층 바닥 또는 지붕 격막에서 전달되는 집중 전단 하중에 저항하는 캔틸레버 보와 유사하다고 간주할 수 있다.

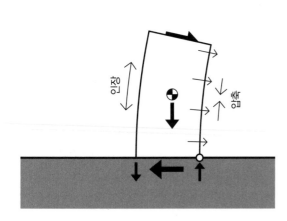

전단벽은 벽의 고정하중과 벽 모서리 또는 모서리에서의 인장력과 압축력에 의해 유발되는 저항 커플링 모멘트에 의해 평형 상태에 놓인다.

전단벽은 다음과 같이 구성될 수 있다.

• 현장 타설 철근 콘크리트
• 프리캐스트 콘크리트
• 보강된 조적조
• 합판, OSB(Oriented Stand Board) 또는 대각선 합판 덮개diagonal board sheathing와 같은 구조용 목재 패널로 덮인 경량 샛기둥 구조

전단벽에는 일반적으로 개구부나 관통부가 거의 없다. 전단벽이 규칙적인 관통부를 가지는 경우, 그것의 구조 거동은 전단벽과 모멘트 저항 골조 사이에 있다.

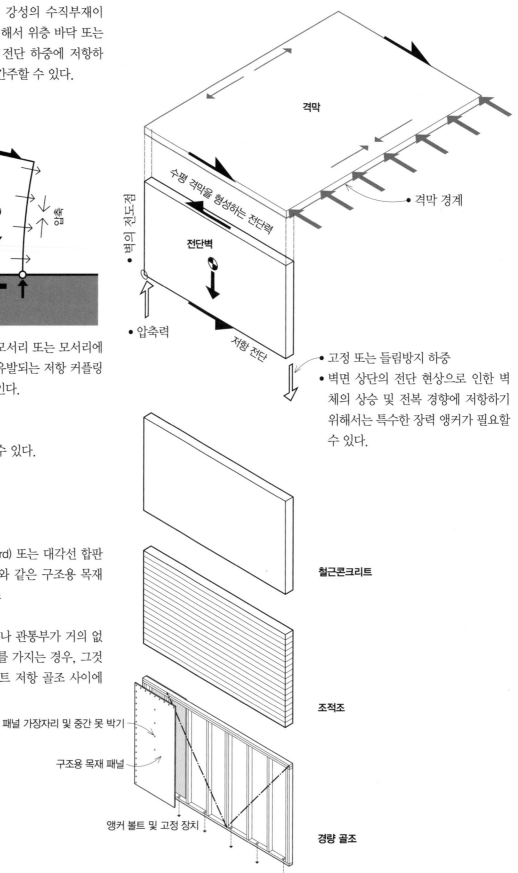

• 고정 또는 들림방지 하중
• 벽면 상단의 전단 현상으로 인한 벽체의 상승 및 전복 경향에 저항하기 위해서는 특수한 장력 앵커가 필요할 수 있다.

철근콘크리트

조적조

경량 골조

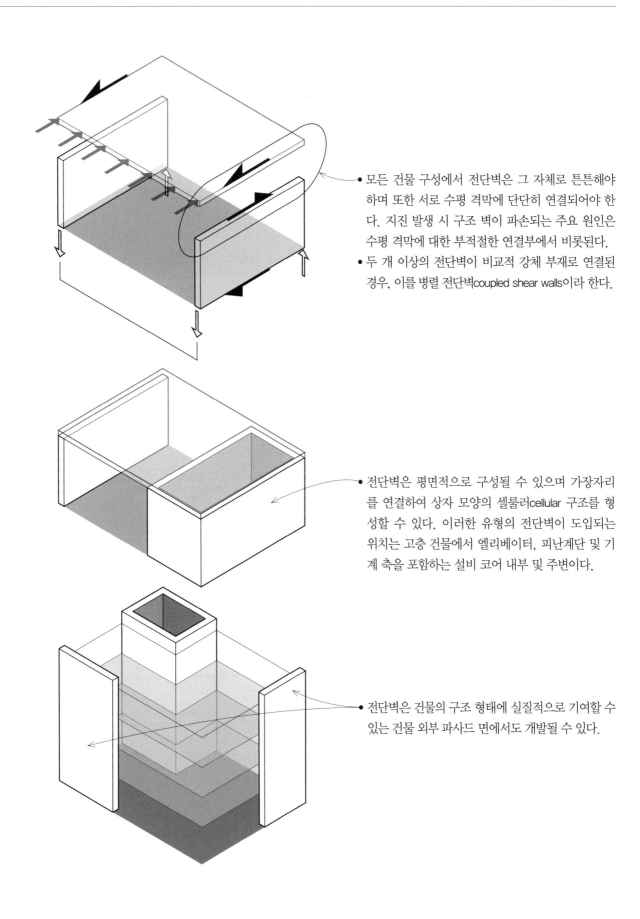

- 모든 건물 구성에서 전단벽은 그 자체로 튼튼해야 하며 또한 서로 수평 격막에 단단히 연결되어야 한다. 지진 발생 시 구조 벽이 파손되는 주요 원인은 수평 격막에 대한 부적절한 연결부에서 비롯된다.
- 두 개 이상의 전단벽이 비교적 강체 부재로 연결된 경우, 이를 병렬 전단벽coupled shear walls이라 한다.

- 전단벽은 평면적으로 구성될 수 있으며 가장자리를 연결하여 상자 모양의 셀룰러cellular 구조를 형성할 수 있다. 이러한 유형의 전단벽이 도입되는 위치는 고층 건물에서 엘리베이터, 피난계단 및 기계 축을 포함하는 설비 코어 내부 및 주변이다.

- 전단벽은 건물의 구조 형태에 실질적으로 기여할 수 있는 건물 외부 파사드 면에서도 개발될 수 있다.

격막diaphragms

횡력에 저항하기 위해 건물은 수직 및 수평 저항 요소로 구성되어야 한다. 지면에 횡력을 전달하는 데 사용되는 수직 요소는 가새 골조, 모멘트 골조, 전단벽이다. 이러한 수직 저항 요소에 횡력을 분배하는 데 사용되는 주요 수평 요소는 격막과 수평 가새이다.

격막은 일반적으로 횡방향 풍하중과 지진력을 수직 저항 요소로 전달할 수 있는 능력을 지닌 바닥 및 지붕 구조이다. 강재 보를 유사하게 사용하여, 격막은 격막 자체가 보의 거미줄 역할을 하고, 가장자리가 플랜지로 작동하는 평평한 보로 거동한다. 격막은 일반적으로 수평으로 배치되지만, 지붕을 구성할 때 흔히 곡선이거나 사선으로 배치될 수 있다.

일반적으로 구조용 격막은 격막의 면에 엄청난 강도와 강성을 가지고 있다. 바닥이나 지붕에서 사람이 보행할 때 움직임이 있을지라도, 바닥과 지붕 자체의 면은 극한 강성을 지니고 있다. 이러한 고유의 강성과 강도는 각 층에서 기둥과 벽을 함께 묶고 가새가 필요한 요소에 횡방향 저항을 제공한다.

격막은 강체 또는 유연 격막으로 분류할 수 있다. 이러한 차이는 횡방향 하중이 횡방향 격막에서 수직 저항 요소로 어떻게 분배되는지에 상당한 영향을 미치기 때문에 중요하다. 수직 저항 요소에 대한 하중 분포는 이러한 수직 요소의 강성과 관련이 있다. 비틀림 효과는 비대칭으로 배열된 수직 저항 요소에 연결된 강체 격막에서 발생할 수 있다. 콘크리트 슬래브, 콘크리트 채움을 사용한 금속 데크, 그리고 일부 두꺼운 치수heavy-gauge의 강재 데크는 강성 격막으로 간주된다.

격막이 유연한 경우, 평면 내 변형 크기의 차이가 클 수 있으며 수직 저항 요소에 대한 하중 분포는 격막의 기여 하중 면적에 의해 결정된다. 콘크리트 충전재가 없는 목재 피복 및 경량 강재 데크는 유연한 격막의 예이다.

관통부는 크기와 위치에 따라 지붕 및 바닥 격막을 심각하게 약화시킬 수 있다. 격막의 앞쪽과 뒤쪽 가장자리를 따라 발생하는 인장과 압축은 격막 깊이 방향으로 증가한다. 응력 집중이 안으로 굽은 모서리reentrant corner에서 발생하는 경우 주의 깊은 디테일이 필요하다.

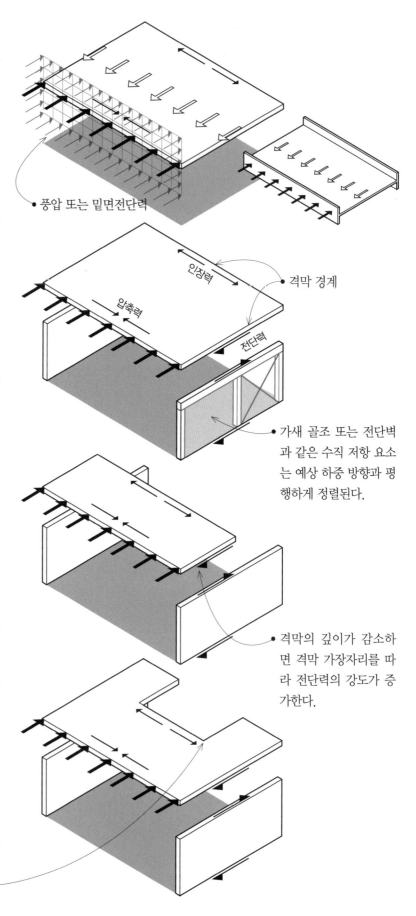

• 풍압 또는 밑면전단력

인장력
격막 경계
압축력
전단력

• 가새 골조 또는 전단벽과 같은 수직 저항 요소는 예상 하중 방향과 평행하게 정렬된다.

• 격막의 깊이가 감소하면 격막 가장자리를 따라 전단력의 강도가 증가한다.

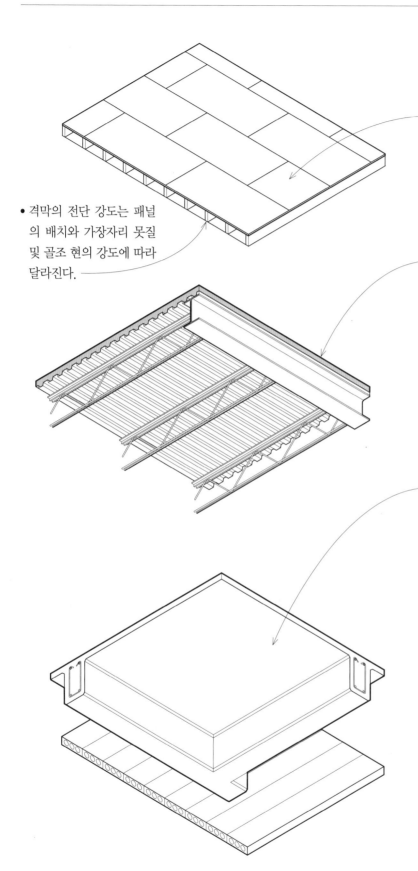

• 격막의 전단 강도는 패널의 배치와 가장자리 못질 및 골조 현의 강도에 따라 달라진다.

바닥 및 지붕 격막은 목재, 금속 또는 콘크리트 부재로 구성될 수 있다.

덮개가 있는 경량 골조

• 경량 골조 시공에서 격막은 합판과 같은 구조용 목재 패널로 구성되며, 목재 또는 경량 형강 강재 골조 위에 피복이 배치된다. 바닥 또는 지붕 골조의 경계 요소는 강재 보의 플랜지처럼 인장과 압축에 저항하는 동안 피복부는 전단 웹의 역할을 한다.

금속 데크

• 콘크리트 충진재concrete fill를 사용한 금속 데크는 격막의 역할을 효과적으로 수행할 수 있다. 콘크리트는 강성을 제공하는 반면, 금속 데크와 콘크리트 내부의 모든 보강철근은 인장 강도를 제공한다. 핵심 요구조건은 모든 요소를 적절히 상호 연결하는 것이다.

• 콘크리트 충진재가 없는 금속 지붕 데크는 격막 역할을 할 수 있지만, 콘크리트 충전재가 있는 데크보다 훨씬 유연하고 약하다.

콘크리트 슬래브

• 현장 타설 철근콘크리트 슬래브는 보 또는 슬래브에 보강 철근을 적절히 추가하여 현chord과 컬렉터collector를 갖는 격막의 전단웹 역할을 한다. 일체식 콘크리트 지붕 및 바닥 시스템에 포함된 지속적인 보강은 건물 전체에 효과적인 구조적 결합을 제공한다.

• 콘크리트 슬래브가 철골 건물에서 격막 역할을 할 때, 철골에 슬래브를 적절히 접합 또는 부착하여 강재 보의 압축 플랜지를 안정화시키고 횡격막 힘을 강재 골조로 쉽게 전달할 수 있도록 해야 한다. 이를 위해서는 일반적으로 강재 보를 콘크리트로 감싸거나 강재 보의 상단 플랜지에 용접된 샛기둥 연결재를 제공해야 한다.

• 프리캐스트 콘크리트 바닥 및 지붕 시스템은 견고한 구조용 격막을 제공하는 데 더 많은 어려움을 겪고 있다. 격막 응력이 클 경우, 현장에서 토핑 슬래브를 프리캐스트 요소 위에 배치할 수 있다. 토핑 슬래브가 없는 프리캐스트 콘크리트 요소는 프리캐스트 요소의 경계를 따라 전단력, 인장력 및 압축력을 전달하기 위해 적절한 고정 장치와 상호 연결되어야 한다. 이러한 고정 장치는 일반적으로 인접한 패널 사이에 용접된 강재 플레이트 또는 바bar로 구성된다.

건물은 단순히 2차원 평면들의 집합이 아닌 3차원 구조이다. 건물의 기하학적 안정성은 수평 격막과 수직 저항 요소의 3차원 구성에 의존하여 수평 방향에서 오는 것으로 가정하는 횡력에 저항하기 위해 함께 작동하도록 배열되고 상호 연결된다. 예를 들어, 지진 발생 시 건물이 흔들릴 때 발생하는 관성력은 3차원 횡력 저항 시스템, 구조물, 기초의 순서로 전달되어야 한다.

횡력 저항 시스템이 건물의 형태와 구성에 상당한 영향을 미칠 수 있으므로 이러한 시스템의 작동 방식을 이해하는 것은 건축 설계에서 중요하다. 사용될 횡력 저항 요소의 유형과 위치에 관한 결정은 건물의 평면계획 및 최종 외관에 직접적인 영향을 미친다.

• 횡력 저항면은 가새 골조, 모멘트 골조 또는 전단벽의 조합일 수 있다. 예를 들어, 전단벽은 한 방향으로의 횡력에 저항하는 반면 가새 골조는 다른 방향으로 유사한 기능을 수행할 수 있다. 다음 쪽의 수직 저항 요소 비교 참조.

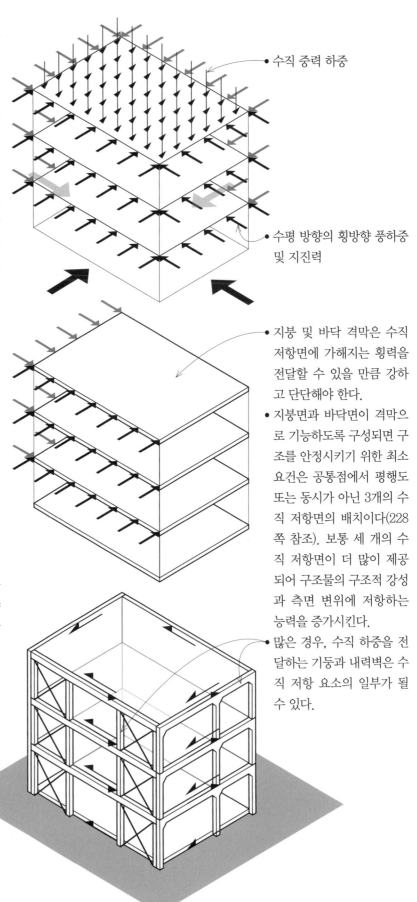

• 수직 중력 하중

• 수평 방향의 횡방향 풍하중 및 지진력

• 지붕 및 바닥 격막은 수직 저항면에 가해지는 횡력을 전달할 수 있을 만큼 강하고 단단해야 한다.
• 지붕면과 바닥면이 격막으로 기능하도록 구성되면 구조를 안정시키기 위한 최소 요건은 공통점에서 평행도 또는 동시가 아닌 3개의 수직 저항면의 배치이다(228쪽 참조). 보통 세 개의 수직 저항면이 더 많이 제공되어 구조물의 구조적 강성과 측면 변위에 저항하는 능력을 증가시킨다.
• 많은 경우, 수직 하중을 전달하는 기둥과 내력벽은 수직 저항 요소의 일부가 될 수 있다.

건물의 수직면에서의 횡력 저항은 가새 골조, 모멘트 골조 또는 전단벽에 의해 단독으로 또는 조합하여 제공될 수 있다. 그러나 이러한 수직 저항 메커니즘은 강성과 효율 면에서 동등하지 않다. 구조 골조의 제한된 부분만 안정화하면 되는 경우가 있다. 왼쪽은 다양한 유형의 수직 저항 메커니즘에 의해 5베이 골조를 고정하는 데 필요한 상대적인 길이를 나타내고 있다.

가새 골조

- 가새 골조braced frames는 강도 및 강성이 높아 모멘트 골조보다 랙 변형racking deformation에 대한 저항력이 우수하다.
- 가새 골조는 재료를 덜 사용하고 모멘트 골조보다 간단한 연결구조를 사용한다.
- 모멘트 골조보다 가새 골조를 사용하면 층고를 낮출 수 있다.
- 가새 골조는 건물 설계의 중요한 시각적 구성요소가 될 수 있다. 반면에 가새 골조는 인접한 공간 사이의 접근을 방해할 수 있다.

모멘트 골조

- 모멘트 골조moment frames는 인접한 공간 사이에서 시각적, 물리적 접근을 위한 최대의 유연성을 제공한다.
- 모멘트 골조는 연결부 디테일을 적절히 구성하면 연성이 좋아진다.
- 모멘트 골조는 가새 골조 및 전단벽보다 효율이 낮다.
- 모멘트 골조는 가새 골조보다 조립에 더 많은 재료와 노동력이 요구된다.
- 지진 발생 시 큰 변형은 건물의 비구조적 요소를 파손시킬 수 있다.

전단벽

- 철근콘크리트 또는 조적조 벽은 바닥 및 지붕 격막에 단단히 연결하면 에너지 흡수에 효과적이다.
- 전단벽shear walls은 과도한 횡방향 변형과 높은 전단응력을 방지하기 위해 잘 배치해야 한다.
- 높은 가로-세로(높이 대 너비) 비율은 피하는 것이 좋다.

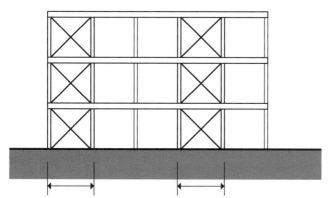

- 총 베이 수의 최소 25%를 가새로 보강해야 한다.

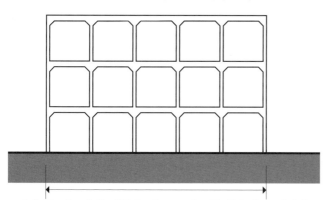

- 전체 골조는 강체 거동을 하고 모멘트를 흡수하는 접합부를 포함해야 한다.

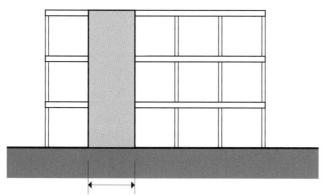

- 전단벽은 전체 베이 수의 최소 20~25%를 차지해야 한다.

횡력 저항 메커니즘

건물 구성building configuration

건물 구성은 구조물에서 3차원 횡력 저항 메커니즘을 말한다. 이러한 메커니즘의 위치와 배치에 관한 결정(크기와 모양뿐만 아니라)은 특히 지진 동안 지진력을 받을 때 구조물의 성능에 상당한 영향을 미칠 수 있다.

정형 구성regular configurations

건축 법규는 수평력의 균등한 분포에 대한 균형 잡힌 응답을 제공하는 저항 시스템의 정형 구성을 가정한 지진력을 기초로 한다. 또한 정형 구성은 일반적으로 대칭적인 평면, 짧은 경간, 여유도, 동일한 바닥 높이, 균일한 단면 및 높이, 균형 잡힌 저항력, 최대 비틀림 저항 및 방향 하중 경로가 특징이다.

불연속 격막이나 L자 또는 T자형 건물과 같은 비정형의 구성은 저항하기 매우 어려운 심한 응력 집중과 비틀림 작용을 유발할 수 있다(226쪽 참조).

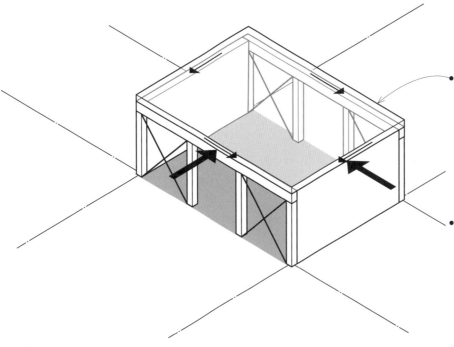

- 수직 저항 요소(가새 골조, 모멘트 골조, 내진벽)는 평면에 평행하거나 횡방향 힘에 대해서만 유효하다는 것을 기억해야 한다.

- 서로 직교한 중력 하중 및 횡하중에 저항하려면 지붕 및 바닥 격막과 함께 작용하는 최소 세 개의 수직 저항면이 있어야 한다.

- 두 개의 수직 저항면이 평행하고 한 방향에서는 횡방향 저항을 제공하고 다른 방향에서는 횡방향 힘을 저항하는 수직쌍을 갖는 것이 바람직하다. 이러한 배치는 더 작고 가벼운 측면 저항 요소를 만들 것이다.

- 설계프로젝트 초기에는 사용할 횡방향 저항 요소의 구체적인 종류를 파악하는 것보다 횡방향 저항 요소의 3차원 패턴 및 공간조직 및 형식 구성에 미치는 잠재적 영향을 결정하는 것이 더 중요하다.

서로에 대한 수직 저항면의 배치는 건물 구조가 여러 방향에서 오는 횡하중을 견디는 능력에 매우 중요하다. 건물 질량과 저항의 중심이 동시에 발생하지 않을 때 발생하는 비틀림 효과를 방지하기 위해서는 횡력 저항 요소의 균형 잡힌 대칭적인 배치가 항상 바람직하다.

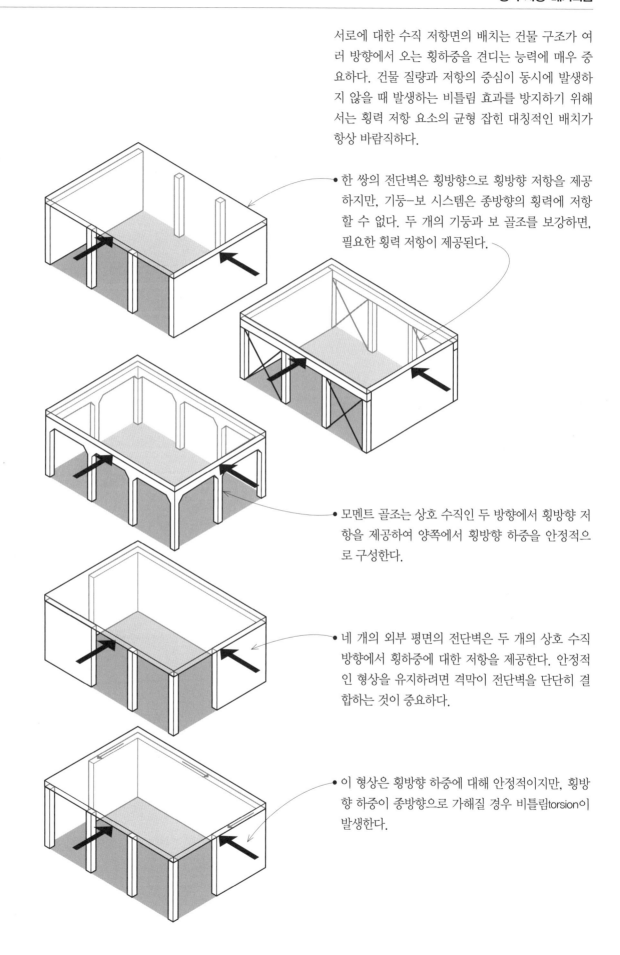

● 한 쌍의 전단벽은 횡방향으로 횡방향 저항을 제공하지만, 기둥-보 시스템은 종방향의 횡력에 저항할 수 없다. 두 개의 기둥과 보 골조를 보강하면, 필요한 횡력 저항이 제공된다.

● 모멘트 골조는 상호 수직인 두 방향에서 횡방향 저항을 제공하여 양쪽에서 횡방향 하중을 안정적으로 구성한다.

● 네 개의 외부 평면의 전단벽은 두 개의 상호 수직 방향에서 횡하중에 대한 저항을 제공한다. 안정적인 형상을 유지하려면 격막이 전단벽을 단단히 결합하는 것이 중요하다.

● 이 형상은 횡방향 하중에 대해 안정적이지만, 횡방향 하중이 종방향으로 가해질 경우 비틀림torsion이 발생한다.

앞선 쪽에서는 비교적 작은 규모의 구조물의 안정적인 형상이 나와 있다. 더 큰 건물에서는 수평 방향에서 횡하중에 저항하고 비틀림 모멘트와 변위의 발생 가능성을 최소화하기 위해 횡하중 요소를 전략적으로 배치하는 것이 훨씬 더 중요하다. 정사각형 또는 직사각형 그리드가 있는 다층 건물의 경우, 수직 저항 요소는 구조 전체에서 상호 수직 평면에 이상적으로 배치되며, 층에서 층으로 연속된다.

수직 저항 요소가 분산되는 방식은 횡력 저항 시스템의 효과에 영향을 미친다. 건물에 측면 저항 요소가 더 많이 밀집되어 있을수록 더 강하고 더 큰 강성을 갖는다. 반대로, 횡방향 저항 요소의 배열이 분산되고 균형이 잡힐수록 각 횡방향 저항 요소의 강성은 낮아진다.

분산 저항 요소로 구성된 횡방향 배치의 성능에 있어서 중요한 것은 개별적이기보다는 함께 작동하도록 격막에 의해 결합되는 정도이다. 예를 들어 횡방향 저항 요소가 집중된 경우, 수평 격막은 외부 표면에서 내부 저항 요소로 횡방향 힘을 전달할 수 있어야 한다.

고층 건물에서 엘리베이터, 계단 및 기계 샤프트를 포함하고 있는 서비스 코어는 전단벽이나 가새 골조로 구성될 수 있다. 이러한 코어 벽은 각 평면 방향으로부터의 횡방향 힘에 저항하는 것으로 간주될 수 있다. 또는 횡방향 하중에 대해 건물 구조를 안정시켜 보강할 수 있는 3차원 튜브구조를 형성하는 것으로 볼 수 있다. 코어 샤프트는 일반적으로 단면이 직사각형 또는 원형이기 때문에 이러한 형상은 모든 방향에서 모멘트와 전단에 저항하는 효율적인 수단을 제공한다. 구조 코어와 횡방향 저항면의 조합이 전략적으로 배치되어 각 층에서 수평 격막에 의해 서로 연결되는 경우, 횡방향 힘에 대한 우수한 저항을 제공할 수 있다.

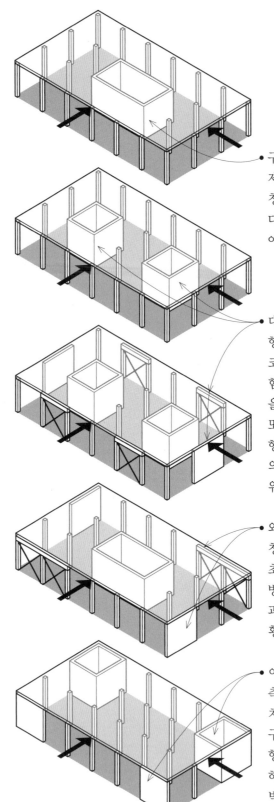

• 구조에 대한 모든 측면 저항을 제공하는 단일 중심 코어는 대칭으로 배치된 쌍둥이 코어보다 더 큰 강도와 강성을 지녀야 한다.

• 대칭으로 배치된 외부 횡방향 저항 요소와 2개의 내부 코어가 두 방향에서 횡방향 힘에 대한 분산 및 균형 저항을 제공한다. 전단벽은 가새 또는 모멘트 골조가 수직 방향으로 사용되는 동안 하나의 주요 방향으로 저항하기 위해 사용될 수 있다.

• 외부 측면 저항 요소의 비대칭 배치는 불규칙한 구성을 초래한다. 그러나 배치는 2 방향에서 횡방향 하중에 효과적이며 내부 코어가 추가 횡방향 저항을 제공한다.

• 이것은 세로축을 중심으로 측면 저항 요소의 비대칭 배치로 인한 또 다른 불규칙한 구성이다. 코어 벽은 가로 방향으로 횡방향 저항을 제공하는 반면, 외부 횡방향 저항벽은 세로 방향으로 코어 벽과 함께 작동한다.

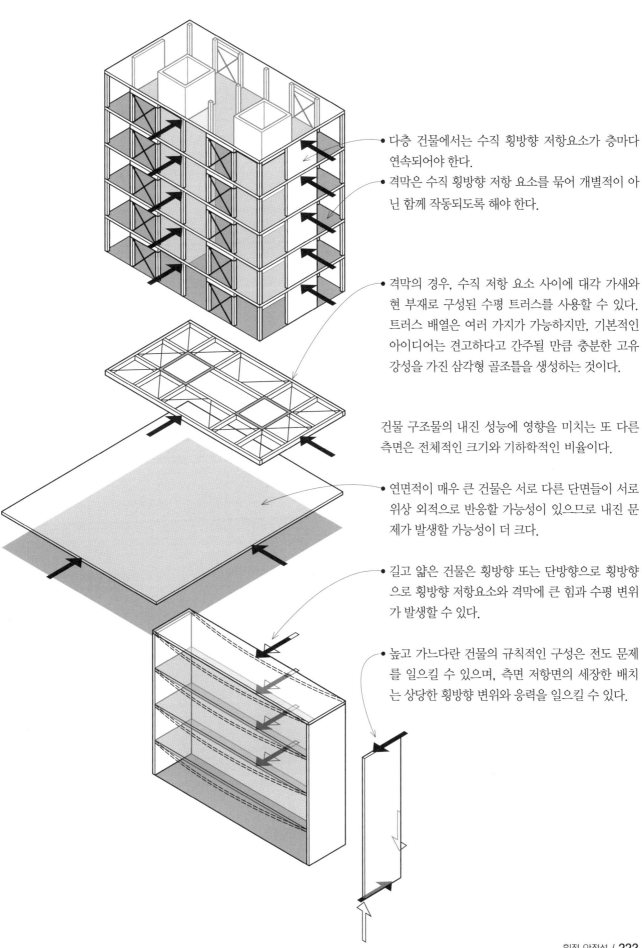

- 다층 건물에서는 수직 횡방향 저항요소가 층마다 연속되어야 한다.
- 격막은 수직 횡방향 저항 요소를 묶어 개별적이 아닌 함께 작동되도록 해야 한다.

- 격막의 경우, 수직 저항 요소 사이에 대각 가새와 현 부재로 구성된 수평 트러스를 사용할 수 있다. 트러스 배열은 여러 가지가 가능하지만, 기본적인 아이디어는 견고하다고 간주될 만큼 충분한 고유 강성을 가진 삼각형 골조틀을 생성하는 것이다.

건물 구조물의 내진 성능에 영향을 미치는 또 다른 측면은 전체적인 크기와 기하학적인 비율이다.

- 연면적이 매우 큰 건물은 서로 다른 단면들이 서로 위상 외적으로 반응할 가능성이 있으므로 내진 문제가 발생할 가능성이 더 크다.

- 길고 얇은 건물은 횡방향 또는 단방향으로 횡방향으로 횡방향 저항요소와 격막에 큰 힘과 수평 변위가 발생할 수 있다.

- 높고 가느다란 건물의 규칙적인 구성은 전도 문제를 일으킬 수 있으며, 측면 저항면의 세장한 배치는 상당한 횡방향 변위와 응력을 일으킬 수 있다.

불규칙한 구성irregular configurations

모든 건물이 규칙적인 구성을 가질 수는 없다. 평면과 단면에서의 불규칙성은 종종 프로그램 및 문맥적 요건, 우려 또는 요청에 기인한다. 그러나 건물의 배치가 불균형하게 이루어지면 횡방향 하중 하에서 구조의 안정성, 특히 지진으로 인한 손상의 영향을 받기가 쉽다. 내진 설계의 맥락에서 불규칙한 구성은 중요성과 특정한 불규칙성이 존재하는 정도에 따라 다르다. 불규칙성을 피할 수 없는 경우, 설계자는 가능한 지진의 영향을 인식하고 적절한 성능을 보장하는 방식으로 주의를 기울여 건물의 구조 상세를 설계해야 한다.

수평 불규칙성horizontal irregularities

수평 불규칙성에는 비틀림 불규칙성, 안으로 굽은 모서리, 비평행 시스템, 격막 불연속성 및 평면 외 오프셋과 같은 평면 구성에서 발생하는 불규칙성이 포함된다.

비틀림 불규칙성torsional irregularity

구조물의 주변 강도와 강성의 변화는 구조물의 무게 중심(횡력의 중심)과 강성 또는 저항 중심(시스템의 횡력에 저항하는 요소의 강성 중심) 사이의 편심 또는 분리를 발생시킬 수 있다. 그 결과 건물의 수평 방향 또는 수직 방향 비틀림이 발생하여 특정 위치, 특히 안으로 굽은 모서리에서 응력 집중이 과도하게 일어날 수 있다. 파괴적인 비틀림 효과를 막기 위해, 구조물은 가능한 한 동시에 무게와 강성의 중심에 대칭적으로 배치되고 보강되어야 한다.

건물 평면이 대칭이 아닐 경우, 횡력 저항 시스템은 강성 또는 강성의 중심이 무게 중심에 근접하도록 조정되어야 한다. 이것이 가능하지 않은 경우, 구조물은 비대칭 배치의 비틀림 효과에 대응하도록 특별히 설계되어야 한다. 가새 부재를 질량 분포에 해당하는 강성으로 분포시키는 것이 그 예이다.

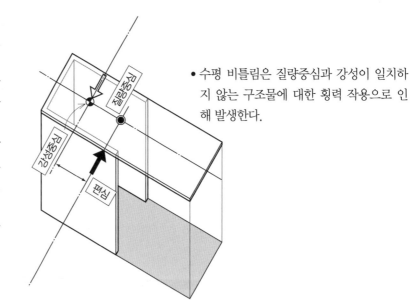

• 수평 비틀림은 질량중심과 강성이 일치하지 않는 구조물에 대한 횡력 작용으로 인해 발생한다.

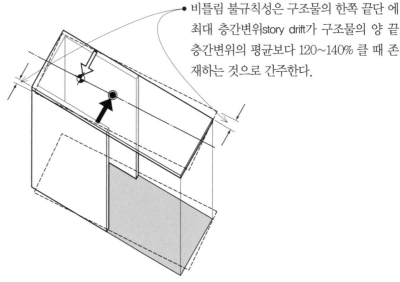

• 비틀림 불규칙성은 구조물의 한쪽 끝단에 최대 층간변위story drift가 구조물의 양 끝 층간변위의 평균보다 120~140% 클 때 존재하는 것으로 간주한다.

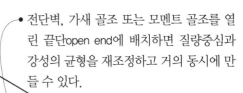

• 전단벽, 가새 골조 또는 모멘트 골조를 열린 끝단open end에 배치하면 질량중심과 강성의 균형을 재조정하고 거의 동시에 만들 수 있다.

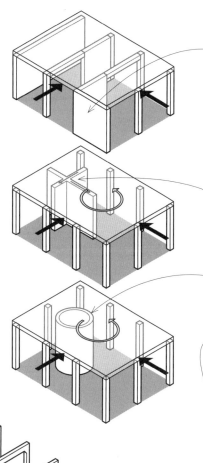

• 횡방향 저항면의 균형 잡힌 배치는 평행 방향에서 발생하는 횡방향 부하에 대한 양호한 저항을 제공한다. 그러나 다른 방향에서 오는 횡하중에 평행한 단일 전단벽은 비틀림 모멘트를 초래한다. 안정성을 위해, 각 횡하중 방향에 대해 두 개의 평행 횡방향 저항면이 필요하다.

• 횡 저항면이 횡하중 방향과 평행한 경우에도 십자형배치 등 일정한 배열 때문에 구조물의 무게 중심에서 강성 중심이 상쇄되면 비틀림이 발생한다.

• 원형 코어에서 발생하는 힘은 원형 경로를 따르므로 비틀림에 대한 저항이 약해진다.

• 길이 대 너비 비율이 크고 횡방향 저항 요소의 비대칭 배치를 갖는 선형 건축물은 균일하지 않은 강성으로 인해 상당한 비틀림 문제가 발생할 수 있다.

• 횡방향 하중이 종 방향에 비해 더 중요한 경향이 있으므로, 짧은 방향에 보다 효율적인 유형의 횡방향 하중 저항 메커니즘이 사용된다.

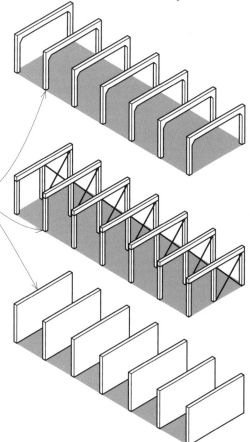

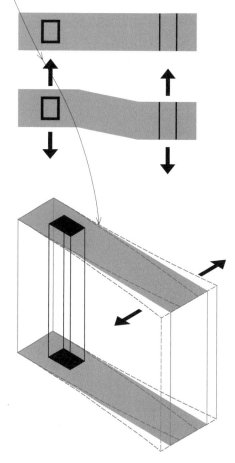

안으로 굽은 모서리|reentrant corners

십자형 평면 구성뿐만 아니라 L형, T형, U형, H형 건물은 안으로 굽은 모서리에서 집중 응력이 큰 영역에 걸쳐 발생할 수 있으므로 문제를 일으킬 수 있다. 안으로 굽은 모서리는 건물의 돌출된 부분이 내부 모서리로 평면 치수의 15%보다 큰 부분을 말한다.

이러한 건물의 모양은 부분 간 강성에 차이가 있으며, 이는 구조물의 다른 부분 간에 다른 움직임을 발생시켜 안으로 굽은 모서리에 집중적인 국부 응력을 초래한다.

응력 집중과 안으로 굽은 모서리에서의 비틀림 효과는 상호 연관되어 있다. 이러한 평면 형태의 무게 중심과 강성은 지진력의 가능한 모든 방향에 대해 기하학적으로 일치할 수 없으므로 비틀림torsion을 초래한다.

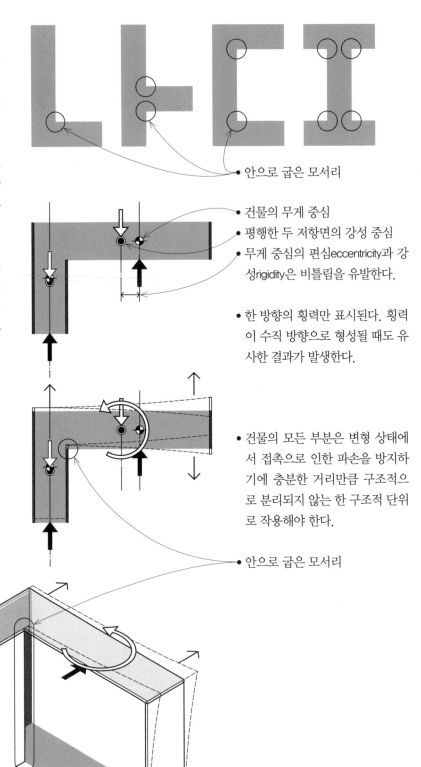

- 안으로 굽은 모서리

- 건물의 무게 중심
- 평행한 두 저항면의 강성 중심
- 무게 중심의 편심eccentricity과 강성rigidity은 비틀림을 유발한다.

- 한 방향의 횡력만 표시된다. 횡력이 수직 방향으로 형성될 때도 유사한 결과가 발생한다.

- 건물의 모든 부분은 변형 상태에서 접촉으로 인한 파손을 방지하기에 충분한 거리만큼 구조적으로 분리되지 않는 한 구조적 단위로 작용해야 한다.

- 안으로 굽은 모서리

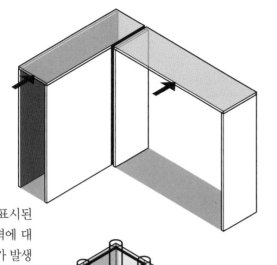

안으로 굽은 모서리 문제를 해결하기 위한 두 가지 기본 접근법이 있다.

1. 첫 번째로는 건물의 구성을 더욱 단순한 형태로 구조적으로 분리하고, 내진이음으로 연결하는 것이다. 내진이음은 분리된 각 건물의 최대 변위drift를 고려하여 설계되고 시공되며, 분리된 두 부분이 서로 기울어질 수 있는 최악의 경우를 고려해야 한다. 구조적으로 분리된 건물동은 각각 스스로 수직력과 수평력에 완전히 저항할 수 있어야 한다.

• 한 방향의 횡력만 표시된다. 수직 방향의 횡력에 대해서도 유사한 결과가 발생한다.

2. 두 번째 접근 방식은 높은 응력 수준을 감당하도록 건물의 부분들을 보다 실질적으로 함께 고정하는 것이다.

• 하나의 가능한 해결책으로서 지진 발생 시 두 건물이 하나의 단위로 더 잘 반응하도록 두 건물을 견고하게 고정하는 방법이 있다. 수집재 보를 교차하는 곳에 사용하여 교차하는 코어에 걸쳐 힘을 전달할 수 있다.

• 건물이 함께 묶여 있다고 가정할 때, 또 다른 해결책은 자유단에 전체 높이로 보강 요소, 즉 벽, 가새 골조 또는 모멘트 골조를 도입하여 변위displacement를 줄이고 건물의 비틀림 경향torsional tendency을 줄이는 것이다.

• 안으로 굽은 모서리에서의 응력 집중은 응력 흐름을 완화하기 위해 날카로운 모서리를 빗면splay으로 교체하여 감소시킬 수 있다.

횡력 저항 메커니즘

비평행 시스템

비평행 시스템nonparallel systems은 수직 횡력 저항
요소가 구조물의 주요 직교 축에 대해 평행하거나 대
칭적이지 않은 구조 배치이다. 비평행 저항면은 횡하
중과 하중에 평행한 벽면의 저항 전단력으로 인한 비
틀림에 저항할 수 없다.

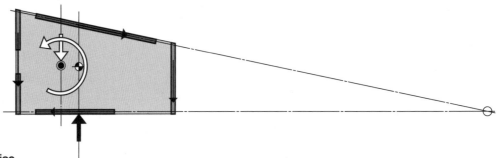

불연속 격막diaphragm discontinuities

상당한 편차를 갖는 격막은 층간 강성이며 – 큰 잘라
냄이나 열린 영역을 포함하는 것도 포함 – 또 다른 유
형의 평면 불규칙성을 나타낸다. 이러한 불연속성은
격막이 횡력 저항 시스템의 수직 요소에 횡력을 얼마
나 효과적으로 분배할 수 있는지에 영향을 미친다.

면외방향 이격

면외방향 이격은 횡력 저항 시스템의 수직 요소 경
로에 있는 불연속체이다. 구조물에 작용하는 힘은
한 구조 요소에서 다음 구조 요소로 이어지는 경로
를 따라 가능한 한 직접성을 가지고 이어지며, 결
국 기초 시스템을 통해 지지 지반으로 해결되어야
한다. 횡력 저항 시스템의 수직 요소가 불연속적일
때, 수평 격막은 수평 전단력을 동일 또는 다른 평
면의 수직 저항 요소로 재분배할 수 있어야 한다.

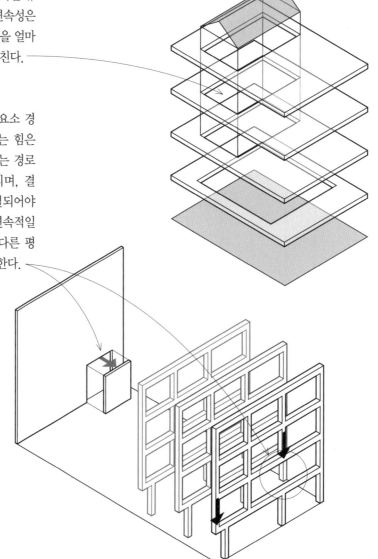

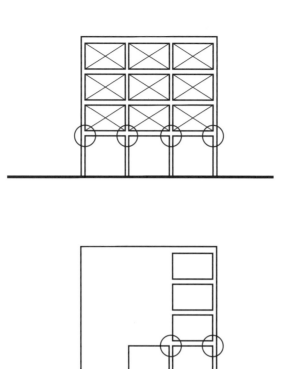

수직방향 불규칙성

수직방향 불규칙성은 연성층soft stories, 약층weak stories, 기하학적 불규칙성geometric irregularities, 면내 불연속성in-plane discontinuities, 질량 또는 무게의 불규칙성과 같은 단면 구성에서 발생한다.

연성층

연성층은 상부층대비 현저히 낮은 횡방향 강성을 갖는다. 연성층은 어느 층에서나 일어날 수 있지만, 지진력이 기단 쪽으로 누적되므로, 건물의 1층과 2층 사이에서 강성의 불연속성이 가장 큰 경향이 있다. 강성이 감소하면 연약층 기둥에 큰 변형이 발생하고, 일반적으로 기둥-보 연결부에서 전단 파괴가 발생한다.

약층

약층은 한 층의 측면 강도가 위의 층보다 현저히 낮으므로 발생한다. 전단벽이 한 층에서 다음 층으로 평면에서 정렬되지 않을 때, 횡력은 지붕에서 벽을 통해 기초까지 직접 아래로 전달될 수 없다. 변경된 하중 경로는 불연속성을 우회하기 위한 시도로 횡력의 방향을 바꾸어 불연속 위치에 치명적인 과응력을 발생시킨다. 불연속 전단벽 조건은 연성의 1층 문제의 특별한 경우를 나타낸다.

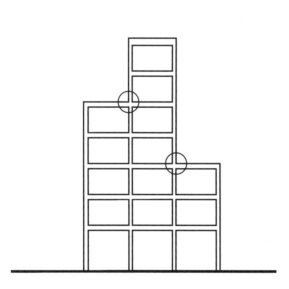

기하학적 불규칙성

기하학적 불규칙성은 횡력 저항 시스템의 수평적 차원이 인접한 층의 차원에 비해 상당히 크기 때문에 발생한다. 이러한 수직적 불규칙성은 건물의 다양한 부분들이 서로 다르고 매우 복잡한 반응을 보이게 할 수 있다. 높이의 변화가 생기는 연결 지점에서는 각별한 주의가 요구된다.

면내 불연속성

면내 불연속성은 수직 횡력 저항 요소에서 강성의 변화를 일으킨다. 강성의 변화는 일반적으로 지붕에서 건물 바닥까지 증가해야 한다. 지진력은 각각의 연속적인 하부 격막 층에서 누적되고 2층 높이에서 치명적이 된다. 이 높이에서 횡방향 가새의 감소는 1층 기둥의 큰 횡방향 변형과 전단 벽과 기둥에 매우 높은 전단 응력을 초래할 수 있다.

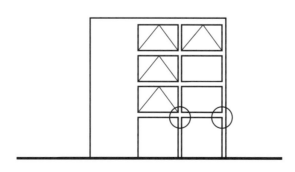

중량 또는 질량 비정형성

중량 또는 질량 비정형성은 층의 질량이 인접한 층의 질량보다 상당히 무겁기 때문에 발생한다. 연약한 층의 불규칙성과 마찬가지로, 강성의 변화는 하중의 재분배를 초래하여 보−기둥 이음부에 응력이 집중되고 아래 기둥에 더 큰 기둥 변위를 일으킬 수 있다.

- 수영장, 상당한 양의 흙이 필요한 옥상녹화 지붕 및 무거운 지붕 재료는 지붕 격막 레벨에서 큰 무게를 차지하며, 이는 지진 발생 시 큰 수평 관성력으로 치환된다. 이에 대응하여 증가된 하중을 처리할 수 있는 보다 실질적인 수직 횡력 저항 시스템을 제공해야 한다. 더 큰 응력을 감당하려면, 구조 부재의 크기를 늘리거나 베이 간격을 줄여야 한다.

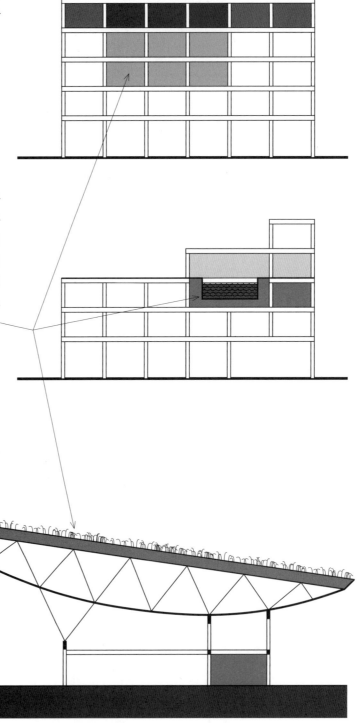

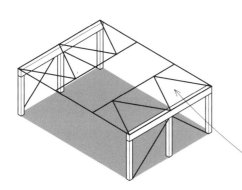

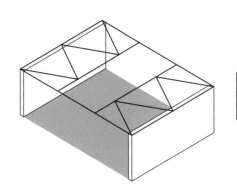

수평 가새 골조horizontal braced framing

때때로 지붕 또는 바닥 덮개가 너무 가볍거나 유연하여 격막의 힘을 지탱할 수 없는 경우, 수평 골조틀은 가새 벽 골조와 유사한 가새 기능을 통합하도록 설계되어야 한다. 강재 골조 건물, 특히 긴 경간의 트러스가 있는 산업시설 또는 창고 구조물에서 지붕 격막은 대각 강재 가새와 스트럿에 의해 제공된다. 가장 중요하게 고려해야 하는 사항은 횡력에서 수직 저항 요소까지 완전한 하중 경로를 제공하는 것이다.

- 종종 바람 가새라고 하는 수평 가새는 트러스 작용에 따라 달라지며, 특히 세로 방향이나 가로 방향이 아닌 방향에서 오는 하중에서 지붕면의 랙킹racking에 효과적으로 저항할 수 있다.

- 가새는 또한 시공 단계에서 평면 치수의 제곱을 돕고 지붕 격막이 완성되기 전에 구조물에 대한 강성을 제공하는 데 유용하다. 일반적으로 지붕 평면의 모든 베이에서 바람받이를 제공할 필요는 없다. 수평 골조틀이 수직 저항 시스템으로 횡하중을 전달하기에 충분한 베이만 보강되어야 한다.

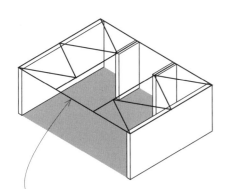

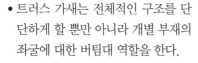

- 횡력이 지붕 평면을 따라 전달되어 수직 횡력−비틀림 시스템 사이에 걸쳐 있는 평평한 보 역할을 한다.

- 트러스 가새는 전체적인 구조를 단단하게 할 뿐만 아니라 개별 부재의 좌굴에 대한 버팀대 역할을 한다.

- 횡방향의 횡력저항은 장력계기, 강성패널, 트러스 등의 형태로 제공하여야 한다.

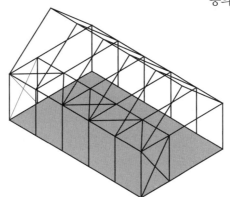

기초격리

기초격리base isolation는 지진의 충격을 흡수할 수 있도록 건물을 기초로부터 분리하거나 격리하는 전략이다. 지면이 움직이면 감쇠 장치가 충격의 많은 부분을 소멸시키기 때문에 건물은 더 낮은 주파수로 움직인다. 이 접근 방식에서 건물 구조는 수평 강성이 낮은 층을 구조물과 기초 사이에 끼움으로써 지진 지반운동의 수평 구성 요소로부터 분리되며, 따라서 구조물이 저항해야 하는 관성력을 감소시킨다.

현재 가장 많이 사용되는 기초 격리 장치는 천연고무 또는 네오프렌과 강철이 번갈아 접합된 형태로 구성되며, 순수 납의 실린더가 가운데를 통해 단단히 삽입된다. 고무 층을 사용하면 아이솔레이터 토우를 수평으로 쉽게 이동할 수 있으므로, 건물과 건물 거주자가 겪는 지진하중을 줄일 수 있다. 그것들은 진동이 멈추면 건물을 원래 위치로 되돌리는 스프링 역할도 한다. 고무 시트가 얇은 강재 보강판에 가황결합2)되어 수평 방향에서는 유연성이 발생하지만, 수직 방향에서는 매우 뻣뻣한 상태를 유지할 수 있다. 수직 하중은 상대적으로 변경되지 않은 채 구조물로 전달된다.

기초격리 시스템은 일반적으로 약 7층 높이의 강성 건물에 적합하다. 높은 건물은 뒤집힐 수 있으며, 기초격리 시스템이 완화될 수 없다. 하지만 최근에는 더 높은 건물이 기초격리의 혜택을 받고 있다. 건물은 일반적인 비격리 건물보다 격리 기간이 보통 2.5배에서 3배 정도 요구된다.

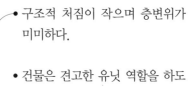

- 층변위story drift란 건물의 인접 층과의 상대적 수평 변위를 말한다.

- 기존 구조물은 상층부에서 증폭되는 지진 지반가속도에 의한 변위 및 변형의 영향을 많이 받는다.

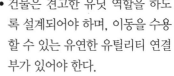

- 구조적 처짐이 작으며 층변위가 미미하다.

- 건물은 견고한 유닛 역할을 하도록 설계되어야 하며, 이동을 수용할 수 있는 유연한 유틸리티 연결부가 있어야 한다.

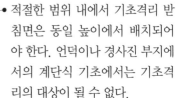

- 적절한 범위 내에서 기초격리 받침면은 동일 높이에서 배치되어야 한다. 언덕이나 경사진 부지에서의 계단식 기초에서는 기초격리의 대상이 될 수 없다.

건물 구성요소에 대한 디테일 작성

건축 법규는 일반적으로 격막 및 전단벽과 같은 건물의 내진 시스템을 구성하는 구성요소의 설계 및 디테일에 대한 요구사항을 포함할 뿐만 아니라, 비정형 건물 구성과 관련된 문제를 해결한다. 고려해야 할 세부 사항은 다음과 같다.

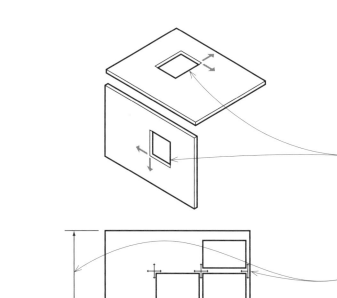

- 전단벽 및 격막의 개구부는 개구부의 응력을 구조물로 전달한다.

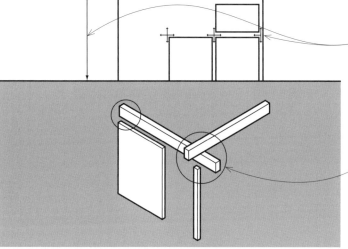

- 불연속적인 용량(약층)의 건물은 일반적으로 2층 또는 30피트(9144)로 제한되며, 디테일은 약층에서의 응력 전달을 제공해야 한다.

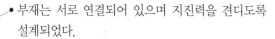

- 부재는 서로 연결되어 있으며 지진력을 견디도록 설계되었다.

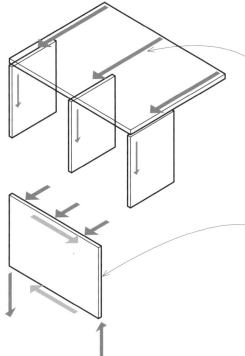

- 집진기 요소는 건물에서 횡력−진동 시스템으로 지진력을 전달할 수 있어야 한다.

- 내력벽 및 전단벽은 벽면의 전단력과 벽면을 벗어난 특정 힘에 대해 설계되어야 한다.

중력과 횡방향 하중의 영향은 모양이나 형상에 상관없이 모든 구조에 적용된다. 구조에 규칙성이 없는 것처럼 보이는 자유형 건물조차도 표면 아래에 비교적 규칙적인 프레이밍 시스템이 있는 경우가 많다. 또는 본질적으로 안정한 비선형 구조 기하 형태가 포함될 수 있다. 비선형적이고 불규칙한 유기적 형태를 구축하는 방법은 여러 가지가 있다. 중요한 문제는 이러한 분명히 자유로운 형태는 비록 보이지 않더라도 기본 기하학적 또는 구조적 기반을 가져야 하며, 이 기초에 필요한 횡방향 힘에 저항하는 전략이 내장되어 있다.

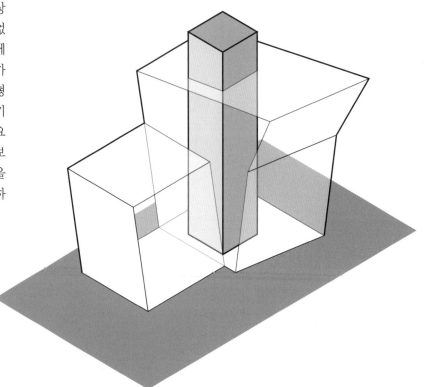

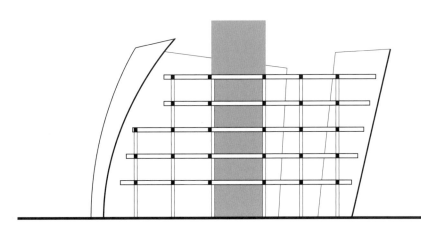

- 수직 트러스와 같은 제3의 지지 요소는 직선 구조 골조로부터 자유로운 형태의 파사드를 지지한다.
- 외부 형태를 정의하는 일련의 자유형상의 모멘트 골조로 하나의 평면 방향으로 지지 간격을 일정하게 유지한다.
- 이중 곡면의 구성은 사실 정형의 기하 형태 표면의 일부이다.

6

장경간 구조물

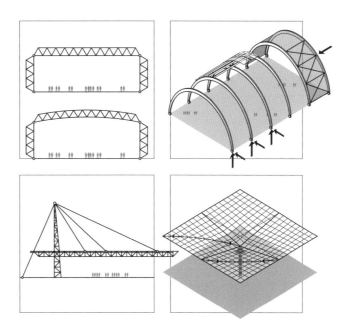

경간은 대부분의 대형 건물에서 주요 문제이지만, 특별히 강당이나 전시장과 같은 시설에서는 넓게 펼쳐진 무주 공간의 설계가 요구된다. 그러한 요구 사항이 있는 건물의 경우, 설계자와 엔지니어는 안전을 고려하되 가능한 한 효율적으로 장경간long span의 큰 휨 모멘트와 처짐에 저항할 수 있는 적절한 구조 시스템을 선택해야 한다.

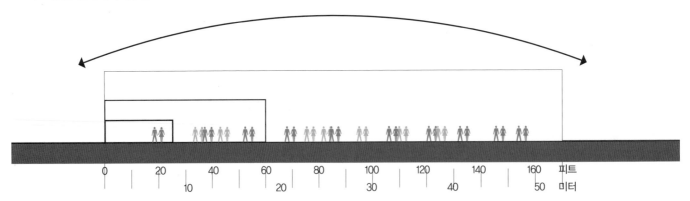

무엇이 장경간 구조물을 구성하는지에 대한 구체적인 정의는 존재하지 않는다. 여기서는 60피트(18미터)를 초과하는 경우 장경간으로 간주한다. 장경간 구조물은 스포츠 경기장, 극장, 수영장 및 비행기 격납고와 같은 다양한 건물 유형을 위한 크고 개방된 바닥 공간 및 지붕을 형성하고 지지하는 데 가장 자주 사용된다. 또한 큰 공간이 건물 구조 내에 포함된 경우, 건물의 바닥을 지지하는 데 사용될 수도 있다.

- 미식축구, 야구 또는 축구에 사용되는 경기장은 옥외 개방형이거나 실내 경기장일 수 있다. 일부 실내 경기장에는 800피트(244미터)가 넘는 경간으로 50,000~80,000명의 관중을 수용할 수 있는 지붕 시스템이 가능하다.
- 스포츠 경기장의 규모와 형태는 중앙 바닥 면적과 관중석의 구성 및 규모와 관련이 있다. 지붕의 모양은 원형, 타원형, 정사각형 또는 직사각형일 수 있으며, 임계 경간은 일반적으로 150~300피트(45.7~91미터) 이상이다. 거의 모든 현대식 장소에는 기둥이 없이 방해받지 않는 시야로 관람할 수 있다.
- 극장과 공연장은 일반적으로 스포츠 경기장보다 규모가 작지만, 기둥이 없는 무주 공간을 확보하려면 여전히 장경간 지붕 시스템이 필요하다.
- 전시 및 컨벤션홀은 일반적으로 전시 또는 박람회를 위해 25,000~300,000제곱피트(2323~27,870제곱미터) 이상의 전용 바닥 면적이 요구된다. 배치의 유연성을 극대화하기 위해 기둥은 가능한 한 멀리 떨어져 있다. 일반적으로 20~35피트(6.1~10.7미터)의 기둥 간격이 매우 자주 사용되지만, 전시장의 기둥 간격은 100피트(30미터) 이상일 수 있다.
- 일반적으로 장경간 시스템을 사용하는 기타 건물의 유형으로는 창고, 산업 및 제조 시설, 공항 터미널 및 격납고, 대형 소매점이 포함이 된다.

구조적 고려사항structural issues

규모는 구조의 형태를 결정하는 데 주요한 역할을 한다. 단독 주택이나 다용도 건물과 같은 비교적 작은 구조물의 경우, 다양한 재료를 사용하는 간단한 구조 시스템을 통해 구조적인 요구 사항을 충족할 수 있다. 하지만 초대형 구조물의 경우, 수직 중력과 바람과 지진으로부터 비롯되는 횡력은 종종 사용될 수 있는 구조 재료와 시공 방법을 제한하고, 이로 인해 사용될 수 있는 구조 시스템 개념을 결정짓게 한다.

• 처짐deflection은 장경간 구조물의 설계에 있어 주요한 설계 결정요소이다. 장경간 부재의 요소는 춤depth과 크기는 휨응력보다는 처짐을 제어할 수 있는 방식으로 결정된다.

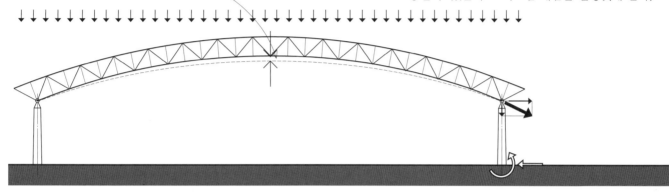

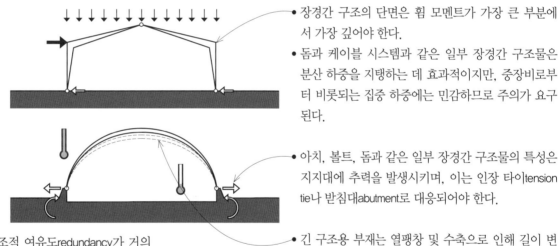

• 장경간 구조의 단면은 휨 모멘트가 가장 큰 부분에서 가장 깊어야 한다.
• 돔과 케이블 시스템과 같은 일부 장경간 구조물은 분산 하중을 지탱하는 데 효과적이지만, 중장비로부터 비롯되는 집중 하중에는 민감하므로 주의가 요구된다.

• 아치, 볼트, 돔과 같은 일부 장경간 구조물의 특성은 지지대에 추력을 발생시키며, 이는 인장 타이tension tie나 반침대abutment로 대응되어야 한다.

• 긴 구조용 부재는 열팽창 및 수축으로 인해 길이 변화가 크게 일어나기 쉬우며, 특히 외기에 노출된 구조용 부재가 그러하다.
• 장경간 구조물에는 일반적으로 대규모 인원을 수용할 수 있으므로, 횡력에 대한 장경간 구조물의 구조적 안정은 특히 중요하다.

• 장경간 구조물은 구조적 여유도redundancy가 거의 없으며, 핵심 부재가 문제를 일으키면 치명적인 사고가 발생할 수 있다. 장경간 구조물의 부재를 지탱하는 기둥, 골조, 벽은 기여하중tributary load이 매우 크며, 국지적인 붕괴가 발생할 경우, 이러한 하중을 다른 부재로 재분배할 기회가 거의 없다.
• 물고임ponding은 장경간 지붕 설계에서 가장 치명적인 상태 중 하나이다. 지붕에서 정상적인 물의 배출을 막는 처짐 현상이 발생하면, 경간 중간에 더 많이 물이 고여서 더 큰 처짐 현상으로 이어져 더 큰 하중이 축적될 수 있다. 이러한 점진적인 반복은 구조적인 붕괴가 발생할 때까지 계속될 수 있다. 물고임을 포함한 최대 하중을 지지하도록, 또는 지붕에 적절한 배수가 이루어지도록 설계되어야 한다.

설계 고려사항

장경간 구조물은 경제성과 효율성을 고려하여, 적절한 구조 형상에 따라 설계되어야 한다. 예를 들어, 단면은 가장 큰 휨 모멘트가 발생하는 부분에서 춤이 가장 깊어야 하며, 휨 모멘트가 최소이거나 존재하지 않는 핀 접합에서는 가장 얇아야 한다. 최종적인 프로파일은 건물의 외부, 특히 지붕 프로파일은 건물의 내부 공간 형태에 매우 큰 영향을 줄 수 있다.

건물의 용도, 건물 설계에 대한 형태적, 공간적 영향, 재료·제작·운송·설치와 관련된 경제적 요인을 여러 모로 고려하여 적절한 장경간 구조 시스템을 선택해야 한다. 이러한 요인 중 하나라도 장경간 구조의 가능한 선택을 제한할 수 있다.

설계자가 직면하는 또 다른 결정 사항은 장경간 구조물이 어느 정도로 표현되거나 심지어 그것을 강조하는 여부에 관한 것이다. 장경간 구조물은 규모가 크므로, 그것의 존재를 감추기 어렵다. 일부 장경간 구조물은 그들이 어떻게 공간을 가로질러 치솟는지 더 명확하게 표현하는 반면, 다른 구조물들은 구조적인 역할에서 외부로 드러나지 않는 인상을 부여하고자 한다. 따라서 건물 설계가 장경간 시스템의 구조적인 역학관계를 제시하는 데 초점을 주는지, 아니면 그 영향을 완화하여 공간 내의 활동에 초점을 두는지에 관한 결정을 내릴 수 있다.

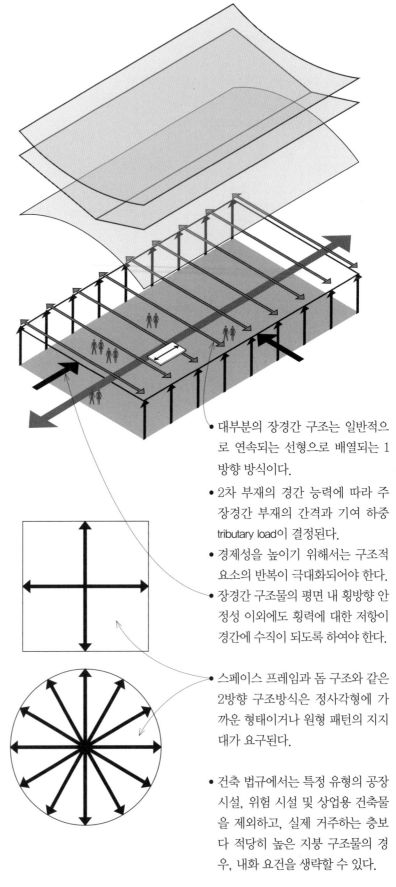

- 대부분의 장경간 구조는 일반적으로 연속되는 선형으로 배열되는 1방향 방식이다.
- 2차 부재의 경간 능력에 따라 주 장경간 부재의 간격과 기여 하중 tributary load이 결정된다.
- 경제성을 높이기 위해서는 구조적 요소의 반복이 극대화되어야 한다.
- 장경간 구조물의 평면 내 횡방향 안정성 이외에도 횡력에 대한 저항이 경간에 수직이 되도록 하여야 한다.
- 스페이스 프레임과 돔 구조와 같은 2방향 구조방식은 정사각형에 가까운 형태이거나 원형 패턴의 지지대가 요구된다.
- 건축 법규에서는 특정 유형의 공장 시설, 위험 시설 및 상업용 건축물을 제외하고, 실제 거주하는 층보다 적당히 높은 지붕 구조물의 경우, 내화 요건을 생략할 수 있다.

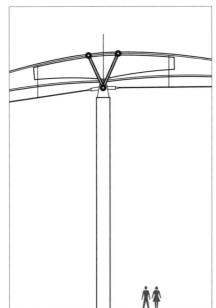

- 장경간 구조물의 이음 상세는 시각적인 흥미와 규모의 감각을 동시에 불러일으킬 수 있다.

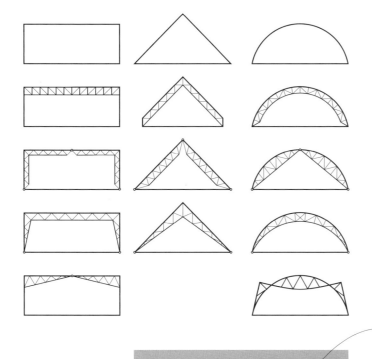

- 대부분의 장경간 구조물은 1방향 시스템이므로, 해당 프로파일은 중요한 설계 고려사항이다.
- 플랫flat 보 및 트러스 구조물은 직선 형상으로 외부 형태와 내부 공간으로 확장된다.
- 볼트와 돔 구조물은 볼록한 외부 형태와 오목한 내부 공간을 생성한다.
- 트러스, 아치 및 케이블 시스템은 다양한 프로파일을 제공한다. 예를 들어, 장경간 트러스 및 트러스 아치의 가능한 프로파일 중 몇 가지 유형이 여기에 설명되어 있다.

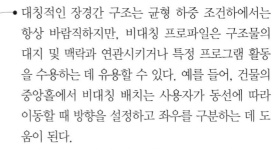

- 대칭적인 장경간 구조는 균형 하중 조건하에서는 항상 바람직하지만, 비대칭 프로파일은 구조물의 대지 및 맥락과 연관시키거나 특정 프로그램 활동을 수용하는 데 유용할 수 있다. 예를 들어, 건물의 중앙홀에서 비대칭 배치는 사용자가 동선에 따라 이동할 때 방향을 설정하고 좌우를 구분하는 데 도움이 된다.
- 높이를 다양화할 수 있는 장경간 구조의 기능은 대공간 내에서 소규모 장소를 설정하고 식별하는 데 도움이 될 수 있다.

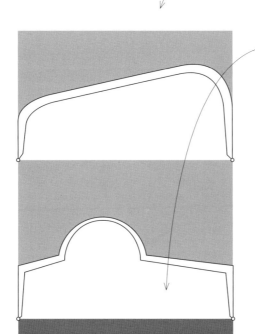

시공상 고려사항

- 장경간 부재는 운반이 어려우며 건설 현장에서는 상당한 규모의 보관 공간이 요구된다. 최대 길이는 일반적으로 트럭 운송의 경우 60피트(18.3미터), 철도 운송의 경우 약 80피트(24.4미터)이다. 장경간 보와 트러스의 춤 또한 배송에 문제를 일으킬 수 있다. 고속도로에서 운반할 경우 부재의 최대 폭은 약 14피트(4.3미터)이다.
- 운송상의 제약으로 인하여 일반적으로 장경간 부재의 경우 현장조립이 필요하다. 장경간 부재의 조립은 일반적으로 크레인으로 제자리에서 들어 올리기 전에 지상에서 이루어진다. 따라서 각 장경간 부재의 총중량은 현장에서 크레인의 용량을 지정할 때 주요 고려사항이다.

1방향 경간 시스템

보
- 목재　　　집성목재 보
- 강재　　　와이드-플렌지 보
　　　　　　플레이트 거더
- 콘크리트　프리캐스트 T

트러스
- 목재　　　플랫 트러스
　　　　　　형상 트러스
- 강재　　　플랫 트러스
　　　　　　형상 트러스
　　　　　　스페이스 트러스

아치
- 목재　　　집성목재 아치
- 강재　　　조립식 아치
- 콘크리트　거푸집생산 아치

케이블 구조물
- 강재　　　케이블 시스템

평판 구조물
- 목재　　　절판
- 콘크리트　절판

셸 구조물
- 목재　　　라멜라 볼트
- 콘크리트　배럴 셸

2방향 경간 시스템

평판 구조물
- 강재　　　스페이스 프레임
- 콘크리트　와플 슬래브

셸 구조물
- 강재　　　리브 돔
- 콘크리트　돔

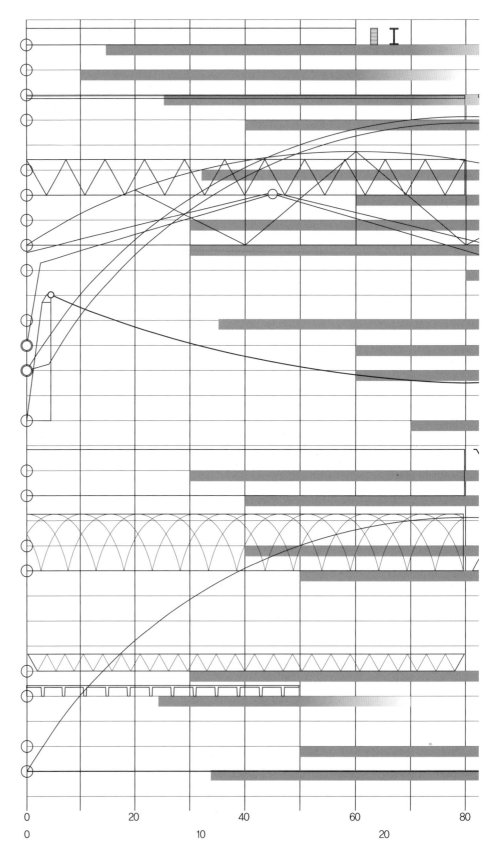

장경간 구조물의 기본 유형 경간 범위가 제시되어 있다.

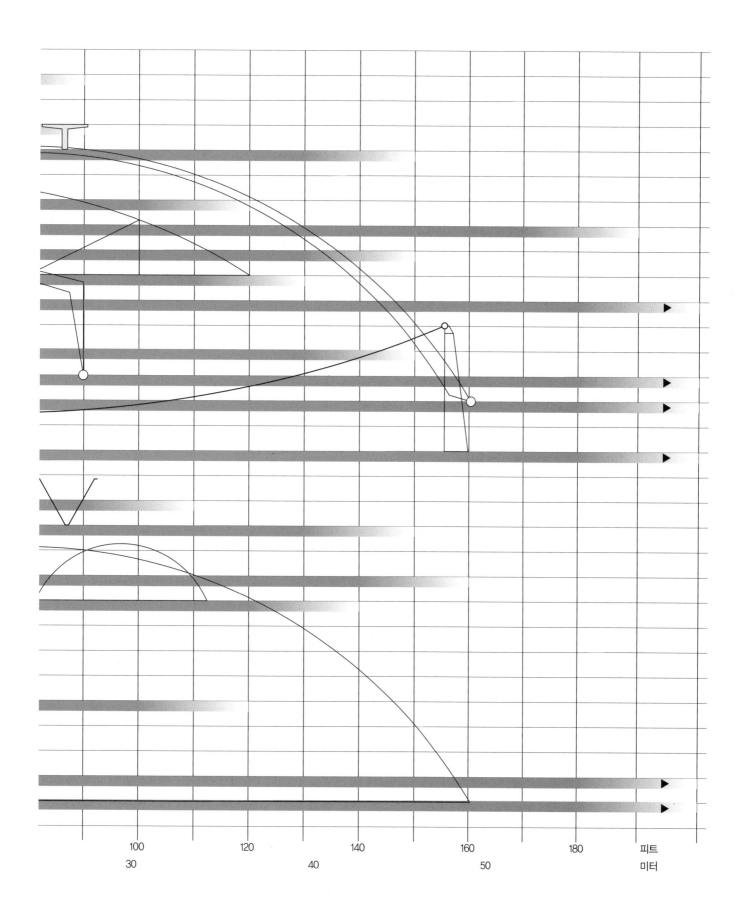

100   120   140   160   180   피트

30   40   50   미터

플랫flat 보 구조는 원하는 명확한 높이 내에서 최소의 공간이 필요할 때 가장 적합한 방식이다. 달성 가능한 경간은 보의 깊이와 직접적인 관련이 있으며, 일반 하중의 경우 집성목재 보와 강재 거더의 경우 깊이 대 경간 비율이 약 1 : 20이 되어야 한다. 중실 웹 보solid web beam 구조는 깊이 대 경간의 이점이 있지만, 자체 무게가 크고 개방형 웹 또는 트러스 보 구조처럼 기계 설비를 쉽게 수용하지 않는다.

집성목재 보

중실 제제목 보는 장경간 보에는 사용할 수 없지만, 집성목재 보는 최대 80피트(24.4미터) 길이까지 경간이 가능하다. 집성목재 보는 강도가 우수하고 단면이 크고 곡선형에서 테이퍼tapered 프로파일까지 제작할 수 있다.

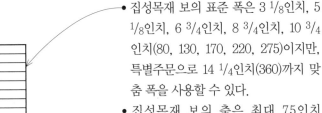

- 집성목재 보의 표준 폭은 3 $\frac{1}{8}$인치, 5 $\frac{1}{8}$인치, 6 $\frac{3}{4}$인치, 8 $\frac{3}{4}$인치, 10 $\frac{3}{4}$인치(80, 130, 170, 220, 275)이지만, 특별주문으로 14 $\frac{1}{4}$인치(360)까지 맞춤 폭을 사용할 수 있다.
- 집성목재 보의 춤은 최대 75인치(1905)까지 1 $\frac{3}{8}$인치 또는 1 $\frac{1}{2}$인치(35 또는 38) 층의 배수 범위이다. 곡선 부재는 $\frac{3}{4}$인치(19)로 적층되어 더욱 촘촘한 곡률을 만들 수 있다.

- 장경간 집성목재 보는 길이 때문에 제작시설에서 시공 현장까지 특별한 운송 수단이 필요하다.
- 지붕 배수가 가능하도록 다양한 프로파일을 사용할 수 있다.
- 장경간 집성목재 보의 단면 크기는 IV형 또는 '중목재' 시공에 사용하기에 충분히 크며, 이는 1시간 내화 시공에 해당하는 크기이다.

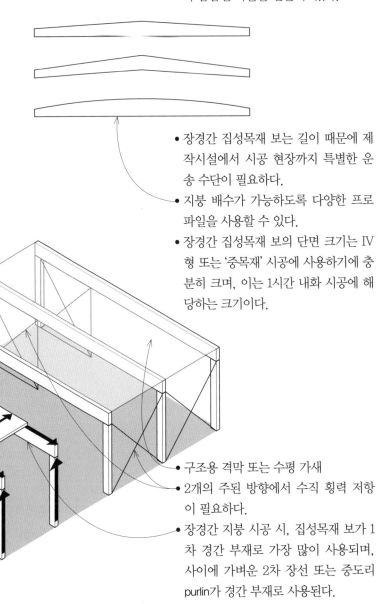

- 구조용 격막 또는 수평 가새
- 2개의 주된 방향에서 수직 횡력 저항이 필요하다.
- 장경간 지붕 시공 시, 집성목재 보가 1차 경간 부재로 가장 많이 사용되며, 사이에 가벼운 2차 장선 또는 중도리purlin가 경간 부재로 사용된다.

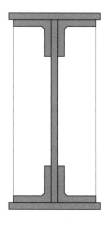

강재 보steel beams

와이드-플랜지 강의 단면은 44인치(1120) 깊이로 최대 70피트(21미터)까지 확장할 수 있다. 더 긴 경간을 위한 더 깊은 단면은 강판으로 구성된 플레이트 거더plate girder와 함께 용접된 단면을 제작하여 압연 보rolled beam와 동등한 것을 생성함으로써 가능하다.

플레이트 거더plate girders와 압연된 와이드 플랜지 단면rolled wide-flange sections은 모두 휨 및 처짐 요구사항을 충족하는 데 필요한 재료의 양이 과도해지기 때문에, 장경간 적용에는 그다지 효율적이지 않다. 플레이트 거더의 프로파일을 변경하여 최대 휨 모멘트에 가장 큰 단면을 제공하고, 휨 모멘트가 낮은 단면을 줄여서 필요하지 않은 곳에 재료를 제거하여, 보의 고정 하중을 줄이는 것이 종종 경제적이다. 이러한 테이퍼된 프로파일은 지붕 구조물의 빗물을 배수하는 데 특히 유용하다.

콘크리트 보

기존의 철근 콘크리트 부재는 장경간 구조물에 사용되었지만, 매우 크고 부피가 커지는 단점이 있었다. 콘크리트를 프리스트레싱prestressing을 하면 기존의 철근 콘크리트보다 균열이 덜 발생하고, 더욱 효율적이며, 작고 가벼운 단면을 얻을 수 있다.

콘크리트 부재는 공장에서 프리텐션pretensioning 또는 시공 현장에서 포스트텐션posttensioning 처리되어 사전에 응력을 받도록prestressed 처리할 수 있다. 프리캐스트 및 프리텐션 부재는 신중하게 계획된 운반 및 취급이 요구된다. 반면, 콘크리트 보 또는 거더를 현장에서 포스트텐션함으로써 매우 긴 프리캐스트 부재를 작업 현장으로 이송할 필요성이 없는 장점이 있다.

프리캐스트, 프리스트레스트 콘크리트 부재는 표준 모양과 치수로 제공된다. 가장 흔하게 사용되는 두 가지 모양은 싱글 T와 더블 T자형이다. 더블 T는 일반적으로 최대 70피트(21미터)까지, 싱글 T는 최대 100피트(30미터)까지의 경간에 사용된다. 특수 형상도 가능하지만, 거푸집에 필요한 특수 형태를 필요한 제작비용을 상쇄할 만큼 반복 작업이 충분할 때만 경제적이다.

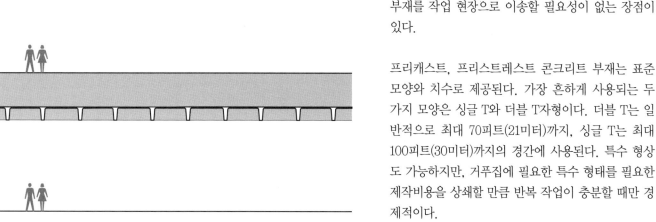

트러스 보trussed beams

트러스 보는 압축 스트럿과 대각선 인장 로드rod의
조합으로 보강된 연속 보이다. 수직 스트럿은 보 부
재에 중간 지지점을 제공하여 휨 모멘트를 줄이는
한편, 결과적으로 트러스 작용으로 보의 하중 전달
용량이 증가된다.

- 트러스 보는 글루람 및 압연강 보의 하중 및 경간
  성능을 높이는 효율적이고 비교적 경제적인 방법
  이다.
- 보 부재는 바닥 또는 지붕 구조물에 사용할 수 있
  도록 평평할 수 있으며, 경사 및 곡선 보 부재는 지
  붕 경간에서 배수가 용이하도록 사용될 수 있다.

- 트러스 보를 조합하여 3힌지 아치를 형성할 경우,
  더 긴 경간이 가능하다. 각 지지대에서 3힌지 아치
  (256쪽 참조)는 수평 추력을 개발하기 때문에, 추
  력 저항을 위해 받침대 또는 장력 타이가 필요할
  수 있다.

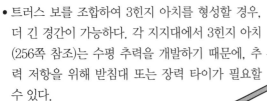

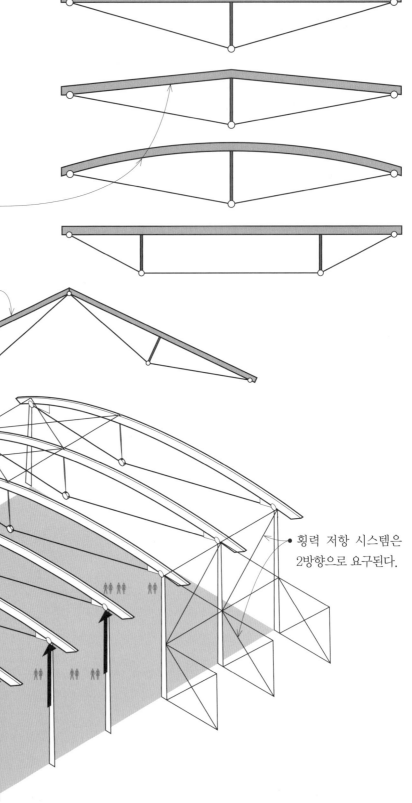

횡력 저항 시스템은
2방향으로 요구된다.

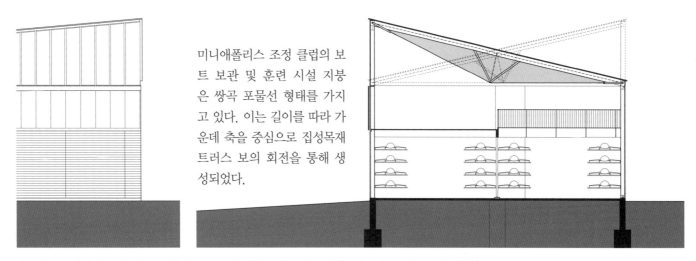

미니애폴리스 조정 클럽의 보트 보관 및 훈련 시설 지붕은 쌍곡 포물선 형태를 가지고 있다. 이는 길이를 따라 가운데 축을 중심으로 집성목재 트러스 보의 회전을 통해 생성되었다.

부분 입면 및 단면: 미니애폴리스 조정 클럽(1999-2001), 미국 미네소타주 미니애폴리스, 빈센트 제임스 어소시에이츠

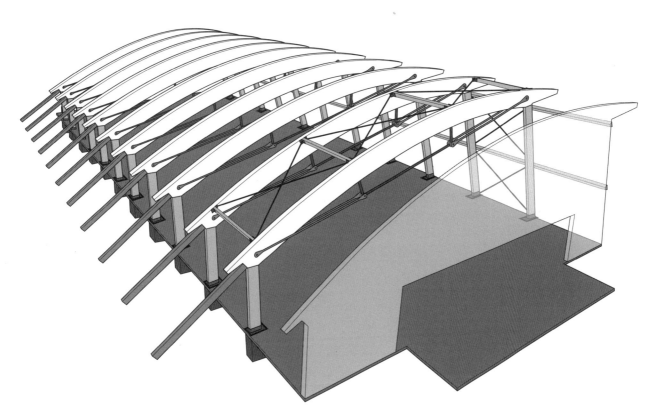

투시도: 밴프 커뮤니티 레크리에이션 센터(2011), 캐나다 앨버타주 밴프, GEC 아키텍쳐

밴프 커뮤니티 레크리에이션 센터의 지붕은 오래된 컬링 경기장에서 재활용된 집성목재 트러스 아치들로 지지가 된다. 재활용된 집성목재 부재는 구조물의 기둥에도 사용되었다. 모든 재활용된 부재는 목록화하고, 재활용 적합 여부를 결정하기 위해 최신 표준에 따라 성능 시험 및 검사 과정을 거쳤다. 어떤 경우에는, 두 개의 작은 부재를 만들기 위해 부재를 절단하기도 하였다.

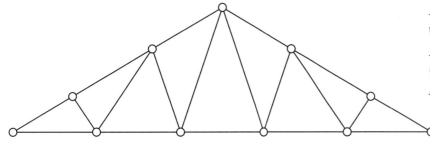

트러스는 인장 또는 압축으로 응력이 가해지는 단순 스트럿의 핀 조인트 및 삼각 조립체이다. 트러스 휨 모멘트는 하현재와 상현재에서 인장력과 압축력으로 분해된다. 전단력은 대각선과 수직 부재의 인장력과 압축력으로 분해된다.

• 평트러스flat truss는 상현재와 하현재가 평행하다. 평트러스는 일반적으로 경사 pitch 트러스 또는 궁현bowstring 트러스 만큼 효율적이지 않다.

• 가위 트러스scissors truss는 각 상현재 하단에서 반대쪽 상현재의 중간 지점 까지 뻗는 인장 부재들이 있다.

• 크레센트 트러스crescent truss는 양쪽의 공통점에서 위로 구부러지는 상현재와 하현재 모두를 가지고 있다.

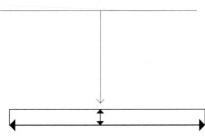

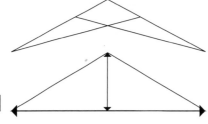

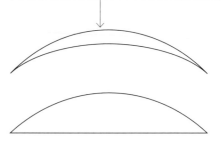

• 평트러스의 경간 범위: 120피트(37미터)까지
• 평트러스의 춤 범위: 경간의 $1/10 \sim 1/15$

• 형상 트러스shaped truss 경간 범위: 150피트(46미터)까지
• 형상 트러스 춤 범위: 경간의 $1/6 \sim 1/10$

• 궁현 트러스bowstring truss 양쪽 끝에 직선 하현 재와 만나는 곡선의 상현재를 가지고 있다.

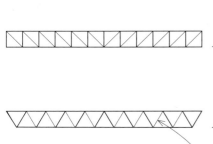

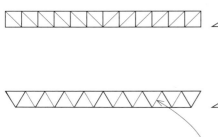

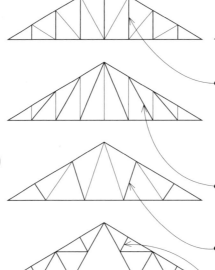

• 워런 트러스warren truss는 일련의 정삼 각형을 형성하는 기울어진 웹 부재를 가지고 있다. 수직 웹 부재는 압축 중 인 상현재의 패널 길이를 줄이기 위해 도입되기도 한다.

• 프랫 트러스pratt truss에서는 수직 웹 부재는 압 축을, 대각선 웹 부재는 인장력을 받는다. 일반 적으로 더 긴 웹 부재가 장력을 받게 하는 트러 스 유형이 더 효율적이다.

• 하우 트러스howe trusses에서는 수직 웹 부재가 인장력을, 대각선 웹 부재가 압축력을 받는다.

• 벨기에 트러스Belgian truss의 웹 부재는 모두 경 사져 있다.

• 핑크 트러스fink truss는 벨기에 트러스의 일종으 로, 경간 중심선을 향하여 압축력을 받는 웹 부 재의 길이를 줄이기 위해 부사재subdiagonal가 있다.

트러스는 중실 보solid beam보다 재료를 더 경제적으로 사용하고 장경간에 더욱 효율적이지만, 연결부의 개수와 접합부의 복잡성으로 인해 상대적으로 제작 비용이 많이 든다. 길이가 100피트(30미터) 이상이고 2차 트러스나 보를 지지하는 1차 구조 부재로 사용될 때 더욱 경제적이다.

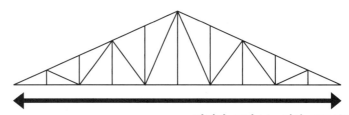

- 장경간 트러스는 지붕 구조물에 가장 많이 사용되며 다양한 프로파일로 제공된다. 가끔 바닥구조로 사용될 경우, 트러스에는 평행 현을 가진다.
- 트러스는 개별 부재의 휨 모멘트를 최소화하기 위해 웹 부재가 현과 만나는 패널 지점에 하중이 가해질 때 가장 효과적이다.

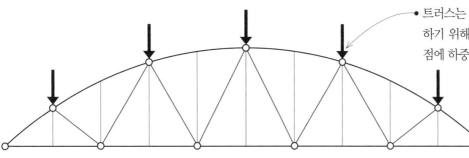

- 주요 장경간 트러스의 간격은 트러스 경간에 수직인 2차 골조 요소의 경간 능력에 따라 결정된다. 일반적으로 사용되는 트러스 간격은 중심간격 6~30피트(1.8~9미터)이다.

- 2차 요소의 간격은 주요 트러스의 패널 간격에 의해 제어되어 해당 패널 접합부에서 하중 전달이 발생한다.

- 횡풍 및 지진력에 대한 저항을 제공하기 위해서는 인접한 트러스의 상단현과 하단현 사이에 수직 흔들림vertical sway bracing 가새가 필요할 수 있다.
- 트러스의 상단 현은 2차 골조 부재와 측면 대각선 가새에 의해 좌굴되지 않도록 지지가 되어야 한다.
- 지붕 골조의 격막 작용이 끝 벽 힘에 적합하지 않은 경우, 상단 또는 하단 현의 평면에서 수평 대각선 가새가 필요할 수 있다.

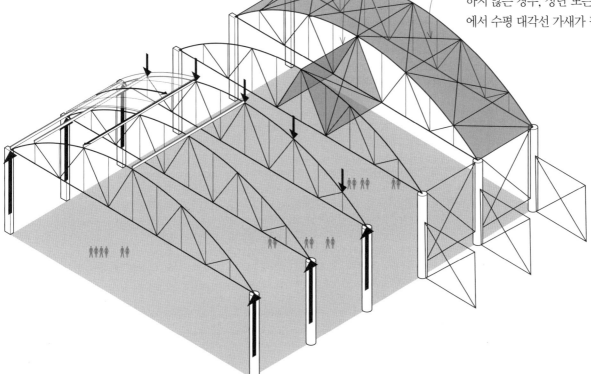

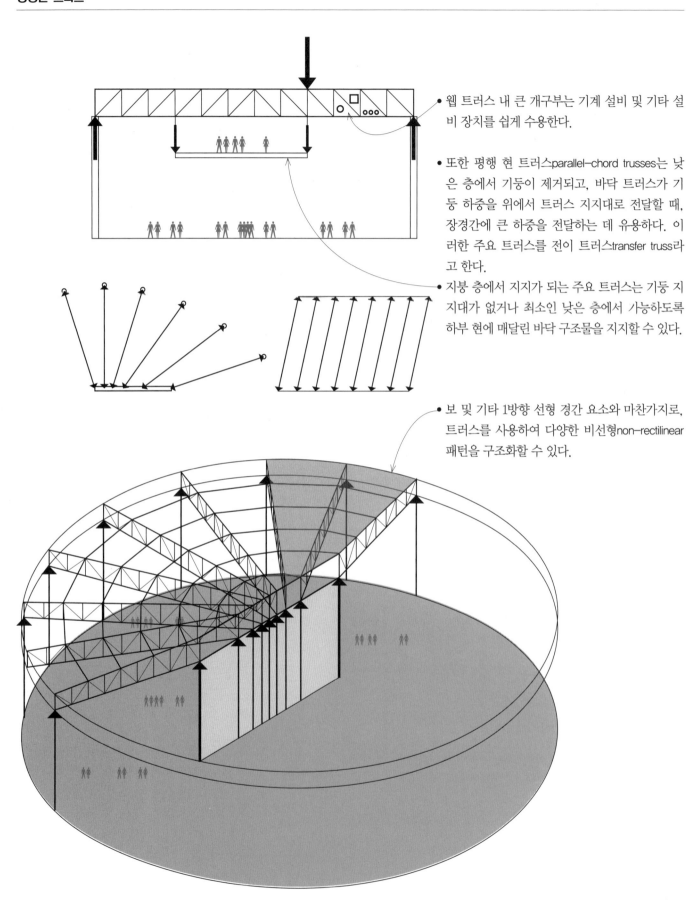

- 웹 트러스 내 큰 개구부는 기계 설비 및 기타 설비 장치를 쉽게 수용한다.

- 또한 평행 현 트러스parallel-chord trusses는 낮은 층에서 기둥이 제거되고, 바닥 트러스가 기둥 하중을 위에서 트러스 지지대로 전달할 때, 장경간에 큰 하중을 전달하는 데 유용하다. 이러한 주요 트러스를 전이 트러스transfer truss라고 한다.

- 지붕 층에서 지지가 되는 주요 트러스는 기둥 지지대가 없거나 최소인 낮은 층에서 가능하도록 하부 현에 매달린 바닥 구조물을 지지할 수 있다.

- 보 및 기타 1방향 선형 경간 요소와 마찬가지로, 트러스를 사용하여 다양한 비선형non-rectilinear 패턴을 구조화할 수 있다.

트러스는 일반적으로 목재, 강재, 그리고 때로는 이 둘의 조합으로 제작된다. 콘크리트는 자체 하중으로 인해 트러스에는 거의 사용되지 않는다. 목재 또는 강재 사용에 관한 결정은 원하는 외관, 지붕 골조 및 지붕 재료와의 호환성, 필요한 시공 유형에 따라 달라진다.

강재 트러스

강재 트러스는 보통 구조 앵글과 T부재를 용접하거나 볼트로 연결하여 삼각형 골조를 제작된다. 트러스 부재가 세장하므로, 연결부에는 일반적으로 강재 거셋 플레이트steel gusset plate를 사용해야 한다. 이보다 무거운 강재 트러스는 와이드 플랜지 강과 구조용 각형 강관을 사용할 수 있다.

- 2차 전단 및 휨 응력이 발생하는 것을 최소화하기 위해서는 트러스 부재의 중심축과 접합부의 하중이 같은 지점을 통과해야 한다.
- 부재는 거셋 플레이트 접합구를 이용하여 볼트 또는 용접 결합한다.
- 모든 무릎가새knee bracing는 절점panel point에서 상현 또는 하현 부재와 연결되어야 한다.
- 좌굴에 의해 제어되는 압축 부재의 단면 크기는 인장 응력에 의해 제어되는 장력 부재의 단면 크기보다 크다. 압축에는 짧은 트러스 부재를, 인장에는 긴 트러스 부재를 두는 것이 좋다.

목재 트러스

단일 평면 트러스형 서까래monoplanar trussed rafters와는 달리, 중량 목재로 제작된 트러스는 여러 부재를 겹쳐서 분할링 접합구split-ring connectors로 패널 지점에서 결합하여 조립할 수 있다. 이러한 목재 트러스는 트러스형 서까래보다 더 큰 하중을 지탱할 수 있으며, 간격도 더 넓게 구성할 수 있다.

- 중실 목재 부재는 강판 커넥터steel plate connector로 접합할 수 있다.
- 합성트러스composite truss에는 목재 압축재, 강재 인장재로 이루어진다.
- 부재 크기 및 이음매 상세는 트러스의 유형, 하중 패턴, 경간, 사용된 목재 등급 및 종류에 따른 공학용 계산으로 결정된다.

오픈 웹 장선open-web joists

- 상업적으로 제작된 오픈 웹 목재 및 강재 장선은 일반 트러스보다 훨씬 가볍고 최대 120피트(37미터)까지 확장이 가능하다.
- 합성 오픈 웹 장선은 상단 및 하단 목재현과 대각선 강재 튜브 웹이 있다. 60피트(18.3미터)를 초과하는 범위에 적합한 합성 장선의 깊이는 32~46인치(810~1170)이다. 중량 복합 장선의 깊이는 36~60인치(915~1525)이다.

- 오픈 웹 강재 장선의 LH 및 DLH 시리즈는 장경간에 적용하는 데 적합하다. LH 시리즈는 바닥과 지붕 데크의 직접 지지대에 모두 적합한 반면, DLH 시리즈는 지붕 데크의 직접 지지대에만 적합하다.
- LH 시리즈 장선의 경우 60~100피트(18~30미터) 경간에는 장선 깊이 범위는 32~48인치(810~1220)이다. DLH 시리즈 장선의 경우 60~140피트(18.3~42.7미터) 경간에는 장선 깊이 범위는 52~72인치 (1320~1830)가 가능하다.

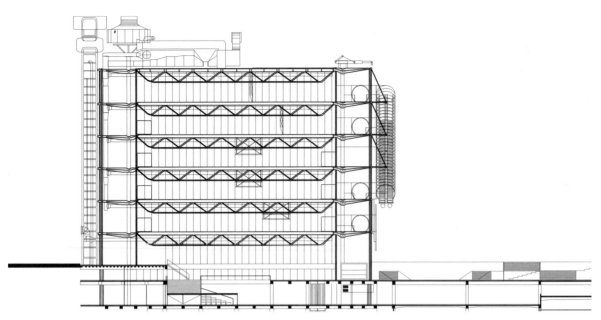

부분 평면 및 단면: 프랑스 파리의 퐁피두 센터(1971-1977), 렌조 피아노와 리처드 로저스

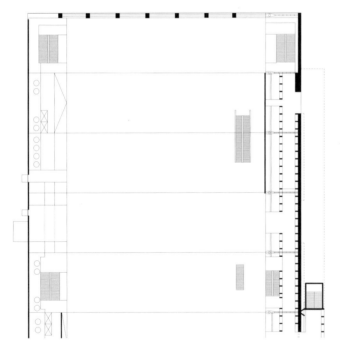

퐁피두 센터의 주요 강재 트러스는 42피트(12미터) 간격으로 길이로는 약 157피트(48미터)에 걸쳐져 있다. 각 층의 지지 기둥 상단에는 길이 26피트(8미터)이고 무게가 20,000파운드의 맞춤 제작된 강재 걸이custom molded steel hanger가 있다. 합성 콘크리트와 와이드 플랜지 보가 주요 트러스에 걸쳐져 있다.

파에노 과학 센터의 가운데 지붕(마주보는 페이지)은 ————▶ 길게 뻗은 장경간 골조로 지지가 된다. 이 건물의 복잡한 형태는 구조 엔지니어 애덤스 카라 테일러Adams Kara Taylor에 의해 개발된 고급 유한요소해석 모델링 소프트웨어 프로그램을 사용함으로써 가능하였다. 전체 구조물 내의 복잡한 힘을 계산하고, 이를 단일 요소로 분해하여, 그 결과 구조의 건전성integrity과 재료의 효율material efficiency을 최적화하였다. 몇 년 전 전통적인 방식으로 공학적으로 해결하였다면, 이 구조 시스템은 개별적으로 설계되었을 것이며, 그 결과 상당히 과도하게 설계된 구조물이 되었을 것이다.

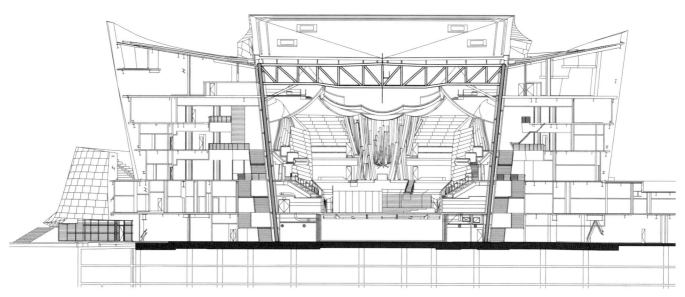

단면: 월트 디즈니 콘서트 홀(1991~2003), 미국 캘리포니아주 로스앤젤레스, 프랭크 게리/게리 파트너스

월트 디즈니 콘서트 홀은 프랑스 항공우주 산업을 위해 개발한 정교한 소프트웨어 프로그램을 사용하여 설계한 곡선의 복잡한 모양으로 이루어진 강재 골조 구조물이다. 이 건물의 중심은 LA 필하모닉과 로저 와그너 합창단이 있는 강당이다. 장경간 강재 트러스가 넓은 무주 공간에 걸쳐져 있다.

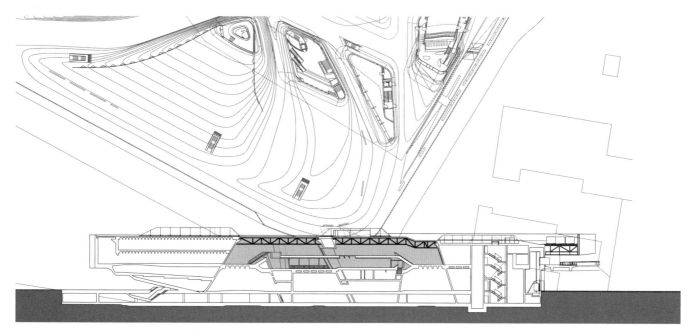

단면: 독일 볼프스부르크의 파에노 과학 센터(2005), 자하 하디드 아키텍츠

스페이스 트러스space truss

스페이스 트러스는 두 평면 트러스가 하단 현에서 서로 만나는 것으로 시각화할 수 있는 1방향 구조이며, 상단의 두 현은 세 번째 트러스로 골조가 이루어진다. 이 3차원 트러스는 비틀림뿐만 아니라 수직 및 수평 하중에도 저항할 수 있다.

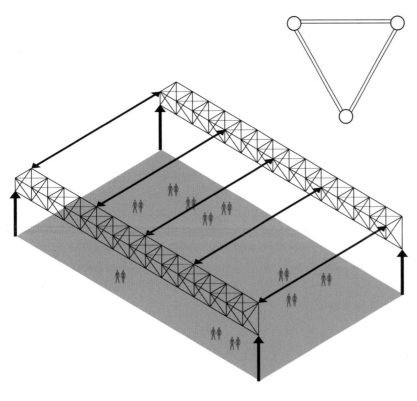

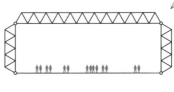

- 스페이스 트러스를 사용하여 다양한 지붕 프로파일을 통해 긴 거리에 걸쳐 확장할 수 있다. 휨 모멘트와 처짐은 임계점에서 트러스 깊이를 제어함으로써 효과적으로 저항할 수 있다.

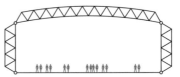

- 스페이스 트러스의 깊이는 전달하는 기여 하중과 장경간에 대해 허용되는 처짐 크기에 따라 경간의 $1/5$에서 $1/15$의 범위에 속한다.

- 스페이스 트러스 간격은 2차 부재의 경간 능력에 따라 달라진다. 2차 부재의 하중은 개별 부재에 국소 휨 모멘트를 발생하지 않도록 패널 접합부에서 발생해야 한다.

비렌딜 트러스vierendeel trusses

비렌딜 트러스는 수직 웹 부재가 평행한 상현과 하현에 강접으로 연결된다. 대각선이 없으므로 진정한 트러스가 아니며 구조적으로 강접골조 구조물로 작용한다. 상현재는 압축력에 저항하는 반면, 하현재는 실제 트러스와 유사하게 인장 응력을 받는다. 하지만, 대각선이 존재하지 않기 때문에, 현은 또한 전단력에도 저항해야 하며, 현과 수직 웹 부재 사이의 접합부에서 휨 모멘트가 발생한다.

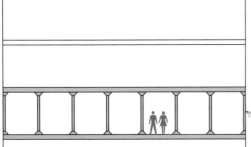

- 비렌딜 트러스는 깊이가 비슷한 기존 트러스에 비해, 효율성이 떨어지며 처짐이 더 큰 경향이 있다.
- 대부분의 비렌딜 트러스는 전체 높이이며 대각선이 없으므로, 구조물을 통한 동선이 필요한 베이bay에서 사용될 수 있다.

개폐형 지붕 구조물로 구성된 세이프코 필드Safeco Field는 닫혔을 때 9에이커의 면적을 덮는 세 개의 이동식 패널로 구성된다. 지붕 패널은 96개의 10마력 전기 모터에 의해 구동되는 128개의 강철 바퀴를 미끄러지듯 움직이는 4개의 스페이스 트러스에 의해 지지가 된다. 버튼을 누르면 10분에서 29분 안에 지붕을 개폐할 수 있다. 지붕을 닫을 때, 631피트(192미터)에 이르는 지붕패널1과 지붕패널3은 655피트(200미터) 경간의 지붕패널2 안으로 들어가게 된다.

지붕은 제곱피트당 80~90파운드 또는 최대 7피트(2.1미터) 높이의 눈하중을 견딜 수 있도록 설계되었으며, 최대시속 70마일의 지속적인 바람에서도 작동한다. 3개의 지붕 패널을 지지하는 이동식 트러스 한쪽에는 고정 모멘트 접합으로, 다른 쪽에는 핀pin 접합과 감쇠dampen 접합으로 이루어져 있다. 이를 통해 강풍이나 지진 발생 시 트러스 구성 요소에 과도한 압력을 가하거나 수평력을 패널을 지나가는 트랙까지 전달하지 않고 지붕이 유연하게 대응할 수 있도록 한다.

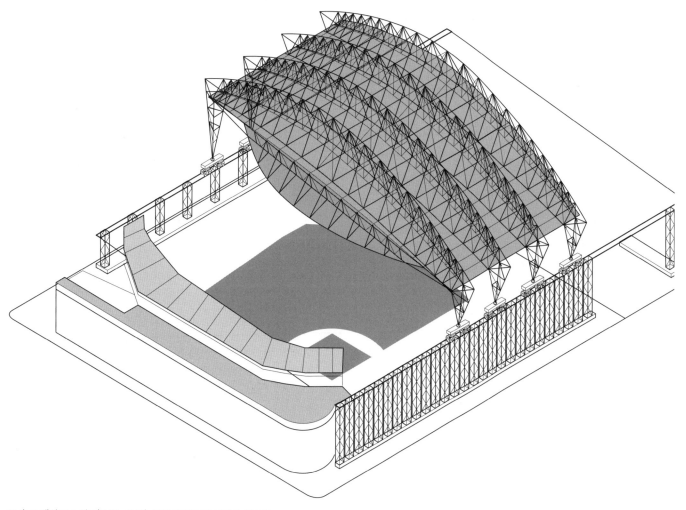

조감도: 세이프코 필드(1997~1999), 미국 워싱턴주 시애틀, NBBJ

장경간 아치

아치는 주로 축방향 압축에 의해 수직 하중을 지지하도록 설계가 이루어진다. 아치는 곡선 형태를 사용하여 지지하는 하중의 수직력을 경사진 구성 요소로 변환하고 아치 경로의 양쪽에 있는 받침대abutments로 전달한다.

고정 아치

고정 아치fixed arches는 양쪽 밑면base 지지대에 강접으로 연결된 연속 부재로 설계가 된다. 아치는 길이 전체와 양쪽 지지대에서 휨응력에 저항하도록 설계되어야 한다. 고정 아치의 단면 모양은 일반적으로 지지대에서 더 깊고, 고점으로 향할수록 점진적으로 감소한다. 고정 아치는 일반적으로 프리스트레스 처리된 철근콘크리트 또는 강재 단면으로 구성된다.

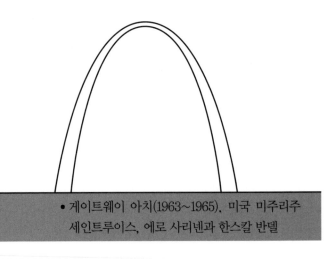

• 게이트웨이 아치(1963~1965), 미국 미주리주 세인트루이스, 에로 사리넨과 한스칼 반델

• 원형 아치가 일반적으로 시공이 더 수월한 반면, 연력도funicular 아치는 최소한의 휨 응력이 최소화된다.
• 연력도 아치는 주어진 하중하에서 축방향 압축만 발생하도록 형성된다. 이 모양은 유사한 하중 패턴을 전달하는 케이블의 연력도 모양을 반전하여 확인할 수 있다.
• 아치는 여러 하중 조건이 적용될 수 있으므로 단일 연력도 모양은 존재하지 않는다. 연력도 아치가 설계된 하중 패턴이 변경되면 휘어질 수 있다.

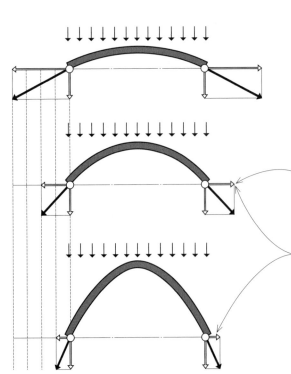

• 추력thrust은 적용된 하중의 수평 방향 힘으로 인해 아치 밑면에서 발생하는 외부 힘을 나타낸다. 아치 추력은 인장 타이tension tie 또는 받침대abutment로 저항해야 한다.
• 생성되는 추력의 크기는 얕은(경간 대비 높이가 낮음) 아치의 경우 크고, 가파른(경간 대비 높이가 높음) 아치의 경우 작다.

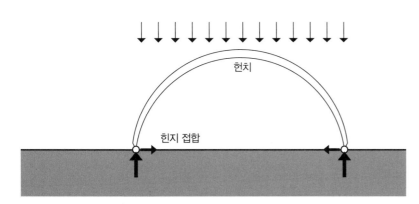

강절점 아치rigid arches

현대의 아치는 휨 응력을 어느 정도 전달할 수 있는 목재, 강재 또는 철근 콘크리트로 이루어진 곡선 강 구조로 구성되어 있다. 그들의 구조적 움직임은 강체나 모멘트에 저항 골조와 유사하다. 박공 강체 골조의 직선 부분을 대체하는 곡선의 형상은 모든 가능한 하중 조건에 대해 단일 연력도 아치 모양이 가능하지 않으므로, 시공 비용뿐만 아니라 골조 부재의 응력에도 영향을 미친다.

- 핀 연결부에는 휨 모멘트가 발생하지 않으므로, 일반적으로 단면에서 더 작을 수 있으며 휨이 가장 크고 더 큰 부분을 필요로 하는 헌치hauch[1]지점까지 가늘게 처리할 수 있다.
- 수직 하중은 압축과 휨의 조합을 통해 강접골조 부재로 전달되지만, 골조가 아치 작용을 발생시키므로 각 밑면 지지대에서 수평 추력이 발생한다. 추력에 저항하기 위해 특별히 설계된 인장 타이 또는 받침대abutment가 필요하다.

2힌지 아치two-hinged arches

2힌지 아치는 양쪽 밑면 지지대에 핀 조인트가 있는 연속 구조로 설계가 이루어진다. 핀 조인트는 지지대 침하로 인해 변형될 때, 그리고 골조가 하나의 단위로 회전하고 온도 변화에 의해 응력을 받을 때, 약간 구부러지도록 처리하여 높은 휨 응력이 발생하는 것을 방지한다. 일반적으로 꼭대기crown에서 하중 경로가 변할 수 있도록 더 두껍게 설계되어 있으며, 휨응력의 크기를 제한하고 아치형태를 유지한다. 집성목재, 조립식 강재 부재, 목재와 강재 트러스, 콘크리트는 모두 2힌지 아치 시공에 사용되어 왔다.

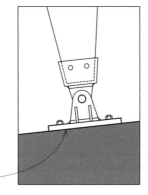

- 강절점 아치rigid arch는 부정정 구조물이며, 평면에서만 강체이다. 수직 방향의 횡력에 저항하기 위해서 구조용 격막 또는 대각선 가새가 요구된다.

- 중도리purlin는 아치 사이에 걸쳐 있으며 구조적 데크를 지지한다.

- 핀으로 연결된 밑면 지지대에 인장 타이 또는 받침대가 필요하다.

3힌지 아치

3힌지 아치three-hinged arches는 핀 접합으로 꼭대기crown와 밑면 지지대에서 서로 연결된 두 개의 고정된 조립 구조물이다. 고정 골조나 2힌지 아치보다 처짐에 더 민감하지만, 3힌지 아치는 지반 침하 및 온도 변화에 따른 영향을 가장 적게 받는다. 2힌지 아치에 비해 3힌지 아치의 장점은 두 개 이상의 강체로 제작이 용이하고, 시공 현장으로 운반되어 조립 후 설치될 수 있다는 점이다.

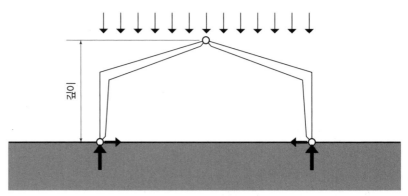

- 집성목재 아치는 약 경간의 $1/40$의 깊이로 100~250 피트(30~76미터)에 이를 수 있다. 제작 현장에서 시공 현장으로 운송이 제한 요인이 될 수 있다.
- 강재 아치는 특히 트러스형 아치 시스템을 사용하는 경우 500피트(120미터) 이상까지 확장할 수 있다. 깊이는 경간의 $1/50$부터 $1/100$까지 가능하다.
- 콘크리트 아치는 300피트(91미터)까지 경간이 이루어질 수 있으며, 아치 춤의 범위는 약 경간의 $1/50$이다.

- 장경간 아치는 강접골조처럼 작동하며 아치 또는 박공 모양의 프로파일을 가질 수 있다.
- 적용된 하중은 모멘트 저항 접합부의 사용으로 인해 부재의 끝이 자유롭게 회전하지 못하므로, 강접 골조의 모든 부재에서 축방향 응력, 휨 응력, 전단력이 발생한다.
- 수직 하중은 압축과 휨의 조합을 통해 강접 골조의 수직 부재로 전달되지만, 골조가 아치 작용을 어느 정도 발생시키므로, 개별 기초 지지대에서 수평 추력이 발생한다. 추력에 대한 저항을 위해 특별히 설계된 받침대abutment 또는 인장 타이tension tie가 요구된다.

- 중도리는 3힌지 아치 사이에 걸쳐져 있으며 구조 데크를 지지한다.

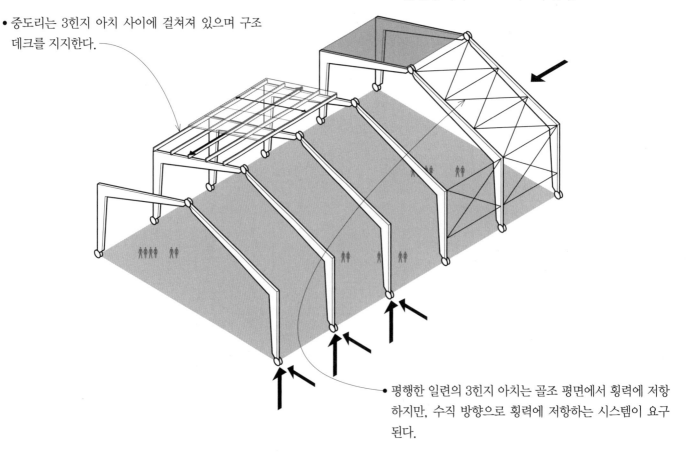

- 평행한 일련의 3힌지 아치는 골조 평면에서 횡력에 저항하지만, 수직 방향으로 횡력에 저항하는 시스템이 요구된다.

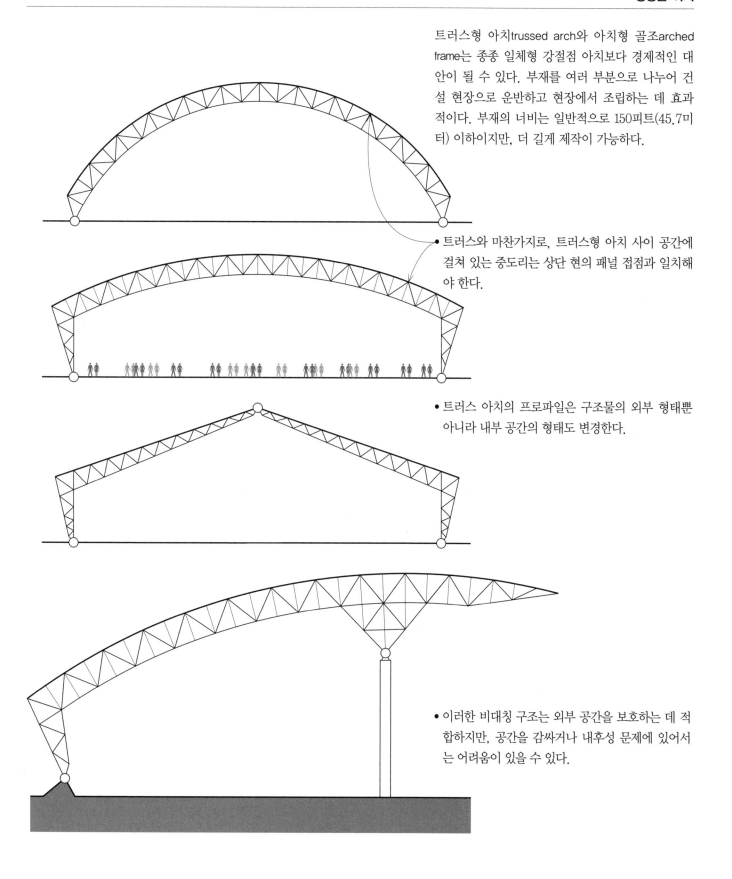

트러스형 아치trussed arch와 아치형 골조arched frame는 종종 일체형 강절점 아치보다 경제적인 대안이 될 수 있다. 부재를 여러 부분으로 나누어 건설 현장으로 운반하고 현장에서 조립하는 데 효과적이다. 부재의 너비는 일반적으로 150피트(45.7미터) 이하이지만, 더 길게 제작이 가능하다.

• 트러스와 마찬가지로, 트러스형 아치 사이 공간에 걸쳐 있는 중도리는 상단 현의 패널 접점과 일치해야 한다.

• 트러스 아치의 프로파일은 구조물의 외부 형태뿐 아니라 내부 공간의 형태도 변경한다.

• 이러한 비대칭 구조는 외부 공간을 보호하는 데 적합하지만, 공간을 감싸거나 내후성 문제에 있어서는 어려움이 있을 수 있다.

장경간 아치

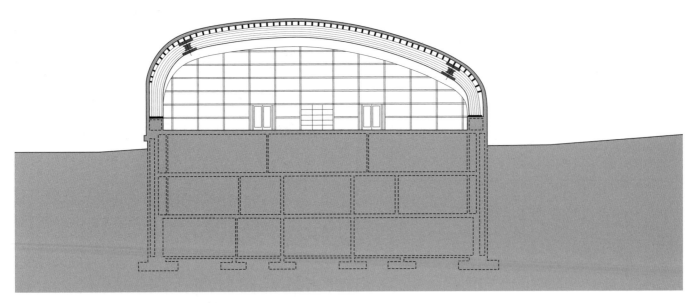

르메이 자동차 박물관, 워싱턴주 타코마(2012), 대형 건축, 엔지니어: 서양식 목재 구조물

미국 자동차 박물관의 치솟는 지붕을 형성하는 아치 모양의 집성목재 부재는 세계에서 가장 큰 목재 모멘트 골조 시스템 중 하나이다. 아치형 목재는 건물의 앞뒤에 있는 비대칭 지붕의 너비 변화를 수용하기 위해 크기가 다양하다. 지붕은 두 방향으로 휘어지므로 757개의 중도리는 각각 고유한 치수로 제작이 되었다.

아치 시스템에 연성ductility을 부여하기 위해 특수하게 고안된 강재 연결부를 설계하여 지진 발생 시 강재가 유연하게 대응할 수 있도록 하였다. 집성목재 부재가 부서지기 쉬운 방식으로 파괴되는 것을 막는 것이 목적이었다.

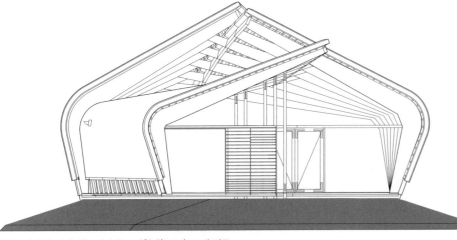

제한된 예산으로 인해 건축가들은 지역 농장local barn에서 흔히 사용되는 구조물을 본뜬 3힌지 아치 골조를 사용하였다. 모든 벤트bent 부재는 동일하지만, 지면을 기준으로 서로 다른 각도로 기울어져 있다. 그 결과 변위되거나 뒤틀린 지붕면은 간접 주광을 받아들이기 위해 유리가 부착된 용마루 선을 따라 만나게 된다.

단면: 상상력 파빌리온, 네덜란드 지월데(2000), 르네 판주크

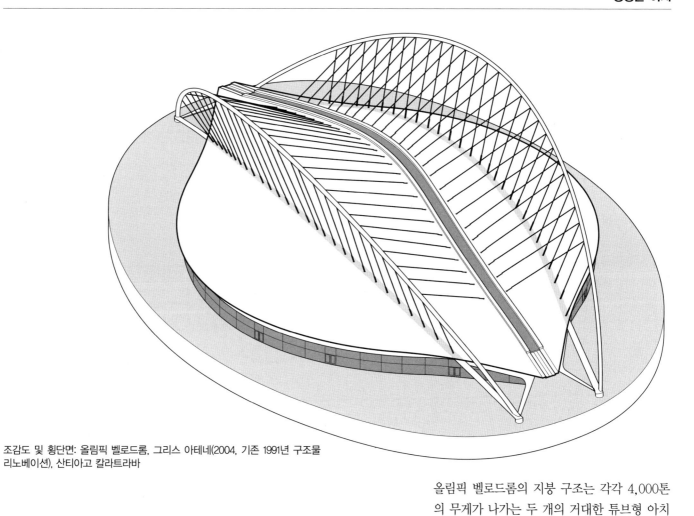

조감도 및 횡단면: 올림픽 벨로드롬, 그리스 아테네(2004, 기존 1991년 구조물 리노베이션), 산티아고 칼라트라바

올림픽 벨로드롬의 지붕 구조는 각각 4,000톤의 무게가 나가는 두 개의 거대한 튜브형 아치로 구성되어 있으며, 40개의 횡방향 리브rib가 매달려 있다. 23개의 독특한 리브가 있는데, 각각 대칭 구조에서 두 번 사용된다. 각 끝단의 마지막 3개의 리브는 테두리 튜브rim tube 구조물에 의해 지지가 된다. 상부 아치의 이중 케이블은 지붕 하중의 일부를 전달할 뿐만 아니라 삼각형으로 구성된 구조물을 횡방향으로 안정시키는 데 도움이 된다.

케이블 구조물은 케이블을 주요 지지 수단으로 사용한다. 케이블은 인장 강도가 높지만, 압축이나 휨에 견디지 못하기 때문에 순전히 인장력만을 이용해야 한다. 집중 하중을 받는 경우 케이블의 형상은 직선 부분으로 구성된다. 균일하게 분산된 하중하에서는 반전된 아치inverted arch 모양을 취할 것이다.

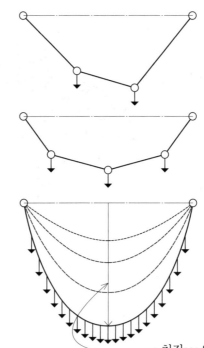

- 연력도형funicular shape은 외부 힘의 크기와 위치에 직접 반응하여 자유롭게 변형된 케이블에 의해 가정되는 형태이다. 케이블은 가해진 하중의 작용으로 순수한 장력에 놓이도록 항상 모양을 조정한다.
- 현수선catenary은 같은 수직선에 있지 않은 두 지점에서 자유롭게 매달려 있는 매우 유연하고 균일한 케이블로 가정된 곡선이다. 수평 등분포하중의 경우 곡선은 포물선과 유사하다.

- 단일 케이블 구조single-cable structures는 돌풍 및 난기류에 의한 상승력에 주의하여 설계되어야 한다. 명동 또는 진동은 상대적으로 경량의 인장 구조물에서 심각한 문제를 야기한다.

- 처짐sag은 지지대에서 케이블 구조물의 최저점까지의 수직거리를 말한다. 케이블의 처짐이 증가함에 따라 케이블에서 발생하는 내부 힘이 감소한다. 케이블 구조 : 일반적으로 처짐을 가짐 : 경간의 1 : 8 ~1 : 10

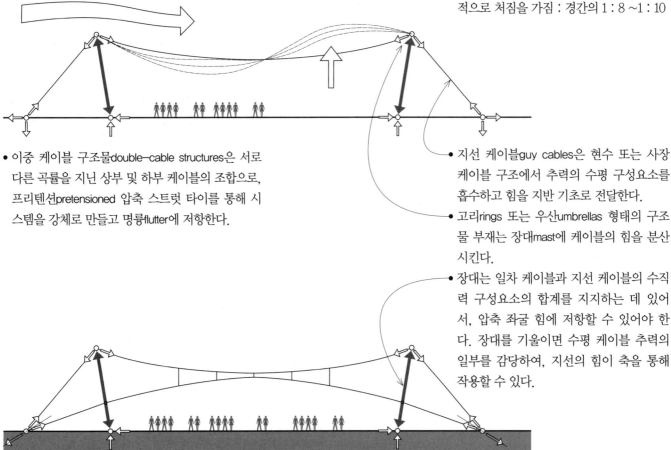

- 이중 케이블 구조물double-cable structures은 서로 다른 곡률을 지닌 상부 및 하부 케이블의 조합으로, 프리텐션pretensioned 압축 스트럿 타이를 통해 시스템을 강체로 만들고 명동flutter에 저항한다.

- 지선 케이블guy cables은 현수 또는 사장 케이블 구조에서 추력의 수평 구성요소를 흡수하고 힘을 지반 기초로 전달한다.
- 고리rings 또는 우산umbrellas 형태의 구조물 부재는 장대mast에 케이블의 힘을 분산시킨다.
- 장대는 일차 케이블과 지선 케이블의 수직력 구성요소의 합계를 지지하는 데 있어서, 압축 좌굴 힘에 저항할 수 있어야 한다. 장대를 기울이면 수평 케이블 추력의 일부를 감당하여, 지선의 힘이 축을 통해 작용할 수 있다.

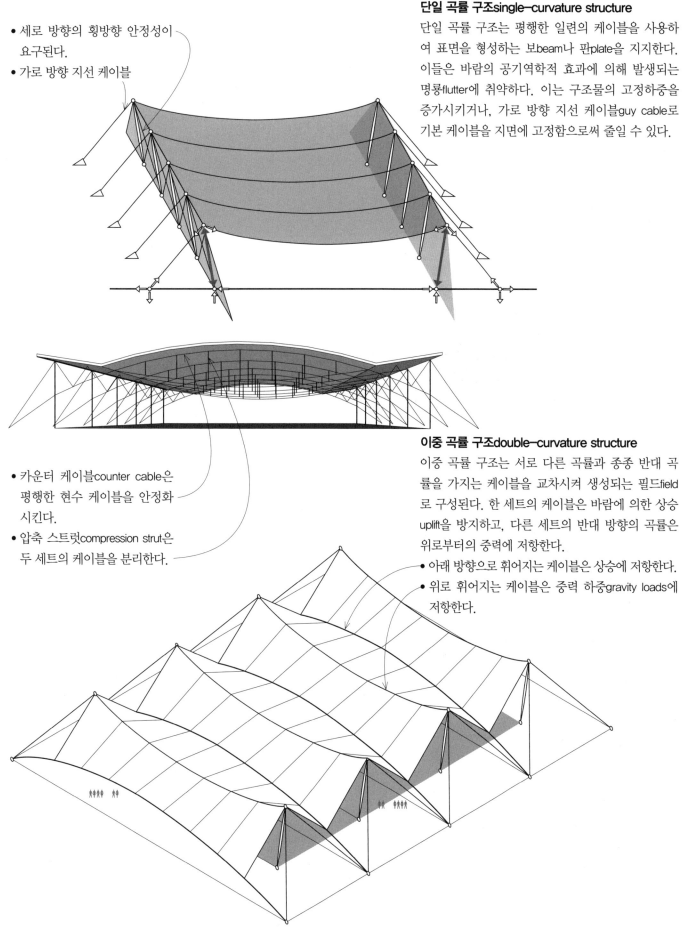

- 세로 방향의 횡방향 안정성이
  요구된다.
- 가로 방향 지선 케이블

단일 곡률 구조single-curvature structure

단일 곡률 구조는 평행한 일련의 케이블을 사용하여 표면을 형성하는 보beam나 판plate을 지지한다. 이들은 바람의 공기역학적 효과에 의해 발생되는 떨림flutter에 취약하다. 이는 구조물의 고정하중을 증가시키거나, 가로 방향 지선 케이블guy cable로 기본 케이블을 지면에 고정함으로써 줄일 수 있다.

- 카운터 케이블counter cable은
  평행한 현수 케이블을 안정화
  시킨다.
- 압축 스트럿compression strut은
  두 세트의 케이블을 분리한다.

이중 곡률 구조double-curvature structure

이중 곡률 구조는 서로 다른 곡률과 종종 반대 곡률을 가지는 케이블을 교차시켜 생성되는 필드field로 구성된다. 한 세트의 케이블은 바람에 의한 상승uplift을 방지하고, 다른 세트의 반대 방향의 곡률은 위로부터의 중력에 저항한다.

- 아래 방향으로 휘어지는 케이블은 상승에 저항한다.
- 위로 휘어지는 케이블은 중력 하중gravity loads에
  저항한다.

고강도 강재 구조 케이블은 상대적으로 가볍고 장경
간 지붕 구조를 구현하기 위해 연장, 십자 교차 및
표면 재료와 결합할 수 있다. 여기에서는 케이블 구
조 형태 중에서 대표적인 세 가지가 제시되어 있다.

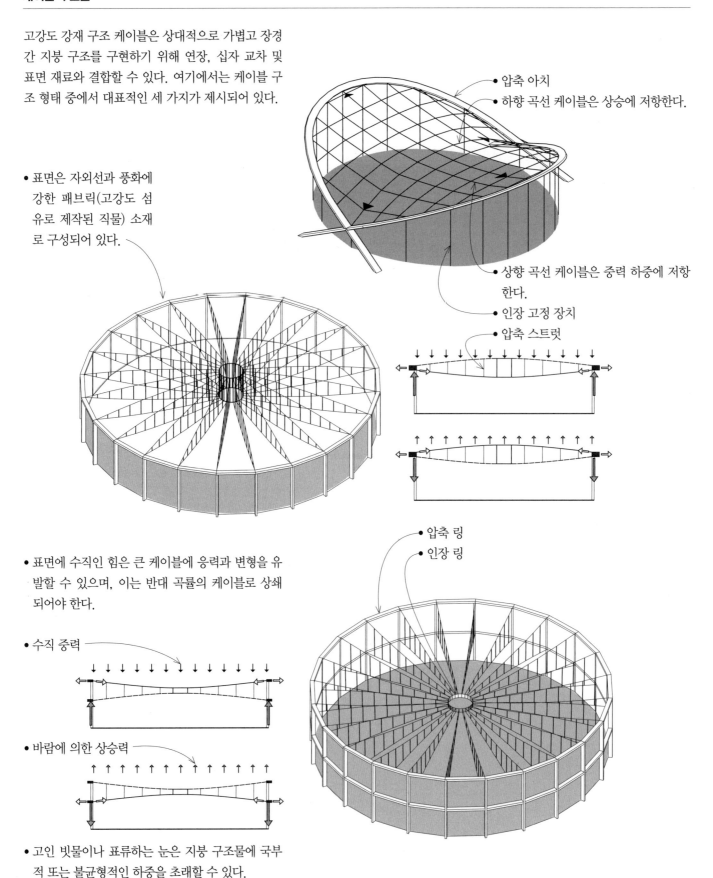

- 압축 아치
- 하향 곡선 케이블은 상승에 저항한다.

- 표면은 자외선과 풍화에
  강한 패브릭(고강도 섬
  유로 제작된 직물) 소재
  로 구성되어 있다.

- 상향 곡선 케이블은 중력 하중에 저항
  한다.
- 인장 고정 장치
- 압축 스트럿

- 표면에 수직인 힘은 큰 케이블에 응력과 변형을 유
  발할 수 있으며, 이는 반대 곡률의 케이블로 상쇄
  되어야 한다.

- 수직 중력

- 바람에 의한 상승력

- 압축 링
- 인장 링

- 고인 빗물이나 표류하는 눈은 지붕 구조물에 국부
  적 또는 불균형적인 하중을 초래할 수 있다.

사장 구조물cable-stayed structures

사장 구조물은 수평으로 뻗어 있는 부재를 지지하는 주탑 또는 장대mast 형태로 구성된다. 이 케이블은 구조물의 고정 하중을 전달할 수 있을 뿐만 아니라 활하중을 전달하기에 충분한 예비 용량도 충분해야 한다. 지지되는 구조물의 표면은 풍하중, 불균형한 활하중, 사장 케이블의 위로 끌어당김에 의해 발생하는 정상적인 응력을 전달하거나 저항할 수 있을 만큼 충분한 강성을 가져야 한다.

사장 케이블cable stay은 일반적으로 양쪽에 동일한 수의 사장 케이블가 있는 단일 타워 또는 장대에 대칭적으로 부착되어 경사 케이블의 수평력 성분이 서로 상쇄되고 타워 또는 장대 상단의 모멘트를 최소화한다.

방사형radial 또는 팬fan 패턴으로 이루어진 시스템, 평행parallel 또는 하프harp 시스템의 두 가지 기본 케이블 구성이 있다. 방사형 시스템은 사장 케이블의 상단을 주탑 상단의 단일 지점에 부착하는 반면, 평행 시스템은 사장 케이블의 상단을 서로 다른 높이로 주탑에 고정한다. 단일 부착 지점이 주탑의 휨 모멘트를 최소화하므로 일반적으로 방사형 시스템이 선호된다.

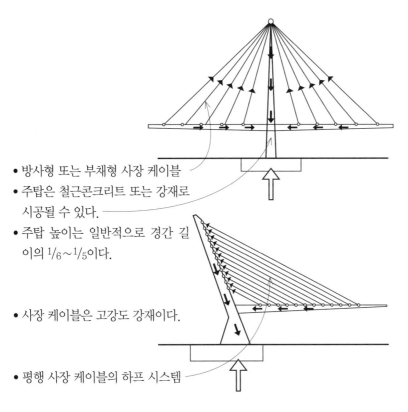

- 방사형 또는 부채형 사장 케이블
- 주탑은 철근콘크리트 또는 강재로 시공될 수 있다.
- 주탑 높이는 일반적으로 경간 길이의 $1/6 \sim 1/5$이다.

- 사장 케이블은 고강도 강재이다.

- 평행 사장 케이블의 하프 시스템

- 주요 경간 요소는 평면 트러스, 스페이스 트러스, 박스거더box girder이다. 스페이스 트러스와 박스거더는 비틀림 응력에 저항할 수 있으므로 유리하다.

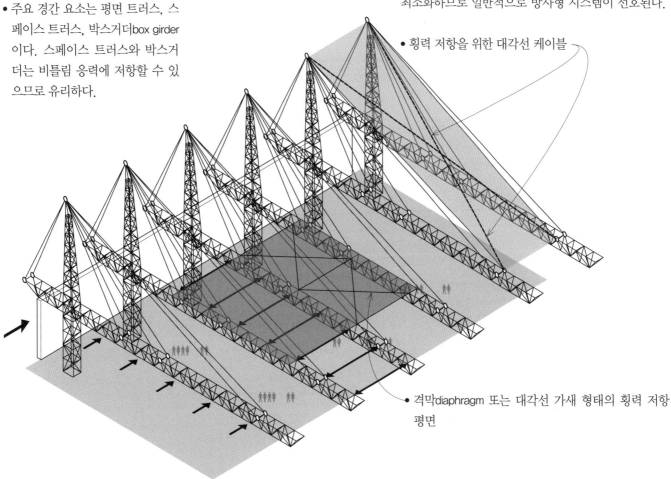

- 횡력 저항을 위한 대각선 케이블

- 격막diaphragm 또는 대각선 가새 형태의 횡력 저항 평면

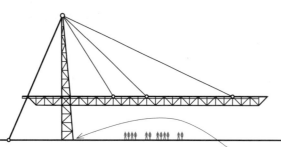

이 사장 구조물은 지면에서 최소한의 지지 구조물로 매우 넓은 지붕 면적을 지탱한다. 그러나 돌출된 지붕 가장자리를 따라 큰 상승 풍력에 저항하는 시스템이 요구될 수 있다.

● 큰 중력 하중과 전도 모멘트에 대응하기 위해서 매우 큰 기초가 요구된다.

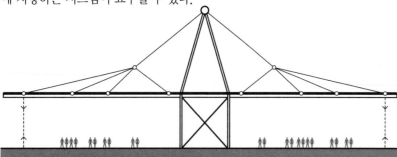

사장 케이블 구조는 중앙 지지 시스템의 양쪽에 기둥이 없는 큰 공간을 정의한다. 따라서 상승하는 풍력에 저항하기 위해 인장 부재 또는 이에 대한 억제hold down가 요구된다.

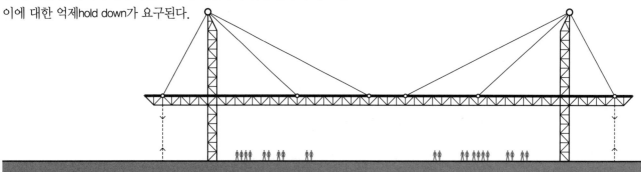

사장 케이블 시스템은 위의 예시에서 제시되었듯이 두 구조물을 사용하여 경간 범위를 높이고 기둥이 없는 대공간을 확보하였다.

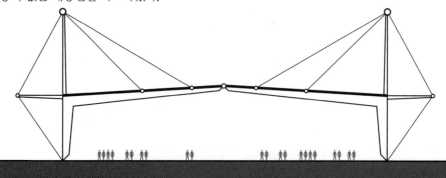

이 개념은 사장 케이블을 사용해서 수평 경간이 증가하는 3힌지 프레임을 사용한다.

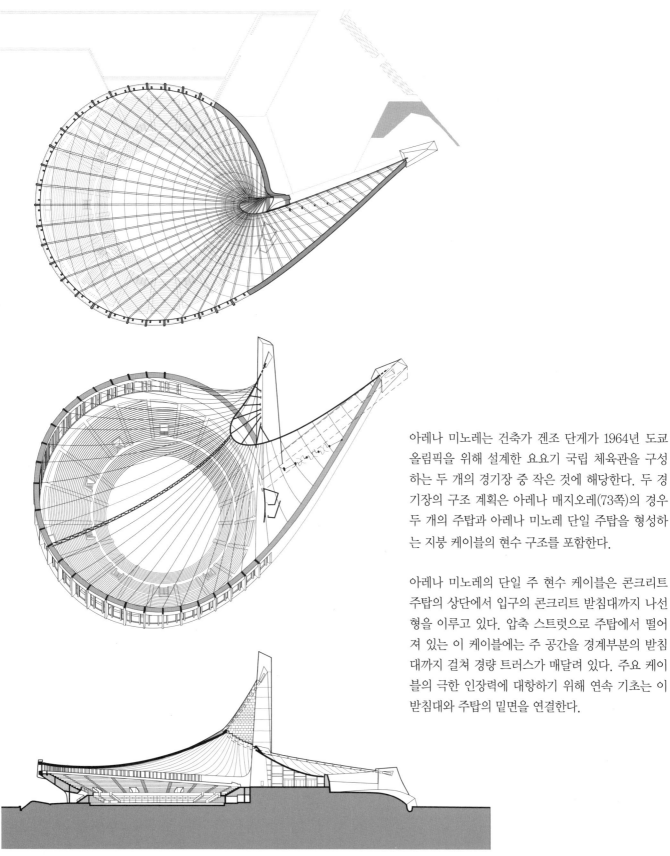

아레나 미노레, 국립 요요기 체육관, 일본 도쿄(1964), 단게 겐조 + URTEC

아레나 미노레는 건축가 겐조 단게가 1964년 도쿄 올림픽을 위해 설계한 요요기 국립 체육관을 구성하는 두 개의 경기장 중 작은 것에 해당한다. 두 경기장의 구조 계획은 아레나 매지오레(73쪽)의 경우 두 개의 주탑과 아레나 미노레 단일 주탑을 형성하는 지붕 케이블의 현수 구조를 포함한다.

아레나 미노레의 단일 주 현수 케이블은 콘크리트 주탑의 상단에서 입구의 콘크리트 받침대까지 나선형을 이루고 있다. 압축 스트럿으로 주탑에서 떨어져 있는 이 케이블에는 주 공간을 경계부분의 받침대까지 걸쳐 경량 트러스가 매달려 있다. 주요 케이블의 극한 인장력에 대항하기 위해 연속 기초는 이 받침대와 주탑의 밑면을 연결한다.

막 구조물

막 구조물membrane structures은 주로 인장 응력의
발생을 통해 하중을 전달하는 얇고 유연한 표면으
로 구성된다.

텐트 구조tent structures는 예상되는 모든 하중 조건
에서 팽팽하게 유지되도록 외부에서 가해지는 힘에
의해 미리 응력을 받는 막 구조이다. 막 구조가 극
도로 높은 인장력을 피하기 위해서는 반대 방향으
로 상대적으로 날카로운 곡률을 지녀야 한다.

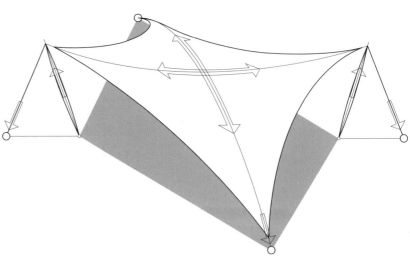

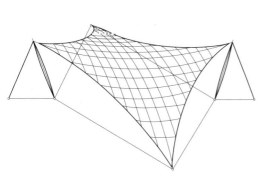

그물 구조net stuructures는 패브릭fabric 재료 대신 표
면에 인정한 간격의 케이블로 촘촘하게 구성된 막
구조물이다.

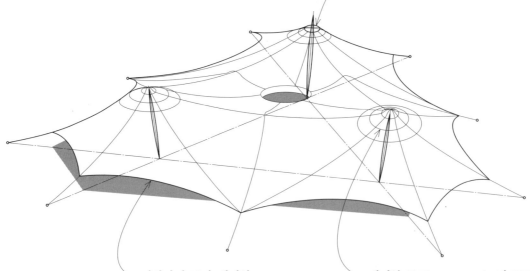

• 분배 캡distribution caps은 프리스트레스트
막 구조가 늘어나는 장대의 끝을 확장한다.

• 가장자리 보강 케이블reinforcing edge
cable은 프리스트레스트 막 구조의
자유로운 모서리를 보강한다.

• 케이블 루프cable loops는 막 구조물의 장대
지지대에 묶인 모서리 보강 케이블이다.

공기막 구조pneumatic structure는 압축 공기의 압력으로 인장 상태에 놓이고 안정화되는 막구조물이다.

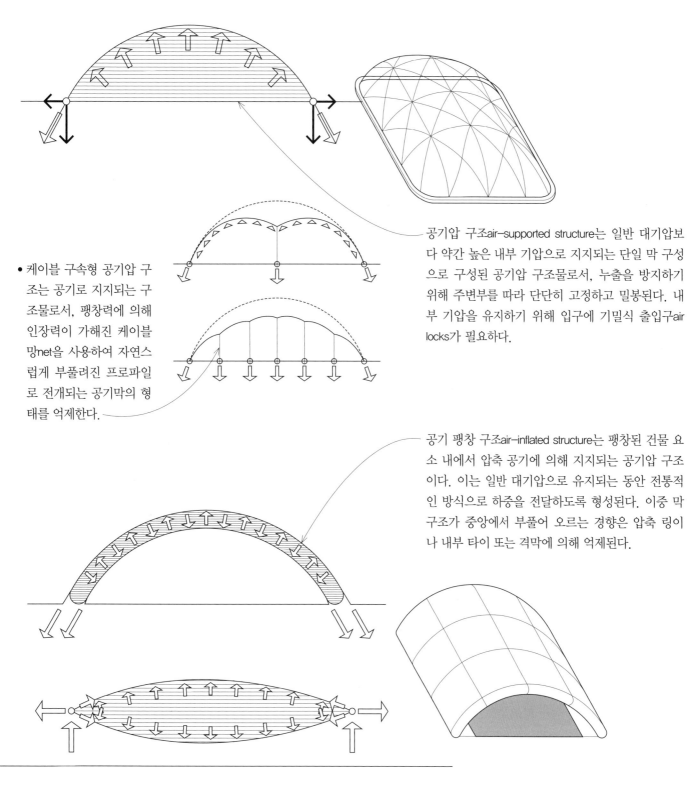

공기압 구조air-supported structure는 일반 대기압보다 약간 높은 내부 기압으로 지지되는 단일 막 구성으로 구성된 공기압 구조물로서, 누출을 방지하기 위해 주변부를 따라 단단히 고정하고 밀봉된다. 내부 기압을 유지하기 위해 입구에 기밀식 출입구air locks가 필요하다.

• 케이블 구속형 공기압 구조는 공기로 지지되는 구조물로서, 팽창력에 의해 인장력이 가해진 케이블 망net을 사용하여 자연스럽게 부풀려진 프로파일로 전개되는 공기막의 형태를 억제한다.

공기 팽창 구조air-inflated structure는 팽창된 건물 요소 내에서 압축 공기에 의해 지지되는 공기압 구조이다. 이는 일반 대기압으로 유지되는 동안 전통적인 방식으로 하중을 전달하도록 형성된다. 이중 막 구조가 중앙에서 부풀어 오르는 경향은 압축 링이나 내부 타이 또는 격막에 의해 억제된다.

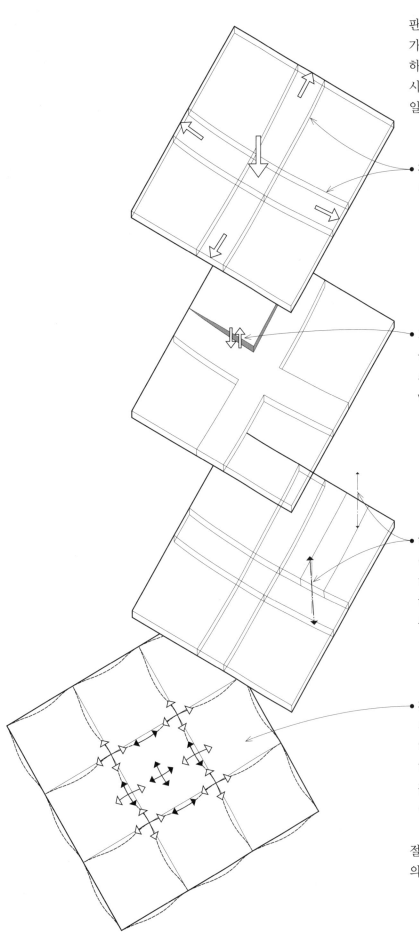

판 구조물plate structures은 일반적으로 지지대까지 가장 짧고 가장 높은 강성을 보이는 경로를 따르는 하중과 함께 가해진 하중을 다방향 패턴으로 분산시키는 강접, 평면, 일체식 구조이다. 판 구조물의 일반적인 예는 2방향 철근 콘크리트 슬래브이다.

• 판은 길이를 따라 연속해서 상호 연결하는 일련의 인접한 보 스트립beam strip으로 생각할 수 있다.

• 가해진 하중이 하나의 보 스트립beam strip의 휨을 통해 지지대로 전달될 때, 하중은 굴절deflected 스트립에서 인접 스트립으로 전달되는 수직 전단 vertical shear에 의해 판 전체에 걸쳐 분산된다.

• 하나의 보 스트립이 휘어지면 가로 스트립이 비틀어지며, 비틀림 저항이 판의 전체 강성을 증가시킨다. 따라서 휨과 전단이 하중이 실린 보 스트립 방향으로 하중을 전달하는 동안, 전단과 비틀림은 하중을 스트립에 직각으로 전달한다.

• 판은 2방향 구조로 작동하도록 정사각형 또는 거의 정사각형이어야 한다. 판이 정사각형보다 직사각형에 가까운 형태가 되면, 짧은 평판 스트립이 더 단단해지고, 하중의 더 많은 부분을 지탱하므로 더 짧은 방향으로 걸친 1방향 경간에서 일어나는 현상이 두드러진다.

절판 구조와 스페이스 프레임의 두 가지 특정 유형의 판 구조가 장경간 구조물 규모에 적합하다.

절판 구조

절판 구조folded plate structure는 경계를 따라 강접으로 결합한 얇고 깊은 요소들로 구성되며 횡좌굴에 대해 서로를 지지하기 위해 예각으로 결합이 된다.

• 수직 격막diaphragms 또는 강접골조는 접힌 측면의 변형에 대해 절판을 강화한다. 그 결과 단면의 강성으로 인해 절판이 상대적으로 긴 거리에 걸쳐 있을 수 있다.

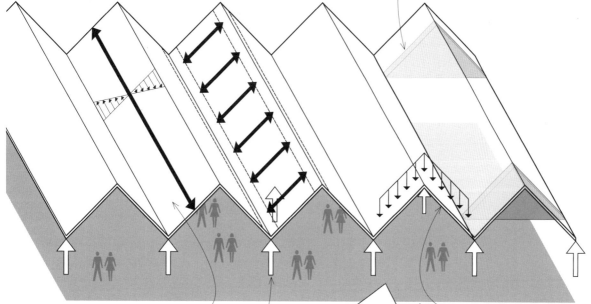

• 각각의 면은 세로 방향으로 보 역할을 한다.
• 짧은 방향으로 강접 지지대 역할을 하는 각각의 접힌 면에 의해 경간이 줄어든다.

• 가로 스트립은 접히는 지점에서 지지하는 연속보처럼 거동한다.

• 절판 구조물은 보통 철근 콘크리트로 시공되지만, 강화 합판 또한 사용될 수 있다.
• 절판 구조물은 대부분 평행한 판으로 구성되지만, 끝으로 갈수록 폭이 줄어드는 테이퍼tapered 형태 판의 사용이 가능하다.

• 절판 구조물의 깊이가 클수록 휨에 강하다. 이 구조물이 얇을수록 휘어지기 쉽다.

• 여기에는 수많은 가능한 프로파일 중 두 가지가 제시되어 있다.

- 스페이스 프레임의 가장 단순한 공간 단위 중 하나는 다섯 면과 다섯 이음으로 연결된 정사각형 기반 피라미드 형태이다.
- 스페이스 프레임은 구조용 강관, 각형강관, 채널, T 혹은 와이드 플랜지로 시공될 수 있다.
- 부재는 용접 볼트 또는 나사형 커넥터로 결합할 수 있다.

스페이스 프레임

스페이스 프레임space frame은 삼각형의 강성을 기반으로 하는 3차원 구조 프레임으로 축방향 인장 또는 압축만 받는 선형 요소로 구성된다. 상대적으로 가볍고 긴 경간 구조물은 주로 지붕 시공에서 사용되며, 자연 채광을 위해 부분적으로 유리를 입히는 경우가 많다. 구성 부재는 현장에서 조립할 수 있으며, 제자리에서 들어 올리거나 고정시킬 수 있다. 설치하는 데 큰 장비가 요구되지 않는다. 판 구조물과 마찬가지로 스페이스 프레임을 지지하는 베이는 2방향 구조로 작동하도록 정사각형 또는 거의 정사각형의 모양이 바람직하다.

- 스페이스 프레임은 경사를 주거나 주위보다 높게 하여 배수가 이루어져야 한다.
- 지붕 연결은 패널 지점에서 이루어져야 한다.
- 바닥 마감 위로 20피트(6.1미터) 이상의 거리를 두면 강재 구조물은 노출 상태로 둘 수 있다.

- 일반적인 모듈 크기: 4피트, 5피트, 8피트, 12피트(1220, 1525, 2440, 3660)
- 경간: 6~36개 모듈
- 돌출부: 경간의 15~30%

- 4점 십자형
- 골조와 같은 형식의 주두
- 지지 부위의 부담 면적을 늘리면, 전단이 전달되는 부재의 수가 증가하고 부재 내 힘은 감소한다.

- 철근 콘크리트 또는 조적조 내력벽은 선을 따라 지지점을 분산시킨다.
- 밑면 또는 기초는 횡력에 의한 전도 모멘트 overturning moment를 견딜 수 있어야 한다.

셸은 일반적으로 철근 콘크리트로 구성된 곡선형의 얇은 판 구조물이다. 셸은 면 내부에 작용하는 압축, 인장 및 전단응력과 같은 막 응력membrane stresses에 적용된 힘을 전달하도록 형태를 이루고 있다. 셸을 균일하게 적용하면 상대적으로 큰 힘을 지탱할 수 있다. 그러나 셸 구조물의 두께가 얇아서 휨저항이 거의 없으므로, 집중 하중에는 적합하지 않다.

셸 표면 유형

• 수평이동 곡면transitional surfaces은 직선을 따라 또는 다른 평면 곡선 위로 평면 곡선을 밀어서 생성된다.

• 배럴 셸barrel shells은 원통형 셸 구조이다. 배럴 셸의 길이가 가로 경간의 3배 이상이면 세로 방향으로 확장되는 곡선 단면이 있는 깊은 보처럼 작동한다.

• 상대적으로 짧은 경우, 아치와 같은 움직임을 보인다. 아치형 동작의 바깥쪽 추력을 상쇄시키려면 타이 로드tie rods 또는 횡방향 강접골조가 필요하다.

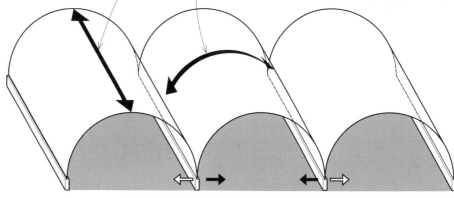

• 선직면ruled surface은 직선을 움직여 생성된다. 직선 기하학의 속성이 있어서 선직면은 일반적으로 회전면이나 수평 이동 곡면에 비해 형태를 잡고 시공하기에 용이하다.

• 쌍곡 포물면hyperbolic paraboloid or hypar은 위쪽 곡률이 있는 포물선을 따라 아래쪽 곡률이 있는 포물선을 미끄러뜨리거나, 두 개의 기울어진 선상의 단부에 있는 직선 일부를 미끄러뜨려 생성되는 표면이다. 그것은 수평이동면과 선직면으로 간주할 수 있다.

• 안장형 곡면saddle surface은 한 방향으로 상향 곡률이 있고, 수직 방향으로 하향 곡률이 있다. 안장형 곡면의 셸 구조에서 아래쪽 곡률 구역은 아치와 같은 작용이 있지만, 위쪽 곡률 구역은 케이블 구조처럼 작동한다. 표면의 가장자리가 지지가 되지 않는 경우, 보와 같은 작동이 일어날 수 있다.

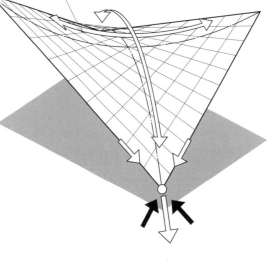

• 회전면rotational surfaces은 축을 중심으로 평면 곡선을 회전하여 생성된다. 구형, 타원형, 포물선 돔 표면이 여기에 속한다.

기하학적 표면을 결합하여 형태 및 공간 구성을 얼마든지 만들 수 있다. 시공성을 위해 두 셸의 교차점은 일치하고 연속적이어야 한다.

- 8개의 쌍곡 포물면은 방사형으로 결합한다.

- 아치 작용
- 서스펜션 작용

- 인장 타이가 추력에 대응한다.

그리드셸

그리드셸gridshells은 가상 셸의 표면에 있는 결절점을 연결하는 개별 부재로 구성된다. 솔리드 셸 표면에는 무한한 수의 하중 경로를 가지고 있는 반면, 그리드셸은 유한한 수의 하중 경로를 따라 그리드 부재에 의해 전달되는 내부 힘이 있다. 그리드셸은 종종 자유 형태이며 일부 휨 응력이 존재하므로, 목재 또는 강재 부재는 단면을 통해 하중에 저항해야 한다.

- 다이아그리드diagrid는 그리드셸의 하위 집합이다. 186쪽과 297~301쪽을 참조

- 라멜라 볼트Lamella vault는 비교적 짧은 목재, 금속 또는 때로는 라멜라라고 불리는 철근 콘크리트 부재로 구성된 지붕 구조물이다. 이 라멜라 형태는 덮인 공간의 측면에 대해 기울어진 평행 아치의 십자형 패턴을 형성한다.

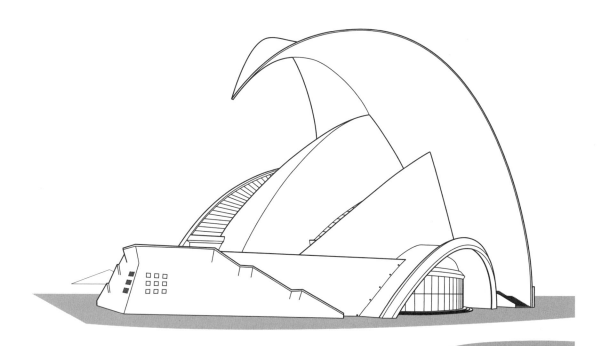

테네리페 콘서트홀Tenerife Concert Hall은 1,600석 규모의 대강당과 400석 규모의 작은 실내악 연주실이 있는 철근 콘크리트 구조물이다. 캔틸레버 지붕 셸은 두 개의 교차 원뿔 구성물로 이루어져 있고, 5개의 지점에서만 지지가 되도록 설계되었으며, 아래로 휘어지기 전에 대강당 위로 190피트(58미터) 높이까지 상승한다. 165피트(50미터) 높이의 공연장의 대칭적인 셸은 회전체이며, 타원을 묘사하기 위해 곡선을 회전시켜 생성된다. 몸체의 중앙에서 약 15°의 쐐기 형태가 제거되어 두 부분이 절판처럼 뚜렷한 능선을 형성한다. 각각의 면에서 165피트(50미터)에 이르는 넓은 아치가 연주자들이 입장하는 입구 역할을 한다.

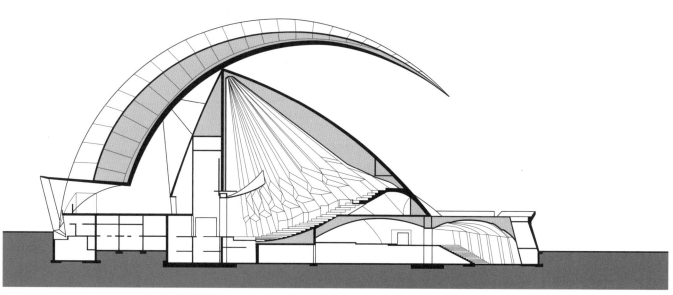

외부 전경 및 단면도: 스페인 카나리아 제도 산타크루스 데 테네리페주, 페네리페 콘서트 홀(1997-2003), 산티아고 칼라트라바

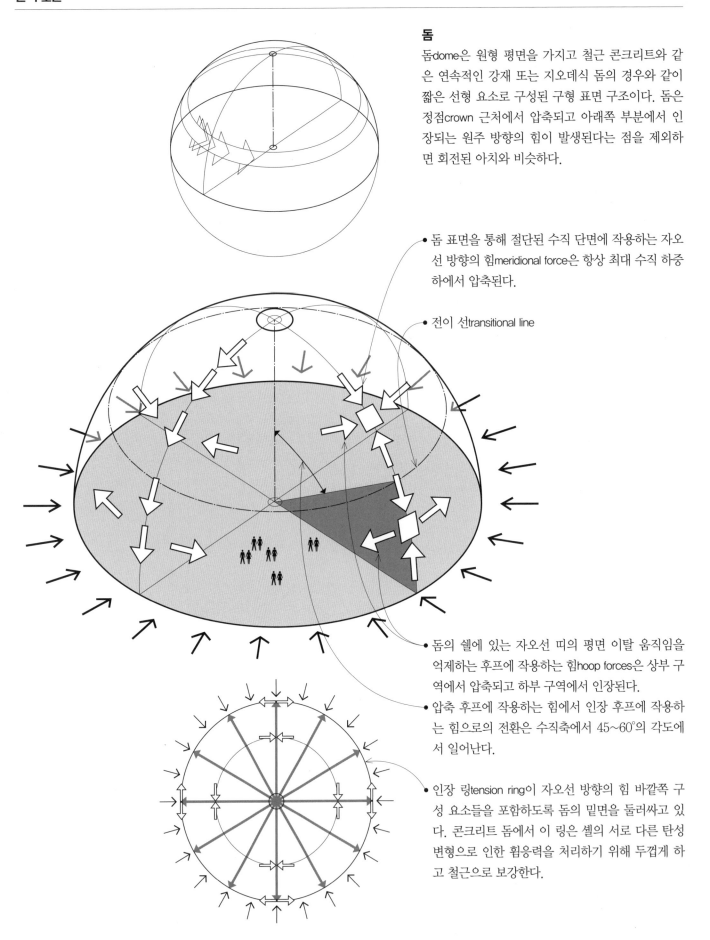

돔

돔dome은 원형 평면을 가지고 철근 콘크리트와 같은 연속적인 강재 또는 지오데식 돔의 경우와 같이 짧은 선형 요소로 구성된 구형 표면 구조이다. 돔은 정점crown 근처에서 압축되고 아래쪽 부분에서 인장되는 원주 방향의 힘이 발생된다는 점을 제외하면 회전된 아치와 비슷하다.

• 돔 표면을 통해 절단된 수직 단면에 작용하는 자오선 방향의 힘meridional force은 항상 최대 수직 하중 하에서 압축된다.

• 전이 선transitional line

• 돔의 셸에 있는 자오선 띠의 평면 이탈 움직임을 억제하는 후프에 작용하는 힘hoop forces은 상부 구역에서 압축되고 하부 구역에서 인장된다.

• 압축 후프에 작용하는 힘에서 인장 후프에 작용하는 힘으로의 전환은 수직축에서 45~60°의 각도에서 일어난다.

• 인장 링tension ring이 자오선 방향의 힘 바깥쪽 구성 요소들을 포함하도록 돔의 밑면을 둘러싸고 있다. 콘크리트 돔에서 이 링은 셸의 서로 다른 탄성 변형으로 인한 휨응력을 처리하기 위해 두껍게 하고 철근으로 보강한다.

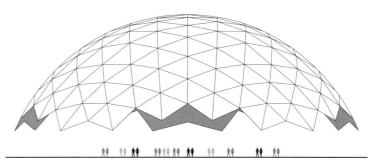

지오데식 돔

- 지오데식geodesic 돔은 60°에서 교차하는 3개의 주요 원 집단을 따르는 부재가 있는 강재 돔 구조로서 돔 표면을 일련의 정삼각형으로 세분한다.
- 지오데식 돔은 래티스lattice 돔 및 슈베들러schwendler 돔과는 달리 밑면이 불규칙하여 지지 조건이 까다로울 수 있다.

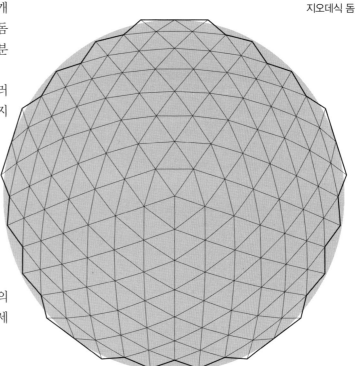

- 격자 돔은 위도의 원을 따르는 부재와 일련의 이등변 삼각형을 형성하는 두 개의 대각선 세트로 구성된 강재 돔 구조이다.

- 슈베들러 돔은 위도선과 경도선을 따르는 부재와, 삼각법triangulation을 완료하는 대각선들로 구성된 강재 돔 구조이다.

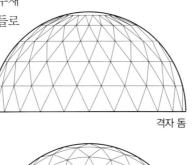

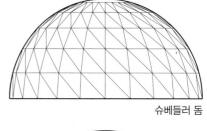

격자 돔

슈베들러 돔

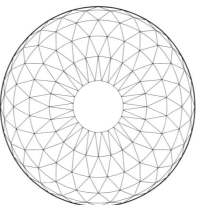

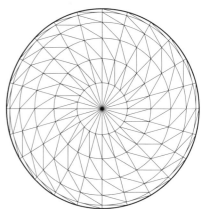

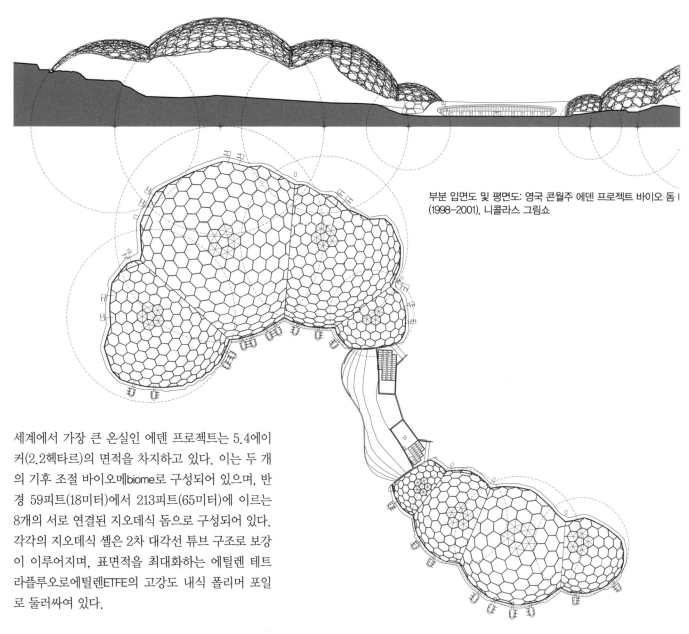

부분 입면도 및 평면도: 영국 콘월주 에덴 프로젝트 바이오 돔Ⅰ
(1998-2001), 니콜라스 그림쇼

세계에서 가장 큰 온실인 에덴 프로젝트는 5.4에이커(2.2헥타르)의 면적을 차지하고 있다. 이는 두 개의 기후 조절 바이오메biome로 구성되어 있으며, 반경 59피트(18미터)에서 213피트(65미터)에 이르는 8개의 서로 연결된 지오데식 돔으로 구성되어 있다. 각각의 지오데식 셸은 2차 대각선 튜브 구조로 보강이 이루어지며, 표면적을 최대화하는 에틸렌 테트라플루오로에틸렌ETFE의 고강도 내식 폴리머 포일로 둘러싸여 있다.

이 설계에서는 각 강재 단면의 길이를 3차원 컴퓨터 모델을 사용하여 계산해야 하므로, 각 단면을 현장 밖에서 사전 조립하고 현장에서 고유한 위치에 조립할 수 있었다. 최종 설계안은 매우 효율적이며, 최소한의 강재로 최대 강도를 제공하고, 최소 표면적으로 최대 부피를 정의한다.

7

고층 구조물

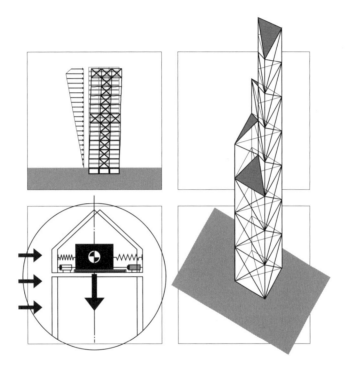

건축 엔지니어, 건축가, 건설업자, 감리를 비롯한 관련 전문가 집단에서는 종종 고층 건물을 최소 10층 이상 또는 100피트(30미터) 이상의 높이로 정의한다. 건축 법규에서는 소방 차량이 접근할 수 있는 최고 높이 이상의 특정 높이를 가진 건물을 말할 수 있다. 하지만 초고층도시건축학회[1]에서는 다음과 같이 고층 건물을 정의한다.

고층 건물은 높이나 층수에 의해 정의되지 않는다. 중요한 기준은 설계가 '높이'의 어떠한 측면에 의해 영향을 받는지 여부이다. '높이'가 계획, 설계, 사용에 큰 영향을 미치는 건물이다. 특정 지역과 시대의 '보통' 건물에 존재하는 것과는 다른 설계, 시공, 운영 조건을 만들어내는 높이의 건물이다.

이 정의에서 우리는 고층 건물이 단지 높이에 의해서만 정의되는 것이 아니라, 비율에 따라서 정의된다는 것을 알 수 있다.

구조 설계의 기본 원칙은 다른 유형의 시공과 마찬가지로 고층 건물에도 적용된다. 개별 부재와 전체 구조는 중력과 횡하중하에서 적절한 강도를 갖도록 설계되어야 하며, 굴절을 허용 가능한 수준으로 제한할 수 있는 충분한 강성이 구조물에 내장되어 있어야 한다. 그럼에도 불구하고 고층 건물의 구조 시스템은 횡력에 저항할 필요성에 의해 지배되는 경향이 있다. 횡력 강도, 변위drift 제어, 동적 움직임 및 전도에 대한 저항에 관한 조항은 중력 하중 전달 능력에 대한 조항의 중요도를 떨어뜨린다.

• 구조물의 높이와 경사도에 따라 횡력의 영향이 크게 증가한다.

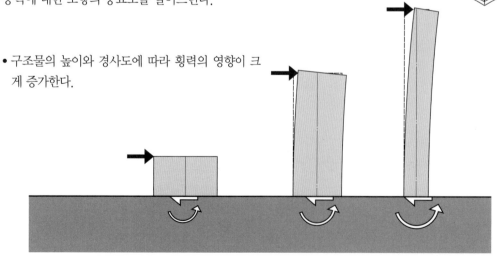

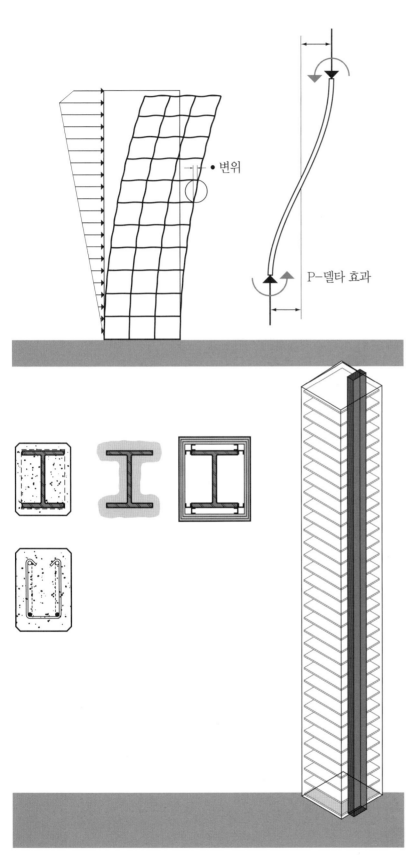

변위

P-델타 효과

횡변형lateral deflection 또는 변위drift는 건물의 높이가 증가함에 따라 매우 커질 수 있다. 지나친 변형으로 인해 엘리베이터가 잘못 정렬되어 탑승자가 움직임에 역반응을 받을 수 있다. 횡변형과 진동의 두 가지 주요 원인은 풍하중과 지진력이다. 또 다른 무시할 수 없는 요인은 건물 내부와 외부, 그리고 햇빛을 받는 쪽과 그늘진 쪽 사이의 온도 차이이다.

고층 건물이 실제 및 수직 위치에서 변위가 이루어짐에 따라 중립 중심 위치에서 변위된 구조물의 무게가 추가적인 전도 모멘트에 기여한다. 이 추가 모멘트의 크기는 일반적으로 원래 변위를 생성하는 모멘트의 10% 정도이다. 이 잠재적으로 심각한 현상은 P-델타 효과로 알려져 있다.

고층 건물의 건축 자재는 다양하며 구조용 강재, 철근 콘크리트, 프리스트레스트 콘크리트가 가장 많이 사용된다.

고층 건물의 바닥 평방피트당 필요한 구조 재료의 양은 중저층 건물의 요건을 초과한다. 기둥, 벽 및 샤프트와 같은 수직 하중 전달 요소는 건물의 전체 높이에 걸쳐 강화되어야 하며 횡하중 저항에 필요한 재료의 양은 훨씬 더 중요하다.

고층 건물의 바닥 시스템은 일반적으로 반복적이기 때문에, 바닥 시스템의 구조적 깊이는 건물 설계에 큰 영향을 미칠 수 있다. 층당 몇 인치씩 절약하면 건물에 많은 피트가 쌓일 수 있다. 이것은 엘리베이터, 벽 피복, 그리고 다른 하부 시스템의 비용에 영향을 미칠 것이다. 바닥 시스템에 무게를 더하면 기초 시스템의 크기와 비용도 증가한다.

여기에 건물 설비, 주로 수직 운송 시스템의 비용 증가가 추가되어야 한다. 순수 가용 바닥 면적의 비용은 수직 운송 코어에 필요한 공간만큼 더 증가하지만, 수직 및 횡방향 하중 전달 전략의 중요한 부분으로 사용될 수 있다.

중력 하중gravity loads

기둥, 코어축, 내력벽과 같은 고층 구조물의 수직 중력 하중을 지탱하는 수직 구성 요소는 지붕 높이에서 기초까지 하중이 누적되는 특성 때문에 건물의 전체 높이에 걸쳐 보강되어야 한다. 그러므로 구조 재료의 양은 고층 건물의 층수가 증가함에 따라 필연적으로 증가한다.

중력 하중에 대한 중량의 증가는 강재 골조steel-framed 구조물보다 콘크리트 구조물에서 훨씬 더 크다. 콘크리트 구조물의 고정하중은 풍력의 전도 효과overturning effects에 저항하는 데 도움이 되기 때문에 이러한 증가는 장점이 될 수 있다. 반면에, 콘크리트 건물의 더 큰 무게는 지진 발생 시 더 큰 횡력을 발생시키는 부담으로 돌아올 수 있다.

보강이 필요한 수직 중력 하중 요소와는 대조적으로, 고층 구조물의 수평 경간 바닥과 지붕 시스템은 중저층 건물의 시스템과 유사하다. 바닥 및 지붕 시스템의 경간 부재는 수직 구조를 함께 묶고 수평 격막horizontal diaphragms 역할을 한다. 철골조 고층 구조물의 가장 일반적인 바닥 시스템은 경량 콘크리트 충전재를 사용한 파형corrogated 금속 데크이다. 이를 통해 바닥 전체에 소규모의 설비 덕트뿐만 아니라 전기 및 통신 배선을 분배할 수 있는 공간을 확보할 수 있다.

철근 콘크리트 고층 구조물에서는 경량 구조 콘크리트 슬래브를 지지하는 보와 거더의 골조 틀을 사용하는 것이 경제적일 수 있다.

장경간 설계의 트러스 장선은 바닥 시스템이 일반적인 것보다 깊더라도 경제적이다. 기계 설비는 트러스의 하현 아래에 추가적인 바닥 깊이를 필요하지 않고, 장선의 열린 웹web 영역을 통과할 수 있다.

주거용 고층 건물에서 포스트텐션 평슬래브 설계는 종종 6~7인치(150~180) 또는 최대 8인치(205)의 슬래브 두께를 가진 25~30피트(7.6~9.1미터)를 초과하지 않는 범위에 사용된다. 평슬래브는 지지 보 없이 기둥에 의해 직접 지지가 되므로, 구조적 바닥 깊이가 최소화된다. 하지만 모든 기계 및 전기 설비는 슬래브 아래에서 중단되어야 한다.

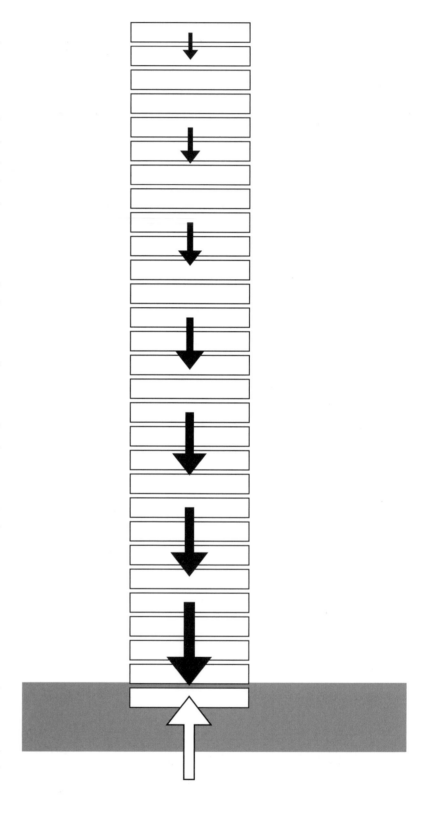

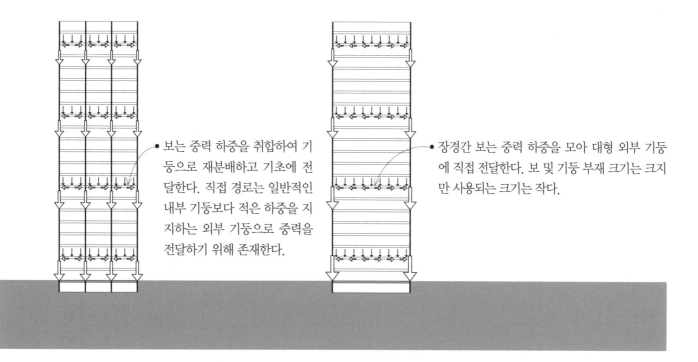

보는 중력 하중을 취합하여 기둥으로 재분배하고 기초에 전달한다. 직접 경로는 일반적인 내부 기둥보다 적은 하중을 지지하는 외부 기둥으로 중력을 전달하기 위해 존재한다.

장경간 보는 중력 하중을 모아 대형 외부 기둥에 직접 전달한다. 보 및 기둥 부재 크기는 크지만 사용되는 크기는 작다.

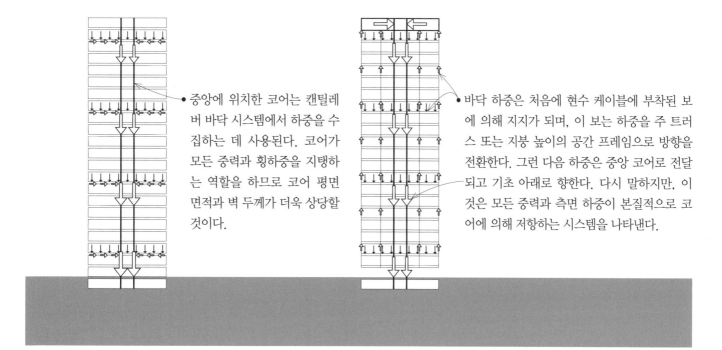

중앙에 위치한 코어는 캔틸레버 바닥 시스템에서 하중을 수집하는 데 사용된다. 코어가 모든 중력과 횡하중을 지탱하는 역할을 하므로 코어 평면 면적과 벽 두께가 더욱 상당할 것이다.

바닥 하중은 처음에 현수 케이블에 부착된 보에 의해 지지가 되며, 이 보는 하중을 주 트러스 또는 지붕 높이의 공간 프레임으로 방향을 전환한다. 그런 다음 하중은 중앙 코어로 전달되고 기초 아래로 향한다. 다시 말하지만, 이것은 모든 중력과 측면 하중이 본질적으로 코어에 의해 저항하는 시스템을 나타낸다.

안전을 고려한 설계의 목표는 바람과 지진의 힘으로 인한 건물 붕괴 가능성을 줄이는 것이다. 그다음으로는 건물 외피, 건축 요소 및 각종 설비의 잠재적인 파손을 고려해야 한다.

고위험 지진대를 제외하면 고층 건물 설계에 가장 큰 영향을 미치는 힘은 바람이다. 전체 구조물에 작용하는 풍하중은 일반적으로 풍압의 단계적 증가로서 주어지며, 지상으로부터 높이가 증가함에 따라 그 크기가 증가한다. 이러한 풍하중은 건물의 수직 표면에 정상적으로 작용하는 것으로 가정되며, 비스듬히 부는 바람의 효과도 고려되어야 한다.

일정한 바람 아래 고층 구조물은 지면 높이에 고정된 수직 캔틸레버 보처럼 변형이 발생한다. 하지만 건물의 돌풍은 진동할 수 있고 더 작은 모달 편향 modal deflection 또한 건물에 진동을 일으킬 수 있다. 작은 진동으로 인해 일부 거주자가 불편함과 불안감을 느낄 수 있다. 대부분의 고층 건물의 고유 강성 및 감쇠 특성은 바람에 의한 공명 및 공기역학적 불안정성의 가능성을 배제한다.

건물의 지진 거동은 바람에 의해 발생하는 것과는 다르다. 재앙적인 수준의 지진에서는 건물이 훨씬 더 휘어지고 붕괴를 일으킬 만큼 큰 움직임을 피해야 하는 어려움과 함께 임의의 방향으로 휘어질 수 있다. 지진의 임계주기 진동은 일반적으로 몇 초의 범위지만, 신축성 높은 고층 건물의 진동은 몇 초가 될 것이다. 지진 주기가 건축 기간과 상극이 아닌 상태로 유지되면 조화 공명의 가능성이 줄어든다. 고주파 공명은 변위의 진폭을 증가시켜 파국적인 움직임을 초래할 수 있다. 고층 건물은 풍하중에 상대적으로 강하게 설계되었지만, 건물의 특정 부분은 건물의 진동 기간을 늘리고 감쇠 능력을 높이기 위해 지진하중에 국소적으로 항복하거나 균열이 발생할 수 있다. 이것은 매우 강한 지진에 의한 치명적인 파괴에 저항하기 위해 행해진다. 내진 설계를 위한 연성 요구 사항은 건물이 구조적 무결성을 잃지 않고 흔들릴 수 있도록 탄성 한계를 벗어난 소성항복을 통해 예비 강도를 건물에 장착하는 것을 포함한다.

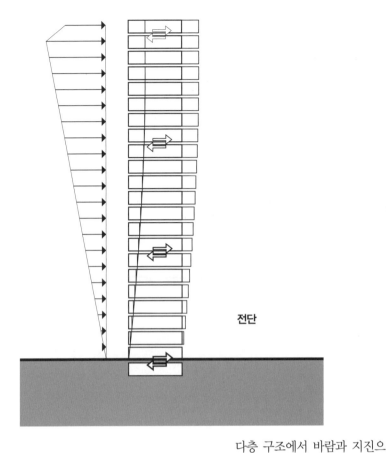

전단

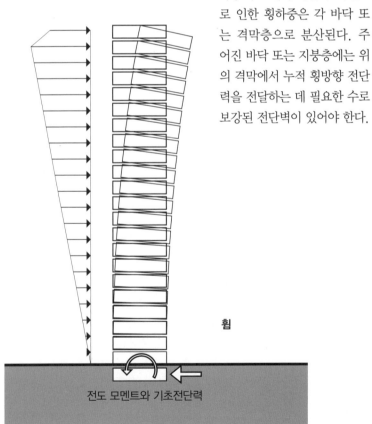

휨

전도 모멘트와 기초전단력

다층 구조에서 바람과 지진으로 인한 횡하중은 각 바닥 또는 격막층으로 분산된다. 주어진 바닥 또는 지붕층에는 위의 격막에서 누적 횡방향 전단력을 전달하는 데 필요한 수로 보강된 전단벽이 있어야 한다.

고층 건물에서는 횡하중에 의한 전도 모멘트가 상당히 크다. 바닥 시스템은 건물의 중력 하중의 주요 부분을 외부 저항 요소에 분산시켜 인장 전도력 요건에 대한 사전 압축으로 안정화시키는 것이 유리하다. 이는 가능한 한 많은 내부 기둥을 제거하고 중앙 코어에서 외부 기둥까지 확장할 수 있는 긴 경간 바닥 시스템을 사용함으로써 달성할 수 있다. 이 더 강한 바닥은 또한 횡방향 전단력에 저항하는 데 적절히 기여할 수 있다.

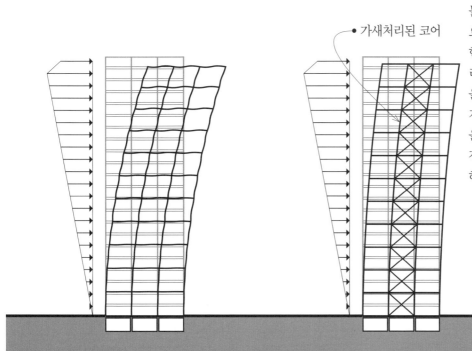

• 가새처리된 코어

지붕에서 캡 트러스 또는 아웃리거는 코어에 묶이고 외부 고정 기둥과 결합되어 건물의 전도 모멘트와 횡방향 변위를 줄이는 역할을 한다. 고정 장치는 모든 층에 부착되며 골조의 횡방향 움직임을 억제할 뿐만 아니라 중력 하중을 지지한다.

캡 트러스와 고정 개념의 변형은 건물 높이의 다양한 레벨에서 현외 장치를 사용하는 것이다. 코어는 종종 양쪽에 아웃리거outrigger로 확장되어 중앙에 위치한다. 전단 코어가 휘어지면, 아웃리거는 축방향 하중, 한쪽 면의 장력 및 다른 쪽 면의 압축을 주변 기둥에 배치하는 레버 암의 역할을 한다. 이 기둥들은 결국 중심부의 편향에 저항하는 스트럿으로 작용한다. 아웃리거는 일반적으로 철골 구조물의 트러스 또는 철근 콘크리트 구조물의 벽의 형태이거나 강재와 콘크리트의 복합적인 조립체일 수 있다.

• 캡-트러스 구조

• 기둥에 압축

• 기둥에 인장

• 가새처리된 코어

• 기둥에 인장

• 기둥에 압축

• 아웃리거

지반으로부터 거리를 두고 가해지는 모든 횡하중은 구조물의 기저부에 전도 모멘트를 생성한다. 평형을 위해, 전도 모멘트는 외부 복원 모멘트와 기둥 부재와 전단벽에서 발달된 힘에 의해 제공되는 내부 저항 모멘트에 의해 균형을 이루어야 한다. 높은 측면(높이 대 밑면 너비)의 비율을 가진 높고 가느다란 건물은 상단에서 더 큰 수평 변형을 경험하며 특히 전도 모멘트에 취약하다.

비틀림torsion은 어느 높이에서나 발생할 수 있지만, 고층 구조물에서 특히 치명적일 수 있다. 고층 건물은 높이가 매우 높으므로 보통 중저층 건물에서는 허용 가능한 것으로 간주하는 층 비틀림이 여러 층에 누적되어 허용할 수 없는 고층 건물의 전체 회전을 유발할 수 있다. 비틀림과 관련된 움직임은 건물의 축을 따라 흔들리는 움직임을 추가하여 허용할 수 없는 수평 움직임 및 가속도를 생성할 수 있다.

다층 구조는 일반적으로 층당 최소 4개의 횡력 저항 평면으로 가새가 이루어지며, 각각의 벽은 비틀림 모멘트와 변위를 최소화하기 위해 배치된다. 측면 저항면을 각 층 레벨에서 동일한 위치에 배치하는 것이 바람직하지만 항상 필요한 것은 아니다. 어떠 한 층을 통한 전단 이동은 별개의 문제로 검토될 수 있다. 비틀림에 대한 저항은 횡력 저항 시스템과 코어를 균형 있고 대칭적인 방식으로 배치함으로써 극대화된다. 이렇게 하면 건물의 질량 중심이 강성 또는 저항 중심에서 상쇄되거나 편심될 가능성을 최소화할 수 있다.

• 가새 골조, 모멘트 골조 또는 전단벽을 완전한 튜브로 구성하여 비틀림 저항을 강화할 수 있다. 철근 콘크리트나 철골조를 사용한 동선 코어도 닫혀 있을 때 더욱 효과적이다.

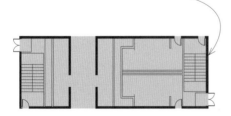

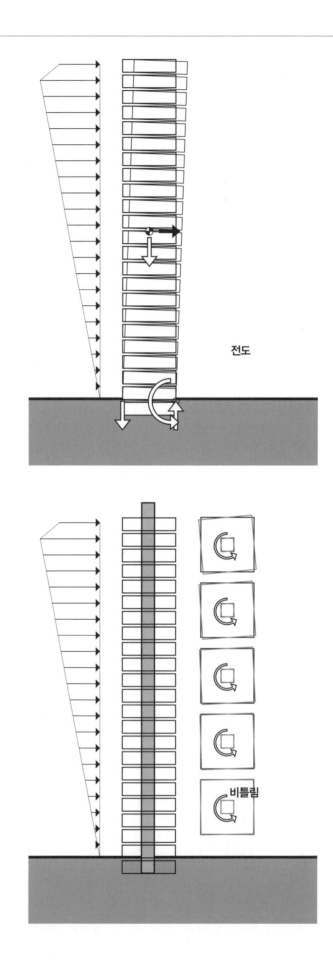

전도

비틀림

여기에는 기본적으로 고층 구조물에 적용
될 수 있는 구조적으로 안정적인 평면 구
성이다. 개방적인 형태의 가새는 본질적으
로 비틀림 강성torsional stiffness에 약하므로
피해야 한다. L-, T- 및 X자 평면 구성은
비틀림 저항성이 최악이지만, C 및 Z 형태
의 구성은 그보다 약간 나은 측면이 있다.

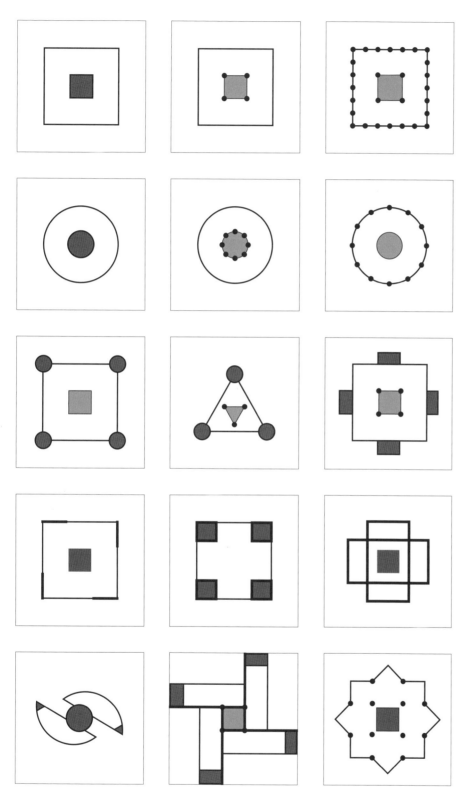

적절한 횡력 저항 시스템 선택함으로써 시공성, 유용성, 경제성을 충족할 수 있는 고층 구조물 프로젝트를 만들 수 있다.

수직 횡방향 저항 시스템의 지배적인 위치를 기준으로 고층 구조를 내부 구조와 외부 구조의 두 가지 범주로 나눌 수 있다.

내부 구조
내부 구조는 강재나 콘크리트의 강접 골조 구조 또는 폐쇄 시스템으로 구성된 전단벽으로 구성된 가새로 보강된 코어와 같이 주로 구조물의 내부에 위치한 횡력에 저항하는 고층 구조물이며, 구조적으로 튜브 역할을 한다.

외부 구조
외부 구조는 주로 구조물의 둘레를 따라 위치한 횡력 저항 요소를 통해 횡하중에 저항하는 고층 구조물이다.

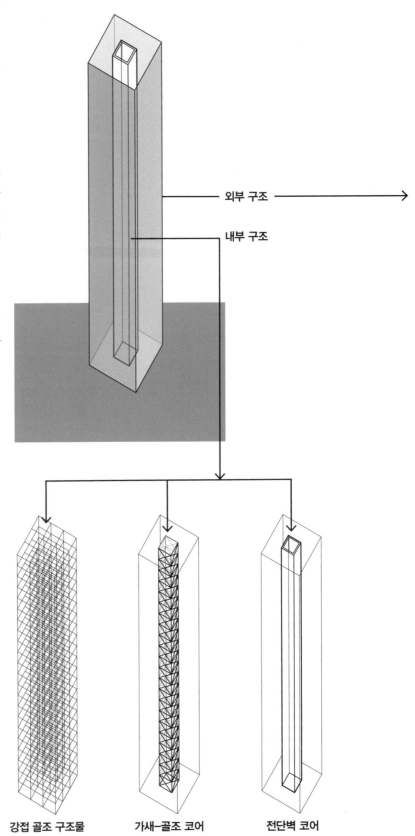

외부 구조

내부 구조

강접 골조 구조물   가새-골조 코어   전단벽 코어

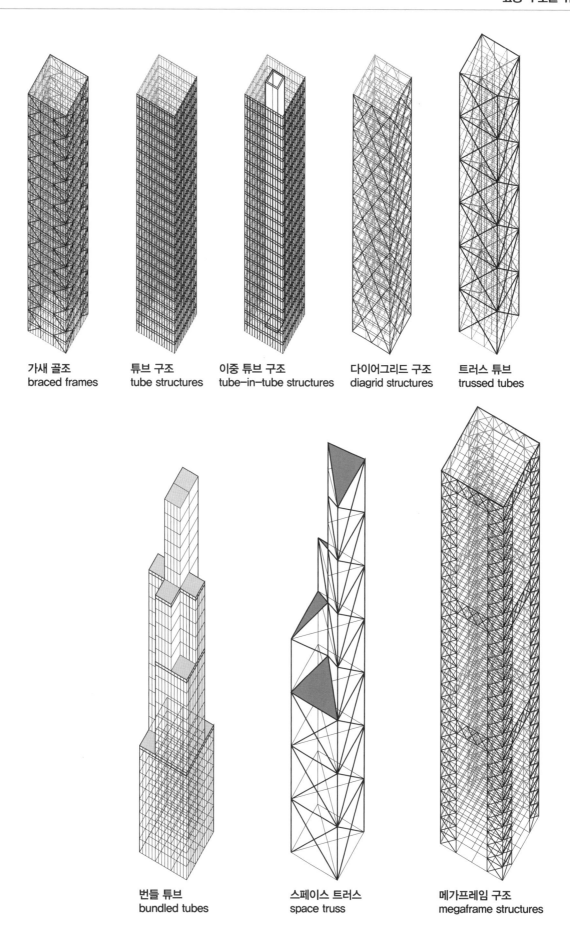

가새 골조
braced frames

튜브 구조
tube structures

이중 튜브 구조
tube-in-tube structures

다이어그리드 구조
diagrid structures

트러스 튜브
trussed tubes

번들 튜브
bundled tubes

스페이스 트러스
space truss

메가프레임 구조
megaframe structures

고층 구조물 유형

여기에 제시된 그래프는 고층 구조물의 기본 유형과
각 유형이 합리적으로 달성할 수 있는 층수를 보여
준다.

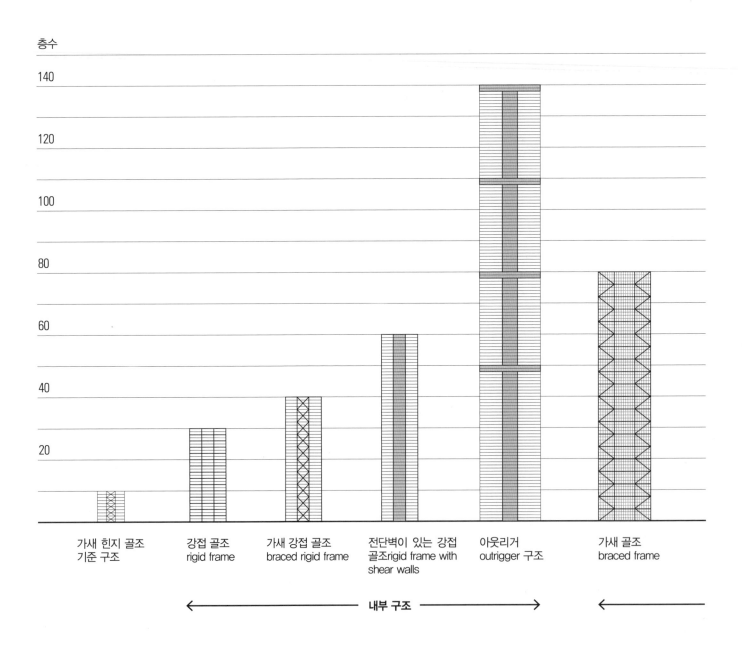

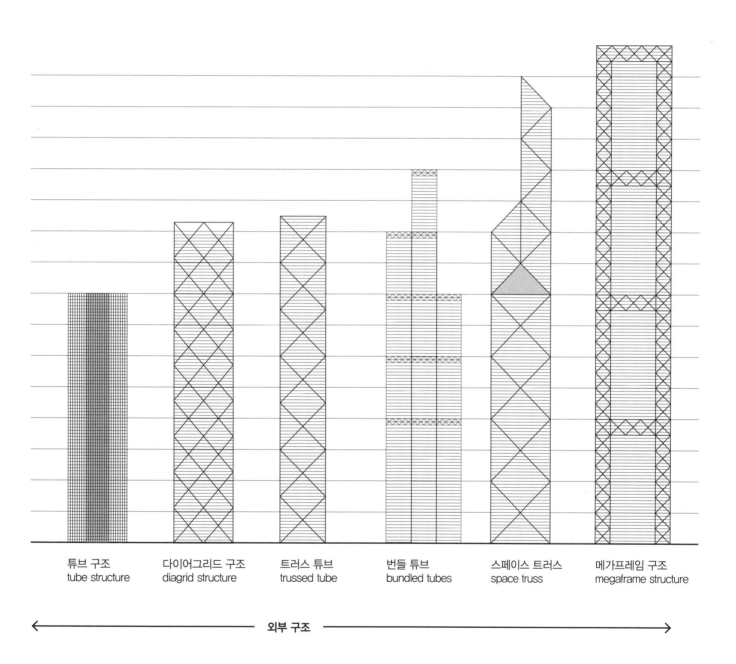

튜브 구조
tube structure

다이어그리드 구조
diagrid structure

트러스 튜브
trussed tube

번들 튜브
bundled tubes

스페이스 트러스
space truss

메가프레임 구조
megaframe structure

← 외부 구조 →

강접 골조 구조rigid frame structures

1960년대 내내 높은 강철과 콘크리트 건물에 사용된 일차적이고 지배적인 구조 시스템 중 하나는 전통적인 강접 골조였다. 구조 골조틀은 지면에 고정된 베이스가 있는 수직 캔틸레버 보를 나타낸다.

풍하중과 지진하중은 수직 중력 하중에 추가하여 전단 및 휨 모멘트를 생성하는 횡방향으로 작용한다고 가정한다. 바닥 골조 시스템은 보통 각 층에서 거의 동일한 중력 하중을 전달하지만, 증가하는 횡력에 저항하고 건물의 강성을 증가시키기 위해 기둥 선을 따라 있는 거더들은 점차적으로 건물의 바닥 쪽으로 무거워져야 한다.

기둥 크기는 상부층에서 전달하는 중력 하중의 누적 증가로 인해 건물 바닥 쪽으로 점진적으로 증가한다. 또한 누적되는 횡하중에 저항하기 위해 베이스 쪽으로 기둥을 더 늘려야 한다. 결과적으로 건물의 높이가 증가하고, 횡력에 의한 흔들림이 중요해짐에 따라 횡력을 전달하기 위한 강접 골조 시스템을 구성하는 기둥과 거더에 대한 필요가 증가하게 된다.

강접 골조 시공에서 양쪽 방향으로 확장되는 보와 거더는 고층 바닥의 전단 래킹 또는 변위를 최소화할 수 있을 만큼 충분히 강성을 가져야 한다. 바닥 변위가 전단벽이나 구조 코어와 같은 다른 수직 요소에 의해 제어되지 않는 한 일반적으로 보와 거더를 위한 추가 재료가 필요하다. 수평 하중을 견디는 데 필요한 재료의 양은 견고한 골조 시스템이 높이가 30층 이상인 건물에서 사용하기에는 비용이 들지 않을 정도로 증가할 수 있다.

수직 강재 전단 트러스 또는 콘크리트 전단벽만으로도 10층부터 35층까지의 건물에 대한 횡력 저항을 제공하는 데 효과적이다. 그러나 전단벽이나 전단 트러스가 강성과 결합되면, 모멘트 저항 시스템이 건물에 더 큰 횡방향 강성을 생성하고, 60층 높이로 시공이 가능하다.

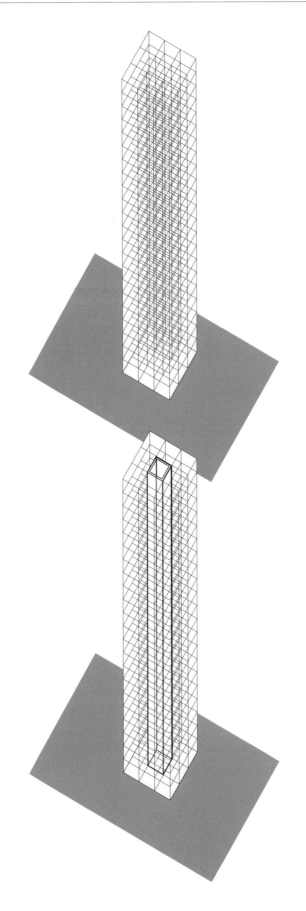

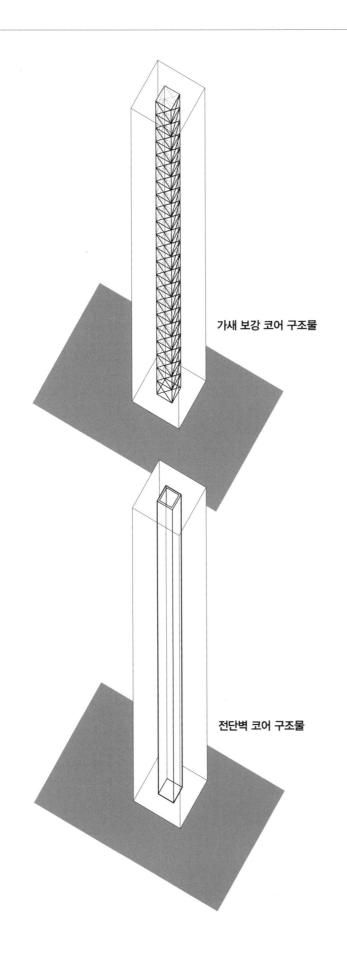

가새 보강 코어 구조물

전단벽 코어 구조물

엘리베이터 및 비상 탈출 계단의 수직 동선 코어는 보통 철근 콘크리트 또는 가새 철골 프레임으로 구성되므로, 고층 건물의 중력과 횡력 저항 전략의 주요 구성요소로 사용될 수 있다. 전단 저항 코어의 배치는 횡하중에 의한 비틀림 가능성을 최소화하는 데 중요하다. 구조 코어와 가새 보강 골조 또는 전단벽이 상대적으로 대칭적으로 배치되면, 격막 수준의 질량 중심과 저항의 강성 중심 사이의 편심을 완화할 수 있다.

코어 위치와 관계없이 선호되는 횡방향 저항 시스템은 폐쇄형이며, 가새 또는 골조 동작이 완전한 튜브를 형성한다. 이 예로는 건물 주위에 연속적이고 모멘트 연결 스팬드럴과 기둥이 있는 관형 골조 타워로 코어 측면이 대각선 또는 무릎 가새로 보강된 코어, 벽 세그먼트 사이 링크 역할을 하는 출입구 위 매우 강화된 상인방 보가 있는 구조적 콘크리트 코어이다. 이러한 폐쇄형은 고유한 비틀림 강성 때문에 선호된다.

고층 구조물은 하나 또는 여러 개의 코어를 포함할 수 있다. 대형 단일 코어 구조는 캔틸레버 바닥 구조를 지지하거나 각 층에서 기둥이 없는 무주 공간을 제공하기 위해, 탑햇 구조top-hat structure 또는 가운데 아웃리거 intermediate outrigger와 결합할 수 있다.

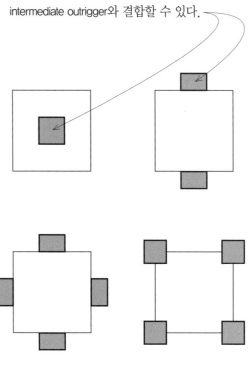

가새 골조

가새 골조braced frames 구조물은 수직 트러스를 사용하여 높은 건물의 횡하중에 저항한다. 이러한 수직 트러스는 둘레 기둥을 현 부재로 사용하고 K-, V- 또는 X- 형태의 가새를 웹 부재로 사용하여 횡하중을 받는 기둥에서의 휨을 효과적으로 제거한다. 기둥, 거더 및 대각선 가새는 핀 접합으로 간단하게 연결할 수 있어 강접 골조 구조에 필요한 모멘트 저항 연결보다 제작 및 설치가 더욱 경제적이다. 대각선 가새는 구조물의 강성을 높이고, 변위를 완화하며, 이를 통해 전체 구조물의 높이를 높일 수 있다. 가새 골조는 일반적으로 더 높은 건물을 위해 다른 횡력 저항 시스템과 함께 사용된다.

편심 가새 골조는 트러스의 수평 요소를 형성하는 바닥 거더에 연결된 대각 가새를 사용한다. 축방향 이격에 의한 편심은 프레임에 휨모멘트와 전단을 도입하여 프레임의 강성은 낮추지만, 연성은 증가하므로 연성이 구조 설계에 중요한 요구 사항인 지진 구역에서 이점이 있다. 편심 가새 골조는 넓은 문과 창문 개구부를 평면에 도입할 수 있다.

대각선 가새 부재가 여러 층을 가로지르기 위해 크기가 커지면 메가프레임 구조와 유사해진다.

전단벽

전단벽shear walls 시스템은 바람과 지진으로 인한 횡력에 저항하는 데 필요한 강도와 강성을 제공하기 위해 고층 구조물에 종종 사용된다. 일반적으로 철근 콘크리트로 시공되는 전단벽은 상대적으로 얇고 높은(높이 대 너비) 종횡비를 갖는 경향이 있다.

전단벽은 그 기저부에 고정된 수직 캔틸레버로 취급된다. 창문과 문 개구부가 있는 전단벽의 경우처럼 동일한 평면에 있는 두 개 이상의 전단벽이 보나 슬래브로 연결된 경우, 시스템의 총 강성은 개별 벽의 강성 합계를 초과할 수 있다. 이것은 연결 보가 개별 캔틸레버를 구속함으로써, 벽이 단일 단위(큰 강체 프레임과 같은)로 작용하도록 강제하기 때문에 결합된 전단벽은 결합된 전단벽으로 알려져 있다.

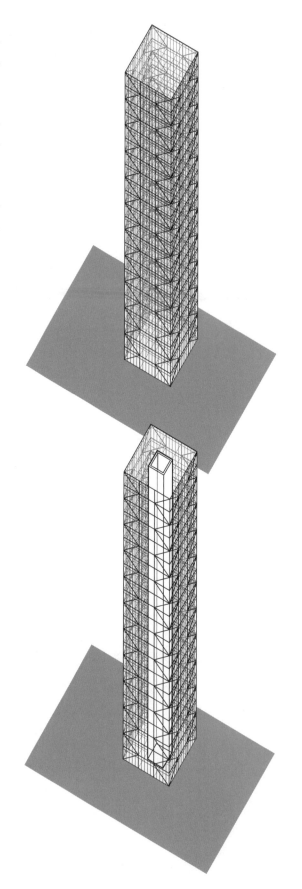

튜브 구조물tube structures

튜브 골조 구조물은 건물 둘레 전체를 사용하여 횡하중에 저항한다. 기본 관형 구조는 지면 높이에 고정된 속이 빈 캔틸레버 박스 빔으로 가장 눈에 띄며, 외부 골조는 깊은 스팬드럴 보와 견고하게 연결된 기둥으로 구성되어 있다. 이전의 세계 무역 센터 World Trade Center Towers와 같은 튜브 골조 시스템에서는 중앙에 4~15피트(1.2~4.6미터) 간격으로 기둥을 배치하고 2~4피트(610~1220) 깊이의 스팬드럴 보를 사용하였다.

튜브는 직사각형, 원형 또는 다른 정형의 형태가 가능하다. 외벽은 횡하중의 전부 또는 대부분을 견디기 때문에, 내부 대각선 및 전단벽의 대부분 또는 전부가 제거된다. 트러스 효과를 형성시키기 위해 대각선 가새를 추가하여 파사드의 강성을 더욱 강화할 수 있다.

캔틸레버 보가 횡하중을 받는 것처럼 건물이 휘어지면, 구조 골조의 랙킹에 의해 축 기둥 하중이 불균일하게 분포된다. 모서리 기둥은 부하가 더 크며, 분포는 각 모서리에서 중앙 방향으로 비선형적이다. 튜브 골조의 움직임이 순수한 캔틸레버와 순수한 골조 사이의 어느 정도이기 때문에, 횡하중에 평행한 튜브의 측면은 기둥과 스팬드럴 보의 유연성으로 인해 독립적인 다중베이 강체 골조로 작용하는 경향이 있다. 이렇게 하면 실제 튜브의 동작과 달리 골조 중앙의 기둥이 모서리 근처의 기둥보다 뒤처지게 된다. 이러한 현상은 전단 지연으로 알려져 있다.

설계자들은 전단 지연의 영향을 줄이기 위해 다양한 기술을 개발했다. 이 중 가장 눈에 띄는 것은 벨트 트러스belt truss의 사용이다. 벨트 트러스는 전단 지연으로 인한 인장력과 압축력을 균등하게 만드는 데 도움이 되도록 외부 벽면(종종 기계식 바닥)에 배치된다.

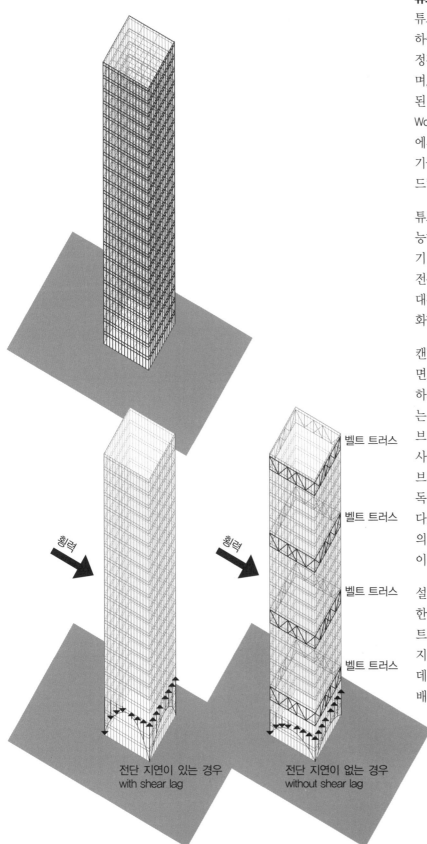

벨트 트러스

벨트 트러스

벨트 트러스

벨트 트러스

횡력

횡력

전단 지연이 있는 경우
with shear lag

전단 지연이 없는 경우
without shear lag

- 전단 지연으로 인해 하중이 고르지 않게 분포된다.
- 벨트 트러스는 하중 분포를 균등하게 하는 데 도움이 된다.

이중 튜브 구조tube-in-tube structures

구조용 코어를 사용하여 중력 부하뿐만 아니라 횡하중에도 견디는 방식으로 튜브 골조의 강성을 상당부분 개선할 수 있다. 바닥 격막은 외부 및 내부 튜브를 함께 묶어 두 튜브가 하나의 단위로 횡력에 저항할 수 있도록 한다. 이 시스템은 이중 튜브 구조로 알려져 있다.

더 큰 평면 치수를 가진 외부 튜브는 전도하중에 상당히 효율적으로 저항할 수 있지만, 이 튜브에 필요한 개구부는 특히 낮은 레벨에서 전단 저항력을 발휘하지 못한다. 반면에, 전단벽, 가새 골조 또는 모멘트 골조로 구성될 수 있는 내부 튜브의 견고성은 층 전단력에 더 잘 저항할 수 있다.

가새-튜브 구조

튜브 골조 구조의 본질적인 약점은 스팬드럴 보의 유연성에 있다. 튜브 골조는 외벽 골조에 큰 대각 부재를 추가함으로써 강성을 지닐 수 있다. 시카고에 있는 100층 존 핸콕 센터에서 대각선이 튜브 골조 구조물에 추가될 때, 그것은 가새-튜브 구조라고 일컫는다.

큰 대각선 가새와 스팬드럴 보는 횡하중에 대해 벽과 같은 강성을 가진다. 이러한 테두리 골조의 보강은 튜브 골조 구조에 의해 직면하는 전단 지연 문제를 극복한다. 대각선 가새는 주로 축방향 작용을 통해 횡하중을 지지하며, 중력 바닥 하중에 저항하는 기울어진 기둥으로 작용하여 외부 기둥을 더 멀리 떨어뜨릴 수 있다.

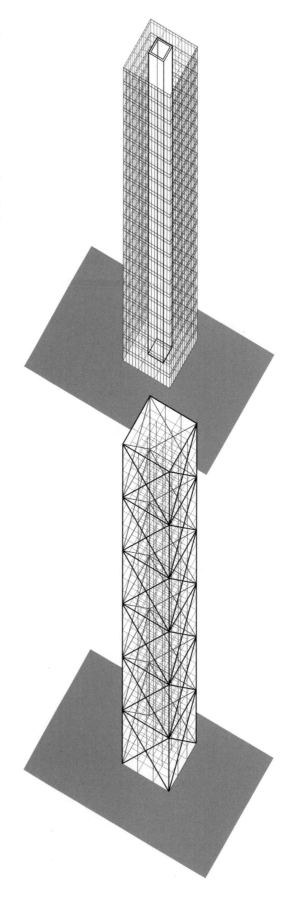

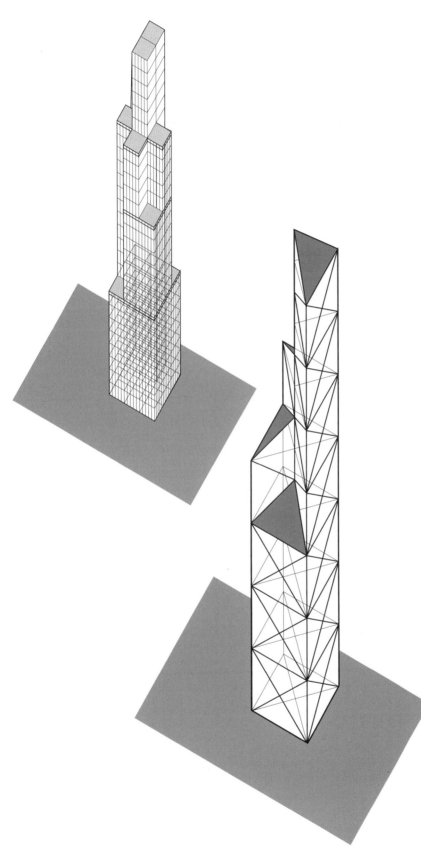

묶음 튜브 구조

묶음 튜브 구조는 단일 유닛으로 작동하기 위해 함께 묶인 개별 튜브들의 모임이다. 단일 튜브 골조는 경사도(높이 대 너비 비율)에 의해 높이가 제한된다. 여러 개의 튜브를 결합하여 서로 맞물리게 작동하면 강성stiffness이 크게 강화되고, 상부층에서의 흔들림이 완화된다. 이 시스템의 특별한 약점은 불균질 기둥 단축이 일어난다는 점이다.

SOM이 설계한 시카고의 110층 시어스 타워는 각각 자체적인 구조적 건전성을 가진 9개의 프레임 강재 튜브로 구성되어 있다. 각각의 튜브는 풍하중에 대해 독립적으로 강성을 지니고 있으므로, 다양한 구성으로 묶어서 다양한 높이를 가질 수 있다. 여러 모듈 중에서 두 개의 모듈은 구조물의 전체 높이인 440미터까지 올라간다. 50층에 모듈 2개, 66층에 모듈 2개, 90층에 모듈이 3개 더 낮추어진다. 모듈을 이렇게 낮추는 것은 바람의 흐름을 방해하여 바람으로 인한 흔들림을 줄여준다. 9개의 모듈은 각각 75×75피트(22×22미터) 정사각형이며 두 개의 격막을 구성하는 공통의 내부 기둥이 건물을 두 방향으로 회전시켜 구조를 단단하게 한다. 내부 격막은 전단력에 저항하는 거대한 캔틸레버 보의 웹처럼 작용하여 전단 지연을 최소화한다.

스페이스–트러스 구조

스페이스–트러스 구조는 외부와 내부 골조를 연결하는 대각선을 포함하는 삼각 프리즘을 쌓는 아이디어에 기초하여 변형된 가새 튜브 구조이다. 스페이스 트러스는 횡하중과 수직 하중에 모두 저항한다. 외부 벽면에 대각선이 배치된 전형적인 가새 튜브 구조와 달리, 스페이스–트러스 시스템은 내부 공간의 일부가 되는 대각선을 도입한다.

스페이스 트러스 구조의 대표적인 예로 이오 밍 페이 I.M. Pei가 설계한 홍콩의 72층의 뱅크 오브 차이나 건물이 있다. 이 건물은 13층 간격으로 건물 모서리에 내부 하중을 전달하는 서로 다른 높이의 삼각 프리즘으로 구성되어 있다. 스페이스 트러스는 횡하중에 저항하고 건물의 거의 모든 무게를 모서리에 있는 4개의 슈퍼 기둥으로 전달한다.

메가프레임 구조

건물이 60층 규모를 넘어서면, 메가프레임이나 슈퍼 프레임 구조물은 가능한 방식 중 하나이다. 메가프 레임megaframe 구조는 건물 모서리에서 크기가 큰 가새 프레임의 현으로 구성된 메가기둥megacolumn 을 사용하며, 15~20층 간격으로 다층 트러스에 의 해 연결된다. 공조층 바닥의 전체 층 깊이는 강도 및 강성이 높은 수평 하위 시스템을 구축하는 데 사용 될 수 있다. 스페이스 트러스의 매우 큰 거더를 메가 기둥과 연결하면, 표준 설계의 가벼운 2차 프레임으 로 채울 수 있는 강접 메가프레임을 만들 수 있다.

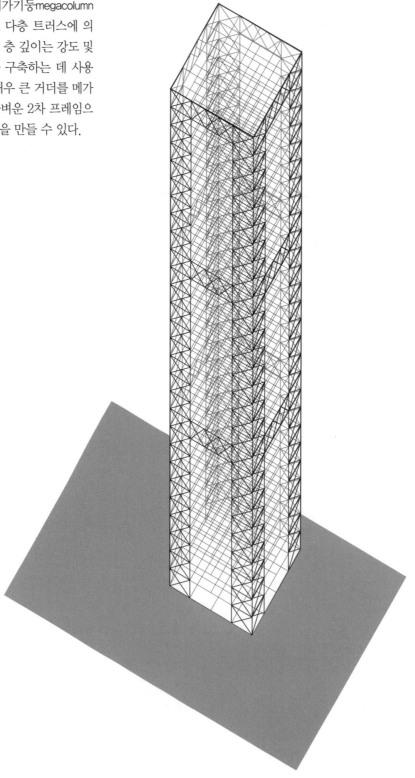

다이어그리드 구조diagrid structures

건물의 외부 표면에서 횡하중과 중력하중에 저항하기 위해 격자 모양의 골조틀framework을 최근에 적용한 것이 다이어그리드(대각선 격자) 시스템이다. 다이어그리드 구조는 중력 하중을 견디는 기존의 가새 프레임과 달리 수직 기둥이 사실상 제거될 수 있을 정도로 효과적이다.

다이어그리드 시스템의 대각선 부재는 삼각형상 구성을 통해 중력과 횡하중을 모두 전달하므로 부하 분포가 비교적 균일하다. 대각선이 수직 기둥과 수평 스팬드럴의 구부러짐보다는 축방향 작용을 통해 전단 저항하기 때문에 전단 변형이 매우 효과적으로 최소화된다. 다이어그리드는 드리프트와 뒤집힘 모멘트의 영향에 저항하기 위해 전단강성과 휨 강성을 모두 제공한다. 다이어그리드 시스템은 또한 여유도가 매우 높으며 국지적인 구조적 장애 발생 시 여러 경로를 통해 하중을 전달할 수 있다. 186쪽을 참조하라.

다이어그리드에 사용되는 가장 일반적인 구조 재료는 강재이다. 구조 효율성 때문에 다이어그리드는 일반적으로 다른 유형의 고층 구조보다 강재가 덜 요구된다.

- 다이아그리드 구조 시스템은 다양한 오픈 평면을 수용할 수 있다. 설비 코어 외에 일반적인 평면에서는 기둥 및 기타 구조 요소가 있을 필요가 없다.

- 설계 연구에 따르면 높이 : 폭의 가로 및세로의 비율이 7 이상인 매우 높은 건물에 가변각 도표를 사용하면 구조적으로 효율성을 얻을 수 있다. 그러나 높이 : 폭의 비율이 7보다 작은 건물에 균일한 각도 도표를 사용하면 필요한 강재의 양을 줄일 수 있다.

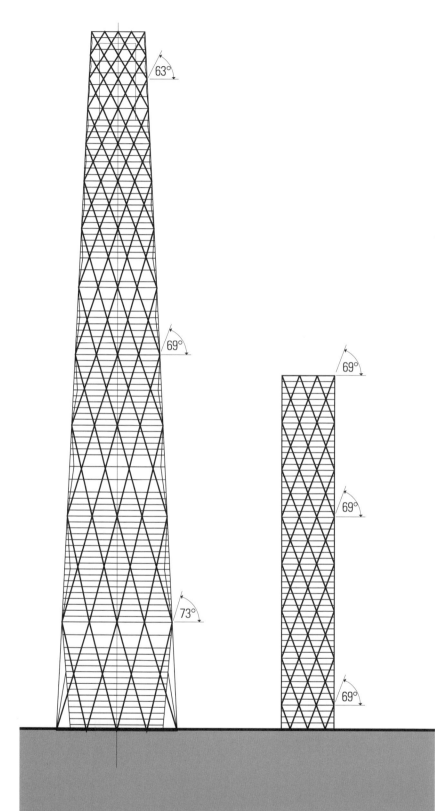

허스트 타워는 46층, 597피트(182미터) 높이에 860,000제곱피트(80,000제곱미터)의 사무 공간을 포함하고 있다. 강재 다이아그리드 구조의 삼각형 3차원 형태는 중력 하중을 지탱하고, 횡방향 풍압에 저항할 수 있으므로, 외부 수직 기둥이 필요하지 않다. 다이어그리드 구조물은 비슷한 크기의 기존의 골조로 이루어진 고층 건물보다 강재를 20% 적게 사용한다고 보고되었다.

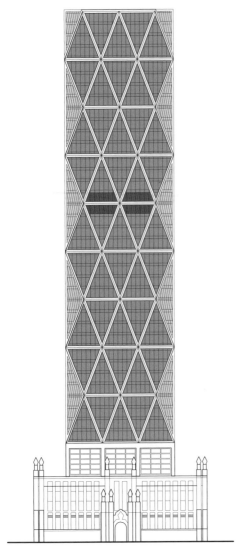
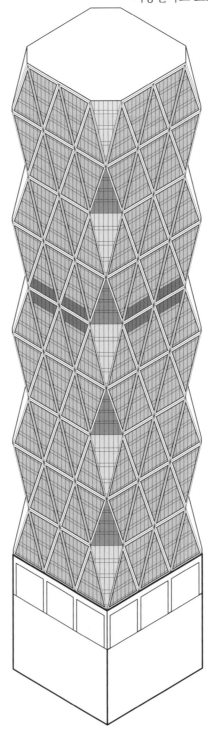

입면 및 3차원: 뉴욕의 허스트 타워(2000-2006), 노먼 포스터/포스터 + 파트너스

30 세인트 메리 액스는 런던 금융가에 있는 마천루이다. 41층 높이의 이 타워는 591피트(180미터) 높이로 1992년 IRA 임시정부에 의해 설치된 폭탄의 폭발로 광범위한 피해를 본 옛 발틱 교환소Baltic Exchange 자리에 서 있다. 밀레니엄 타워 건설 계획이 무산된 후, 이 건물이 세워졌으며 곧 런던의 대표적인 상징물이 되었다. 또한 런던이라는 도시를 알리는 현대 건축물의 사례 중 하나가 되었다.

건물의 형태는 건물 주위에서 바람의 흐름이 원활해야 하고, 주변 환경에 미치는 영향을 최소화해야 하는 필요성에 부분적으로 영향을 받았다. 이 곡면을 가로질러 다이어그리드 구조는 두 방향으로 나선형으로 교차하는 대각선의 패턴을 생성함으로써 형성된다.

건물의 특이한 형상은 사선 기둥이 교차하는 각 접점 레벨에서 상당한 수평력을 발생시키며, 주변 후프에 의해 저항이 이루어진다. 돔 구조와 마찬가지로, 상부 영역의 후프는 압축된 반면, 중하위 레벨에 있는 후프는 상당한 인장력을 받는다. 또한 후프는 다이어그리드를 매우 단단한 삼각 셀로 변환하여 내부 코어를 횡방향 풍력에 저항할 필요가 없게 한다. 기초 하중은 또한 코어에 의해 안정화된 고층 구조물과 비교했을 때 감소한다.

평면 및 입면: 30 세인트 메리 엑스(더 거킨), 런던, 영국, 2001~2003, 노먼 포스터/포스터 + 파트너스

이 입면은 원래 계획된 1,050피트(320미터)의 78층 고층 건물보다 더 짧은 7층의 강재 골조의 고층 건물인 타워 베레Tower Verre를 가장 최근에 재설계한 것이다. 허스트 타워와 세인트 메리 타워의 일반적인 기하 형태와는 반대로, 타워 베레는 불규칙한 다이어그리드 구조를 사용하여 세 개의 뚜렷한 비대칭의, 결정형의 봉우리 모양의 외관으로 타워의 첨부를 구성한다.

중국중앙텔레비전본부(CCTV)는 베이징 중심 업무지구에 있는 768피트(234미터) 높이의 고층 건물이다. 기공식은 2004년 6월 1인에 이루어졌고, 건물의 파사드는 2008년 1월에 완공되었다. 2009년 2월 인근 화재로 인해 공사가 지연된 끝에, 2012년 5월 드디어 완공되었다. ⟶

ARUP 엔지니어는 두 개의 타워(각각 두 방향으로 6° 기울어짐)에서 발생하는 큰 모멘트와 그에 상응하는 힘은 물론 상당한 잠재적 지진 및 풍력에 저항하기 위해 수직 내부 기둥과 엘리베이터 샤프트가 수직 하중을 전달하는 반면, 대각선은 횡방향을 제공하는 시스템을 개발했다. 다이어그리드 구조와 유사한 건물 표면에 걸쳐 견고한 튜브 트러스를 형성하였다. 이 대각선 철재 가새는 다른 하중 조건에서 구조물이 경험하는 힘의 분포를 표현한다. 구조적 힘이 클수록 대각선의 부재는 더 촘촘해지고, 구조적 힘이 작을수록 대각선의 부재는 더 느슨해진다.

CCTV 본사 건물의 독특한 이중 캔틸레버는 두 타워의 37층 위에 있는 다층 다리구조물로 구성되어 있으며, 한쪽 방향은 220피트(67미터)이고 다른 방향으로는 245피트(75미터)이다.

입면: 뉴욕 타워 베레Tower Verre, 건축가 장 누벨Jean Novel

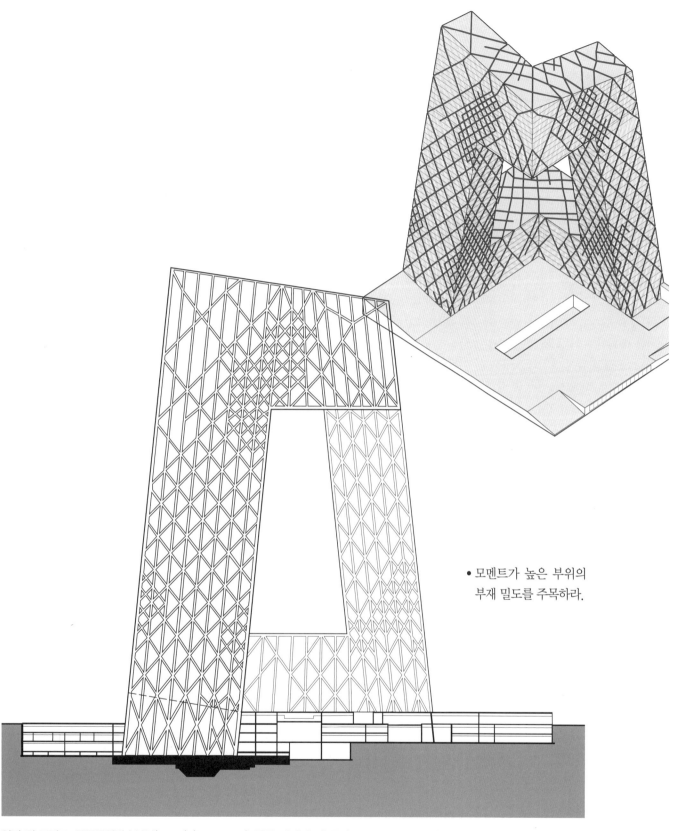

• 모멘트가 높은 부위의
  부재 밀도를 주목하라.

입면 및 조감도: 중국중앙방송본부(CCTV) (2004–2012), 중국 베이징, 렘 콜하스Rem Koolhaas 및
올레 스히렌Ole Scheeren/OMA, 구조 엔지니어: Arup

감쇠 장치

고층 구조물을 보강하여 흔들림sway을 줄이고 횡하중을 받는 동안 편향과 변형을 제한하지만, 만족스러운 동적 성능을 얻기 위해서는 종종 강도에 비해 구조의 부재를 더욱 크게 늘려야 한다. 보다 경제적인 접근 방식은 비구조적 건축 요소 및 기계적 구성 요소뿐만 아니라 고층 구조물에 바람에 의한 진동과 지진이 발생할 경우, 그 영향을 완화하는 감쇠 장치를 사용하는 것이 요구된다. 감쇠 장치는 강풍이나 지진 발생 시 건물로 전달되는 에너지의 상당 부분을 흡수 및 소멸시킴으로써 과도한 움직임과 편향, 적당한 구조 부재 크기, 흔들림을 제어하여 거주자에게 편안함을 제공한다.

5장에서 설명한 기초 격리 시스템은 최대 7층 높이의 강성 건물에 효과적인 감쇠 장치이다. 전도모멘트가 작용하는 고층 건물에 대해 과도한 움직임과 편향을 제어하고 거주자의 편안함을 보장하기 위해 세 가지 유형의 감쇠 장치가 사용된다. 이러한 시스템은 능동형 감쇠 방식, 수동형 감쇠 및 공기역학적 감쇠 방식이다.

능동형 감쇠 방식active damping systems

모터, 센서 및 컴퓨터 제어에 전원이 필요한 감쇠 방식은 능동형 방식이라고 하며 그렇지 않은 감쇠 방식은 수동형 방식이라고 한다. 능동형 감쇠 방식의 가장 큰 단점은 움직임을 조절하기 위해 외부 전원이 필요하며, 지진 발생 시 전원 공급이 중단될 수 있다는 점이다. 이러한 이유로 능동형 감쇠 장치는 지진에 의한 보다 예측 불가능한 주기적인 하중보다는 풍하중을 받는 고층 건물에 가장 적합하다.

반능동형 감쇠 방식은 수동형 감쇠 방식과 능동형 감쇠 방식의 기능을 결합한다. 건물의 구조를 밀기보다는 움직임을 줄이기 위해, 통제된 저항력을 사용한다. 이 방식은 완전한 제어가 가능하지만, 외부로부터의 전원이 거의 필요하지 않다.

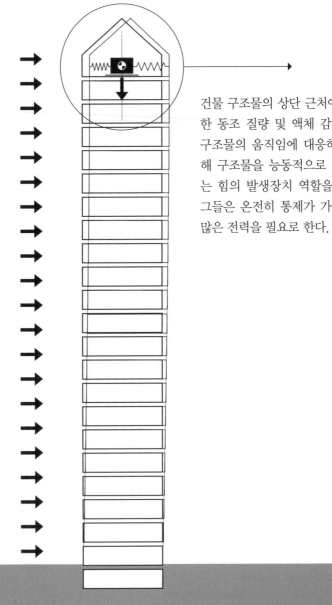

건물 구조물의 상단 근처에 위치한 동조 질량 및 액체 감쇠기는 구조물의 움직임에 대응하기 위해 구조물을 능동적으로 밀어내는 힘의 발생장치 역할을 한다. 그들은 온전히 통제가 가능하고 많은 전력을 필요로 한다.

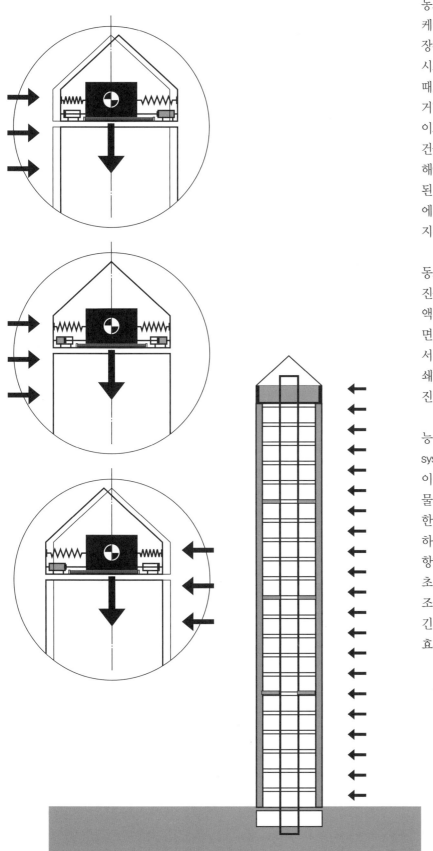

동조 질량 감쇠기tuned mass dampers는 진자와 같은 케이블에 매달리거나 건물의 위층에 있는 선로에 장착된 콘크리트 또는 강철 덩어리로 구성된 활성 시스템이다. 횡력이 건물 안에 흔들림을 만들어낼 때, 컴퓨터는 움직임을 감지하고 운동을 최소화하거나 무력화하기 위해 무게를 반대 방향으로 움직이도록 모터에 신호를 보낸다. 동조 질량 감쇠기는 건물의 중량, 건물 내 질량 위치, 지연 시간 및 대응해야 할 동작 모드를 고려하여 매우 신중하게 결정된 가중치를 사용한다. 동조 질량 감쇠기는 풍하중에 의한 건물 흔들림을 줄이는 데 매우 유용하지만 지진 발생 시 건물 편향 제어에는 만족도가 낮다.

동조 액체 감쇠기tuned liquid dampers는 원하는 고유 진동수를 제공하도록 설계된 탱크에 물 또는 기타 액체를 사용한다. 풍하중을 받으며 건물이 움직이면 탱크 안의 물이 반대 방향으로 앞뒤로 움직이면서 그 추진력을 건물에 전달해 풍진동의 효과를 상쇄한다. 이 시스템의 이점은 탱크에 있는 물을 화재 진압에 사용할 수 있다는 것이다.

능동형 긴결재 감쇠 시스템active tendon damping system은 건물의 주요 지지 부재에 인접한 강재 와이어 배열에 연결된 인장 조정 부재를 작동시켜 건물의 움직임에 반응하는 전산화된 컨트롤러를 사용한다. 장력 조정 부재는 강재 와이어에 인장력을 가하여 구조물의 처짐과 진동을 감쇠시키는 힘에 대항한다. 능동형 펄스 시스템active pulse system은 기초 또는 건물층 사이에 유압 피스톤을 사용하여 구조물에 작용하는 횡력을 크게 줄인다. 능동 그리고 긴결재 시스템은 구조물의 중심에서 벗어나 비틀림 효과를 상쇄하는 데 사용될 수도 있다.

수동형 감쇠 시스템

수동형 감쇠 시스템passive damping systems은 풍력 또는 지진 에너지 일부를 흡수하기 위해 구조 내에 통합되어 있어 설치되는데, 이는 에너지를 분산시키기 위한 주요 구조부재의 필요성을 감소시켜준다. 다양한 수준의 강성과 감쇠를 얻기 위해 다양한 재료를 사용하여 제조된 수많은 감쇠기를 사용할 수 있다. 이들 중 일부는 점탄성, 점성 유체, 마찰 및 금속 항복 감쇠기를 포함한다.

점탄성viscoelastic 및 점성감쇠기viscous dampers는 광범위한 주파수에서 에너지를 방출하는 큰 충격 흡수제 역할을 한다. 높은 건물에서 바람과 지진 반응을 제어하기 위해 구조 구성 요소 및 연결부에 통합되도록 설계될 수 있다.

마찰 감쇠기friction dampers는 두 표면이 서로의 마찰력을 초과할 때만 에너지를 방출한다. 강재 항복 감쇠기metalic-yield dampers는 재료의 비탄성 변형을 통해 에너지를 방출한다. 마찰 감쇠기와 강재 항복 감쇠기는 모두 지진 공학용으로 개발되었으며, 바람으로 인한 움직임을 완화하는 데 적합하지 않다.

공기역학 감쇠aerodynamic damping

높은 건물의 바람에 의한 움직임은 주로 '바람 방향 움직임', '바람에 직교한 움직임', '비틀림' 등 세 가지 운동 유형을 갖는다. 이 중 와류 흔들림에 의해 발생하는 풍향과 평행한 건물의 두 벽 사이에 교차하는 횡풍 압력은 거주자의 편안함에 영향을 미칠 만큼 큰 횡진동을 유도할 수 있다.

공기역학 감쇠는 건물 주위의 기류에 영향을 미치고 그 표면에 작용하는 압력을 변경하고 구조물의 움직임을 완화할 수 있는 방법을 말한다. 일반적으로 원형 평면 건물과 같이 가장 부드러운 공기 역학적 모양을 가진 물체는 직사각형 평면을 가진 동등한 구조보다 훨씬 적은 공기 흐름을 방해하여 바람의 영향을 줄인다. 건물의 높이에 따라 바람에 의한 힘이 커지기 때문에 고층 빌딩의 공기역학적 형성은 바람의 부하와 움직임에 대한 성능을 향상시키는 데 사용할 수 있는 접근법 중 하나이다. 이러한 수정사항에는 원형 및 테이퍼 평면도, 좌초, 조각된 상단, 수정된 모서리의 기하 형태 및 건물을 통과하는 개구부 추가가 포함된다.

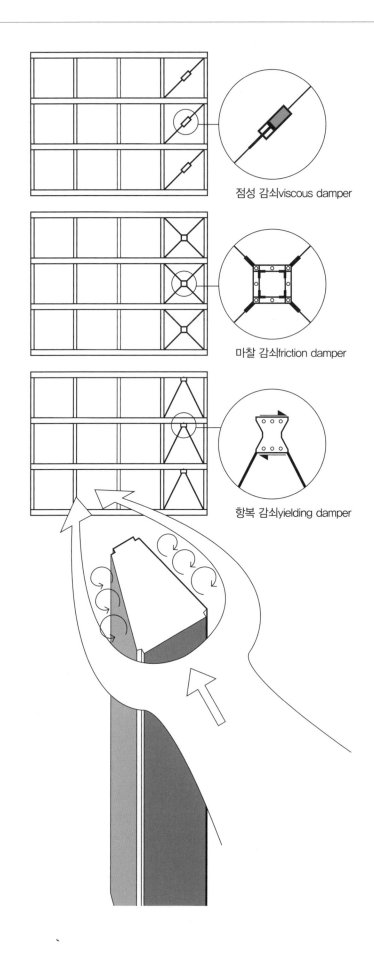

점성 감쇠viscous damper

마찰 감쇠friction damper

항복 감쇠yielding damper

8
시스템 통합

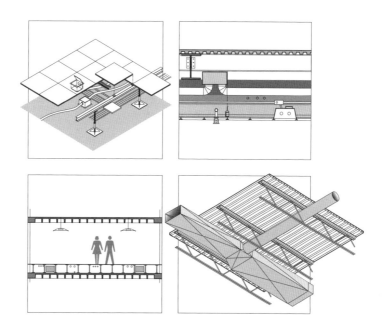

이번 장에서는 건물의 구조 시스템과 기계, 전기, 배관 시스템과의 통합에 대해 논의하기로 한다. 이러한 시스템은 거주자의 편안하고 건강하고 안전한 건물 환경을 유지하는 데 필수적이며, 다음과 같은 내용을 포함한다.

- 공조 시스템HVAC, Heating & Ventilation and Air-Conditioning은 건물의 내부 공간에 공기조화(공조) 설비를 위한 장치이다. 공조에는 환기, 난방, 냉방, 가습, 여과 등이 포함될 수 있다.

- 전기 시스템은 조명, 전기 모터, 가전제품, 음성 및 데이터 통신에 전원을 공급한다.

- 배관 시스템은 식수 공급, 오수 및 하수처리, 빗물 통제 및 화재진압 시스템과 관계된다.

이러한 시스템의 장비와 하드웨어는 건물 전체에 걸쳐 상당한 공간과 연속적인 분배 경로가 요구된다. 일반적으로 숨겨진 건축 공간이나 특별한 실내에 위치하지만, 점검이나 유지보수를 위해서는 사람의 접근이 필요하다. 이러한 기준을 충족하려면 계획 및 배치에 있어서 구조 시스템과 신중한 조율과 통합이 필요하다.

공조·전기·배관 시스템을 위한 공간 및 샤프트shaft 이외에도, 접근 및 비상 탈출을 제공하는 동선도 고층 건물 구조 시스템에서 계획되어야 한다. 복도, 계단, 엘리베이터와 에스컬레이터를 위한 샤프트는 구조 시스템의 배치에 영향을 미치며, 때에 따라서는 구조물의 필수적인 부분이 될 수 있다.

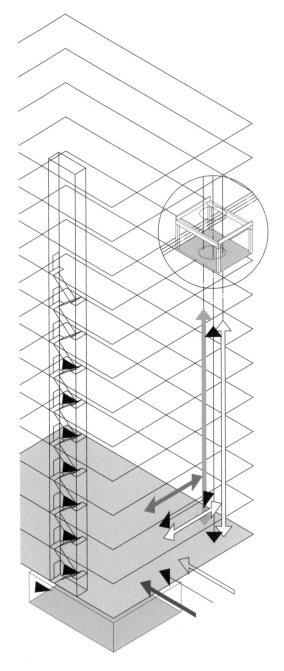

구조 시스템

수평 분배
- 바닥 밑 시스템
- 바닥 통과 시스템
- 바닥 위 시스템

수직 분배
- 샤프트
- 코어

공조 시스템
전기 시스템
배관 시스템
수직 동선 시스템

처리
- 여과 공기
- 냉난방 공기
- 온수 또는 냉각수
- 연료 저장 및 연소
- 연기 및 가스 배출
- 전력 변환, 통제, 분배

취입구
- 공기
- 물
- 전력
- 연료

급수 시스템

급수 시스템은 압력으로 작동된다. 급수 시스템의 압력은 물이 파이프와 내부시설을 통해 흐를 때 수직 이동 및 마찰로 인한 압력 손실을 흡수할 수 있을 만큼 충분히 커야 하며, 각 배관 설비의 압력 요구사항을 충족해야 한다. 공공 수도 시스템public water system은 일반적으로 약 50psi(345kPa)의 압력으로 물을 공급하며, 최대 6층 높이의 저층 건물에서는 상향 분배upfeed distribution가 가능하다. 높은 건물이나 적절한 설비 서비스를 유지하기 위한 용수의 공급 압력이 충분하지 않은 경우, 중력을 통한 하향 공급을 위해 물을 높은 곳 또는 옥상 저장 탱크로 끌어 올린다. 이 물의 일부는 종종 화재 방지 시스템에 사용된다.

배관 시스템의 가압 급수 측에서는 작은 크기의 배관이 가능하고, 따라서 유연한 배치가 가능하다. 급수관은 일반적으로 바닥과 벽의 건축 공간에 큰 어려움 없이 적용할 수 있다. 이는 건물 구조와 급수 시스템과 평행하되 부피가 더 큰 하수 배출 시스템과 같은 나머지 시스템과 조정되어야 한다. 급수관은 수직으로 모든 층에서, 수평으로 6~10피트(1830~3050)마다 지지가 되어야 한다. 배수를 위해 조절 가능한 지지장치인 행어hangers를 사용하여 수평 방향으로 적절한 경사를 확보할 수 있다.

• 온수 가열기는 물을 가열하고 저장하여 사용하기 위한 전기 또는 가스기기이다. 대규모 설치 및 광범위한 설비를 그룹화할 때는 추가적인 분산형 온수 저장 탱크가 필요할 수 있다. 일반 온수기의 대안으로 사용하려는 시점에 물을 가열하는 순간 온수 가열 방식이 있다. 이러한 방식은 저장 탱크를 위한 공간이 필요하지 않지만, 연소 후 배출하기 위한 난방기용 배기구flue가 필요하다. 태양열 난방은 맑은 날이 많은 기후에서 주요 온수 공급원으로 활용되며, 또한 표준 온수 방식에 의해 지원되는 예열 시스템의 역할도 효과적으로 수행할 수 있다.

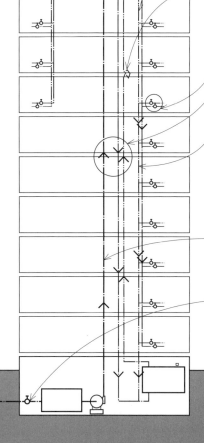

• 중력 하향 공급 방식은 급수 시스템 전체에 적절한 공급 압력을 유지하기에 충분한 높이에 수원water source을 설치한다.

• 냉수 파이프는 주변의 따뜻한 공기에서 열이 유입되는 것을 방지하기 위해 단열 처리되어야 한다.

• 온수 파이프 역시 열손실에 대비해 단열이 이루어져야 하며, 냉수 파이프와 6인치(150) 이상 가까이 위치해서는 안 된다.

• 팽창 벤드expansion bend는 긴 온수 배관에서 열팽창이 발생하는 것을 흡수한다.

• 분기관/지선branch lines
• 수직 도관risers

• 복관 시스템two-pipe system의 난방기 또는 저장 탱크로 가는 온수 배수 도관
• 급수관이 외벽에 위치해야 할 때는 벽체 단열재의 따뜻한 면에 설치해야 한다.

• 상향공급방식은 압축공기의 압력을 받아 급수 본관 또는 밀폐된 저장 탱크에서 물을 분배한다.
• 옥내도관service pipe은 건물을 급수 차단 밸브building shutoff valve가 있는 급수본관water main과 연결한다.

오수 및 하수 배수 시스템

급수 시스템은 각 배관 설비에서 마무리된다. 물을 끌어다 사용한 후에는 오수 및 하수 배수 시스템으로 배출된다. 이 시스템의 주된 목적은 유체 폐기물과 유기물을 가능한 한 신속하게 처리하는 것이다. 이러한 오수 및 하수 방류는 중력에 의존하여 이루어지므로, 배수관의 크기는 압력을 통해 이송하는 급수관보다 훨씬 크다. 위생 배수관은 시스템 내의 위치, 제공되는 총 설비의 개수 및 유형에 따라 크기가 지정된다.

오수 및 하수 배출 시스템은 고형물의 퇴적 및 막힘을 방지하기 위해 최대한 직선으로 단순하게 구성되어야 한다. 파이프가 막힐 경우, 쉽게 청소할 수 있도록 청소용 구멍cleanout이 있어야 한다.

- 배수 분기관은 하나 이상의 설비를 오수 또는 배수 수직관에 연결한다.
- 수평 배수관은 최대 직경 3인치(75) 배관의 경우에는 피트당 $1/8$인치(1 : 100) 기울기로, 직경이 3인치(75) 이상 배관의 경우 피트당 $1/4$인치(1 : 50)의 기울기가 요구된다.
- 설비 배수관은 배관 설비의 트랩trap[1]에서 오수나 배수 수직관이 있는 지점까지 이어진다.
- 오수 수직관stacks은 수세식 변기와 소변기의 오물을 건물 배수구 또는 건물 하수도로 배출한다.
- 배수 수직관은 변기류 이외의 배관 설비에서 나오는 오물을 배출한다.
- 모든 수직관에서는 구부림을 최소화한다.
- 부지 배수관building sewer은 건물 벽체 내부의 토양 및 폐기물 더미에서 배출되는 배수 설비의 가장 낮은 부분을 말하며, 이를 중력을 이용하여 부지 배수관으로 배출한다.
- 외기 취입구fresh-air inlet는 건물 트랩 또는 이전에 부지 배수관에 연결된 배수 시스템으로 신선한 공기를 유입시킨다.
- 부지 배수관은 건물 배수관building drain을 공공 하수도 또는 개인 처리 시설과 연결한다.

큰 빗물 배수 시스템

큰 빗물 배수 시스템은 지붕과 포장된 지표면에서 배수된 빗물뿐만 아니라 건물 기초에서 나온 빗물을 지자체의 큰 빗물 배수구로 전달하거나 관개용 못이나 수조에 저장한다. 큰 빗물 배수관은 위생 배수관과 마찬가지로 적절한 배수를 위해 지정된 경사가 요구된다.

통기 시스템

통기 시스템은 정화조 가스가 외부로 빠져나갈 수 있도록 하고, 배수 시스템에 외부 공기 흐름을 공급하여 사이펀siphonage 작용 및 배압back pressure으로부터 트랩 봉수/씰trap seal을 보호한다.

- 연장 통기관stack vent은 오수 및 배수 수직관에서 수지관에 연결된 가장 높은 수평 배수구 위로 연장된 부분이다. 이러한 통풍구는 지붕 표면보다 훨씬 위로 확장되어야 하며 수직 표면, 작동 가능한 채광창과 지붕창으로부터 충분히 이격되어야 한다.
- 도피 통기관relief vent은 첫 번째 설비와 오수 및 배수 수직관 사이의 환기통을 수평 배수관에 연결하여 배수와 통기 시스템 사이의 공기 순환을 담당한다.
- 루프 통기관loop vent은 루프를 뒤로 돌려 환기통 대신 수직 통풍구로 연결하는 순환 통풍구이다.

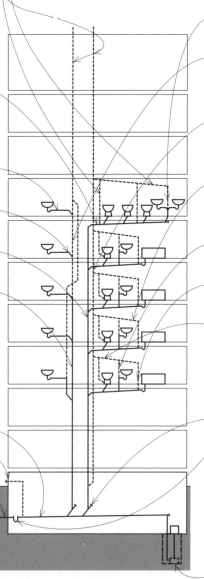

- 공용 통기관에는 동일한 높이에 연결된 두 개의 배수구가 있다.
- 습식 통기관은 오수 및 배수 파이프와 통풍구 역할을 동시에 하는 대형 파이프이다.
- 환기통vent stack은 어느 부분에서든 공기 순환을 제공하기 위해 설치된 수직 환기구이다.
- 분기 통기관은 하나 이상의 개별 환기구를 환기통이나 수직 통풍구와 연결한다.
- 연속 통풍구는 연결된 배수관의 연속으로 이어져 형성된다.
- 배부 통기관back vent 트랩의 하수구 쪽에 설치된다.
- 회로 통풍구circuit vent는 두 개 이상의 트랩에 연결되고, 수평 분기의 마지막 설비 연결 앞에서 환기통까지 연장된다.

- 청소구멍
- 건물 트랩building trap은 건물 배수관을 설치하여 건물 하수도building drain에서 건물의 배수 시스템으로 배수 가스가 유입되는 것을 방지한다. 모든 건물 법규에서 빌딩 트랩을 요구하는 것은 아니다.
- 오·배수 펌프sump pump는 오·배수조에 모인 오·배수를 제거하는 데 쓰이며, 도로 하수도 아래에 있는 기구가 요구된다.

화재 방지 시스템

공공 안전이 문제가 되는 대형 상업 및 기관 건물의 건물 법규에는 종종 화재 스프링클러 시스템이 필요하다. 일부 법규에서는 승인된 스프링클러 시스템이 설치되면 바닥 면적을 늘릴 수 있다. 일부 관할 구역에서는 다세대 주택에서도 화재 스프링클러 시스템이 요구된다.

화재 스프링클러 시스템은 천장 내부 또는 아래에 있는 도관으로 구성되며 적절한 급수 설비에 연결되며 특정 온도에서 자동으로 열리는 밸브 또는 스프링클러 헤드와 함께 제공된다. 스프링클러 헤드의 사용 및 위치에 대한 특정 요구사항은 천장 및 바닥 아래 공동 설계에 있어 시스템의 계획 및 조정을 우선시한다.

스프링클러 시스템의 두 가지 주요 유형은 습식과 건식파이프 시스템으로 나눌 수 있다.

- 습식파이프wet-pipe 방식에는 화재발생 시 자동으로 열리는 스프링클러 헤드를 통해 즉각적이고 지속적인 배출을 제공할 수 있는 충분한 압력의 물이 준비되어 있다.
- 건식파이프dry-pipe 방식에는 화재발생 시 스프링클러 헤드가 열릴 때 방출되는 압축 공기가 준비되어 있어 물이 파이프를 통해 열린 노즐 밖으로 흘러나갈 수 있다. 건식 파이프 시스템은 배관이 동결되는 곳에 사용된다.

- 스프링클러 헤드는 물의 흐름 또는 스프레이를 분산하기 위한 노즐로, 일반적으로 미리 설정된 온도에서 녹는 가용성 링크fusible link에 의해 제어된다.
- 급수탑standpipe은 모든 층에 소방 호스를 공급하기 위해 건물을 통해 수직으로 연장되는 수도관이다.
- 건식 급수탑에는 사용 시 물에 의해 대체되는 공기가 포함되어 있는 반면 습식 급수탑에는 항상 물이 채워져 있다.
- 클래스 I 시스템은 연결부가 제공하는 대량주수heavy flow의 사용에 대해 훈련을 받은 소방관이 사용할 수 있도록 반지름 2 1/2인치(64)의 대형 호스 연결을 제공한다.

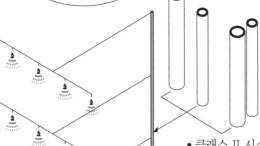

- 클래스 II 시스템은 훈련을 받지 못한 건물 거주자와 최초 구조대원이 모두 사용할 수 있도록 반지름 1 1/2인치(38) 크기의 호스 및 호스 이음쇠fittings를 제공한다.
- 클래스 III 급수탑 시스템은 건물 거주자나 소방관이 사용할 수 있도록 두 가지 크기의 호스접결구connections에 모두 접근할 수 있다.

- 준비작동식preaction은 스프링클러 헤드에 있는 것보다 화재 감지에 더 민감한 밸브에 의해 물의 흐름이 제어되는 건식 파이프 스프링클러 시스템이다. 이는 우발적인 작동으로 귀중품들이 손상될 수 있을 때 사용한다.
- 일제살수deluge 방식은 스프링클러 헤드가 항상 열려 있으며 열, 연기 또는 화염 감지 장치로 작동되는 밸브가 물 흐름을 제어한다.

Water main

- 급수탑 또는 스프링클러 시스템의 수압은 소방 펌프 또는 옥상 물탱크에 의해 보강된 도시의 급수 본관 또는 화재 펌프에 의해 제공될 수 있다.
- Y자형 소방용 급수구siamese pipe fitting는 건물 외부의 지면 가까이에 설치되어 소방서가 물을 급수탑 또는 스프링클러 시스템으로 보낼 수 있는 두 개 이상의 연결부를 제공한다.

전기 시스템

전력회사는 송전 시스템의 전압 강하와 전도체 conductor 크기를 최소화하기 위해 높은 전압으로 전력을 전송한다. 안전을 위해 변압기는 사용 시 낮은 전압으로 전압을 낮춘다. 일반적으로 건물에서 사용되는 전기 시스템 전압에는 크게 세 가지가 있다.

• 120/240V, 단상 전력은 소규모 건물이나 거의 모든 주택에 일반적으로 사용된다. 이 유틸리티는 고압 분배 라인에서 120/240V의 전력을 제공하는 변압기를 가지고 유지한다. 건물은 미터기, 주 차단기, 배전반만 있으면 된다.

• 중규모 건물에서는 팬룸, 엘리베이터, 에스컬레이터 등에 사용되는 대형 모터의 효율적인 작동을 위해 120/180V, 3상 전력을 사용하고, 조명 및 콘센트에 120V 전력을 공급한다. 이러한 시설에는 공급된 높은 전압을 낮추기 위한 건식 변압기가 있으며, 이는 건물 외부 또는 단위 변전소 내부에 위치한다.

• 277/180볼트, 3상 전력은 높은 전압의 전력이 요구되는 대형 상업용 건물에서 사용된다. 이 건물들은 큰 변압기와 함께 변압기 실이 필요하다. 또한 주요 사용자에게 전력을 분배할 수 있는 별도의 배전반 실이 있다. 건물의 큰 모터들은 3상 전력을 사용하는 반면, 형광등은 277볼트의 단상 전력을 사용한다. 전기 배선관 일반적으로 120볼트 단상 전력 콘센트를 생산하기 위해 작은 건조 변압기를 수용하기 위해 건물 전체에 걸쳐 필요하다.

건물의 전기 시스템은 조명, 난방 그리고 전기 장비 및 가전제품의 작동을 위한 전력을 공급한다. 발전기 세트는 비상구 조명, 경보 시스템, 엘리베이터, 전화 시스템, 소방 펌프와 병원 의료 장비에 비상 전력을 공급하기 위해 요구된다.

서비스 연결service connection은 상공 또는 지하에 있을 수 있다. 가공송전overhead service은 비용이 저렴하고 유지 보수를 위해 쉽게 접근할 수 있으며, 장기간에 걸쳐 고압 전력을 전달할 수 있다. 지중송전underground service은 더 비싸지만, 도시 지역과 같이 부하 밀도load-density가 높은 상황에서 사용한다. 송전 케이블은 보호 및 향후 교체를 위해 관로 또는 레이스웨이raceway에 설치된다. 직통 매설 케이블은 주거용 서비스 연결에 사용될 수 있다.

• 인입선service conductor은 주 전력선 또는 변압기에서 건물의 서비스 장비로 연결된다.

• 가공인입선service drop은 가장 가까운 전신주에서 건물까지 연장되는 서비스 인입선의 상부 부분이다. 지중인입선 service lateral은 주 전력선 또는 변압기에서 건물로 확장되는 인입선의 지하 부분이다.

• 인입점service entrance conductor은 가공 인입선 또는 지중 인입선에서 건물의 서비스 장비까지 확장되는 인입선의 일부이다.

• 전력량계는 시간에 따라 소비되는 전력량을 측정하고 기록한다. 공공 서비스 제공업체에서 제공하는 이 스위치는 항상 주 분리 스위치 앞에 배치되어 분리할 수 없게 되어 있다. 다양한 건물 사용자가 있는 경우에는 각 유닛을 독립적으로 계량할 수 있도록 계량기를 모아 놓는 공간bank of meters을 따로 마련한다.

• 접지봉 또는 접지전극은 접지 연결을 위해 지면에 단단히 매설되어 있다.

• 변압기transformer는 중대형 건물에서 높은 공급 전압에서 서비스 전압으로 강압하는 데 사용된다. 비용, 유지관리, 소음 및 열 문제를 줄이기 위해 변압기를 실외 패드에 설치할 수 있다. 건물 내에 있는 경우는 오일로 채워진 변압기에는 2개의 출입구가 있고, 개폐기실에 인접하여 통풍이 잘되는 내화 등급의 실이 필요하다.

• 서비스 스위치service switch는 비상 전원 시스템을 제외하고 건물의 전체 전기 시스템에 대한 주된 차단기이다.

• 개폐실

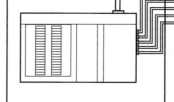

• 주 배전반main switchboard은 다수의 전기 회로를 제어, 분배 및 보호하기 위한 스위치, 과전류 장치overcurrent devices, 계량기 및 모선도체busbars가 장착된 패널이다. 전압 강하를 최소화하고 배선의 경제성을 얻기 위해 가능한 한 서비스 연결부에 최대한 가깝게 위치해야 한다.

전기 회로

건물의 다양한 영역에 대한 전력 요구 사항이 결정되면 사용 지점에 전력을 분배하기 위해 배선 회로를 배치해야 한다. 전화, 케이블, 인터콤, 화재 경보 시스템의 보안 등의 음향 및 신호 장비에는 별도의 배선 회로가 필요하다.

전기 배선

도관conduit은 전선 및 케이블을 지탱하고 물리적 손상 및 부식으로부터 보호한다. 금속 도관은 또한 배선을 위한 연속 접지 보호를 한다. 내화 구조의 경우 강한 금속 전선과, 전기 금속 튜브 또는 유연한 금속 도관을 사용할 수 있다. 골조의 경우에는 금속 피복 및 비금속 피복 케이블이 사용된다. 플라스틱 튜브 및 도관은 지하 배선에 가장 일반적으로 사용된다.

도관은 상대적으로 작아서 대부분의 시공 방식에 쉽게 적용할 수 있다. 도관은 잘 지지해야 하고 가능하면 직접 배치해야 한다. 법규는 일반적으로 전선관에서 접합부분이나 콘센트 상자 사이에 있을 수 있는 굴곡의 수와 반경을 제한한다. 경로의 충돌을 방지하려면 건물의 설비 및 배관 시스템과 조정이 필요하다.

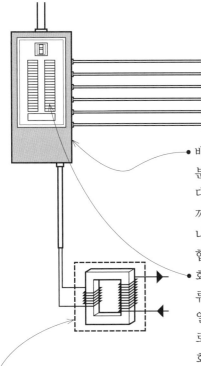

- 배전반은 전기 시스템에서 여러 유사한 분기 회로를 제어, 분배 및 보호한다. 대형 건물에서는 회로의 부하 끝에 가까운 전기실에 배전반이 있다. 주택이나 소규모 설비에는 스위치 보드와 결합이 되어 서비스 패널을 형성한다.
- 회로 차단기circuit breaker는 과도한 전류가 회로 장치를 손상하거나 화재를 일으키는 것을 방지하기 위해 전기 회로를 자동으로 차단하는 스위치이다. 회로 차단기는 구성 요소를 교체하지 않고 다시 닫고 재사용할 수 있다.

- 저압low-voltage 회로는 정상 라인 전압에서 강압 변압기로 공급되는 50V 미만의 교류 전류를 전달한다. 이 회로는 초인종, 인터폰, 냉난방 시스템 및 원격 조명 설비를 제어하는 데 사용된다. 저압 배선은 보호 레이스웨이가 필요하지 않다.

- 레이스웨이와 수직인 트렌치 상부
- 바닥 콘센트는 미리 설정된 모듈에 위치한다.

- 셀룰러 강재 바닥 데크

전기 전도체는 종종 사무실 건물의 전원, 신호 및 전화 콘센트를 유연하게 배치할 수 있도록 강재 셀룰러 데크의 레이스웨이[2] 내부로 지나간다. 평각도체 케이블flat conductor cable 시스템은 카펫 타일 바로 아래에 설치할 수도 있다.

노출 설치exposed installation의 경우 특수 도관, 레이스웨이, 홈통troughs 및 이음부속을 사용할 수 있다. 노출된 설비 시스템과 마찬가지로 배치는 공간의 물리적 요소와 시각적으로 조화되어야 한다.

- 저압 전환은 모든 전환이 발생할 수 있는 중앙 제어 지점이 필요할 때 사용한다. 저압 스위치는 서비스 콘센트에서 실제 전환을 수행하는 계전기relay를 제어한다.

- 바닥 카페트 타일
- 낮은 단면의 콘센트가 있는 1~3 회로 평각도체 케이블

냉난방 환기 시스템

난방, 환기, 공기조화HVAC 시스템은 건물 내부 공간에서 공기의 온도, 습도, 청정, 공급 및 흐름을 동시에 제어한다.

- 굴뚝chimney은 연료 연소로 인한 연도 가스를 배출한다.

- 냉각탑cooling tower은 일반적으로 건물의 지붕에 있는 구조물로, 냉각에 사용된 물에서 열이 추출된다. 필요한 냉각탑의 크기와 수는 건물의 냉각 요구 사항에 따라 다르다. 건물의 구조 골조에서 음향적으로 격리되어야 한다.

- 배기return air는 처리 및 재순환을 위해 실내 공간에서 중앙 설비로 전달된다.

- 난방 및 냉방 에너지는 공기, 물 또는 이 둘의 조합으로 공급될 수 있다.

- 예열기는 다른 공정에 앞서 차가운 외기를 예열한다.

- 송풍기는 HVAC 시스템에서 강제 통풍을 공급하기 위해 적당한 압력으로 급기한다.

- 가습기는 공급되는 공기의 수증기량을 유지하거나 증가시킨다.

- 전기, 증기 또는 가스로 구동되는 냉각수 설비는 냉각을 위해 공기조화 장치에 냉각수를 전달하고, 열처리를 위해 냉각수를 냉각탑으로 끌어올린다.

- 보일러는 가열을 위해 뜨거운 물 또는 증기를 생성한다. 보일러에는 연료(가스 또는 오일)와 연소를 위한 공기 공급이 필요하다. 석유 연소 보일러에는 또한 현장에 저장 탱크가 필요하다. 전기 비용이 낮을 때 사용 가능한 전기보일러는 연소 공기와 굴뚝이 필요하지 않다. 중앙 설비에서 온수나 증기를 공급할 수 있는 경우 보일러가 필요하지 않다.

- 댐퍼damper는 공기 덕트, 흡입구 및 배출구의 통풍을 조절한다.

- 배기

- 신선한 공기. 일반적으로 환기를 통한 공기의 20%는 외부에서 유입되는 새로운 공기이다. 건축 법규에서는 시간당 환기량 또는 1인당 분당 입방피트 단위로 특정 건물의 용도 및 사용공간에 필요한 환기량을 지정한다.

- 필터filter는 급기air supply 장치에서 부유 불순물을 여과하여 제거한다.

- 팬룸fan room에는 대형 건물의 공기조화 장치가 있다. 하나의 팬룸은 조절된 공기가 가장 먼 공간까지 이동해야 하는 거리를 최소화하기 위해 배치된다. 개별 팬룸을 분배하여 건물의 개별 구역에 서비스를 제공하거나 각 층에 위치하여 수직 덕트를 통한 이동을 최소화할 수도 있다.

- 공기조화기air-handling units에는 조절된 공기를 처리하고 분배하는 데 필요한 팬, 필터 및 기타 구성 요소가 포함된다.

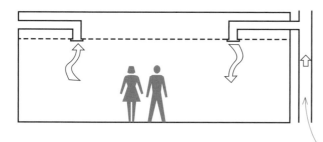

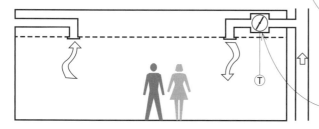

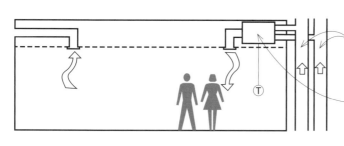

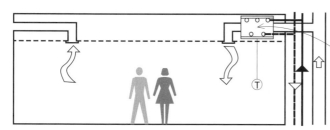

전 공기 방식all-air HVAC systems

전 공기 방식의 공기 처리 및 냉동 소스는 조절된 공간에서 약간 떨어진 중앙 위치에 위치할 수 있다. 최종 냉난방 매체 (공기)만이 덕트를 통해 조절된 공간으로 유입되어, 배출구 또는 단자 배출구를 통해 공간 내에 분배된다. 전 공기 방식은 열기와 냉기를 제공할 뿐만 아니라 공기를 정화하고 습도를 조절할 수 있다. 공기는 중앙 장치로 되돌아가고, 환기를 위해 외부 공기와 혼합된다.

- 멀티존 시스템은 단일 공기의 흐름을 일반적인 속도로 핑거 덕트finger duct를 통해 개별실 또는 구역으로 공급한다. 열기 와 냉기는 실내 온도조절기에 의해 제어되는 댐퍼damper를 사용하여 사전에 혼합이 이루어진다.
- 단일덕트 가변풍량방식variable-air-volumn(VAV)은 단자 출구 에 댐퍼damper를 사용하여 각 구역 또는 공간의 온도 요구사 항에 따라 조절된 공기의 흐름을 제어한다.
- 이중 덕트dual-duct 방식은 별도의 덕트를 사용하여, 자동온 도조절 장치로 제어하는 댐퍼가 있는 혼합 상자에 열기와 냉 기를 공급한다.
- 혼합 상자mixing box는 혼합된 공기를 각 구역 또는 공간에 분배하기 전에 따뜻한 온도와 차가운 공기의 비율을 맞추어 원하는 온도에 맞춘다. 이 시스템은 일반적으로 덕트 크기 와 설치 공간을 줄이기 위해 고속 시스템[2,400fpm(730m/ min) 이상]으로 이루어진다.
- 터미널 재가열 시스템terminal reheat system 방식은 변화하는 공간의 요구사항을 충족시킬 수 있는 유연성을 제공한다. 전 기 또는 온수 재가열 코일이 장착된 터미널에 약 55°F(13℃) 의 공기를 공급하여 개별적으로 제어되는 각 구역 또는 실에 공급되는 공기의 온도를 조절한다.

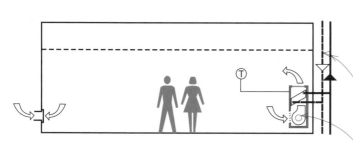

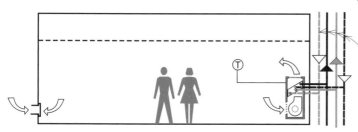

전수 방식all-water system

전수 방식 시스템은 중앙 위치에서 파이프를 통해 온수 또는 냉 수를 냉난방이 이루어지는 공간이 있는 팬 코일fan-coil 유닛으 로 공급하며, 이는 공기 덕트보다 작은 설치 공간을 요구한다.

- 복관식two-pipe system은 하나의 관을 사용하여 각각의 팬 코 일 장치에 온수 또는 냉수를 공급하고, 다른 관을 통해서 보 일러나 냉수 설비로 회수한다.
- 팬 코일 유닛fan-coil unit은 공기 필터와 원심 송풍기centrifugal fan가 있어 실내 공기와 외부 공기를 히터 코일 또는 냉각수 코일 위로 끌어 올려 다음 공간으로 다시 불어 넣는다.
- 4관식four-pipe system에서는 건물의 다양한 구역zone에 필 요한 난방과 냉방을 동시에 제공하기 위해 두 개의 개별 배 관 회로(온수용과 냉각수용)를 사용한다.
- 환기는 벽 개구부, 자연적 침투현상 또는 별도의 환기 장치 를 통해 이루어진다.

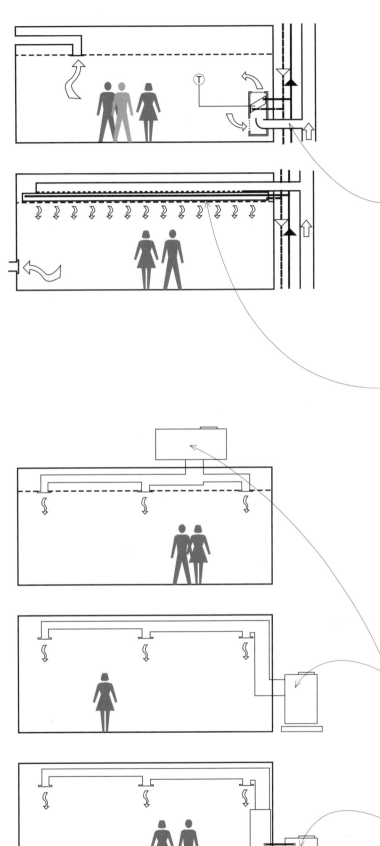

공기-물 방식air-water HVAC systems

공기-물 방식에서 공조 및 냉각 공급원은 냉난방이 이루어지는 공간과 분리할 수 있다. 그러나 이 공간으로 공급되는 공기의 온도는 주로 유인 유닛induction unit 또는 복사 패널radiant panel에서 순환되는 온수 또는 냉수에 의해 균형이 맞추어진다. 공기는 중앙 장치로 되돌아가거나 직접 배출될 수 있다. 공기-물 방식의 일반적인 유형은 다음과 같다.

- 유인 유닛 방식induction unit system은 조절된 주 공기를 중앙 기계실에서 각 구역 또는 공간으로 공급하기 위해 고속 덕트를 사용한다. 여기서 실내 공기와 혼합되고 유인 유닛에서 추가로 가열 또는 냉각된다. 1차 공기는 필터를 통해 실내 공기를 흡입하고 혼합된 공기는 보일러 또는 냉각기에서 공급되는 2차 용수에 의해 가열 또는 냉각되는 코일을 통과한다. 국부적 온도조절장치는 코일의 물 흐름을 제어하여 공기 온도를 조절한다.

- 복사 패널 방식radiant panel systems은 벽면 또는 천장의 복사 패널로부터 난방 또는 냉방이 이루어지며, 일정량의 공기 공급을 통해 환기 및 습도 제어가 이루어진다.

패키지 방식packaged HVAC systems

패키지 방식은 냉각을 위한 송풍기, 필터, 압축기compressor, 응축기condenser 및 증발기 코일evaporator이 통합된 독립적인 내후성weatherproof 유닛이다. 난방을 위해 이 유닛은 열펌프heat pump로 작동하거나 보조 가열 장치를 포함할 수 있다. 패키지 방식은 전기 또는 전기와 가스의 조합으로 구동된다.

- 패키지 방식은 건물 외벽과 함께 지붕 또는 콘크리트 패드에 단일 장비로 장착될 수 있다.

- 옥상형 패키지 유닛은 긴 건물들을 담당하기 위해 간격을 두고 설치될 수 있다.

- 수평 분기 덕트horizontal branch duct와 연결된 수직 샤프트가 있는 패키지 방식은 최대 4층 또는 5층 높이의 건물에 사용될 수 있다.

- 분할 패키지split-packaged 방식은 압축기와 응축기가 결합한 실외기와 냉난방 코일과 순환 송풍기가 포함된 실내기indoor unit로 구성된다. 절연 냉매 튜브insulated rifrigerant tubing와 제어 배선control wiring이 두 부분을 연결한다.

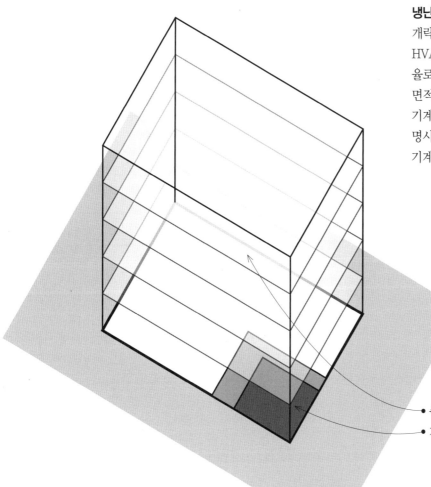

냉난방 환기 시스템의 일반적인 공간 요구 사항

개략적인 설계를 위해 다양한 유형의 냉난방 환기 HVAC 시스템에 필요한 공간은 총바닥면적의 백분율로 추정할 수 있다. 아래 표에서 전체 건물의 총면적은 덕트 공간에 제공되는 총면적뿐만 아니라 기계실의 크기를 추정하는 데 사용될 수 있다. 달리 명시되지 않은 경우, 수직 도관riser을 위한 공간은 기계실 백분율에 포함이 된다.

● 총 바닥 면적
● 기계실의 총 바닥 면적 대비 백분율

공조 시스템	기계실		덕트 분배	
	공기조화 %*	냉장 %*	수직 도관*	수평 분배*
기존: 저속	2.2~3.5	0.2~1.0		0.7~0.9
기존: 고속	2.0~3.3	0.2~1.0		0.4~0.5
터미널 재가열: 온수	2.0~3.3	0.2~1.0		0.4~0.5
터미널 재가열: 전기	2.0~3.3	0.2~1.0		0.4~0.5
가변 풍량		0.2~1.0		0.1~0.2
멀티존		0.2~1.0		0.7~0.9
이중 덕트	2.2~3.5	0.2~1.0		0.6~0.8
전공기 유인	2.0~3.3	0.2~1.0		0.4~0.5
수·공기 유인: 복관식	0.5~1.5	0.2~1.0	0.25~0.35	
수·공기 유인: 4관식	0.5~1.5	0.2~1.0	0.3~0.4	
팬 코일 유닛: 복관식	–	0.2~1.0	–	–
팬 코일 유닛: 4관식	–	0.2~1.0	–	–

*총 바닥면적 대비 백분율

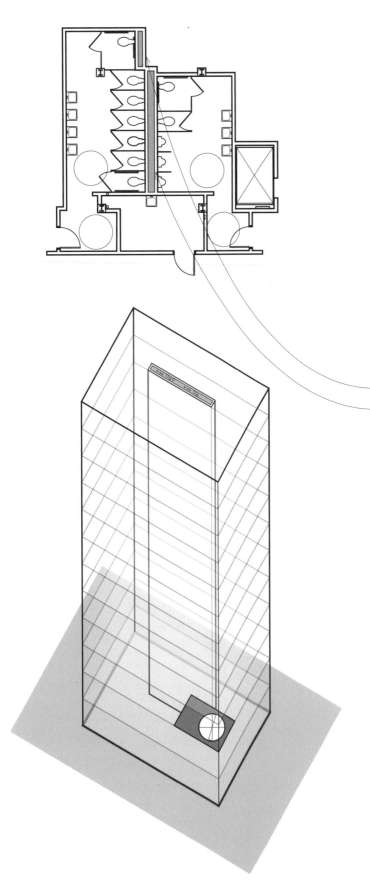

배관 체이스plumbing chases

배관 체이스[3]는 건물의 상수도관 및 하수관에 필요한 공간을 제공한다. 이는 세면기, 부엌, 그리고 실험실과 연관이 되어 있다. 급수관 및 배수관을 수직의 배관 체이스로 제한함으로써 건물 구조와의 잠재적인 충돌을 방지할 수 있다.

- 배수관 및 환기 수직 덕트vent stack[4]는 경제성 및 접근성의 이유로 고층 건물 모든 층에 수직 체이스 vertical chase로 확장하여 설치하는 것이 바람직하다.
- 공통 배관 벽 또는 체이스에 지지된 설비로 서로 다른 배관이 요구되는 실을 배치하는 것은 배수 및 환기 수직 덕트를 위한 공간 및 수직 덕트를 종종 수평 방향으로 배관 작업을 해야 하는 공간을 생성한다.
- 배관 체이스는 유지 보수를 위해 용이한 접근 통로를 제공한다.
- 설비 뒤 습기로 인한 배관 벽은 지선branch lines, 설비 런아웃fixture runout 및 에어 챔버air chamber를 수용할 수 있을 만큼 깊은 폭이 요구된다.
- 단일 배치 배관 벽의 경우 폭 12인치(305)
- 이중 배치 배관 벽의 경우 폭 18인치(455)
- 수평 하수관 및 큰 빗물 배출관은 경사를 유지하며 배수되어야 하므로, 수평의 기계 설비 공간 계획에 있어서 우선순위를 두어야 한다.

저층 건물에서는 배관 체이스의 중요성이 낮을 수 있으나, 고층 건축물, 호텔, 병원 및 기숙사와 같은 특정 건물 유형에서는 배관 시스템을 구성하고 배치하는 데 있어 배관 체이스 사용은 매우 효율적인 접근 방식이다.

팬룸

급기 덕트supply air duct의 길이를 줄이려면 팬룸fan room을 중앙에 배치하는 것이 더 효율적이지만, 외부 공기와 배출가스를 제공하고, 수직 샤프트가 필요한 급기 및 배기 덕트return air duct를 수용할 수 있는 건물의 어느 곳에서나 위치할 수 있다.

- 대형 건물에서는 서비스 구역별로 여러 개의 팬룸을 사용하는 것이 경제적일 수 있다.
- 공기조화기는 최대 10층부터 15층까지 공기를 위아래로 강제로 분배할 수 있다. 고층 건물에서는 여러 개의 팬룸이 필요하므로, 기계실은 20~30층 간격으로 떨어져 있다. 일부 고층 빌딩에서는 층별로 팬룸을 배치하여 수직 샤프트가 필요하지 않다.

코어|core

2~3층 높이의 건물에서는 기계 서비스를 위한 수직 체이스가 평면 내에 위치하여 필요한 곳에 서비스를 제공하는 경우가 많다. 신중하게 계획하지 않으면 건물 구조물 내부 및 주변에 덕트, 배관 및 배선이 복잡하게 얽히게 되어 유지 보수 또는 변경을 위한 접근이 어려워지고 시스템의 효율성이 저하될 수 있다.

크고 높은 건물에서는 기계 설비 체이스가 출구 계단, 엘리베이터 및 배관 수직 도관을 둘러싸는 것과 같은 다른 샤프트와 함께 위치하는 경우가 많다. 따라서 이러한 설비들이 건물 높이를 통해 수직으로 확장되는 하나 이상의 효율적인 코어로 그룹화된다. 이러한 코어는 여러 층을 통해 위로 연속적으로 올라가므로, 시공상 추가적인 방재가 요구되며, 측면 하중을 견디는 데 도움이 되는 전단벽과 중력 하중을 전달하는 데 도움이 되는 내력벽의 역할도 할 수 있다.

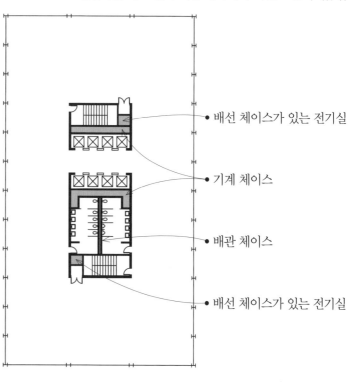

- 배선 체이스가 있는 전기실
- 기계 체이스
- 배관 체이스
- 배선 체이스가 있는 전기실

코어 위치

건물의 서비스 코어 또는 코어에는 기계 및 전기 서비스의 수직 분배, 엘리베이터 샤프트 및 출구와 연결되는 계단이 있다. 이러한 코어는 기둥, 내력벽, 전단벽 또는 수평 버팀대의 구조 배치는 물론 원하는 공간, 용도 및 활동 유형과 함께 조정되어야 한다.

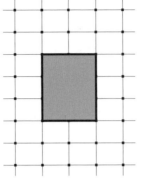

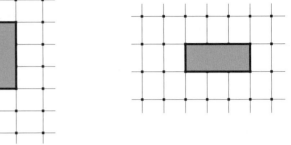

건물의 유형 및 구성은 수직 코어의 위치에 영향을 미친다.

- 단일 코어는 종종 고층 사무실 건물에서 방해받지 않는 최대한의 임대 가능 면적을 남겨두는 데 사용한다.
- 중앙에 위치하는 것은 분배 거리를 줄이고 효율적인 분배에 이상적이다.

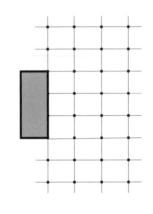

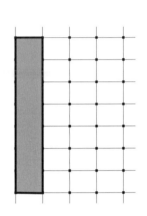

- 코어를 가장자리에 배치하면 방해받지 않는 바닥 공간을 확보하지만, 채광이 가능한 면적의 일정 부분을 차지한다.

- 독립된 코어는 가장 많은 바닥 영역을 확보해주지만, 분배 거리가 너무 길고 횡력에 저항하는 역할을 하지 못한다.

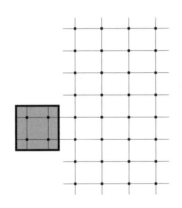

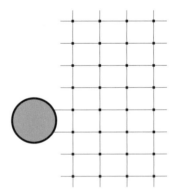

- 분배 거리를 줄이고 횡방향 가새 역할을 효과적으로 수행하기 위해 두 개의 코어를 대칭으로 배치할 수 있지만, 남은 바닥 영역은 배치 및 사용 면에서 유연성이 다소 떨어진다.

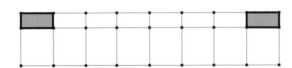

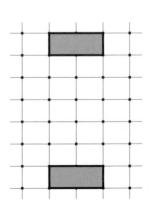

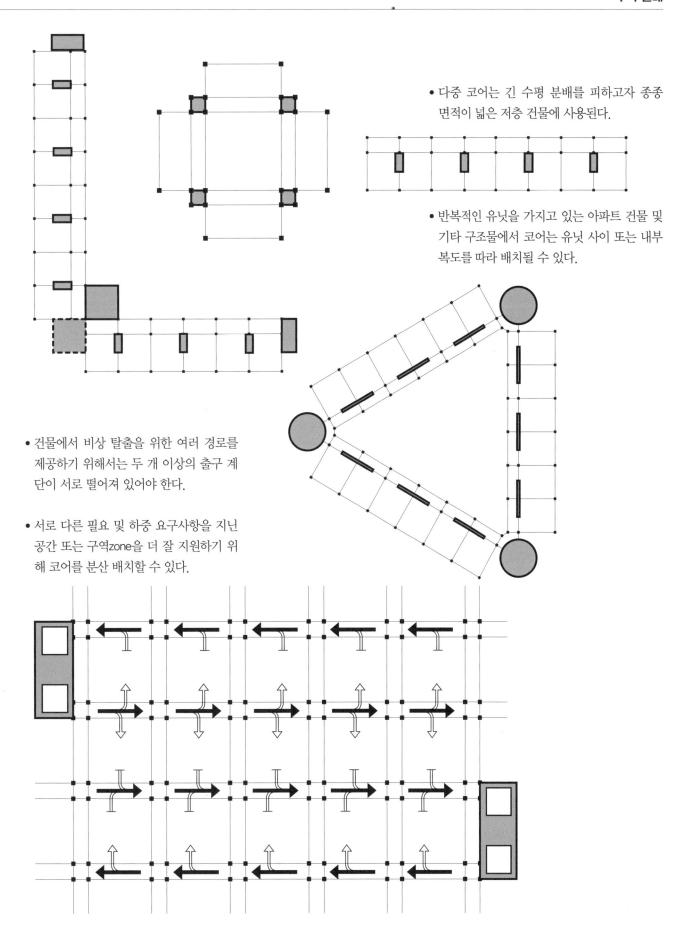

• 다중 코어는 긴 수평 분배를 피하고자 종종 면적이 넓은 저층 건물에 사용된다.

• 반복적인 유닛을 가지고 있는 아파트 건물 및 기타 구조물에서 코어는 유닛 사이 또는 내부 복도를 따라 배치될 수 있다.

• 건물에서 비상 탈출을 위한 여러 경로를 제공하기 위해서는 두 개 이상의 출구 계단이 서로 떨어져 있어야 한다.

• 서로 다른 필요 및 하중 요구사항을 지닌 공간 또는 구역zone을 더 잘 지원하기 위해 코어를 분산 배치할 수 있다.

공조설비의 수평 분배

공조설비는 건물의 바닥 및 천장 조립체를 통해 수직 샤프트와 체이스로 수평으로 분배된다. 이러한 공조설비가 구조 경간 시스템의 깊이와 관련되는 방식은 바닥 및 천장 조립체의 수직 범위를 결정하며, 이는 결국 건물 전체 높이에 상당한 영향을 미치게 된다.

공조설비의 수평 분배에는 다음과 같이 세 가지 기본 방법이 있다.

- 경간 구조 위
- 경간 구조 사이 공간
- 경간 구조 아래

배선 및 급수 배관은 공간이 적게 요구되며, 작은 크기의 체이스와 바닥 또는 천장의 비어 있는 공간에 수월하게 배치될 수 있다. 하지만 공조설비의 경우 상당한 크기의 공급 및 배기 덕트가 필요하다. 이는 특히 소음을 줄이는 것이 중요하고, 저속으로 공기를 공급하는 시스템이 필요한 경우 또는 원하는 온도와 공급된 공기의 온도 사이 작은 차이로 인해 많은 양의 공기 이동이 필요한 시스템에 해당이 된다. 따라서 HVAC 시스템은 건물 구조의 수평 및 수직 치수와 가장 큰 잠재적 충돌을 초래할 수 있다.

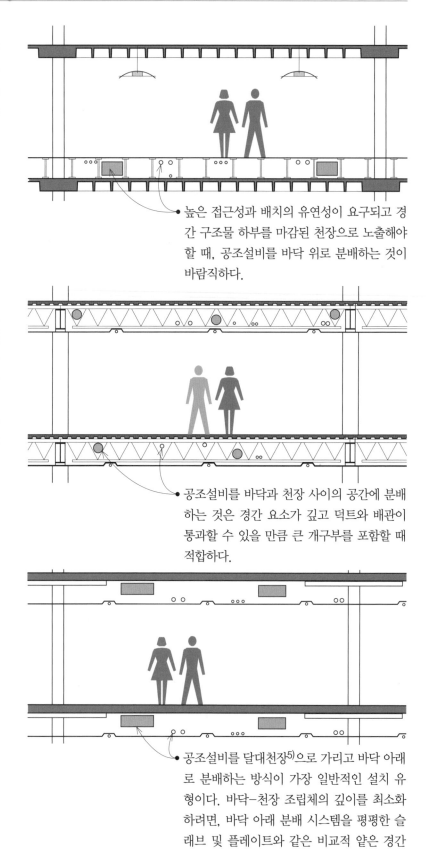

높은 접근성과 배치의 유연성이 요구되고 경간 구조물 하부를 마감된 천장으로 노출해야 할 때, 공조설비를 바닥 위로 분배하는 것이 바람직하다.

공조설비를 바닥과 천장 사이의 공간에 분배하는 것은 경간 요소가 깊고 덕트와 배관이 통과할 수 있을 만큼 큰 개구부를 포함할 때 적합하다.

공조설비를 달대천장[5]으로 가리고 바닥 아래로 분배하는 방식이 가장 일반적인 설치 유형이다. 바닥-천장 조립체의 깊이를 최소화하려면, 바닥 아래 분배 시스템을 평평한 슬래브 및 플레이트와 같은 비교적 얕은 경간 구조와 함께 사용해야 한다.

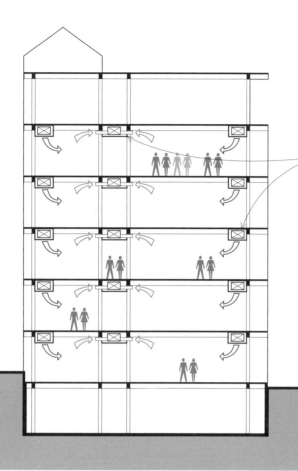

낮은 천장을 수용할 수 있는 복도 또는 기타 공간에 트렁크 라인trunk line 및 주요 덕트를 배치하는 것은 구조 시스템과 HVAC 시스템용 공기 덕트의 수평 분배 간의 충돌을 최소화하는 데 도움이 된다.

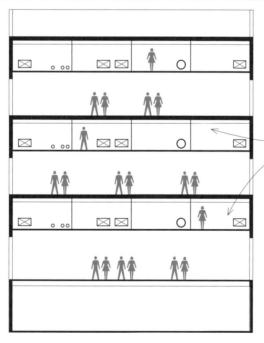

더 깊은 수직의 플레넘plenum[6]을 사용하면, 복잡한 기계 설비가 필요하거나 정기 점검 및 변경이 필요한 병원, 실험실 및 기타 건물의 사용 중인 공간을 방해하지 않고 공조설비에 쉽게 접근할 수 있다.

바닥구조 통과 공조설비 수평분배

경간 구조를 통과하는 공조설비의 수평적 분배는 강
재 및 목재 트러스, 경량 형강 강재 장선, 중공 콘크
리트 판, 셀룰러 강재 데크 및 목재 I-형 장선과 같은
특정 구조 요소에 내재된 개구부에 의해 가능하다.

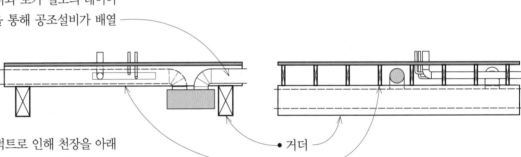

- 경간 구조의 깊이 내에서 공기 덕트 배치하는 것은
  최대 크기가 제한된다. 예를 들어, 일련의 개방형
  웹 장선을 통과하는 공기 덕트의 최대 지름은 장선
  깊이의 $1/2$이다.
- 바닥 트러스를 통과하거나 장선 사이의 공간에 공
  기 덕트를 설치하면 변화에 적응할 수 있는 공조
  시스템의 유연성이 줄어든다.

- 강재 및 목재 구조물의 거더와 보가 별도의 레이어
  를 차지하여 구조 시스템을 통해 공조설비가 배열
  될 수 있다.

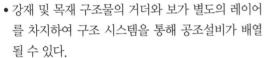

- 거더
- 장선

- 트렁크 라인과 같은 대형 덕트로 인해 천장을 아래
  로 낮추어야 할 수도 있으며, 천장 높이를 줄일 수
  있는 복도나 기타 공간에서 배치하는 경우가 많다.
- 시공 순서를 고려할 때 구조 부재의 개구부를 통해
  공조설비와 같이 견고한 요소를 배치하는 것이 종
  종 어렵게 된다.

일부 공조설비와 구조시스템을 통합하기 위해 특수
하게 고안된 빌딩 시스템이 개발되었다.

- 레이스웨이[가]는 구조용 또는 토핑 슬래브에 배치할
  수 있다. 경우에 따라 레이스웨이가 슬래브의 두께
  를 줄일 수 있다.
- 일부 강재 데크의 경우 파형을 준 데크 아래를 전
  기 배선 통로로 사용할 수 있다.

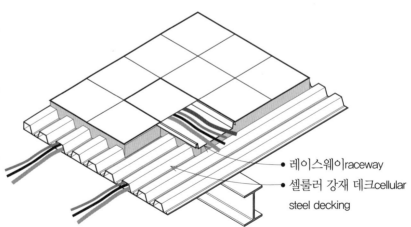

- 레이스웨이raceway
- 셀룰러 강재 데크cellular
  steel decking

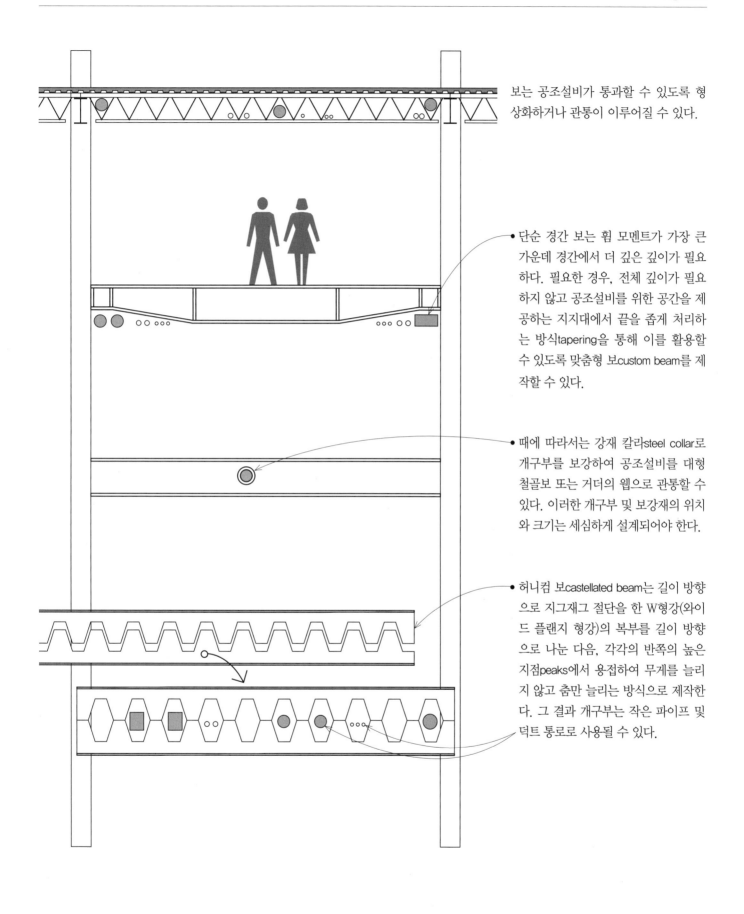

보는 공조설비가 통과할 수 있도록 형상화하거나 관통이 이루어질 수 있다.

• 단순 경간 보는 휨 모멘트가 가장 큰 가운데 경간에서 더 깊은 깊이가 필요하다. 필요한 경우, 전체 깊이가 필요하지 않고 공조설비를 위한 공간을 제공하는 지지대에서 끝을 좁게 처리하는 방식tapering을 통해 이를 활용할 수 있도록 맞춤형 보custom beam를 제작할 수 있다.

• 때에 따라서는 강재 칼라steel collar로 개구부를 보강하여 공조설비를 대형 철골보 또는 거더의 웹으로 관통할 수 있다. 이러한 개구부 및 보강재의 위치와 크기는 세심하게 설계되어야 한다.

• 허니컴 보castellated beam는 길이 방향으로 지그재그 절단을 한 W형강(와이드 플랜지 형강)의 복부를 길이 방향으로 나눈 다음, 각각의 반쪽의 높은 지점peaks에서 용접하여 무게를 늘리지 않고 춤만 늘리는 방식으로 제작한다. 그 결과 개구부는 작은 파이프 및 덕트 통로로 사용될 수 있다.

바닥구조 아래 공조설비 수평 분배

공조설비가 바닥구조 아래에 위치할 때 구조 바로 아래의 수평 영역층은 공기 덕트의 분배를 위해 할애할 수 있다. 효율을 극대화하기 위해 공기 덕트의 주된 또는 트렁크 라인은 거더 또는 주보main beam와 평행해야 한다. 필요한 경우 작은 분기 덕트가 거더 아래 교차하여 전체 바닥 깊이를 최소화할 수 있다. 가장 낮은 층은 일반적으로 천장을 통해 연장되는 조명 설비 및 스프링클러 시스템을 위해 할애할 수 있다.

- 달대천장 시스템, 전기 구성 요소, 덕트 및 엑세스 플로어에는 지진이 발생할 경우 생길 수 있는 위로 향하는 힘upward forces 및 횡하중하에서의 변위에 저항하기 위해 보강이 이루어져야 한다. 이러한 대비를 하지 않으면, 중력 하중의 역전reversal of gravity loads을 통해 보강이 이루어지지 않은 시스템을 이동시킬 수 있다.

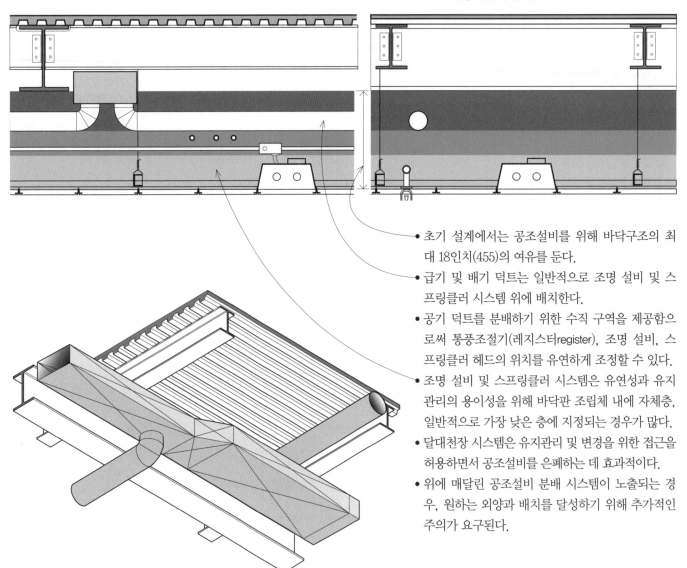

- 초기 설계에서는 공조설비를 위해 바닥구조의 최대 18인치(455)의 여유를 둔다.
- 급기 및 배기 덕트는 일반적으로 조명 설비 및 스프링클러 시스템 위에 배치한다.
- 공기 덕트를 분배하기 위한 수직 구역을 제공함으로써 통풍조절기(레지스터register), 조명 설비, 스프링클러 헤드의 위치를 유연하게 조정할 수 있다.
- 조명 설비 및 스프링클러 시스템은 유연성과 유지관리의 용이성을 위해 바닥판 조립체 내에 자체층, 일반적으로 가장 낮은 층에 지정되는 경우가 많다.
- 달대천장 시스템은 유지관리 및 변경을 위한 접근을 허용하면서 공조설비를 은폐하는 데 효과적이다.
- 위에 매달린 공조설비 분배 시스템이 노출되는 경우, 원하는 외양과 배치를 달성하기 위해 추가적인 주의가 요구된다.

구조용 바닥 위 공조설비 수평 분배

액세스 플로어 시스템[8]은 일반적으로 사무실 공간, 병원, 실험실, 컴퓨터실 및 텔레비전 및 통신 센터에서 책상, 워크스테이션 및 장비 배치에 대해 접근성과 유연성을 제공하기 위해 사용한다. 모듈식 배선 시스템을 통해 장비를 상당히 쉽게 이동하고 다시 연결할 수 있다. 또한 와플 슬래브와 같은 경간 구조의 하부가 마감 천장으로 노출될 때도 바람직한 선택사항이다.

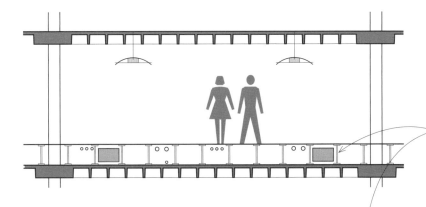

- 액세스 플로어 시스템은 기본적으로 아래의 공간에 자유롭게 접근할 수 있도록, 조정 가능한 받침대에 지탱되는 탈착식 및 교체식 플로어 패널로 구성된다. 바닥 패널은 일반적으로 24인치(61) 정사각형이며 강재, 알루미늄, 강재 또는 알루미늄으로 둘러싸인 목재 코어 또는 경량 강화 콘크리트로 구성된다. 패널은 카펫 타일, 비닐 타일 또는 고압착 라미네이트로 마감할 수 있다. 내화처리된 정전기 방전 제어 덮개도 가능하다.

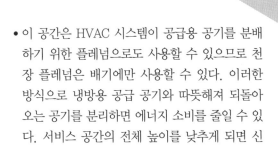

- 받침대pedestal는 마감된 바닥 높이를 12~30인치(305~760)까지 조정이 가능하다. 최소 마감 바닥 높이는 8인치(760)까지 가능하다.
- 스트링어stringer[9]를 사용하는 액세스 플로어 시스템은 스트링거가 없는 경우보다 횡방향 안정성이 더 크다. 횡방향 안정성에 대한 건축 법규 요건을 충족하기 위해 지진 받침대seismic pedestals를 사용할 수 있다.
- 설계 하중 범위는 250~625psf(12~30kPa)이지만, 더 무거운 하중을 수용하기 위해 최대 1,125psf(54kPa)까지 사용할 수 있다.
- 바닥 아래 공간은 컴퓨터, 보안 및 통신 시스템용 전기 전선관, 접속 배선함 및 케이블 설치에 사용된다.
- 스프링클러 시스템, 조명용 전원 및 공조설비가 경간 구조 바닥을 지나가려면 바닥 아래 공간은 여전히 필요하다.

- 이 공간은 HVAC 시스템이 공급용 공기를 분배하기 위한 플레넘으로도 사용할 수 있으므로 천장 플레넘은 배기에만 사용할 수 있다. 이러한 방식으로 냉방용 공급 공기와 따뜻해져 되돌아오는 공기를 분리하면 에너지 소비를 줄일 수 있다. 서비스 공간의 전체 높이를 낮추게 되면 신축 공사의 층간 높이도 줄어든다.

플랫 플레이트와 슬래브 flat plates and slabs

- 플랫 플레이트 아래, 플랫 슬래브의 드롭 패널 사이에 방해받지 않는 공간이 있으므로 모든 영역에서 공조설비가 양방향으로 배치될 수 있으며, 공조설비를 배치하는 데 있어 최대의 유연성과 적응성을 제공한다.

- 플랫 플레이트의 두께는 플레이트 상단 근처의 배선을 위한 셀룰러 배선 및 배관을 분배하도록 조정할 수 있다. 반면에, 플랫 슬래브의 상대적인 두께는 공간에 걸쳐 완전한 공조설비가 있어야 하는 영역에서 가장 얇은 바닥 천장 조립을 가능하게 한다.

- 바닥 및 천장 집합체의 전체 깊이는 일반적으로 공기조화 시스템의 트렁크 라인 덕트에 의해 결정된다. 이러한 덕트가 복도와 같은 곳에서 천장에 매달려 있거나 부착된 경우, 층간 높이를 크게 줄일 수 있다.

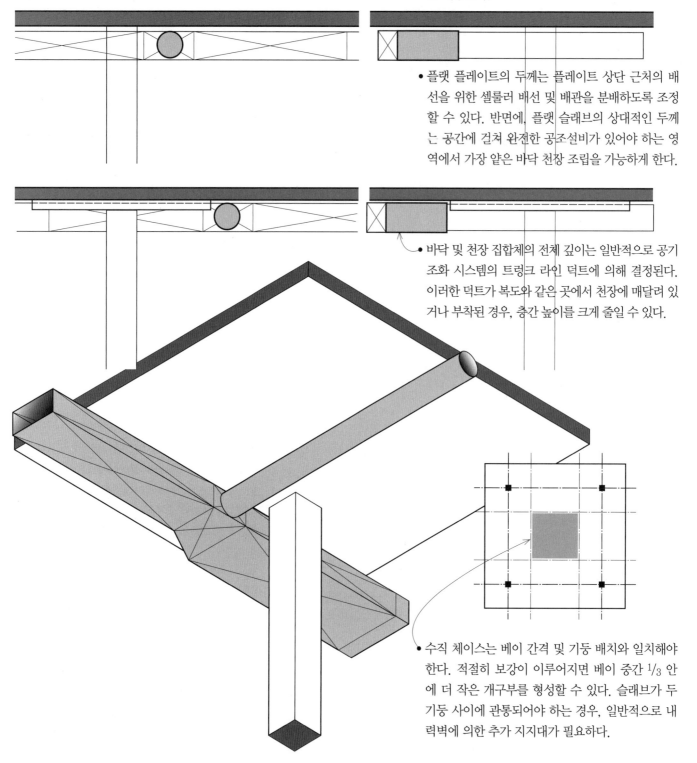

- 수직 체이스는 베이 간격 및 기둥 배치와 일치해야 한다. 적절히 보강이 이루어지면 베이 중간 1/3 안에 더 작은 개구부를 형성할 수 있다. 슬래브가 두 기둥 사이에 관통되어야 하는 경우, 일반적으로 내력벽에 의한 추가 지지대가 필요하다.

1방향 슬래브 및 보

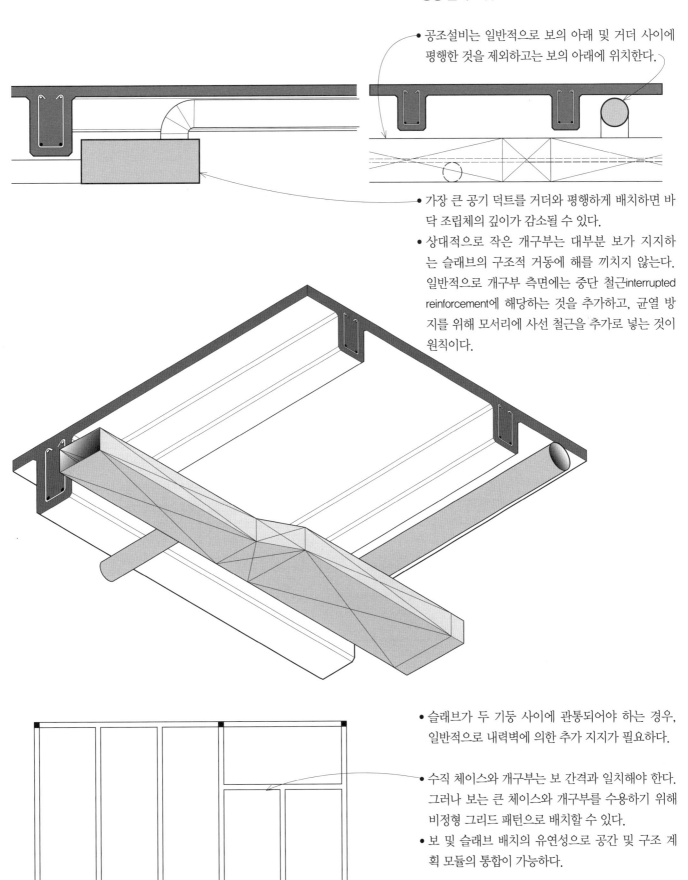

• 공조설비는 일반적으로 보의 아래 및 거더 사이에 평행한 것을 제외하고는 보의 아래에 위치한다.

• 가장 큰 공기 덕트를 거더와 평행하게 배치하면 바닥 조립체의 깊이가 감소될 수 있다.

• 상대적으로 작은 개구부는 대부분 보가 지지하는 슬래브의 구조적 거동에 해를 끼치지 않는다. 일반적으로 개구부 측면에는 중단 철근interrupted reinforcement에 해당하는 것을 추가하고, 균열 방지를 위해 모서리에 사선 철근을 추가로 넣는 것이 원칙이다.

• 슬래브가 두 기둥 사이에 관통되어야 하는 경우, 일반적으로 내력벽에 의한 추가 지지가 필요하다.

• 수직 체이스와 개구부는 보 간격과 일치해야 한다. 그러나 보는 큰 체이스와 개구부를 수용하기 위해 비정형 그리드 패턴으로 배치할 수 있다.

• 보 및 슬래브 배치의 유연성으로 공간 및 구조 계획 모듈의 통합이 가능하다.

장선 및 와플 슬래브

- 공조설비는 일반적으로 장선 또는 와플 슬라브 아래에 위치한다. 만약에 팬 장선pan joist 또는 우물천장coffer이 천장 마감으로 노출되는 경우, 슬래브 위의 엑세스 플로어 시스템에 공조설비를 배치할 수 있다.

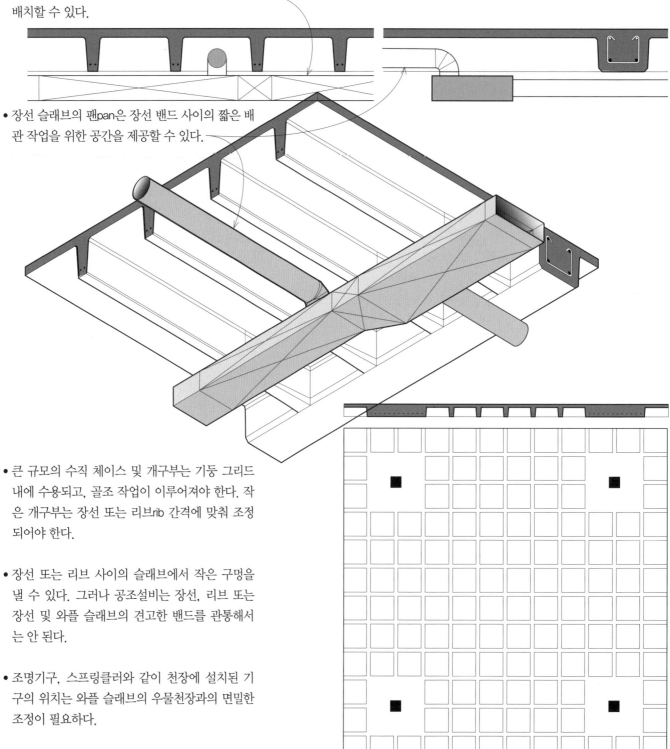

- 장선 슬래브의 팬pan은 장선 밴드 사이의 짧은 배관 작업을 위한 공간을 제공할 수 있다.

- 큰 규모의 수직 체이스 및 개구부는 기둥 그리드 내에 수용되고, 골조 작업이 이루어져야 한다. 작은 개구부는 장선 또는 리브rib 간격에 맞춰 조정되어야 한다.

- 장선 또는 리브 사이의 슬래브에서 작은 구멍을 낼 수 있다. 그러나 공조설비는 장선, 리브 또는 장선 및 와플 슬래브의 견고한 밴드를 관통해서는 안 된다.

- 조명기구, 스프링클러와 같이 천장에 설치된 기구의 위치는 와플 슬래브의 우물천장과의 면밀한 조정이 필요하다.

프리캐스트 콘크리트 부판

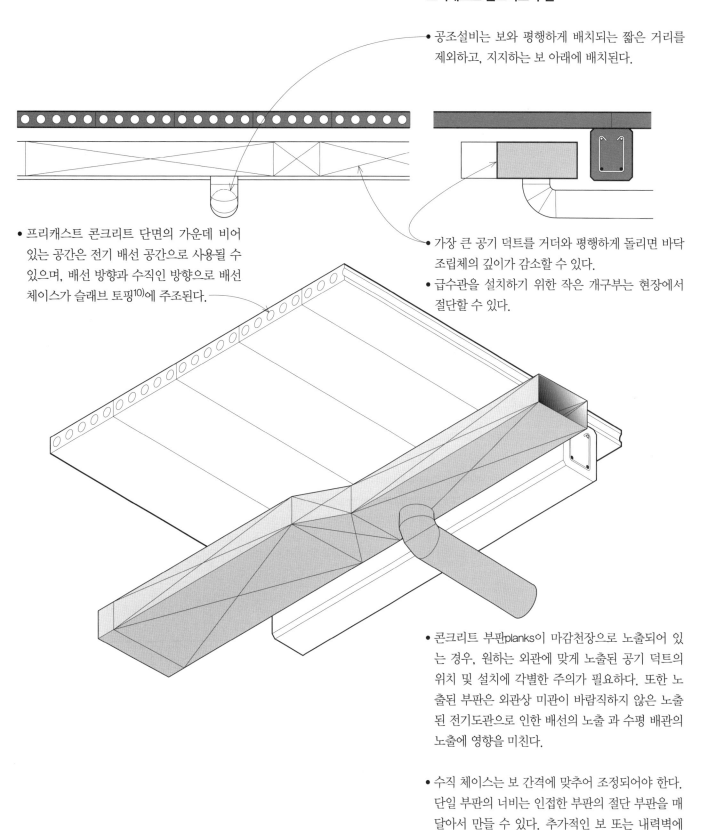

- 공조설비는 보와 평행하게 배치되는 짧은 거리를 제외하고, 지지하는 보 아래에 배치된다.

- 프리캐스트 콘크리트 단면의 가운데 비어 있는 공간은 전기 배선 공간으로 사용될 수 있으며, 배선 방향과 수직인 방향으로 배선 체이스가 슬래브 토핑10)에 주조된다.

- 가장 큰 공기 덕트를 거더와 평행하게 돌리면 바닥 조립체의 깊이가 감소할 수 있다.
- 급수관을 설치하기 위한 작은 개구부는 현장에서 절단할 수 있다.

- 콘크리트 부판planks이 마감천장으로 노출되어 있는 경우, 원하는 외관에 맞게 노출된 공기 덕트의 위치 및 설치에 각별한 주의가 필요하다. 또한 노출된 부판은 외관상 미관이 바람직하지 않은 노출된 전기도관으로 인한 배선의 노출 과 수평 배관의 노출에 영향을 미친다.

- 수직 체이스는 보 간격에 맞추어 조정되어야 한다. 단일 부판의 너비는 인접한 부판의 절단 부판을 매달아서 만들 수 있다. 추가적인 보 또는 내력벽에서 더 넓은 개구부를 지지가 되어야 한다.

구조용 강재 골조

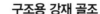

- 철골보 및 거더를 평면으로 골조를 만들면 보 사이에 공기 덕트를 설치할 수 있으나, 거더를 교차시키기 위해서는 지지 거더 아래에 위치해야 한다. 보 아래에 거더를 배치하면, 공조설비가 거더를 통과할 수 있지만, 바닥 조립체의 깊이는 증가하게 된다.

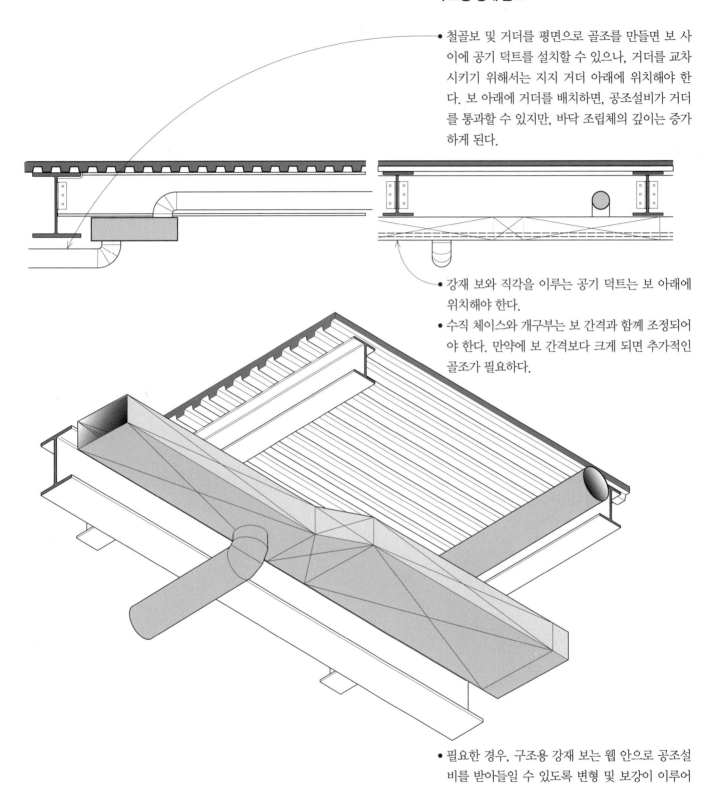

- 강재 보와 직각을 이루는 공기 덕트는 보 아래에 위치해야 한다.
- 수직 체이스와 개구부는 보 간격과 함께 조정되어야 한다. 만약에 보 간격보다 크게 되면 추가적인 골조가 필요하다.

- 필요한 경우, 구조용 강재 보는 웹 안으로 공조설비를 받아들일 수 있도록 변형 및 보강이 이루어질 수 있다. 맞춤 제작된 강재 보는 공조설비를 위한 공간을 제공하기 위해 끝부분으로 갈수록 좁아지도록 하고tapering, 굽게 하거나haunched, 성벽의 윗부분처럼 요철이 있도록castellated 만들 수 있다. 323쪽을 참조하라.

기둥-보 시공

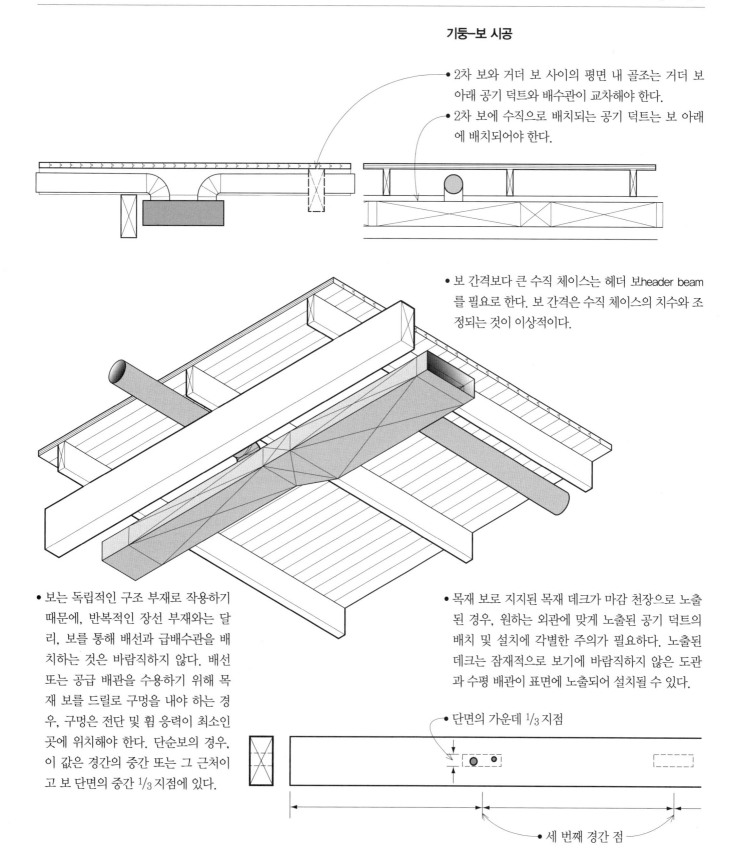

- 2차 보와 거더 보 사이의 평면 내 골조는 거더 보 아래 공기 덕트와 배수관이 교차해야 한다.
- 2차 보에 수직으로 배치되는 공기 덕트는 보 아래에 배치되어야 한다.

- 보 간격보다 큰 수직 체이스는 헤더 보header beam를 필요로 한다. 보 간격은 수직 체이스의 치수와 조정되는 것이 이상적이다.

- 보는 독립적인 구조 부재로 작용하기 때문에, 반복적인 장선 부재와는 달리, 보를 통해 배선과 급배수관을 배치하는 것은 바람직하지 않다. 배선 또는 공급 배관을 수용하기 위해 목재 보를 드릴로 구멍을 내야 하는 경우, 구멍은 전단 및 휨 응력이 최소인 곳에 위치해야 한다. 단순보의 경우, 이 값은 경간의 중간 또는 그 근처이고 보 단면의 중간 1/3 지점에 있다.

- 목재 보로 지지된 목재 데크가 마감 천장으로 노출된 경우, 원하는 외관에 맞게 노출된 공기 덕트의 배치 및 설치에 각별한 주의가 필요하다. 노출된 데크는 잠재적으로 보기에 바람직하지 않은 도관과 수평 배관이 표면에 노출되어 설치될 수 있다.

- 단면의 가운데 1/3 지점
- 세 번째 경간 점

오픈 웹 강재 장선

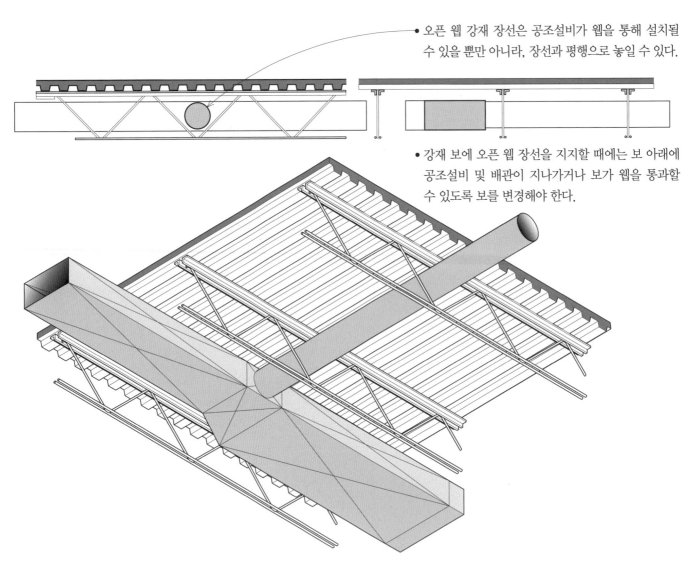

- 오픈 웹 강재 장선은 공조설비가 웹을 통해 설치될
  수 있을 뿐만 아니라, 장선과 평행으로 놓일 수 있다.

- 강재 보에 오픈 웹 장선을 지지할 때에는 보 아래에
  공조설비 및 배관이 지나가거나 보가 웹을 통과할
  수 있도록 보를 변경해야 한다.

- 거더 트러스에 오픈 웹 장선을 지지하면 오픈 웹 장
  선과 평행으로 놓일 때 공조 설비가 거더를 통과할
  수 있다. 일반적으로 거더 트러스는 동일한 하중을
  전달하는 강재 보보다 더 깊은 바닥 구조를 만든다.

- 작은 수직 개구부는 장선받이trimmer joist로 지지가
  되는 앵글 헤더steel angle headers로 골조를 만들 수
  있다. 그러나 큰 개구부에는 구조용 강재 골조가 필
  요하다.

경량 골조 시공

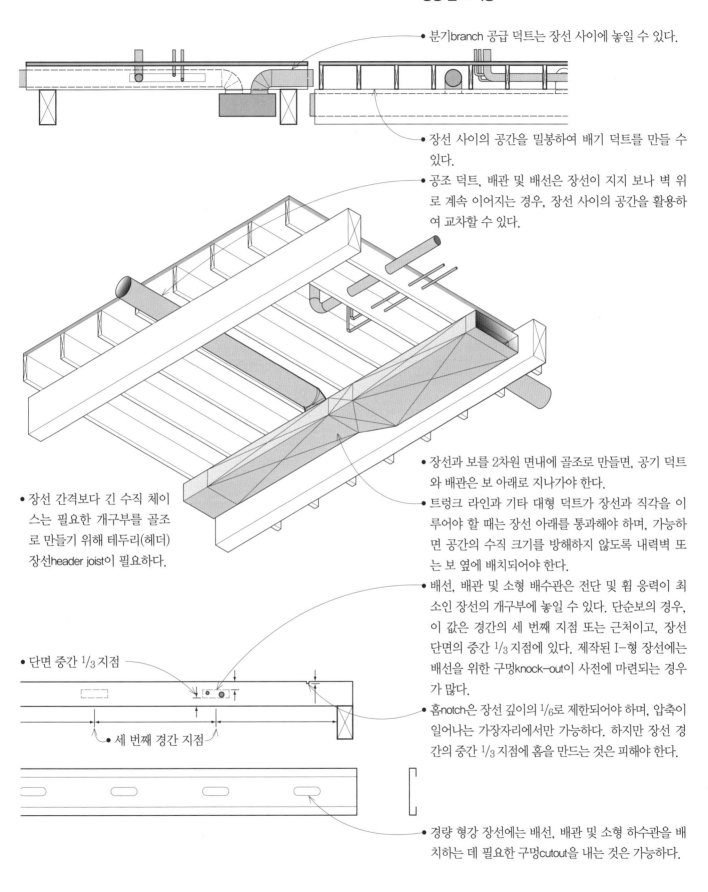

- 분기branch 공급 덕트는 장선 사이에 놓일 수 있다.

- 장선 사이의 공간을 밀봉하여 배기 덕트를 만들 수 있다.

- 공조 덕트, 배관 및 배선은 장선이 지지 보나 벽 위로 계속 이어지는 경우, 장선 사이의 공간을 활용하여 교차할 수 있다.

- 장선 간격보다 긴 수직 체이스는 필요한 개구부를 골조로 만들기 위해 테두리(헤더) 장선header joist이 필요하다.

- 단면 중간 ⅓ 지점

- 세 번째 경간 지점

- 장선과 보를 2차원 면내에 골조로 만들면, 공기 덕트와 배관은 보 아래로 지나가야 한다.

- 트렁크 라인과 기타 대형 덕트가 장선과 직각을 이루어야 할 때는 장선 아래를 통과해야 하며, 가능하면 공간의 수직 크기를 방해하지 않도록 내력벽 또는 보 옆에 배치되어야 한다.

- 배선, 배관 및 소형 배수관은 전단 및 휨 응력이 최소인 장선의 개구부에 놓일 수 있다. 단순보의 경우, 이 값은 경간의 세 번째 지점 또는 근처이고, 장선 단면의 중간 ⅓ 지점에 있다. 제작된 I-형 장선에는 배선을 위한 구멍knock-out이 사전에 마련되는 경우가 많다.

- 홈notch은 장선 깊이의 ⅙로 제한되어야 하며, 압축이 일어나는 가장자리에서만 가능하다. 하지만 장선 경간의 중간 ⅓ 지점에 홈을 만드는 것은 피해야 한다.

- 경량 형강 장선에는 배선, 배관 및 소형 하수관을 배치하는 데 필요한 구멍cutout을 내는 것은 가능하다.

건축구조 Building Structures	1	개구부의 각 면으로부터 점진적으로 내쌓아 중심점에 이르러 머릿돌을 완전히 놓을 수 있도록 축조시킨 아치의 한 종류
	2	수평지지를 위해 수직벽에서 돌출한 부재. 전통 중국 건축에 있는 지붕의 보. 처마의 바깥 부분을 설계하고 내부 천장을 지탱하는 돌출된 선반구조
	3	궁륭. 돌, 벽돌, 철근콘크리트로 된 아치형 구조물로서 홀이나 방 혹은 전체나 부분이 둘러싸인 공간 위에서 천장이나 지붕을 형성함
	4	우물 천장. 천장 또는 볼트를 뒤덮는 정방형, 장방형, 팔각형 형태의 움푹 들어간 패널
	5	펜던티브, 구면 삼각형. 돔의 원형 평면에서부터 지지 구조물의 다각형 평면으로의 전이를 형성하는 구면 삼각형
	6	원통형 또는 작은 면이 있는 구조로 간혹 창이 나 있으며 돔을 지탱
	7	UL(Underwriters Laboratories, Inc.) 미국 일리노이주 노스부룩(Northbrook)에 본사를 두고 있는 미국 최초의 안전규격 개발기관이자 인증회사

구조패턴 Structural patterns	1	수집재(collector): 구조물의 일부분으로부터 횡력 저항시스템의 수직 요소로 횡력을 전달하기 위해 설치된 부재 혹은 요소
	2	tributary load: 기여 면적에 있는 구조 요소나 부재에 걸린 하중
	3	기준이 되는 선에서 일정거리 떨어진 것

수평경간 Horizontal Spans	1	골조 구조의 판벽이나 바닥 또는 지붕의 바탕이 되는 손질하지 않은 널판, 합판 또는 그밖의 패널 재료
	2	LVL(Laminated Veneer Lumber): 단판적층재
	3	PSL(Parallel Strand Lumber): 파라램
	4	bracket: 캔틸레버의 무게를 지지하거나 귀잡이 보를 보강하기 위해 벽으로부터 수평으로 돌출된 지지물

수직차원 Vertical Dimensions	1	어떤 한 부재의 하중에 기여하는 부분, 공헌 면적(contributary area)이라고도 부름

횡적 안정성 Lateral Stability	1	밑면전단력(seismic base shear)은 지진하중을 등가의 정적하중으로 환산하였을 때 건물의 밑면 상부에 작용하는 지진 하중의 총합
	2	가황결합(vulcanization bonding): 고무나 중합체에 황 또는 다른 첨가제를 넣어서 가교결합을 형성하게 한다. 가황 처리를 하면 고무의 탄성이 향상됨

장경간 구조물 Long-Span Structures	1	보나 바닥 슬래브의 단부 단면을 중앙 단면보다 크게 한 것. 휨이나 전단의 저항력을 증대시키기 위한 방법으로서 수직 헌치와 수평 헌치가 있음

고층 구조물 High-Rise Structures	1	Council on Tall Buildings and Urban Habitat(CTBUH)으로서 우리나라에서는 초고층도시건축학회로 번역하여 사용함

시스템통합 Systems Integration	1	하수나 잡배수의 정상적인 흐름에 지장을 주지 않으면서, 하수 가스의 통과를 막기 위하여 물이 남아 실(seal)을 형성하는 U자형이나 S자형 단면을 갖는 배수관
	2	레이스웨이(raceway): 전선이나 케이블을 유지하고 보호하는 데 사용되는 통로
	3	홈(chase): 관이나 덕트를 위하여 벽 또는 바닥에 만들어진 연속적인 공간 또는 벽감
	4	수직 덕트(stack): 주 덕트로부터 온풍을 상위층의 공기조절 취출 장치로 운반하기 위한 수직 덕트
	5	달천장, 달대천장: 영어로는 suspended ceiling. 상층부 바닥이나 지붕 구조 등에서 배관, 덕트, 조명기구, 기타 설비 시설 공간을 확보하기 위하여 매달은 천장
	6	플레넘(plenum): 달천장 또는 달대천장과 상층부 바닥 사이에 형성된 공간
	7	레이스웨이(raceway): 전선이나 케이블을 유지하고 보호하는 데 사용되는 통로
	8	뜬 바닥 구조(access flooring system): 바닥판 밑의 공간에 쉽게 접근할 수 있도록 높이 조절이 가능한 받침대나 들보 위에 쉽게 들어올리고 교환할 수 있는 바닥판으로 된 구조로 '올린 바닥 구조(raised flooring system)'라고도 한다.
	9	구조물에서 형상 유지와 강도의 일부를 담당하는 세로로 된 부재
	10	토핑(topping): 콘크리트 바닥에 바닥표면 성형용으로 얇게 타설한 양질의 콘크리트 또는 모르타르층

참고문헌

Allen, Edward and Joseph Iano. *The Architect's Studio Companion: Rules of Thumb for Preliminary Design*, 5th Edition. Hoboken, New Jersey: John Wiley and Sons, 2011

Ambrose, James. *Building Structures Primer*. Hoboken, New Jersey: John Wiley and Sons,1981

Ambrose, James. *Building Structures*, 2nd Edition. Hoboken, New Jersey: John Wiley and Sons, 1993

The American Institute of Architects. *Architectural Graphic Standards*, 11th Edition. Hoboken, New Jersey: John Wiley and Sons, 2007

Arnold, Christopher, Richard Eisner, and Eric Elsesser. *Buildings at Risk: Seismic Design Basics for Practicing Architects*. Washington, DC: AIA/ACSA Council on Architectural Research and NHRP (National Hazards Research Program), 1994

Bovill, Carl. *Architectural Design: Integration of Structural and Environmental Systems*. New York: Van Nostrand Reinhold, 1991

Breyer, Donald. *Design of Wood Structures-ASD/LRFD*, 7th Edition. New York: McGraw-Hill, 2013

Charleson, *Andrew. Structure as Architecture–A Source Book for Architects and Structural Engineers*. Amsterdam: Elsevier, 2005

Ching, Francis D. K. *A Visual Dictionary of Architecture*, 2nd Edition. Hoboken, New Jersey: John Wiley and Sons, 2011

Ching, Francis D. K. and Steven Winkel. *Building Codes Illustrated—A Guide to Understanding the 2012 International Building Code*, 4th Edition. Hoboken, New Jersey: John Wiley and Sons, 2012

Ching, Francis D. K. *Building Construction Illustrated*, 4th Edition. Hoboken, New Jersey: John Wiley and Sons, 2008

Ching, Francis D. K. *Architecture—Form, Space, and Order*, 3rd Edition. Hoboken, New Jersey: John Wiley and Sons, 2007

Ching, Francis D. K., Mark Jarzombek, and Vikramaditya Prakash. *A Global History of Architecture*, 2nd Edition. Hoboken, New Jersey: John Wiley and Sons, 2010

Corkill, P. A., H. L. Puderbaugh, and H.K. Sawyers. *Structure and Architectural Design*. Davenport, Iowa: Market Publishing, 1993

Cowan, Henry and Forrest Wilson. *Structural Systems*. New York: Van Nostrand Reinhold, 1981

Crawley, Stan and Delbert Ward. *Seismic and Wind Loads in Architectural Design: An Architect's Study Guide*. Washington, DC: The American Institute of Architects, 1990

Departments of the Army, the Navy and the Air Force. *Seismic Design for Buildings—TM 5-809-10/Navfac P-355*. Washington, DC: 1973

Engel, Heino. *Structure Systems*, 3rd Edition. Germany: Hatje Cantz, 2007

Fischer, Robert, ed. *Engineering for Architecture*. New York: McGraw-Hill, 1980

Fuller Moore. *Understanding Structures*. Boston: McGraw-Hill, 1999

Goetz, Karl-Heinz., et al. *Timber Design and Construction Sourcebook*. New York: McGraw-Hill, 1989

Guise, David. *Design and Technology in Architecture*. Hoboken, New Jersey: John Wiley and *Sons*, 2000

Hanaor, Ariel. *Principles of Structures*. Cambridge, UK: Wiley-Blackwell, 1998

Hart, F., W. Henn, and H. Sontag. *Multi-Storey Buildings in Steel*. London: Crosby Lockwood and Staples, 1978

Hilson, Barry. *Basic Structural Behaviour—Understanding Structures from Models.* London: Thomas Telford,1993

Howard, H. Seymour, Jr. *Structure—An Architect's Approach.* New York: McGraw-Hill, 1966

Hunt, Tony. *Tony Hunt's Sketchbook.* Oxford, UK: Architectural Press, 1999

Hunt, Tony. *Tony Hunt's Structures Notebook.* Oxford, UK: Architectural Press, 1997

Johnson, Alford, et. al. *Designing with Structural Steel: A Guide for Architects,* 2nd Edition. Chicago: American Institute of Steel Construction, 2002

Kellogg, Richard. *Demonstrating Structural Behavior with Simple Models.* Chicago: Graham Foundation, 1994

Levy, Matthys, and Mario Salvadori. *Why Buildings Fall Down: How Structures Fail.* New York: W.W. Norton & Co., 2002

Lin, T. Y. and Sidney Stotesbury. *Structural Concepts and Systems for Architects and Engineers.* Hoboken, New Jersey: John Wiley and Sons, 1981

Lindeburg, Michael and Kurt M. McMullin. *Seismic Design of Building Structures,* 10th Edition. Belmont, California: Professional Publications, Inc., 1990

Macdonald, Angus. *Structural Design for Architecture.* Oxford, UK: Architectural Press, 1997

McCormac, Jack C. and Stephen F. Csernak. *Structural Steel Design,* 5th Edition. New York: Prentice-Hall, 2011

Millais, Malcolm. *Building Structures—From Concepts to Design,* 2nd Edition. Oxford, UK: Taylor & Francis, 2005

Nilson, Arthur et. al. *Design of Concrete Structures.* 14th Edition. New York: McGraw-Hill, 2009

Onouye, Barry and Kevin Kane. *Statics and Strength of Materials for Architecture and Building Construction,* 4th Edition. New Jersey: Prentice Hall, 2011

Popovic, O. Larsen and A. Tyas. *Conceptual Structural Design: Bridging the Gap Between Architects and Engineers.* London: Thomas Telford Publishing, 2003

Reid, Esmond. *Understanding Buildings—A Multidisciplinary Approach.* Cambridge, Massachusetts: MIT Press, 1984

Salvadori, Mario and Robert Heller. *Structure in Architecture: The Building of Buildings.* New Jersey: Prentice Hall, 1986

Salvadori, Mario. *Why Buildings Stand Up: The Strength of Architecture.* New York: W.W. Norton & Co., 2002

Schodek, Daniel and Martin Bechthold. *Structures,* 6th Edition. New Jersey: Prentice Hall, 2007

Schueller, Wolfgang. *Horizontal Span Building Structures.* Hoboken, New Jersey: John Wiley and Sons, 1983

Schueller, Wolfgang. *The Design of Building Structures.* New Jersey: Prentice Hall, 1996

Siegel, Curt. *Structure and Form in Modern Architecture.* New York: Reinhold Publishing Corporation, 1962

White, Richard and Charles Salmon, eds. *Building Structural Design Handbook.* Hoboken, New Jersey: John Wiley and Sons, 1987

Williams, Alan. *Seismic Design of Buildings and Bridges for Civil and Structural Engineers.* Austin, Texas: Engineering Press, 1998

색인

저자 소개

프란시스 칭(FRANCIS D. K. CHING)

등록 건축사. 워싱턴대학교(University of Washington) 명예교수. 칭 교수는 그동안 Wiley에서 건축과 디자인에 관한 수많은 책을 출판한 인기 저자이기도 하다. 이 책들은 지금까지 16개 이상의 언어로 번역되었으며, 건축 그래픽 표현의 고전으로 평가받고 있다.

배리 오누예(BARRY S. ONOUYE)

등록 엔지니어. 워싱턴대학교(University of Washington) 명예교수. 건설환경대학에서 구조설계 강의를 담당하였으며, 《Statics and Strength of Materials Statics and Strength of Materials for Architecture and Building Construction》의 저자이기도 하다.

더글러스 주버뷜러(DOUGLAS ZUBERBUHLER)

등록 건축사. 워싱턴대학교(University of Washington) 명예교수. 건축설계와 그래픽 강의를 담당하였으며, 건축학과 학과장 및 건설환경대학 부학장을 역임한 바 있다.

역자 및 감수자 소개

김진호 / 번역

인천대학교 도시건축학부 교수로 재직 중이다. 귀국 이전에는 미국 시카고에 위치한 레갓 아키텍츠(Legat Architects)에서 일리노이 및 위스콘신 등록 건축사로서 건축설계 및 계획을 중심으로 실무경험을 쌓았다. 경북대학교에서 건축공학과를 졸업 후 미국 일리노이 주립대(University of Illinois at Urbana-Champaign)에 건축학석사(Master of Architecture) 학위를 받았다. 관심 분야로는 건축설계 교수법, 친환경건축, 연구소 건축계획 등이다. 역서로는 《건축가를 위한 도면표현기법》(씨아이알, 2022)이 있다.

김응수 / 감수

포스코 기술연구원에서 수석연구원으로 재직 중이다. 한양대학교(서울)에서 건축공학과 학사 및 석사학위를 취득 후 미국 텍사스 주립대(The University of Texas at Austin)에서 토목공학박사 학위를 받았다. 과거 건설회사(대림산업)와 구조설계사무소(마이다스아이티)에서 근무한 경험을 가지고 있으며, 현재는 철강회사인 포스코의 연구소에서 부유식 해상풍력 등 해양에서 운용되는 구조물을 대상으로 다양한 연구개발 업무를 수행하고 있다.

건축구조 도해집
(Building Structures Illustrated)

초판 1쇄 발행 2023년 3월 2일

지 은 이   Francis D.K. Ching, Barry S. Onouye, Douglas Zuberbuhler
옮 긴 이   김진호
펴 낸 이   김성배

책임편집   최장미
디 자 인   엄혜림
제   작   김문갑

발 행 처   도서출판 씨아이알
출판등록   제2-3285호(2001년 3월 19일)
주   소   (04626) 서울특별시 중구 필동로8길 43(예장동1-151)
전   화   (02) 2275-8603(대표) | 팩스 (02) 2265-9394
홈페이지   www.circom.co.kr

I S B N   979-11-6856-130-4 (93540)

좋은 원고를 집필하고 계시거나 기획하고 계신 분들은 도서출판 씨아이알로 연락해주시기 바랍니다.
전화 02-2275-8603 | 이메일 cir03@circom.co.kr